江苏省安全生产管理人员资格培训考核配套教材

U0176710

危险化学品经营安全管理

（2022 版）

虞　谦　虞汉华　编著

东南大学出版社
SOUTHEAST UNIVERSITY PRESS
·南京·

图书在版编目(CIP)数据

危险化学品经营安全管理 / 虞谦,虞汉华编著.
— 南京：东南大学出版社,2020.12(2022.6重印)
ISBN 978 - 7 - 5641 - 9319 - 5

Ⅰ. ①危… Ⅱ. ①虞… ②虞… Ⅲ. ①化工产品-危
险物品管理-安全培训-教材 Ⅳ. ①TQ086.5

中国版本图书馆 CIP 数据核字(2020)第 250730 号

危险化学品经营安全管理

编 著	虞 谦 虞汉华	
出 版 人	江建中	
出版发行	东南大学出版社	
责任编辑	陈潇潇	
社 址	南京市四牌楼 2 号	
邮 编	210009	
网 址	http://www.seupress.com	
经 销	新华书店	
印 刷	南京玉河印刷	
开 本	787 mm×1092 mm 1/16	
印 张	18.25	
字 数	480 千字	
版 次	2020 年 12 月第1版	
印 次	2022 年 6 月第 2次印刷	
书 号	ISBN 978 - 7 - 5641 - 9319 - 5	
定 价	48.00 元	

※ 本社图书若有印装质量问题,请直接与营销部联系,电话:025-83791830。

前　言

　　为了提高危险化学品安全培训的质量,帮助危险化学品经营单位从业人员具备与所从事的经营活动相适应的安全生产知识和技能,提升危险化学品经营单位主要负责人和安全生产管理人员的业务素质和管理水平,依据《危险化学品经营单位主要负责人安全生产培训大纲及考核标准》《危险化学品经营单位安全生产管理人员安全生产培训大纲及考核标准》,我们编著了《危险化学品经营安全管理》一书。

　　本书主要内容包括有关危险化学品经营的法律、法规、规章、标准规范,危险化学品知识、安全管理、安全技术、应急管理、职业健康等内容。

　　本书的主要特点是:

　　1. 反映最新的有关危险化学品经营安全管理的法律、法规、规章、标准和有关规定。

　　2. 针对危险化学品经营的新情况、新问题,根据广大学员的实际需求,总结近几年来学员参加培训考核的经验,对培训大纲及考核标准中的知识点进行了全面深入的分析,以符合科学性、适用性的要求。

　　3. 紧密结合考核题库,书中包含了国家考核题库的知识点,并对题库中涉及的疑难知识点予以解释。

　　本书主要适用于危险化学品经营单位主要负责人和安全生产管理人员的培训和考核,也可作为有关从业人员学习安全生产知识的辅导书。

　　本书第二章至第五章由虞谦博士编著,第一章、第六章由虞汉华教授编著。在编著过程中,得到了许多学者和专家的帮助,在此表示衷心感谢。

　　由于编著时间紧以及作者水平所限,书中难免有疏漏和不妥之处,敬请读者批评指正。

编　者

目　　录

第一章　危险化学品相关法律法规

第一节　法律法规

一、《安全生产法》及解读

中华人民共和国第十三届全国人民代表大会常务委员会第二十九次会议于 2021 年 6 月 10 日通过了《全国人民代表大会常务委员会关于修改〈中华人民共和国安全生产法〉的决定》，修改后的《中华人民共和国安全生产法》（简称《安全生产法》）自 2021 年 9 月 1 日起施行。

修订后的《安全生产法》共 7 章 119 条，包括总则、生产经营单位的安全生产保障、从业人员的安全生产权利义务、安全生产的监督管理、生产安全事故的应急救援与调查处理、法律责任以及附则。

《安全生产法》主要内容解读如下：

（一）**立法目的**

《安全生产法》立法目的是为了加强安全生产工作，防止和减少生产安全事故，保障人民群众生命和财产安全，促进经济社会持续健康发展。

（二）**适用范围**

《安全生产法》适用于在中华人民共和国领域内从事生产经营活动的单位（以下统称生产经营单位）的安全生产。

有关法律、行政法规对消防安全和道路交通安全、铁路交通安全、水上交通安全、民用航空安全以及核与辐射安全、特种设备安全另有规定的，适用其规定。例如，国家安全和社会治安方面的管理不适用《安全生产法》，水上交通管理适用其专门的法律、行政法规。

（三）**安全生产工作方针**

安全生产工作坚持中国共产党的领导，安全生产工作应当以人为本，坚持人民至上、生命至上，把保护人民生命安全摆在首位，树牢安全发展理念，坚持安全第一、预防为主、综合治理的方针，从源头上防范化解重大安全风险。

安全生产工作实行管行业必须管安全、管业务必须管安全、管生产经营必须管安全，强化和落实生产经营单位主体责任与政府监管责任，建立生产经营单位负责、职工参与、政府监管、行业自律和社会监督的机制。

（四）**生产经营单位安全生产总体要求**

生产经营单位必须遵守本法和其他有关安全生产的法律、法规，加强安全生产管理，建立、健全全员安全生产责任制和安全生产规章制度,加大对安全生产资金、物资、技术、人员的投入保障力度,改善安全生产条件,加强安全生产标准化、信息化建设,构建安全风险分级管控和隐患排查治理双重预防机制,健全风险防范化解机制,提高安全生产水平,确保安全产。

平台经济等新兴行业、领域的生产经营单位应当根据本行业、领域的特点,建立健全并落实全员安全生产责任制,加强从业人员安全生产教育和培训,履行本法和其他法律、法规规定的有关安全生产义务。

(五)生产经营单位的主要负责人全面负责安全生产工作

生产经营单位的主要负责人是本单位安全生产第一责任人,对本单位的安全生产工作全面负责。其他负责人对职责范围内的安全生产工作负责。

(六)工会依法对安全生产工作进行监督

生产经营单位的工会依法组织职工参加本单位安全生产工作的民主管理和民主监督,维护职工在安全生产方面的合法权益。生产经营单位制定或者修改有关安全生产的规章制度,应当听取工会的意见。

在国家安全生产管理体制中,工会行使群众监督的职能。

(七)安全生产监督管理部门及有关部门职责 *

国务院应急管理部门依照本法,对全国安全生产工作实施综合监督管理;县级以上地方各级人民政府应急管理部门依照本法,对本行政区域内安全生产工作实施综合监督管理。

国务院交通运输、住房和城乡建设、水利、民航等有关部门依照本法和其他有关法律、行政法规的规定,在各自的职责范围内对有关行业、领域的安全生产工作实施监督管理;县级以上地方各级人民政府有关部门依照本法和其他有关法律、法规的规定,在各自的职责范围内对有关行业、领域的安全生产工作实施监督管理。对新兴行业、领域的安全生产监督管理职责不明确的,由县级以上地方各级人民政府按照业务相近的原则确定监督管理部门。

应急管理部门和对有关行业、领域的安全生产工作实施监督管理的部门,统称负有安全生产监督管理职责的部门。负有安全生产监督管理职责的部门应当相互配合、齐抓共管、信息共享、资源共用,依法加强安全生产监督管理工作。

我国安全生产监督管理坚持"有法必依、执法必严、违法必究"的原则。

(八)制定有关的国家标准或者行业标准

国务院有关部门应当按照保障安全生产的要求,依法及时制定有关的国家标准或者行业标准,并根据科技进步和经济发展适时修订。

生产经营单位必须执行依法制定的保障安全生产的国家标准或者行业标准。

国务院有关部门按照职责分工负责安全生产强制性国家标准的项目提出、组织起草、征求意见、技术审查。国务院应急管理部门统筹提出安全生产强制性国家标准的立项计划。国务院标准化行政主管部门负责安全生产强制性国家标准的立项、编号、对外通报和授权批准发布工作。国务院标准化行政主管部门、有关部门依据法定职责对安全生产强制性国家标准的实施进行监督检查。

(九)生产安全事故责任追究制度

国家实行生产安全事故责任追究制度,依照本法和有关法律、法规的规定,追究生产安全事

---

* 安全生产监督管理部门机构改革后改为应急管理部门,为保持《安全生产法》的原文表述,下文中名称不作修改。

故责任单位和责任人员的法律责任。

安全生产责任追究是国家法律规定的一项法定制度,根据责任人员在事故中承担责任的不同,分为直接责任者、主要责任者和领导责任者。

(十)生产经营单位应当具备安全生产条件

生产经营单位应当具备本法和有关法律、行政法规和国家标准或者行业标准规定的安全生产条件;不具备安全生产条件的,不得从事生产经营活动。

(十一)生产经营单位的主要负责人职责

生产经营单位的主要负责人对本单位安全生产工作负有下列 7 项职责:

(1)建立、健全并落实本单位全员安全生产责任制,加强安全生产标准化建设;

(2)组织制定本单位安全生产规章制度和操作规程;

(3)组织制订并实施本单位安全生产教育和培训计划;

(4)保证本单位安全生产投入的有效实施;

(5)组织建立并落实安全风险分级管控和隐患排查治理双重预防工作机制,督促、检查本单位的安全生产工作,及时消除生产安全事故隐患;

(6)组织制定并实施本单位的生产安全事故应急救援预案;

(7)及时、如实报告生产安全事故。

生产经营单位的主要负责人要正确履行职责,需要了解上述职责包含的具体内容。例如,生产经营单位安全生产投入就包含很多内容和形式,如火灾报警器更新、防尘口罩的配备等。加工机床的维修虽然是生产经营单位的经常性工作,但不是生产经营单位的主要负责人法定的安全生产职责。

安全生产责任制是按照安全生产方针和管生产的同时必须管安全的原则,将各级负责人、各职能部门及其工作人员和各岗位生产人员在安全生产方面应做的事情和应负的责任加以明确规定的一种制度。

(十二)生产经营单位安全生产条件所必需的资金投入

生产经营单位应当具备的安全生产条件所必需的资金投入,由生产经营单位的决策机构、主要负责人或者个人经营的投资人予以保证,并对由于安全生产所必需的资金投入不足导致的后果承担责任。

要充分利用好国家在安全生产和应急救援方面的投入政策,管好用好资金,坚持建设与节约并重原则,充分发挥投资效益。

(十三)设置安全生产管理机构或者配备专职安全生产管理人员

矿山、金属冶炼、建筑施工、道路运输单位和危险物品的生产、经营、储存、装卸单位,应当设置安全生产管理机构或者配备专职安全生产管理人员。

前款规定以外的其他生产经营单位,从业人员超过一百人的,应当设置安全生产管理机构或者配备专职安全生产管理人员;从业人员在一百人以下的,应当配备专职或者兼职的安全生产管理人员。

生产经营单位的安全生产管理机构是专门负责安全生产监督管理的内设机构,其工作人员是专职安全生产管理人员。

(十四)安全生产管理机构以及安全生产管理人员的职责

生产经营单位的安全生产管理机构以及安全生产管理人员履行下列职责:

（1）组织或者参与拟订本单位安全生产规章制度、操作规程和生产安全事故应急救援预案；

（2）组织或者参与本单位安全生产教育和培训，如实记录安全生产教育和培训情况；

（3）组织开展危险源辨识和评估，督促落实本单位重大危险源的安全管理措施；

（4）组织或者参与本单位应急救援演练；

（5）检查本单位的安全生产状况，及时排查生产安全事故隐患，提出改进安全生产管理的建议；

（6）制止和纠正违章指挥、强令冒险作业、违反操作规程的行为；

（7）督促落实本单位安全生产整改措施。

生产经营单位可以设置专职安全生产分管负责人，协助本单位主要负责人履行安全生产管理职责。

（十五）听取安全生产管理机构以及安全生产管理人员的意见

生产经营单位作出涉及安全生产的经营决策，应当听取安全生产管理机构以及安全生产管理人员的意见。

生产经营单位不得因安全生产管理人员依法履行职责而降低其工资、福利等待遇或者解除与其订立的劳动合同。

危险物品的生产、储存单位以及矿山、金属冶炼单位的安全生产管理人员的任免，应当告知主管的负有安全生产监督管理职责的部门。

（十六）主要负责人和安全生产管理人员具备安全知识和管理能力

生产经营单位的主要负责人和安全生产管理人员必须具备与本单位所从事的生产经营活动相应的安全生产知识和管理能力。

危险物品的生产、经营、储存、装卸单位以及矿山、金属冶炼、建筑施工、道路运输单位的主要负责人和安全生产管理人员，应当由主管的负有安全生产监督管理职责的部门对其安全生产知识和管理能力考核合格。考核不得收费。

经过修改后的《安全生产法》，删除了上述主要负责人和安全生产管理人员"考核合格后方可任职"这一表述，"不合格者可先上岗再补考"也没有法律依据。

（十七）聘用注册安全工程师

危险物品的生产、储存、装卸单位以及矿山、金属冶炼单位应当有注册安全工程师从事安全生产管理工作。鼓励其他生产经营单位聘用注册安全工程师从事安全生产管理工作。

（十八）安全生产教育和培训

生产经营单位应当对从业人员进行安全生产教育和培训，保证从业人员具备必要的安全生产知识，熟悉有关的安全生产规章制度和安全操作规程，掌握本岗位的安全操作技能，了解事故应急处理措施，知悉自身在安全生产方面的权利和义务。

生产经营单位使用被派遣劳动者的，应当将被派遣劳动者纳入本单位从业人员统一管理，对被派遣劳动者进行岗位安全操作规程和安全操作技能的教育和培训。劳务派遣单位应当对被派遣劳动者进行必要的安全生产教育和培训。

生产经营单位接收中等职业学校、高等学校学生实习的，应当对实习学生进行相应的安全生产教育和培训，提供必要的劳动防护用品。学校应当协助生产经营单位对实习学生进行安全生产教育和培训。

生产经营单位应当建立安全生产教育和培训档案,如实记录安全生产教育和培训的时间、内容、参加人员以及考核结果等情况。

生产经营单位采用新工艺、新技术、新材料或者使用新设备,必须了解、掌握其安全技术特性,采取有效的安全防护措施,并对从业人员进行专门的安全生产教育和培训。

生产经营单位的从业人员未经安全生产教育和培训合格,不得上岗作业。

生产经营单位的主要负责人、安全生产管理人员及从业人员的安全培训,没有硬性规定全部由生产经营单位负责。例如,生产经营单位的特种作业人员和高危行业的生产经营单位的主要负责人、安全生产管理人员需要由具备安全生产培训条件的单位组织培训。

(十九) 特种作业人员取得相应资格

生产经营单位的特种作业人员必须按照国家有关规定经专门的安全作业培训,取得相应资格,方可上岗作业。

特种作业人员的范围由国务院应急管理部门会同国务院有关部门确定。

> 某厂油污法兰损坏需维修。维修钳工甲将带有污油底阀的污油管线放入污油池内,当时污油池液面高度为 500 cm,上面有 30 cm 的浮油。在液面上的 101 cm 处需对法兰进行更换,班长乙决定采用对接焊接方式。电焊工丙去办理动火票,钳工甲见焊工丙办理动火手续迟迟没回,便开始焊接,结果发生油气爆炸,钳工甲掉入污油池死亡。
>
> 根据上述事实,请判断:电焊工不是特殊工种,不用按照国家有关规定经专门的安全作业培训,取得相应资格。( )
>
> [答案:错误。] 电焊工是特殊工种,应按照国家有关规定经专门的安全培训,取得相应资格。

(二十) 安全设施"三同时"

生产经营单位新建、改建、扩建工程项目(以下统称建设项目)的安全设施,必须与主体工程同时设计、同时施工、同时投入生产和使用。安全设施投资应当纳入建设项目概算。

安全设施"三同时"是生产经营单位特别是危险化学品生产经营单位安全生产的重要保障措施,而且是一种事前保障措施。

安全设施是指企业在生产经营活动中将危险因素、有害因素控制在安全范围内以及预防、减少、消除危害所配备的装置和采取的措施。

企业应严格执行安全设施管理制度,建立安全设施台账。

(二十一) 安全评价

矿山、金属冶炼建设项目和用于生产、储存、装卸危险物品的建设项目,应当按照国家有关规定进行安全评价。

(二十二) 安全设施设计

建设项目安全设施的设计人、设计单位应当对安全设施设计负责。

矿山、金属冶炼建设项目和用于生产、储存、装卸危险物品的建设项目的安全设施设计应当按照国家有关规定报经有关部门审查,审查部门及其负责审查的人员对审查结果负责。

建设项目安全设施施工完成后,建设单位应当按照有关安全生产的法律、法规、规章和标准的规定,对建设项目安全设施进行检验、检测。

(二十三) 安全设施验收

矿山、金属冶炼建设项目和用于生产、储存、装卸危险物品的建设项目的施工单位必须按照批准的安全设施设计施工,并对安全设施的工程质量负责。

矿山、金属冶炼建设项目和用于生产、储存危险物品的建设项目竣工投入生产或者使用前,应当由建设单位负责组织对安全设施进行验收;验收合格后,方可投入生产和使用。负有安全生产监督职责的部门应当加强对建设单位验收活动和验收结果的监督核查。

(二十四) 安全警示标志

生产经营单位应当在有较大危险因素的生产经营场所和有关设施、设备上,设置明显的安全警示标志。

(二十五) 安全设备

安全设备的设计、制造、安装、使用、检测、维修、改造和报废,应当符合国家标准或者行业标准。

生产经营单位必须对安全设备进行经常性维护、保养,并定期检测,保证正常运转。维护、保养、检测应当做好记录,并由有关人员签字。

生产经营单位不得关闭、破坏直接关系生产安全的监控、报警、防护、救生设备、设施,或者篡改、隐瞒、销毁其相关数据、信息。

餐饮等行业的生产经营单位使用燃气的,应当安装可燃气体报警装置,并保障其正常使用。

(二十六) 严重危及生产安全的工艺、设备实行淘汰制度

国家对严重危及生产安全的工艺、设备实行淘汰制度,具体目录由国务院应急管理部门会同国务院有关部门制定并公布。法律、行政法规对目录的制定另有规定的,适用其规定。

省、自治区、直辖市人民政府可以根据本地区实际情况制定并公布具体目录,对前款规定以外的危及生产安全的工艺、设备予以淘汰。

生产经营单位不得使用应当淘汰的危及生产安全的工艺、设备。

(二十七) 重大危险源安全管理

生产经营单位对重大危险源应当登记建档,进行定期检测、评估、监控,并制定应急预案,告知从业人员和相关人员在紧急情况下应当采取的应急措施。

生产经营单位应当按照国家有关规定将本单位重大危险源及有关安全措施、应急措施报有关地方人民政府应急管理部门和有关部门备案。有关地方人民政府应急管理部门和有关部门应当通过相关信息系统实现信息共享。

企业应对重大危险源采取便捷、有效的消防、治安报警措施和联络通信、记录措施。

(二十八) 事故隐患排查治理

生产经营单位应当建立安全风险分级管控制度,按照安全风险分级采取相应的管控措施。

生产经营单位应当建立健全并落实生产安全事故隐患排查治理制度,采取技术、管理措施,及时发现并消除事故隐患。事故隐患排查治理情况应当如实记录,并通过职工大会或者职工代表大会、信息公示栏等方式向从业人员通报。其中,重大事故隐患排查治理情况应当及时向负有安全生产监督管理职责的部门和职工大会或者职工代表大会报告。

县级以上地方各级人民政府负有安全生产监督管理职责的部门应当将重大事故隐患纳入

相关信息系统,建立健全重大事故隐患治理督办制度,督促生产经营单位消除重大事故隐患。

生产经营单位对排查出的事故隐患,应当及时进行治理、登记、建档。

(二十九) 安全距离、出口

生产、经营、储存、使用危险物品的车间、商店、仓库不得与员工宿舍在同一座建筑物内,并应当与员工宿舍保持安全距离。

生产经营场所和员工宿舍应当设有符合紧急疏散要求、标志明显、保持畅通的出口、疏散通道。禁止占用、锁闭、封堵生产经营场所或者员工宿舍的出口、疏散通道。

(三十) 危险作业

生产经营单位进行爆破、吊装、动火、临时用电以及国务院应急管理部门会同国务院有关部门规定的其他危险作业,应当安排专门人员进行现场安全管理,确保操作规程的遵守和安全措施的落实。

(三十一) 告知

生产经营单位应当教育和督促从业人员严格执行本单位的安全生产规章制度和安全操作规程,并向从业人员如实告知作业场所和工作岗位存在的危险因素、防范措施以及事故应急措施。

生产经营单位应当关注从业人员的身体、心理状况和行为习惯,加强对从业人员的心理疏导、精神慰藉,严格落实岗位安全生产责任,防范从业人员行为异常导致事故发生。

(三十二) 劳动防护用品

生产经营单位必须为从业人员提供符合国家标准或者行业标准的劳动防护用品,并监督、教育从业人员按照使用规则佩戴、使用。

人们在生产和生活中为防御各种职业危害和伤害而在劳动过程中穿戴和配备的各种用品总称为个人劳动防护用品。

正确选用劳动防护用品是保证企业员工劳动过程中安全和健康的重要措施之一。企业选用劳动防护用品的前提是该用品符合标准,即符合国家标准或者行业标准。

特种劳动防护用品实行安全标志管理。

生产经营单位为从业人员配备劳动防护用品、用具时,不可以向职工收取费用。

案例

某地一化工有限公司所属分装厂分装农药。由于没有严格的防护措施,几名临时招聘的女工在倒装农药时,先后发生头晕、恶心、呕吐等中毒症状,相继被送到医院。因抢救及时没有人员死亡。

根据上述事实,请判断:因该公司招聘人员为临时工,所以不用为她们配备劳动保护用品。(　　)

[答案:错误。] 应当为公司招聘的临时工配备劳动保护用品。

(三十三) 安全检查

生产经营单位的安全生产管理人员应当根据本单位的生产经营特点,对安全生产状况进行经常性检查;对检查中发现的安全问题,应当立即处理;不能处理的,应当及时报告本单位有关负责人,有关负责人应当及时处理。检查及处理情况应当如实记录在案。

生产经营单位的安全生产管理人员在检查中发现重大事故隐患,依照前款规定向本单位有关负责人报告,有关负责人不及时处理的,安全生产管理人员可以向主管的负有安全生产监督管理职责的部门报告,接到报告的部门应当依法及时处理。

根据上述规定,企业应制订安全生产检查计划,定期或不定期开展各种检查。定期安全生产检查是通过有计划、有组织、有目的的形式来实现的。

安全生产检查是安全管理工作的重要内容,是消除隐患、防止事故发生、改善劳动条件的重要手段。

(三十四)安全经费

生产经营单位应当安排用于配备劳动防护用品、进行安全生产培训的经费。

(三十五)安全生产管理协议

两个以上生产经营单位在同一作业区域内进行生产经营活动,可能危及对方生产安全的,应当签订安全生产管理协议,明确各自的安全生产管理职责和应当采取的安全措施,并指定专职安全生产管理人员进行安全检查与协调。

(三十六)项目、场所、设备发包或者出租

生产经营单位不得将生产经营项目、场所、设备发包或者出租给不具备安全生产条件或者相应资质的单位或者个人。

生产经营项目、场所发包或者出租给其他单位的,生产经营单位应当与承包单位、承租单位签订专门的安全生产管理协议,或者在承包合同、租赁合同中约定各自的安全生产管理职责;生产经营单位对承包单位、承租单位的安全生产工作统一协调、管理,定期进行安全检查,发现安全问题的,应当及时督促整改。

矿山、金属冶炼建设项目和用于生产、储存、装卸危险物品的建设项目的施工单位应当加强对施工项目的安全管理,不得倒卖、出租、出借、挂靠或者以其他形式非法转让施工资质,不得将其承包的全部建设工程转包给第三人或者将其承包的全部建设工程支解以后以分包的名义分别转包给第三人,不得将工程分包给不具备相应资质条件的单位。

(三十七)事故抢救

生产经营单位发生生产安全事故时,单位的主要负责人应当立即组织抢救,并不得在事故调查处理期间擅离职守。

(三十八)工伤保险

生产经营单位必须依法参加工伤保险,为从业人员缴纳保险费。

国家鼓励生产经营单位投保安全生产责任保险。属于国家规定的高危行业、领域的生产经营单位,应当投保安全生产责任保险。具体范围和实施办法由国务院应急管理部门会同国务院财政部门、国务院保险监督管理机构和相关行业主管部门制定。

(三十九)劳动合同载明保障从业人员安全的事项

生产经营单位与从业人员订立的劳动合同,应当载明有关保障从业人员劳动安全、防止职业危害的事项,以及依法为从业人员办理工伤保险的事项。

生产经营单位不得以任何形式与从业人员订立协议,免除或者减轻其对从业人员因生产安全事故伤亡依法应承担的责任。

(四十)从业人员的知情权

生产经营单位的从业人员有权了解其作业场所和工作岗位存在的危险因素、防范措施及事故应急措施,有权对本单位的安全生产工作提出建议。

(四十一)从业人员的批评、检举、控告权

从业人员有权对本单位安全生产工作中存在的问题提出批评、检举、控告;有权拒绝违章指挥和强令冒险作业。

生产经营单位不得因从业人员对本单位安全生产工作提出批评、检举、控告或者拒绝违章指挥、强令冒险作业而降低其工资、福利等待遇或者解除与其订立的劳动合同。

(四十二)从业人员的避险权

从业人员发现直接危及人身安全的紧急情况时,有权停止作业或者在采取可能的应急措施后撤离作业场所。

生产经营单位不得因从业人员在前款紧急情况下停止作业或者采取紧急撤离措施而降低其工资、福利等待遇或者解除与其订立的劳动合同。

(四十三)从业人员的求偿权

生产经营单位发生生产安全事故后,应当及时采取措施救治有关人员。

因生产安全事故受到损害的从业人员,除依法享有工伤保险外,依照有关民事法律尚有获得赔偿的权利的,有权提出赔偿要求。

按照《安全生产法》的规定,从业人员可以享受的权利包括知情权、建议权、批检控权、拒绝权、避险权、求偿权、保护权、受教育权。

(四十四)从业人员报告事故隐患或者其他不安全因素

从业人员发现事故隐患或者其他不安全因素,应当立即向现场安全生产管理人员或者本单位负责人报告;接到报告的人员应当及时予以处理。

(四十五)工会安全生产权利

工会有权对建设项目的安全设施与主体工程同时设计、同时施工、同时投入生产和使用进行监督,提出意见。

工会对生产经营单位违反安全生产法律、法规,侵犯从业人员合法权益的行为,有权要求纠正;发现生产经营单位违章指挥、强令冒险作业或者发现事故隐患时,有权提出解决的建议,生产经营单位应当及时研究答复;发现危及从业人员生命安全的情况时,有权向生产经营单位建议组织从业人员撤离危险场所,生产经营单位必须立即作出处理。

工会有权依法参加事故调查,向有关部门提出处理意见,并要求追究有关人员的责任。

在职工因工伤亡事故调查处理工作中,工会组织应既和有关部门密切配合,又要独立自主,依法开展群众监督工作。

(四十六)配合监督检查

生产经营单位对负有安全生产监督管理职责的部门的监督检查人员(以下统称安全生产监督检查人员)依法履行监督检查职责,应当予以配合,不得拒绝、阻挠。

生产经营单位不可以以技术保密、业务保密等理由拒绝检查。

(四十七)建立举报制度

负有安全生产监督管理职责的部门应当建立举报制度,公开举报电话、信箱或者电子邮件地址等网络举报平台,受理有关安全生产的举报;受理的举报事项经调查核实后,应当形成书面材料;需要落实整改措施的,报经有关负责人签字并督促落实。对不属于本部门职责,需要由其他有关部门进行调查处理的,转交其他有关部门处理。

涉及人员死亡的举报事项,应当由县级以上人民政府组织核查处理。

(四十八) 报告或者举报安全生产违法行为

任何单位或者个人对事故隐患或者安全生产违法行为,均有权向负有安全生产监督管理职责的部门报告或者举报。

因安全生产违法行为造成重大事故隐患或者导致重大事故,致使国家利益或者社会公共利益受到侵害的,人民检察院可以根据民事诉讼法、行政诉讼法的相关规定提起公益诉讼。

(四十九) 应急救援预案

生产经营单位应当制定本单位生产安全事故应急救援预案,与所在地县级以上地方人民政府组织制定的生产安全事故应急救援预案相衔接,并定期组织演练。

(五十) 建立应急救援组织

危险物品的生产、经营、储存单位以及矿山、金属冶炼、城市轨道交通运营、建筑施工单位应当建立应急救援组织;生产经营规模较小的,可以不建立应急救援组织,但应当指定兼职的应急救援人员。

危险物品的生产、经营、储存、运输单位以及矿山、金属冶炼、城市轨道交通运营、建筑施工单位应当配备必要的应急救援器材、设备和物资,并进行经常性维护、保养,保证正常运转。

国家正在加快推进依托大型石化、石油企业建设国家(区域)危险化学品和油气田应急救援队的步伐。

所有大中型危险化学品企业都要依照法律和相关标准建立专业应急救援队伍。除大中型危险化学品企业外,不具备建立专职救援队条件的其他危险化学品企业,必须建立兼职救援队。

应急救援组织机构应包括应急处置行动组、通信联络组、疏散引导组、安全防护救护组等组织。要根据需要,引进或采用先进适用的应急救援技术装备。

企业要加强对各种救援队伍的培训,保证人员能够熟悉事故发生后所采取的对应方法和步骤,做到应知应会。

(五十一) 生产经营单位事故报告与救援

生产经营单位发生生产安全事故后,事故现场有关人员应当立即报告本单位负责人。

单位负责人接到事故报告后,应当迅速采取有效措施,组织抢救,防止事故扩大,减少人员伤亡和财产损失,并按照国家有关规定立即如实报告当地负有安全生产监督管理职责的部门,不得隐瞒不报、谎报或者迟报,不得故意破坏事故现场、毁灭有关证据。

(五十二) 政府和负有安全生产监督管理职责的部门的负责人组织事故抢救

有关地方人民政府和负有安全生产监督管理职责的部门的负责人接到生产安全事故报告后,应当按照生产安全事故应急救援预案的要求立即赶到事故现场,组织事故抢救。

参与事故抢救的部门和单位应当服从统一指挥,加强协同联动,采取有效的应急救援措施,并根据事故救援的需要采取警戒、疏散等措施,防止事故扩大和次生灾害的发生,减少人员伤亡和财产损失。

事故抢救过程中应当采取必要措施,避免或者减少对环境造成的危害。

任何单位和个人都应当支持、配合事故抢救,并提供一切便利条件。

(五十三) 事故调查处理

事故调查处理应当按照科学严谨、依法依规、实事求是、注重实效的原则,及时、准确地查清事故原因,查明事故性质和责任,评估应急处置工作总结事故教训,提出整改措施,并对事故责任单位和人员提出处理建议。事故调查报告应当依法及时向社会公布。事故调查报告应当依法及时向社会公布。事故调查和处理的具体办法由国务院制定。

事故发生单位应当及时全面落实整改措施,负有安全生产监督管理职责的部门应当加强监督检查。

负责事故调查处理的国务院有关部门和地方人民政府应当在批复事故调查报告后一年内,组织有关部门对事故整改和防范措施落实情况进行评估,并及时向社会公开评估结果;对不履行职责导致事故整改和防范措施没有落实的有关单位和人员,应当按照有关规定追究责任。

(五十四) 违法行为处罚之一

生产经营单位的决策机构、主要负责人或者个人经营的投资人不依照本法规定保证安全生产所必需的资金投入,致使生产经营单位不具备安全生产条件的,责令限期改正,提供必需的资金;逾期未改正的,责令生产经营单位停产停业整顿。

有前款违法行为,导致发生生产安全事故的,对生产经营单位的主要负责人给予撤职处分,对个人经营的投资人处二万元以上二十万元以下的罚款;构成犯罪的,依照刑法有关规定追究刑事责任。

(五十五) 违法行为处罚之二

生产经营单位的主要负责人未履行本法规定的安全生产管理职责的,责令限期改正处二万元以上五万元以下的罚款;逾期未改正的,处五万元以上十万元以下的罚款,责令生产经营单位停产停业整顿。

生产经营单位的主要负责人有前款违法行为,导致发生生产安全事故的,给予撤职处分;构成犯罪的,依照刑法有关规定追究刑事责任。

生产经营单位的主要负责人依照前款规定受刑事处罚或者撤职处分的,自刑罚执行完毕或者受处分之日起,五年内不得担任任何生产经营单位的主要负责人;对重大、特别重大生产安全事故负有责任的,终身不得担任本行业生产经营单位的主要负责人。

(五十六) 违法行为处罚之三

生产经营单位的主要负责人未履行本法规定的安全生产管理职责,导致发生生产安全事故的,由应急管理部门依照下列规定处以罚款:

(1) 发生一般事故的,处上一年年收入百分之四十的罚款;

(2) 发生较大事故的,处上一年年收入百分之六十的罚款;

(3) 发生重大事故的,处上一年年收入百分之八十的罚款;

(4) 发生特别重大事故的,处上一年年收入百分之一百的罚款。

(五十七) 违法行为处罚之四

生产经营单位的其他负责人和安全生产管理人员未履行本法规定的安全生产管理职责的,责令限期改正,处一万元以上三万元以下的罚款;导致发生生产安全事故的,吊销其与安全生产有关的资格,并处上一年年收入百分之二十以上百分之五十以下的罚款;构成犯罪的,依照刑法有关规定追究刑事责任。

(五十八) 违法行为处罚之五

生产经营单位有下列行为之一的,责令限期改正,可以处十万元以下的罚款;逾期未改正的,责令停产停业整顿,并处十万元以上二十万元以下的罚款,对其直接负责的主管人员和其他直接责任人员处二万元以上五万元以下的罚款:

(1) 未按照规定设置安全生产管理机构或者配备安全生产管理人员、注册安全工程师的;

(2) 危险物品的生产、经营、储存、装卸单位以及矿山、金属冶炼、建筑施工、道路运输单位的主要负责人和安全生产管理人员未按照规定经考核合格的;

(3) 未按照规定对从业人员、被派遣劳动者、实习学生进行安全生产教育和培训,或者未按照规定如实告知有关的安全生产事项的;

(4) 未如实记录安全生产教育和培训情况的;

(5) 未将事故隐患排查治理情况如实记录或者未向从业人员通报的;

(6) 未按照规定制定生产安全事故应急救援预案或者未定期组织演练的;

(7) 特种作业人员未按照规定经专门的安全作业培训并取得相应资格,上岗作业的。

生产经营单位未按照应急预案采取预防措施,导致事故救援不力或者造成严重后果的,由县级以上安全生产监督管理部门依照有关法律、法规和规章的规定,责令停产停业整顿,并依法给予行政处罚。

(五十九) 违法行为处罚之六

生产经营单位有下列行为之一的,责令停止建设或者停产停业整顿,限期改正,并处十万元以上五十万元以下的罚款,对其直接负责的主管人员和其他直接责任人员处二万元以上五万元以下的罚款;逾期未改正的,处五十万元以上一百万元以下的罚款,对其直接负责的主管人员和其他直接责任人员处五万元以上十万元以下的罚款;构成犯罪的,依照刑法有关规定追究刑事责任:

(1) 未按照规定对矿山、金属冶炼建设项目或者用于生产、储存、装卸危险物品的建设项目进行安全评价的;

(2) 矿山、金属冶炼建设项目或者用于生产、储存、装卸危险物品的建设项目没有安全设施设计或者安全设施设计未按照规定报经有关部门审查同意的;

(3) 矿山、金属冶炼建设项目或者用于生产、储存、装卸危险物品的建设项目的施工单位未按照批准的安全设施设计施工的;

(4) 矿山、金属冶炼建设项目或者用于生产、储存、装卸危险物品的建设项目竣工投入生产或者使用前,安全设施未经验收合格的。

(六十) 违法行为处罚之七

生产经营单位有下列行为之一的,责令限期改正,可以处五万元以下的罚款;逾期未改正的,处五万元以上二十万元以下的罚款,对其直接负责的主管人员和其他直接责任人员处一万元以上二万元以下的罚款;情节严重的,责令停产停业整顿;构成犯罪的,依照刑法有关规定追究刑事责任:

(1) 未在有较大危险因素的生产经营场所和有关设施、设备上设置明显的安全警示标志的;

(2) 安全设备的安装、使用、检测、改造和报废不符合国家标准或者行业标准的;

（3）未对安全设备进行经常性维护、保养和定期检测的；

（4）关闭、破坏直接关系生产安全的监控、报警、防护、救生设备、设施，或者篡改、隐瞒、销毁其相关数据、信息的；

（5）未为从业人员提供符合国家标准或者行业标准的劳动防护用品的；

（6）危险物品的容器、运输工具，以及涉及人身安全、危险性较大的海洋石油开采特种设备和矿山井下特种设备未经具有专业资质的机构检测、检验合格，取得安全使用证或者安全标志，投入使用的；

（7）使用应当淘汰的危及生产安全的工艺、设备的；

（8）餐饮等行业的生产经营单位使用燃气未安装可燃气体报警装置的。

（六十一）违法行为处罚之八

未经依法批准，擅自生产、经营、运输、储存、使用危险物品或者处置废弃危险物品的，依照有关危险物品安全管理的法律、行政法规的规定予以处罚；构成犯罪的，依照刑法有关规定追究刑事责任。

（六十二）违法行为处罚之九

生产经营单位有下列行为之一的，责令限期改正，可以处十万元以下的罚款；逾期未改正的，责令停产停业整顿，并处十万元以上二十万元以下的罚款，对其直接负责的主管人员和其他直接责任人员处二万元以上五万元以下的罚款；构成犯罪的，依照刑法有关规定追究刑事责任：

（1）生产、经营、运输、储存、使用危险物品或者处置废弃危险物品，未建立专门安全管理制度、未采取可靠的安全措施的；

（2）对重大危险源未登记建档，未进行定期检测、评估、监控，未制定应急预案，或者未告知应急措施的；

（3）进行爆破、吊装、动火、临时用电以及国务院应急管理部门会同国务院有关部门规定的其他危险作业，未安排专门人员进行现场安全管理的；

（4）未建立安全风险分级管控制度或者未按照安全风险分级采取相应管控措施的；

（5）未建立事故隐患排查治理制度，或者重大事故隐患排查治理情况未按照规定报告的。

（六十三）违法行为处罚之十

生产经营单位未采取措施消除事故隐患的，责令立即消除或者限期消除，处五万元以下的罚款；生产经营单位拒不执行的，责令停产停业整顿，对其直接负责的主管人员和其他直接责任人员处五万元以上十万元以下的罚款；构成犯罪的，依照刑法有关规定追究刑事责任。

（六十四）违法行为处罚之十一

生产经营单位将生产经营项目、场所、设备发包或者出租给不具备安全生产条件或者相应资质的单位或者个人的，责令限期改正，没收违法所得；违法所得十万元以上的，并处违法所得二倍以上五倍以下的罚款；没有违法所得或者违法所得不足十万元的，单处或者并处十万元以上二十万元以下的罚款；对其直接负责的主管人员和其他直接责任人员处一万元以上二万元以下的罚款；导致发生生产安全事故给他人造成损害的，与承包方、承租方承担连带赔偿责任。

生产经营单位未与承包单位、承租单位签订专门的安全生产管理协议或者未在承包合同、租赁合同中明确各自的安全生产管理职责，或者未对承包单位、承租单位的安全生产统一协调、管理的，责令限期改正，可以处五万元以下的罚款，对其直接负责的主管人员和其他直接责任人员可以处一万元以下的罚款；逾期未改正的，责令停产停业整顿。

矿山、金属冶炼建设项目和用于生产、储存、装卸危险物品的建设项目的施工单位未按照规定对施工项目进行安全管理的,责令限期改正,处十万元以下的罚款,对其直接负责的主管人员和其他直接责任人员处二万元以下的罚款;逾期未改正的,责令停产停业整顿。以上施工单位倒卖、出租、出借、挂靠或者以其他形式非法转让施工资质的,责令停产停业整顿,吊销资质证书,没收违法所得;违法所得十万元以上的,并处违法所得二倍以上五倍以下的罚款,没有违法所得或者违法所得不足十万元的,单处或者并处十万元以上二十万元以下的罚款;对其直接负责的主管人员和其他直接责任人员处五万元以上十万元以下的罚款;构成犯罪的,依照刑法有关规定追究刑事责任。

(六十五)违法行为处罚之十二

两个以上生产经营单位在同一作业区域内进行可能危及对方安全生产的生产经营活动,未签订安全生产管理协议或者未指定专职安全生产管理人员进行安全检查与协调的,责令限期改正,可以处五万元以下的罚款,对其直接负责的主管人员和其他直接责任人员可以处一万元以下的罚款;逾期未改正的,责令停产停业。

(六十六)违法行为处罚之十三

生产经营单位有下列行为之一的,责令限期改正,可以处五万元以下的罚款,对其直接负责的主管人员和其他直接责任人员可以处一万元以下的罚款;逾期未改正的,责令停产停业整顿;构成犯罪的,依照刑法有关规定追究刑事责任:

(1)生产、经营、储存、使用危险物品的车间、商店、仓库与员工宿舍在同一座建筑内,或者与员工宿舍的距离不符合安全要求的;

(2)生产经营场所和员工宿舍未设有符合紧急疏散需要、标志明显、保持畅通的出口、疏散通道,或者占用、锁闭、封堵生产经营场所或者员工宿舍出口、疏散通道的;

(3)生产经营单位与从业人员订立协议,免除或者减轻其对从业人员因生产安全事故伤亡依法应承担的责任的,该协议无效;对生产经营单位的主要负责人、个人经营的投资人处二万元以上十万元以下的罚款;

(4)生产经营单位的从业人员不落实岗位安全责任,不服从管理,违反安全生产规章制度或者操作规程的,由生产经营单位给予批评教育,依照有关规章制度给予处分;构成犯罪的,依照刑法有关规定追究刑事责任。

(六十七)违法行为处罚之十四

违反本法规定,生产经营单位拒绝、阻碍负有安全生产监督管理职责的部门依法实施监督检查的,责令改正;拒不改正的,处二万元以上二十万元以下的罚款;对其直接负责的主管人员和其他直接责任人员处一万元以上二万元以下的罚款;构成犯罪的,依照刑法有关规定追究刑事责任。

(六十八)违法行为处罚之十五

生产经营单位的主要负责人在本单位发生生产安全事故时,不立即组织抢救或者在事故调查处理期间擅离职守或者逃匿的,给予降级、撤职的处分,并由应急管理部门处上一年年收入百分之六十至百分之一百的罚款;对逃匿的处十五日以下拘留;构成犯罪的,依照刑法有关规定追究刑事责任。

生产经营单位的主要负责人对生产安全事故隐瞒不报、谎报或者迟报的,依照前款规定处罚。

"拘留"这一处罚由公安机关行使。

（六十九）违法行为处罚之十六

生产经营单位违反本法规定,被责令改正且受到罚款处罚,拒不改正的,负有安全生产监督管理职责的部门可以自作出责令改正之日的次日起,按照原处罚数额按日连续处罚。

第一百一十三条　生产经营单位存在下列情形之一的,负有安全生产监督管理职责的部门应当提请地方人民政府予以关闭,有关部门应当依法吊销其有关证照。生产经营单位主要负责人五年内不得担任任何生产经营单位的主要负责人;情节严重的,终身不得担任本行业生产经营单位的主要负责人:

（一）存在重大事故隐患,一百八十日内三次或者一年内四次受到本法规定的行政处罚的;

（二）经停产停业整顿,仍不具备法律、行政法规和国家标准或者行业标准规定的安全生产条件的;

（三）不具备法律、行政法规和国家标准或者行业标准规定的安全生产条件,导致发生重大、特别重大生产安全事故的;

（四）拒不执行负有安全生产监督管理职责的部门作出的停产停业整顿决定的。

（七十）违法行为处罚之十七

发生生产安全事故,对负有责任的生产经营单位除要求其依法承担相应的赔偿等责任外,由应急管理部门依照下列规定处以罚款:

（1）发生一般事故的,处三十万元以上一百万元以下的罚款;

（2）发生较大事故的,处一百万元以上二百万元以下的罚款;

（3）发生重大事故的,处二百万元以上一千万元以下的罚款;

（4）发生特别重大事故的,处一千万元以上二千万元以下的罚款。

发生生产安全事故,情节特别严重、影响特别恶劣的,应急管理部门可以按照前款罚款数额的二倍以上五倍以下对负有责任的生产经营单位处以罚款。

（七十一）违法行为处罚之十八

高危行业、领域的生产经营单位未按照国家规定投保安全生产责任保险的,责令限期改正,处五万元以上十万元以下的罚款;逾期未改正的,处十万元以上二十万元以下的罚款。

（七十二）违法行为处罚之十九

生产经营单位发生生产安全事故造成人员伤亡、他人财产损失的,应当依法承担赔偿责任;拒不承担或者其负责人逃匿的,由人民法院依法强制执行。

生产安全事故的责任人未依法承担赔偿责任,经人民法院依法采取执行措施后,仍不能对受害人给予足额赔偿的,应当继续履行赔偿义务;受害人发现责任人有其他财产的,可以随时请求人民法院执行。

二、《职业病防治法》及解读

2001 年 10 月 27 日第九届全国人民代表大会常务委员会第二十四次会议通过。根据 2011 年 12 月 31 日第十一届全国人民代表大会常务委员会第二十四次会议《关于修改〈中华人民共和国职业病防治法〉的决定》第一次修正。根据 2016 年 7 月 2 日第十二届全国人民代表大会常务委员会第二十一次会议《关于修改〈中华人民共和国节约能源法〉等六部法律的决定》第二次修正。根据 2017 年 11 月 4 日第十二届全国人民代表大会常务委员会第三十次会议《关于修改

〈中华人民共和国会计法〉等十一部法律的决定》第三次修正。根据 2018 年 12 月 29 日第十三届全国人民代表大会常务委员会第七次会议《关于修改〈中华人民共和国劳动法〉等七部法律的决定》第四次修正。

《中华人民共和国职业病防治法》简称《职业病防治法》共 7 章 88 条,包括总则、前期预防、劳动过程中的防护与管理、职业病诊断与职业病病人保障、监督检查、法律责任以及附则。主要内容解读如下:

(一) 立法目的

为了预防、控制和消除职业病危害,防治职业病,保护劳动者健康及其相关权益,促进经济社会发展,根据宪法,制定本法。

(二) 适用范围

本法适用于中华人民共和国领域内的职业病防治活动。

(三) 职业病定义

本法所称职业病,是指企业、事业单位和个体经济组织等用人单位的劳动者在职业活动中,因接触粉尘、放射性物质和其他有毒、有害因素而引起的疾病。

我们在理解上述职业病法定含义的同时,还应了解职业病和职业性多发病是两个概念。职业病是肯定了病是由于某一种职业因素引发和造成的。职业性多发病是指由于生产环境中存在诸多因素所致的病损,或虽然原为非职业性疾病,由于接触职业病危害因素而使之加剧或发病率增高。比如支气管炎,它可以因风寒感冒而引发,也可以因职业环境中烟熏火燎或化学酸雾所造成,它虽然常见于某些职业工种,却只能算是这种职业工种的职业性多发病。

职业病的分类和目录由国务院卫生行政部门会同国务院安全生产监督管理部门、劳动保障行政部门制定、调整并公布。

(四) 职业病防治工作方针

职业病防治工作坚持预防为主、防治结合的方针,建立用人单位负责、行政机关监管、行业自律、职工参与和社会监督的机制,实行分类管理、综合治理。

(五) 劳动者享有职业卫生保护的权利

劳动者依法享有职业卫生保护的权利。

用人单位应当为劳动者创造符合国家职业卫生标准和卫生要求的工作环境和条件,并采取措施保障劳动者获得职业卫生保护。

(六) 建立、健全职业病防治责任制

用人单位应当建立、健全职业病防治责任制,加强对职业病防治的管理,提高职业病防治水平,对本单位产生的职业病危害承担责任。

(七) 主要负责人对本单位的职业病防治工作全面负责

用人单位的主要负责人对本单位的职业病防治工作全面负责。

(八) 参加工伤保险

用人单位必须依法参加工伤保险。

用人单位实行承包经营的,工伤保险责任由职工劳动关系所在单位承担。

(九) 推广、应用新技术、新工艺、新设备、新材料

国家鼓励和支持研制、开发、推广、应用有利于职业病防治和保护劳动者健康的新技术、新

工艺、新设备、新材料,加强对职业病的机理和发生规律的基础研究,提高职业病防治科学技术水平;积极采用有效的职业病防治技术、工艺、设备、材料;限制使用或者淘汰职业病危害严重的技术、工艺、设备、材料。

(十) 国家实行职业卫生监督制度

国务院卫生行政部门、劳动保障行政部门依照本法和国务院确定的职责,负责全国职业病防治的监督管理工作。国务院有关部门在各自的职责范围内负责职业病防治的有关监督管理工作。

县级以上地方人民政府卫生行政部门、劳动保障行政部门依据各自职责,负责本行政区域内职业病防治的监督管理工作。县级以上地方人民政府有关部门在各自的职责范围内负责职业病防治的有关监督管理工作。

县级以上人民政府卫生行政部门、劳动保障行政部门(以下统称职业卫生监督管理部门)应当加强沟通,密切配合,按照各自职责分工,依法行使职权,承担责任。

(十一) 政府职责

国务院和县级以上地方人民政府应当制定职业病防治规划,将其纳入国民经济和社会发展计划,并组织实施。

县级以上地方人民政府统一负责、领导、组织、协调本行政区域的职业病防治工作,建立健全职业病防治工作体制、机制,统一领导、指挥职业卫生突发事件应对工作;加强职业病防治能力建设和服务体系建设,完善、落实职业病防治工作责任制。

乡、民族乡、镇的人民政府应当认真执行本法,支持职业卫生监督管理部门依法履行职责。

(十二) 国家职业卫生标准

有关防治职业病的国家职业卫生标准,由国务院卫生行政部门组织制定并公布。

国务院卫生行政部门应当组织开展重点职业病监测和专项调查,对职业健康风险进行评估,为制定职业卫生标准和职业病防治政策提供科学依据。

县级以上地方人民政府卫生行政部门应当定期对本行政区域的职业病防治情况进行统计和调查分析。

(十三) 检举和控告

任何单位和个人有权对违反本法的行为进行检举和控告。有关部门收到相关的检举和控告后,应当及时处理。

对防治职业病成绩显著的单位和个人,给予奖励。

(十四) 从源头上控制和消除职业病危害

用人单位应当依照法律、法规要求,严格遵守国家职业卫生标准,落实职业病预防措施,从源头上控制和消除职业病危害。

(十五) 工作场所还应当符合职业卫生要求

产生职业病危害的用人单位的设立除应当符合法律、行政法规规定的设立条件外,其工作场所还应当符合下列职业卫生要求:

(1) 职业病危害因素的强度或者浓度符合国家职业卫生标准;

(2) 有与职业病危害防护相适应的设施;

(3) 生产布局合理,符合有害与无害作业分开的原则;

（4）有配套的更衣间、洗浴间、孕妇休息间等卫生设施；

（5）设备、工具、用具等设施符合保护劳动者生理、心理健康的要求；

（6）法律、行政法规和国务院卫生行政部门关于保护劳动者健康的其他要求。

（十六）国家建立职业病危害项目申报制度

用人单位工作场所存在职业病目录所列职业病的危害因素的，应当及时、如实向所在地卫生行政部门申报危害项目，接受监督。

职业病危害因素分类目录由国务院卫生行政部门制定、调整并公布。

职业病危害项目申报的具体办法由国务院卫生行政部门制定。

（十七）职业病危害预评价

新建、扩建、改建建设项目和技术改造、技术引进项目（以下统称建设项目）可能产生职业病危害的，建设单位在可行性论证阶段应当进行职业病危害预评价。

医疗机构建设项目可能产生放射性职业病危害的，建设单位应当向卫生行政部门提交放射性职业病危害预评价报告。卫生行政部门应当自收到预评价报告之日起三十日内，作出审核决定并书面通知建设单位。未提交预评价报告或者预评价报告未经卫生行政部门审核同意的，不得开工建设。

职业病危害预评价报告应当对建设项目可能产生的职业病危害因素及其对工作场所和劳动者健康的影响作出评价，确定危害类别和职业病防护措施。

建设项目职业病危害分类管理办法由国务院卫生行政部门制定。

（十八）建设项目"三同时"

建设项目的职业病防护设施所需费用应当纳入建设项目工程预算，并与主体工程同时设计、同时施工、同时投入生产和使用。

建设项目的职业病防护设施设计应当符合国家职业卫生标准和卫生要求；其中，医疗机构放射性职业病危害严重的建设项目的防护设施设计，应当经卫生行政部门审查同意后，方可施工。

建设项目在竣工验收前，建设单位应当进行职业病危害控制效果评价。

医疗机构可能产生放射性职业病危害的建设项目竣工验收时，其放射性职业病防护设施经卫生行政部门验收合格后，方可投入使用；其他建设项目的职业病防护设施应当由建设单位负责依法组织验收，验收合格后，方可投入生产和使用。卫生行政部门应当加强对建设单位组织的验收活动和验收结果的监督核查。

（十九）放射性、高毒、高危粉尘等作业实行特殊管理

国家对从事放射性、高毒、高危粉尘等作业实行特殊管理。具体管理办法由国务院制定。

（二十）职业病防治管理措施

用人单位应当采取下列职业病防治管理措施：

（1）设置或者指定职业卫生管理机构或者组织，配备专职或者兼职的职业卫生管理人员，负责本单位的职业病防治工作；

（2）制定职业病防治计划和实施方案；

（3）建立、健全职业卫生管理制度和操作规程；

（4）建立、健全职业卫生档案和劳动者健康监护档案；

（5）建立、健全工作场所职业病危害因素监测及评价制度；

（6）建立、健全职业病危害事故应急救援预案。

（二十一）保障职业病防治所需的资金投入

用人单位应当保障职业病防治所需的资金投入，不得挤占、挪用，并对因资金投入不足导致的后果承担责任。

（二十二）职业病防护设施与职业病防护用品

用人单位必须采用有效的职业病防护设施，并为劳动者提供个人使用的职业病防护用品。

用人单位为劳动者个人提供的职业病防护用品必须符合防治职业病的要求；不符合要求的，不得使用。

（二十三）优先采用保护劳动者健康的"四新"

用人单位应当优先采用有利于防治职业病和保护劳动者健康的新技术、新工艺、新设备、新材料，逐步替代职业病危害严重的技术、工艺、设备、材料。

（二十四）设置公告栏

产生职业病危害的用人单位，应当在醒目位置设置公告栏，公布有关职业病防治的规章制度、操作规程、职业病危害事故应急救援措施和工作场所职业病危害因素检测结果。

对产生严重职业病危害的作业岗位，应当在其醒目位置，设置警示标识和中文警示说明。警示说明应当载明产生职业病危害的种类、后果、预防以及应急救治措施等内容。

可能产生职业病危害的化学品、放射性同位素和含有放射性物质的材料的产品包装应当有醒目的警示标识和中文警示说明。

（二十五）设置报警装置，配置现场急救用品、泄险区等

对可能发生急性职业损伤的有毒、有害工作场所，用人单位应当设置报警装置，配置现场急救用品、冲洗设备、应急撤离通道和必要的泄险区。

对放射工作场所和放射性同位素的运输、贮存，用人单位必须配置防护设备和报警装置，保证接触放射线的工作人员佩戴个人剂量计。

存在放射性同位素和使用放射性装置的作业场所，设置"当心电离辐射"警告标识和相应的指令标识。

对职业病防护设备、应急救援设施和个人使用的职业病防护用品，用人单位应当进行经常性的维护、检修，定期检测其性能和效果，确保其处于正常状态，不得擅自拆除或者停止使用。

企业应对应急救援设备、设施建立健全各种规章制度和岗位操作规程。

企业对应急设备、设施的管理方面应制定的主要制度包括安全生产责任制度、安全生产教育培训制度、安全生产检查制度等。

（二十六）职业病危害因素日常监测

用人单位应当实施由专人负责的职业病危害因素日常监测，并确保监测系统处于正常运行状态。

用人单位应当按照国务院卫生行政部门的规定，定期对工作场所进行职业病危害因素检测、评价。检测、评价结果存入用人单位职业卫生档案，定期向所在地卫生行政部门报告并向劳动者公布。

职业病危害因素检测、评价由依法设立的取得国务院卫生行政部门或者设区的市级以上地方人民政府卫生行政部门按照职责分工给予资质认可的职业卫生技术服务机构进行。职业卫生技术服务机构所作检测、评价应当客观、真实。

发现工作场所职业病危害因素不符合国家职业卫生标准和卫生要求时,用人单位应当立即采取相应治理措施,仍然达不到国家职业卫生标准和卫生要求的,必须停止存在职业病危害因素的作业;职业病危害因素经治理后,符合国家职业卫生标准和卫生要求的,方可重新作业。

(二十七) 设置警示标识和中文警示说明

向用人单位提供可能产生职业病危害的设备的,应当提供中文说明书,并在设备的醒目位置设置警示标识和中文警示说明。警示说明应当载明设备性能、可能产生的职业病危害、安全操作和维护注意事项、职业病防护以及应急救治措施等内容。

(二十八) 放射性同位素和含有放射性物质的管理

向用人单位提供可能产生职业病危害的化学品、放射性同位素和含有放射性物质的材料的,应当提供中文说明书。说明书应当载明产品特性、主要成分、存在的有害因素、可能产生的危害后果、安全使用注意事项、职业病防护以及应急救治措施等内容。产品包装应当有醒目的警示标识和中文警示说明。贮存上述材料的场所应当在规定的部位设置危险物品标识或者放射性警示标识。

国内首次使用或者首次进口与职业病危害有关的化学材料,使用单位或者进口单位按照国家规定经国务院有关部门批准后,应当向国务院卫生行政部门报送该化学材料的毒性鉴定以及经有关部门登记注册或者批准进口的文件等资料。

进口放射性同位素、射线装置和含有放射性物质的物品的,按照国家有关规定办理。

(二十九) 不得生产、经营、进口和使用明令禁止使用的设备或材料

任何单位和个人不得生产、经营、进口和使用国家明令禁止使用的可能产生职业病危害的设备或者材料。

(三十) 不得将产生职业病危害的作业转移给不具备条件的单位

任何单位和个人不得将产生职业病危害的作业转移给不具备职业病防护条件的单位和个人。不具备职业病防护条件的单位和个人不得接受产生职业病危害的作业。

(三十一) 应知悉技术和工艺等产生的职业病危害

用人单位对采用的技术、工艺、设备、材料,应当知悉其产生的职业病危害,对有职业病危害的技术、工艺、设备、材料隐瞒其危害而采用的,对所造成的职业病危害后果承担责任。

(三十二) 告知职业病危害及其后果

用人单位与劳动者订立劳动合同(含聘用合同,下同)时,应当将工作过程中可能产生的职业病危害及其后果、职业病防护措施和待遇等如实告知劳动者,并在劳动合同中写明,不得隐瞒或者欺骗。

劳动者在已订立劳动合同期间因工作岗位或者工作内容变更,从事与所订立劳动合同中未告知的存在职业病危害的作业时,用人单位应当依照前款规定,向劳动者履行如实告知的义务,并协商变更原劳动合同相关条款。

用人单位违反前两款规定的,劳动者有权拒绝从事存在职业病危害的作业,用人单位不得因此解除与劳动者所订立的劳动合同。

某树脂制品有限公司生产过程中大量使用有机溶剂甲苯,人工操作,没有通风设施。员工方某发生疑似急性甲苯中毒,经诊断为"轻度甲苯中毒"。经职业卫生监督人员现场检查发现,该公司未向卫生行政部门申报存在职业危害因素,未组织操作人员上岗前、在岗期间、离岗时的职业健康检查,未设立职业健康监护档案,无工作场所职业病危害因素监测及评价资料,未建立职业病防治管理制度和职业病危害事故应急救援预案,职业病危害因素岗位操作人员未佩戴有效的个人防护用品,未设立警示标志和中文警示说明。

根据上述事实,请判断:订立劳动合同时,企业可以将工作过程中可能产生的部分职业病危害及其后果、职业病防护措施和待遇如实告知劳动者。(   )

[判断:错误。]

用人单位与劳动者订立劳动合同时,应当将工作过程中可能产生的职业病危害及其后果、职业病防护措施和待遇等如实告知劳动者,而不是告知部分职业病危害及其后果、职业病防护措施和待遇。

(三十三) 职业卫生培训

用人单位的主要负责人和职业卫生管理人员应当接受职业卫生培训,遵守职业病防治法律、法规,依法组织本单位的职业病防治工作。

用人单位应当对劳动者进行上岗前的职业卫生培训和在岗期间的定期职业卫生培训,普及职业卫生知识,督促劳动者遵守职业病防治法律、法规、规章和操作规程,指导劳动者正确使用职业病防护设备和个人使用的职业病防护用品。

劳动者应当学习和掌握相关的职业卫生知识,增强职业病防范意识,遵守职业病防治法律、法规、规章和操作规程,正确使用、维护职业病防护设备和个人使用的职业病防护用品,发现职业病危害事故隐患应当及时报告。

劳动者不履行前款规定义务的,用人单位应当对其进行教育。

(三十四) 职业健康检查

对从事接触职业病危害的作业的劳动者,用人单位应当按照国务院卫生行政部门的规定组织上岗前、在岗期间和离岗时的职业健康检查,并将检查结果书面告知劳动者。职业健康检查费用由用人单位承担。

用人单位不得安排未经上岗前职业健康检查的劳动者从事接触职业病危害的作业;不得安排有职业禁忌的劳动者从事其所禁忌的作业;对在职业健康检查中发现有与所从事的职业相关的健康损害的劳动者,应当调离原工作岗位,并妥善安置;对未进行离岗前职业健康检查的劳动者不得解除或者终止与其订立的劳动合同。

职业健康检查应当由取得"医疗机构执业许可证"的医疗卫生机构承担。卫生行政部门应当加强对职业健康检查工作的规范管理,具体管理办法由国务院卫生行政部门制定。

(三十五) 职业健康监护档案

用人单位应当为劳动者建立职业健康监护档案,并按照规定的期限妥善保存。

职业健康监护档案应当包括劳动者的职业史、职业病危害接触史、职业健康检查结果和职业病诊疗等有关个人健康资料。

劳动者离开用人单位时,有权索取本人职业健康监护档案复印件,用人单位应当如实、无偿提供,并在所提供的复印件上签章。

(三十六) 职业病危害事故的应急救援和控制措施

发生或者可能发生急性职业病危害事故时,用人单位应当立即采取应急救援和控制措施,并及时报告所在地卫生行政部门和有关部门。卫生行政部门接到报告后,应当及时会同有关部门组织调查处理;必要时,可以采取临时控制措施。卫生行政部门应当组织做好医疗救治工作。

对遭受或者可能遭受急性职业病危害的劳动者,用人单位应当及时组织救治、进行健康检查和医学观察,所需费用由用人单位承担。

(三十七) 未成年工和孕期、哺乳期的女职工保护

用人单位不得安排未成年工从事接触职业病危害的作业;不得安排孕期、哺乳期的女职工从事对本人和胎儿、婴儿有危害的作业。

《女职工劳动保护特别规定》规定,对怀孕7个月以上的女职工,用人单位不得延长劳动时间或者安排夜班劳动,并应当在劳动时间内安排一定的休息时间。

(三十八) 劳动者享有的职业卫生保护权利

(1) 获得职业卫生教育、培训;

(2) 获得职业健康检查、职业病诊疗、康复等职业病防治服务;

(3) 了解工作场所产生或者可能产生的职业病危害因素、危害后果和应当采取的职业病防护措施;

(4) 要求用人单位提供符合防治职业病要求的职业病防护设施和个人使用的职业病防护用品,改善工作条件;

(5) 对违反职业病防治法律、法规以及危及生命健康的行为提出批评、检举和控告;

(6) 拒绝违章指挥和强令进行没有职业病防护措施的作业;

(7) 参与用人单位职业卫生工作的民主管理,对职业病防治工作提出意见和建议。

用人单位应当保障劳动者行使前款所列权利。因劳动者依法行使正当权利而降低其工资、福利等待遇或者解除、终止与其订立的劳动合同的,其行为无效。

案例

某地一化工有限公司所属分装厂分装农药。由于没有严格的防护措施,几名临时招聘的女工在倒装农药时,先后发生头晕、恶心、呕吐等中毒症状,相继被送到医院。因抢救及时没有人员死亡。

根据上述事实,请判断:该公司招聘人员应当进行上岗前和在岗期间的职业卫生教育和培训,普及有关职业卫生知识。(　　　)

[判断:正确]

(三十九) 预防和治理职业病费用据实列支

用人单位按照职业病防治要求,用于预防和治理职业病危害、工作场所卫生检测、健康监护和职业卫生培训等费用,按照国家有关规定,在生产成本中据实列支。

(四十) 职业健康检查应当由取得"医疗机构职业许可证"的医疗卫生机构承担

承担职业病诊断的医疗卫生机构应当具备下列条件:

（1）具有与开展职业病诊断相适应的医疗卫生技术人员；

（2）具有与开展职业病诊断相适应的仪器、设备；

（3）具有健全的职业病诊断质量管理制度。

承担职业病诊断的医疗卫生机构不得拒绝劳动者进行职业病诊断的要求。

（四十一）职业病诊断应当综合分析的因素

职业病诊断应当综合分析以下因素：

（1）病人的职业史；

（2）职业病危害接触史和工作场所职业病危害因素情况；

（3）临床表现以及辅助检查结果等。

没有证据否定职业病危害因素与病人临床表现之间的必然联系的，应当诊断为职业病。

职业接触超过卫生限值不是诊断为职业病的必要条件。

职业病诊断证明书应当由参与诊断的取得职业病诊断资格的职业医师签署，并经承担职业病诊断的医疗卫生机构审核盖章。

（四十二）用人单位如实提供相关职业病诊断、鉴定资料

用人单位应当如实提供职业病诊断、鉴定所需的劳动者职业史和职业病危害接触史、工作场所职业病危害因素检测结果等资料；卫生行政部门应当监督检查和督促用人单位提供上述资料；劳动者和有关机构也应当提供与职业病诊断、鉴定有关的资料。

职业病诊断、鉴定机构需要了解工作场所职业病危害因素情况时，可以对工作场所进行现场调查，也可以向卫生行政部门提出，卫生行政部门应当在十日内组织现场调查。用人单位不得拒绝、阻挠。

（四十三）职业病诊断、鉴定

职业病诊断、鉴定过程中，用人单位不提供工作场所职业病危害因素检测结果等资料的，诊断、鉴定机构应当结合劳动者的临床表现、辅助检查结果和劳动者的职业史、职业病危害接触史，并参考劳动者的自述、卫生行政部门提供的日常监督检查信息等，作出职业病诊断、鉴定结论。

劳动者对用人单位提供的工作场所职业病危害因素检测结果等资料有异议，或者因劳动者的用人单位解散、破产，无用人单位提供上述资料的，诊断、鉴定机构应当提请卫生行政部门进行调查，卫生行政部门应当自接到申请之日起三十日内对存在异议的资料或者工作场所职业病危害因素情况作出判定；有关部门应当配合。

（四十四）仲裁

职业病诊断、鉴定过程中，在确认劳动者职业史、职业病危害接触史时，当事人对劳动关系、工种、工作岗位或者在岗时间有争议的，可以向当地的劳动人事争议仲裁委员会申请仲裁；接到申请的劳动人事争议仲裁委员会应当受理，并在三十日内作出裁决。

当事人在仲裁过程中对自己提出的主张，有责任提供证据。劳动者无法提供由用人单位掌握管理的与仲裁主张有关的证据的，仲裁庭应当要求用人单位在指定期限内提供；用人单位在指定期限内不提供的，应当承担不利后果。

劳动者对仲裁裁决不服的，可以依法向人民法院提起诉讼。

用人单位对仲裁裁决不服的，可以在职业病诊断、鉴定程序结束之日起十五日内依法向人民法院提起诉讼；诉讼期间，劳动者的治疗费用按照职业病待遇规定的途径支付。

(四十五) 发现职业病病人或者疑似职业病病人时报告

用人单位和医疗卫生机构发现职业病病人或者疑似职业病病人时,应当及时向所在地卫生行政部门报告。确诊为职业病的,用人单位还应当向所在地劳动保障行政部门报告。接到报告的部门应当依法作出处理。

(四十六) 对职业病诊断有异议的鉴定

当事人对职业病诊断有异议的,可以向作出诊断的医疗卫生机构所在地地方人民政府卫生行政部门申请鉴定。

职业病诊断争议由设区的市级以上地方人民政府卫生行政部门根据当事人的申请,组织职业病诊断鉴定委员会进行鉴定。

当事人对设区的市级职业病诊断鉴定委员会的鉴定结论不服的,可以向省、自治区、直辖市人民政府卫生行政部门申请再鉴定。

(四十七) 职业病诊断鉴定委员会由相关专业的专家组成

职业病诊断鉴定委员会应当按照国务院卫生行政部门颁布的职业病诊断标准和职业病诊断、鉴定办法进行职业病诊断鉴定,向当事人出具职业病诊断鉴定书。职业病诊断、鉴定费用由用人单位承担。

(四十八) 用人单位承担疑似职业病病人诊断、医学观察费用

医疗卫生机构发现疑似职业病病人时,应当告知劳动者本人并及时通知用人单位。

用人单位应当及时安排对疑似职业病病人进行诊断;在疑似职业病病人诊断或者医学观察期间,不得解除或者终止与其订立的劳动合同。

疑似职业病病人在诊断、医学观察期间的费用,由用人单位承担。

(四十九) 职业病病人享受国家规定的职业病待遇

用人单位应当保障职业病病人依法享受国家规定的职业病待遇。

用人单位应当按照国家有关规定,安排职业病病人进行治疗、康复和定期检查。

用人单位对不适宜继续从事原工作的职业病病人,应当调离原岗位,并妥善安置。

用人单位对从事接触职业病危害的作业的劳动者,应当给予适当岗位津贴。

(五十) 职业病病人的社会保障按照工伤保险的规定执行

职业病病人的诊疗、康复费用,伤残以及丧失劳动能力的职业病病人的社会保障,按照国家有关工伤保险的规定执行。

(五十一) 有权向用人单位提出赔偿要求

职业病病人除依法享有工伤保险外,依照有关民事法律,尚有获得赔偿的权利的,有权向用人单位提出赔偿要求。

(五十二) 没有参加工伤保险的职业病病人的医疗和生活保障由用人单位承担

劳动者被诊断患有职业病,但用人单位没有依法参加工伤保险的,其医疗和生活保障由该用人单位承担。

(五十三) 职业病病人变动工作单位享有的待遇不变

职业病病人变动工作单位,其依法享有的待遇不变。

用人单位在发生分立、合并、解散、破产等情形时,应当对从事接触职业病危害的作业的劳动者进行健康检查,并按照国家有关规定妥善安置职业病病人。

(五十四)无法确认劳动关系的职业病病人待遇

用人单位已经不存在或者无法确认劳动关系的职业病病人,可以向地方人民政府医疗保障、民政部门申请医疗救助和生活等方面的救助。

(五十五)监督检查时有权采取的措施

卫生行政部门履行监督检查职责时,有权采取下列措施:

(1)进入被检查单位和职业病危害现场,了解情况,调查取证;

(2)查阅或者复制与违反职业病防治法律、法规的行为有关的资料和采集样品;

(3)责令违反职业病防治法律、法规的单位和个人停止违法行为。

(五十六)违法行为处罚之一

建设单位违反本法规定,有下列行为之一的,由卫生行政部门给予警告,责令限期改正;逾期不改正的,处十万元以上五十万元以下的罚款;情节严重的,责令停止产生职业病危害的作业,或者提请有关人民政府按照国务院规定的权限责令停建、关闭:

(1)未按照规定进行职业病危害预评价的;

(2)医疗机构可能产生放射性职业病危害的建设项目未按照规定提交放射性职业病危害预评价报告,或者放射性职业病危害预评价报告未经卫生行政部门审核同意,开工建设的;

(3)建设项目的职业病防护设施未按照规定与主体工程同时设计、同时施工、同时投入生产和使用的;

(4)建设项目的职业病防护设施设计不符合国家职业卫生标准和卫生要求,或者医疗机构放射性职业病危害严重的建设项目的防护设施设计未经卫生行政部门审查同意擅自施工的;

(5)未按照规定对职业病防护设施进行职业病危害控制效果评价的;

(6)建设项目竣工投入生产和使用前,职业病防护设施未按照规定验收合格的。

(五十七)违法行为处罚之二

违反本法规定,有下列行为之一的,由卫生行政部门给予警告,责令限期改正;逾期不改正的,处十万元以下的罚款:

(1)工作场所职业病危害因素检测、评价结果没有存档、上报、公布的;

(2)未采取本法第二十条规定的职业病防治管理措施的;

(3)未按照规定公布有关职业病防治的规章制度、操作规程、职业病危害事故应急救援措施的;

(4)未按照规定组织劳动者进行职业卫生培训,或者未对劳动者个人职业病防护采取指导、督促措施的;

(5)国内首次使用或者首次进口与职业病危害有关的化学材料,未按照规定报送毒性鉴定资料以及经有关部门登记注册或者批准进口的文件的。

(五十八)违法行为处罚之三

用人单位违反本法规定,有下列行为之一的,由卫生行政部门责令限期改正,给予警告,可以并处五万元以上十万元以下的罚款:

(1)未按照规定及时、如实向卫生行政部门申报产生职业病危害的项目的;

(2)未实施由专人负责的职业病危害因素日常监测,或者监测系统不能正常监测的;

（3）订立或者变更劳动合同时，未告知劳动者职业病危害真实情况的；

（4）未按照规定组织职业健康检查、建立职业健康监护档案或者未将检查结果书面告知劳动者的；

（5）未依照本法规定在劳动者离开用人单位时提供职业健康监护档案复印件的。

（五十九）违法行为处罚之四

用人单位违反本法规定，有下列行为之一的，由卫生行政部门给予警告，责令限期改正，逾期不改正的，处五万元以上二十万元以下的罚款；情节严重的，责令停止产生职业病危害的作业，或者提请有关人民政府按照国务院规定的权限责令关闭：

（1）工作场所职业病危害因素的强度或者浓度超过国家职业卫生标准的；

（2）未提供职业病防护设施和个人使用的职业病防护用品，或者提供的职业病防护设施和个人使用的职业病防护用品不符合国家职业卫生标准和卫生要求的；

（3）对职业病防护设备、应急救援设施和个人使用的职业病防护用品未按照规定进行维护、检修、检测，或者不能保持正常运行、使用状态的；

（4）未按照规定对工作场所职业病危害因素进行检测、评价的；

（5）工作场所职业病危害因素经治理仍然达不到国家职业卫生标准和卫生要求时，未停止存在职业病危害因素的作业的；

（6）未按照规定安排职业病病人、疑似职业病病人进行诊治的；

（7）发生或者可能发生急性职业病危害事故时，未立即采取应急救援和控制措施或者未按照规定及时报告的；

（8）未按照规定在产生严重职业病危害的作业岗位醒目位置设置警示标识和中文警示说明的；

（9）拒绝职业卫生监督管理部门监督检查的；

（10）隐瞒、伪造、篡改、毁损职业健康监护档案、工作场所职业病危害因素检测评价结果等相关资料，或者拒不提供职业病诊断、鉴定所需资料的；

（11）未按照规定承担职业病诊断、鉴定费用和职业病病人的医疗、生活保障费用的。

（六十）违法行为处罚之五

违反本法规定，有下列情形之一的，由卫生行政部门责令限期治理，并处五万元以上三十万元以下的罚款；情节严重的，责令停止产生职业病危害的作业，或者提请有关人民政府按照国务院规定的权限责令关闭：

（1）隐瞒技术、工艺、设备、材料所产生的职业病危害而采用的；

（2）隐瞒本单位职业卫生真实情况的；

（3）可能发生急性职业损伤的有毒、有害、放射工作场所或者放射性同位素的运输、贮存不符合本法第二十五条规定的；

（4）使用国家明令禁止使用的可能产生职业病危害的设备或者材料的；

（5）将产生职业病危害的作业转移给没有职业病防护条件的单位和个人，或者没有职业病防护条件的单位和个人接受产生职业病危害的作业的；

（6）擅自拆除、停止使用职业病防护设备或者应急救援设施的；

（7）安排未经职业健康检查的劳动者、有职业禁忌的劳动者、未成年工或者孕期、哺乳期女职工从事接触职业病危害的作业或者禁忌作业的；

（8）违章指挥和强令劳动者进行没有职业病防护措施的作业的。

(六十一) 与本法相关的其他若干规定

(1) 职业病危害,是指对从事职业活动的劳动者可能导致职业病的各种危害。职业病危害因素包括职业活动中存在的各种有害的化学、物理、生物因素以及在作业过程中产生的其他职业有害因素。

(2) 职业禁忌,是指劳动者从事特定职业或者接触特定职业病危害因素时,比一般职业人群更易于遭受职业病危害和罹患职业病或者可能导致原有自身疾病病情加重,或者在从事作业过程中诱发可能导致对他人生命健康构成危险的疾病的个人特殊生理或者病理状态。

(3) 职业病危害因素分类目录

① 国家卫生计生委等部门在 2015 年公布了职业病危害因素分类目录。其中,粉尘 52 种,化学因素 375 种,物理因素 15 种,放射性因素 8 种,生物因素 6 种,其他因素 3 种,共计 459 种。

② 国家卫生计生委等部门在 2013 年公布了职业病分类目录,共计 10 类 132 种。其中:A. 职业性尘肺病及其他呼吸系统疾病 19 种,包括尘肺病 13 种(不包括木工尘肺)、其他呼吸系统疾病 6 种;B. 职业性皮肤病 9 种;C. 职业性眼病 3 种;D. 职业性耳鼻喉口腔疾病 4 种;E. 职业性化学中毒 60 种;F. 物理因素所致职业病 7 种;G. 职业性放射性疾病 11 种;H. 职业性传染病 5 种;I. 职业性肿瘤 11 种;J. 其他职业病 3 种。

③ 由职业病危害因素所引起的疾病称为职业病,由国家主管部门公布的职业病目录所列的职业病称法定职业病。

④ 职业性哮喘是指由于接触职业环境中的致喘物质后引起的哮喘。典型的职业性哮喘表现为工作期间或工作后出现咳嗽、喘息、胸闷或伴有鼻炎、结膜炎等症状。症状的发生与工作环境有密切关系。职业性哮喘不属于生物因素所致职业病。生产过程职业病危害因素中的有毒物质属于化学因素。

⑤ 在劳动过程、生产过程和生产(作业)环境中存在的危害劳动者健康的因素,称为职业病危害因素,包括职业活动中存在的各种有害的化学、物理、生物等因素,以及在作业过程中产生的其他职业有害因素。

生产过程中的职业性危害因素按其性质可分为化学因素、物理因素、生物因素等。

⑥ 物理因素所致职业病包括中暑、减压病、高原病、航空病、手臂振动病、激光所致眼(角膜、晶状体、视网膜)损伤、冻伤。生产过程中职业病危害因素的物理因素一般包括异常的气候条件、工作环境、电离辐射线和非电离辐射线等。

⑦ 职业危害识别的方法中属定量分析法的是检测检验法。

在职业危害识别过程中,并不是对生产中使用的全部化学品、中间产物和产品均进行职业卫生检测。

⑧ 职业病危害因素达到一定程度,并在一定条件下,使劳动者健康发生损伤称为职业性损伤。

⑨ 职业病危害因素,也有人称职业性危害因素所致职业危害的性质和强度并不完全取决于危害因素的本身理化性能。

危险、危害因素是指能使人造成伤亡,对物造成突发性损坏或影响人的身体健康导致疾病,对物造成慢性损坏的因素。

⑩ 劳动过程中的职业病危害因素一般包括:劳动组织和制度不合理、劳动强度大或劳动组织安排不当、人体个别器官或系统过度紧张和不良的人机因素等。

⑪ 生产环境的职业病危害因素一般包括:生产场所设计不符合卫生标准、缺乏必要的安全卫生技术设施、缺乏安全防护设施等。注意不要把这些因素误认为是劳动过程中的职业病危害因素。

在劳动组织不合理、操作体位不良、照明不良三个因素中,照明不良不属于与劳动过程有关的职业性危害因素。注意不要把这些因素误认为是生产环境的职业病危害因素。

三、《消防法》及解读

1998 年 4 月 29 日第九届全国人民代表大会常务委员会第二次会议通过《中华人民共和国消防法》。2008 年 10 月 28 日第十一届全国人民代表大会常务委员会第五次会议修订通过。根据 2019 年 4 月 23 日第十三届全国人民代表大会常务委员会第十次会议《关于修改〈中华人民共和国建筑法〉等八部法律的决定》修正。《中华人民共和国消防法》(简称《消防法》)的内容包括总则、火灾预防、消防组织、灭火救援、监督检查、法律责任、附则,共 7 章 74 条。其中与危险化学品相关的内容主要包括以下几点:

(一)立法目的

为了预防火灾和减少火灾危害,加强应急救援工作,保护人身、财产安全,维护公共安全,制定本法。

(二)消防工作方针

消防工作贯彻预防为主、防消结合的方针,按照政府统一领导、部门依法监管、单位全面负责、公民积极参与的原则,实行消防安全责任制,建立健全社会化的消防工作网络。

(三)国务院应急管理部门对全国的消防工作实施监督管理

国务院应急管理部门对全国的消防工作实施监督管理。县级以上地方人民政府应急管理部门对本行政区域内的消防工作实施监督管理,并由本级人民政府消防救援机构负责实施。军事设施的消防工作,由其主管单位监督管理,消防救援机构协助;矿井地下部分、核电厂、海上石油天然气设施的消防工作,由其主管单位监督管理。

县级以上人民政府其他有关部门在各自的职责范围内,依照本法和其他相关法律、法规的规定做好消防工作。

法律、行政法规对森林、草原的消防工作另有规定的,从其规定。

(四)消防义务

任何单位和个人都有维护消防安全、保护消防设施、预防火灾、报告火警的义务。任何单位和成年人都有参加有组织的灭火工作的义务。

(五)消防宣传教育

各级人民政府应当组织开展经常性的消防宣传教育,提高公民的消防安全意识。

(六)建设工程的消防设计、施工符合消防技术标准

建设工程的消防设计、施工必须符合国家工程建设消防技术标准。建设、设计、施工、工程监理等单位依法对建设工程的消防设计、施工质量负责。

(七)机关、团体、企业、事业等单位的消防安全职责

(1)落实消防安全责任制,制定本单位的消防安全制度、消防安全操作规程,制定灭火和应急疏散预案;

(2)按照国家标准、行业标准配置消防设施、器材,设置消防安全标志,并定期组织检验、维修,确保完好有效;

(3)对建筑消防设施每年至少进行一次全面检测,确保完好有效,检测记录应当完整准确,存档备查；

（4）保障疏散通道、安全出口、消防车通道畅通,保证防火防烟分区、防火间距符合消防技术标准；

（5）组织防火检查,及时消除火灾隐患；

（6）组织进行有针对性的消防演练；

（7）法律、法规规定的其他消防安全职责。

单位的主要负责人是本单位的消防安全责任人。

（八）消防安全重点单位的消防安全职责

消防安全重点单位除应当履行机关、团体、企业、事业等单位的职责外,还应当履行下列消防安全职责：

（1）确定消防安全管理人,组织实施本单位的消防安全管理工作；

（2）建立消防档案,确定消防安全重点部位,设置防火标志,实行严格管理；

（3）实行每日防火巡查,并建立巡查记录；

（4）对职工进行岗前消防安全培训,定期组织消防安全培训和消防演练。

（九）安全距离

生产、储存、经营易燃易爆危险品的场所不得与居住场所设置在同一建筑物内,并应当与居住场所保持安全距离。

生产、储存、经营其他物品的场所与居住场所设置在同一建筑物内的,应当符合国家工程建设消防技术标准。

易爆炸物品厂房之间的安全距离是根据爆炸产生的冲击波确定的。

（十）禁止在具有火灾、爆炸危险的场所吸烟、使用明火

禁止在具有火灾、爆炸危险的场所吸烟、使用明火。因施工等特殊情况需要使用明火作业的,应当按照规定事先办理审批手续,采取相应的消防安全措施；作业人员应当遵守消防安全规定。

进行电焊、气焊等具有火灾危险作业的人员和自动消防系统的操作人员,必须持证上岗,并遵守消防安全操作规程。

（十一）工厂、仓库和专用车站、码头、充装站、供应站、调压站消防安全要求

生产、储存、装卸易燃易爆危险品的工厂、仓库和专用车站、码头的设置,应当符合消防技术标准。易燃易爆气体和液体的充装站、供应站、调压站,应当设置在符合消防安全要求的位置,并符合防火防爆要求。

已经设置的生产、储存、装卸易燃易爆危险品的工厂、仓库和专用车站、码头,易燃易爆气体和液体的充装站、供应站、调压站,不再符合前款规定的,地方人民政府应当组织、协调有关部门、单位限期解决,消除安全隐患。

（十二）消防产品符合国家标准

消防产品必须符合国家标准；没有国家标准的,必须符合行业标准。禁止生产、销售或者使用不合格的消防产品以及国家明令淘汰的消防产品。

（十三）不得损坏、挪用或者擅自拆除、停用消防设施、器材

任何单位、个人不得损坏、挪用或者擅自拆除、停用消防设施、器材,不得埋压、圈占、遮挡消火栓或者占用防火间距,不得占用、堵塞、封闭疏散通道、安全出口、消防车通道。人员密集场所

的门窗不得设置影响逃生和灭火救援的障碍物。

（十四）单位专职消防队

下列单位应当建立单位专职消防队，承担本单位的火灾扑救工作：

（1）大型核设施单位、大型发电厂、民用机场、主要港口；

（2）生产、储存易燃易爆危险品的大型企业；

（3）储备可燃的重要物资的大型仓库、基地；

（4）火灾危险性较大、距离公安消防队较远的其他大型企业；

（5）距离公安消防队较远、被列为全国重点文物保护单位的古建筑群的管理单位。

专职消防队的队员依法享受社会保险和福利待遇。

（十五）任何人发现火灾都应当立即报警

任何单位、个人都应当无偿为报警提供便利，不得阻拦报警。严禁谎报火警。

（十六）消防机构有权封闭火灾现场，负责调查火灾原因

消防救援机构有权根据需要封闭火灾现场，负责调查火灾原因，统计火灾损失。

火灾扑灭后，发生火灾的单位和相关人员应当按照消防救援机构的要求保护现场，接受事故调查，如实提供与火灾有关的情况。

（十七）违法行为处罚

单位违反本法规定，有下列行为之一的，责令改正，处五千元以上五万元以下罚款：

（1）消防设施、器材或者消防安全标志的配置、设置不符合国家标准、行业标准，或者未保持完好有效的；

（2）损坏、挪用或者擅自拆除、停用消防设施、器材的；

（3）占用、堵塞、封闭疏散通道、安全出口或者有其他妨碍安全疏散行为的；

（4）埋压、圈占、遮挡消火栓或者占用防火间距的；

（5）占用、堵塞、封闭消防车通道，妨碍消防车通行的；

（6）人员密集场所在门窗上设置影响逃生和灭火救援的障碍物的；

（7）对火灾隐患经公安机关消防机构通知后不及时采取措施消除的。

四、其他法律概述

（一）《特种设备安全法》及解读

《中华人民共和国特种设备安全法》（简称《特种设备安全法》）于 2013 年 6 月 29 日公布，自 2014 年 1 月 1 日起施行。《特种设备安全法》的内容包括总则、生产经营使用、检验检测、监督管理、事故应急救援与调查处理、法律责任、附则，共 7 章 101 条。与危险化学品相关的内容主要包括以下几点：

（1）特种设备的生产（包括设计、制造、安装、改造、修理）、经营、使用、检验、检测和特种设备安全的监督管理，适用本法。

本法所称特种设备，是指对人身和财产安全有较大危险性的锅炉、压力容器（含气瓶）、压力管道、电梯、起重机械、客运索道、大型游乐设施、场（厂）内专用机动车辆，以及法律、行政法规规定适用本法的其他特种设备。

（2）特种设备生产、使用单位应当建立、健全特种设备安全、节能管理制度和岗位安全、节能责任制度。

特种设备生产、使用单位的主要负责人应当对本单位特种设备的安全和节能全面负责。

（3）特种设备使用单位应当在特种设备投入使用前或者投入使用后 30 日内,向负责特种设备安全监督管理的部门办理使用登记,取得使用登记证书。登记标志应当置于该特种设备的显著位置。

（4）特种设备使用单位应当按照安全技术规范的要求,在检验合格有效期届满前 1 个月向特种设备检验机构提出定期检验要求。

特种设备检验机构接到定期检验要求后,应当按照安全技术规范的要求及时进行安全性能检验。特种设备使用单位应当将定期检验标志置于该特种设备的显著位置。

未经定期检验或者检验不合格的特种设备,不得继续使用。

（5）与本法相关的监察条例:《特种设备安全监察条例》于 2003 年 3 月 11 日以国务院令第 373 号公布,根据 2009 年 1 月 24 日《国务院关于修改〈特种设备安全监察条例〉的决定》修订,自 2009 年 5 月 1 日起施行。该条例分总则、特种设备的生产、特种设备的使用、检验检测、监督检查、事故预防和调查处理、法律责任和附则几部分。该条例有关内容介绍如下:

① 特种设备使用单位应当使用符合安全技术规范要求的特种设备。特种设备投入使用前,使用单位应当核对其是否附有本条例第十五条规定的相关文件。

② 特种设备在投入使用前或者投入使用后 30 日内,特种设备使用单位应当向直辖市或者设区的市的特种设备安全监督管理部门登记。登记标志应当置于或者附着于该特种设备的显著位置。

③ 特种设备使用单位应当对在用特种设备进行经常性日常维护保养,并定期自行检查。

特种设备使用单位对在用特种设备应当至少每月进行一次自行检查,并作出记录。特种设备使用单位在对在用特种设备进行自行检查和日常维护保养时发现异常情况的,应当及时处理。

④ 锅炉、压力容器、电梯、起重机械、客运索道、大型游乐设施、场(厂)内专用机动车辆的作业人员及其相关管理人员(以下统称特种设备作业人员),应当按照国家有关规定经特种设备安全监督管理部门考核合格,取得国家统一格式的特种作业人员证书,方可从事相应的作业或者管理工作。

⑤ 特种设备安全监督管理部门应当制定特种设备应急预案。特种设备使用单位应当制定事故应急专项预案,并定期进行事故应急演练。

案例

某火力发电厂有 6 台额定压力 13.72 MPa、额定蒸发量 670 t/h 的电站锅炉。为保证锅炉启动和稳定燃烧,建有 2 个 500 m³ 的轻柴油储罐。为发电机冷却,建有制氢站。制氢站装有 1 套制氢设备和 4 个氢罐,氢罐的工作压力为 3.2 MPa,体积为 13.9 m³。锅炉燃用煤粉由磨煤机加工后,经输粉管道直接进入炉膛。因生产需要,该厂决定对磨煤输粉系统进行改造。改造工程包括拆除部分距离地面 6 m 高的破损输粉管道,更换新管道。在施工中,部分拆除和安装工作在脚手架上进行,使用额定起重量为 5 t 的电动葫芦。拆除旧管道时,使用乙炔进行气割。新管道焊接前,使用角磨机进行抛光。拆除的旧管道和其他旧设备使用叉车运走。施工现场周围有正在使用的动力电缆和高温管道,还有部分未清除的煤粉。

（1）根据上述情况,该厂特种设备不包括(　　　)。

（2）请判断:该厂特种作业包括焊接、气割、厂内机动车(叉车)驾驶等。(　　　)

〔**答案**:（1）该厂特种设备不包括发电机。（2）正确,该厂特种作业包括焊接、气割、厂内机动车(叉车)驾驶等。〕

(二)《突发事件应对法》及解读

《中华人民共和国突发事件应对法》(简称《突发事件应对法》)于 2007 年 8 月 30 日第十届全国人民代表大会常务委员会第二十九次会议通过,自 2007 年 11 月 1 日起施行。《突发事件应对法》内容包括总则、预防与应急准备、监测与预警、应急处置与救援、事后恢复与重建、法律责任、附则等 7 章 70 条。有关内容简述如下:

(1) 适用范围:突发事件的预防与应急准备、监测与预警、应急处置与救援、事后恢复与重建等应对活动,适用本法。

(2) 突发事件定义:本法所称突发事件,是指突然发生,造成或者可能造成严重社会危害,需要采取应急处置措施予以应对的自然灾害、事故灾难、公共卫生事件和社会安全事件。

按照社会危害程度、影响范围等因素,自然灾害、事故灾难、公共卫生事件分为特别重大、重大、较大和一般四级。

(3) 国家建立统一领导、综合协调、分类管理、分级负责、属地管理为主的应急管理体制。

(4) 突发事件应对工作实行预防为主、预防与应急相结合的原则。国家建立重大突发事件风险评估体系,对可能发生的突发事件进行综合性评估,减少重大突发事件的发生,最大限度地减轻重大突发事件的影响。

(5) 县级人民政府对本行政区域内突发事件的应对工作负责;涉及两个以上行政区域的,由有关行政区域共同的上一级人民政府负责,或者由各有关行政区域的上一级人民政府共同负责。

突发事件发生后,发生地县级人民政府应当立即采取措施控制事态发展,组织开展应急救援和处置工作,并立即向上一级人民政府报告,必要时可以越级上报。

(6) 有关人民政府及其部门为应对突发事件,可以征用单位和个人的财产。被征用的财产在使用完毕或者突发事件应急处置工作结束后,应当及时返还。财产被征用或者征用后毁损、灭失的,应当给予补偿。

(7) 国家建立健全突发事件应急预案体系:国务院制定国家突发事件总体应急预案,组织制定国家突发事件专项应急预案;国务院有关部门根据各自的职责和国务院相关应急预案,制定国家突发事件部门应急预案。

地方各级人民政府和县级以上地方各级人民政府有关部门根据有关法律、法规、规章、上级人民政府及其有关部门的应急预案以及本地区的实际情况,制定相应的突发事件应急预案。

应急预案制定机关应当根据实际需要和情势变化,适时修订应急预案。应急预案的制定、修订程序由国务院规定。

国务院已经颁布了国家突发公共事件总体应急预案、国家安全生产事故灾难应急预案、国家突发环境事件应急预案等应急预案。专项应急预案主要是国务院及其有关部门为应对某一类型或某几种类型突发公共事件而制定的应急预案。

突发环境事件是指由于污染物排放或自然灾害、生产安全事故等因素,导致污染物或放射性物质等有毒有害物质进入大气、水体、土壤等环境介质,突然造成或可能造成环境质量下降,危及公众身体健康和财产安全,或造成生态环境破坏,或造成重大社会影响,需要采取紧急措施予以应对的事件,主要包括大气污染、水体污染、土壤污染等突发性环境污染事件和辐射污染事件。

按照突发事件严重性和紧急程度,突发环境事件分为特别重大环境事件(Ⅰ级)、重大环境事件(Ⅱ级)、较大环境事件(Ⅲ级)和一般环境事件(Ⅳ级)四级。根据突发环境事件的发生过程、性质和机理,突发环境事件分为突发环境污染事件、突发生物物种安全环境事件和突发辐射环境污染事件。

在国家突发环境事件应急预案中明确了突发环境事件的报告分为初报、续报和处理结果报告三类。其中,初报从发现事件后起1小时内上报,初报可用电话直接报告,主要内容包括环境事件的类型、发生时间、地点、污染源、主要污染物质、人员受害情况、捕杀或砍伐国家重点保护的野生动植物的名称和数量、自然保护区受害面积及程度、事件潜在的危害程度、转化方式趋向等初步情况。初报不是查清有关基本情况后随时上报。

(8) 矿山、建筑施工单位和易燃易爆物品、危险化学品、放射性物品等危险物品的生产、经营、储运、使用单位,应当制定具体应急预案,并对生产经营场所,有危险物品的建筑物、构筑物及周边环境开展隐患排查,及时采取措施消除隐患,防止发生突发事件。

(9) 国务院有关部门、县级以上地方各级人民政府及其有关部门、有关单位应当为专业应急救援人员购买人身意外伤害保险,配备必要的防护装备和器材,减少应急救援人员的人身风险。

(10) 县级人民政府及其有关部门、乡级人民政府、街道办事处应当组织开展应急知识的宣传普及活动和必要的应急演练。

居民委员会、村民委员会、企业事业单位应当根据所在地人民政府的要求,结合各自的实际情况,开展有关突发事件应急知识的宣传普及活动和必要的应急演练。

(11) 县级以上人民政府及其有关部门、专业机构应当通过多种途径收集突发事件信息。

县级人民政府应当在居民委员会、村民委员会和有关单位建立专职或者兼职信息报告员制度。

获悉突发事件信息的公民、法人或者其他组织,应当立即向所在地人民政府、有关主管部门或者指定的专业机构报告。

(12) 国家建立健全突发事件预警制度。

可以预警的自然灾害、事故灾难和公共卫生事件的预警级别,按照突发事件发生的紧急程度、发展势态和可能造成的危害程度分为一级、二级、三级和四级,分别用红色、橙色、黄色和蓝色标示,一级为最高级别。

(13) 任何单位和个人不得编造、传播有关突发事件事态发展或者应急处置工作的虚假信息。

(14) 突发事件发生后,履行统一领导职责或者组织处置突发事件的人民政府应当针对其性质、特点和危害程度,立即组织有关部门,调动应急救援队伍和社会力量,依照本章的规定和有关法律、法规、规章的规定采取应急处置措施。

(15) 受到自然灾害危害或者发生事故灾难、公共卫生事件的单位,应当立即组织本单位应急救援队伍和工作人员营救受害人员,疏散、撤离、安置受到威胁的人员,控制危险源,标明危险区域,封锁危险场所,并采取其他防止危害扩大的必要措施,同时向所在地县级人民政府报告;对因本单位的问题引发的或者主体是本单位人员的社会安全事件,有关单位应当按照规定上报情况,并迅速派出负责人赶赴现场开展劝解、疏导工作。

突发事件发生地的其他单位应当服从人民政府发布的决定、命令,配合人民政府采取的应急处置措施,做好本单位的应急救援工作,并积极组织人员参加所在地的应急救援和处置工作。

(16) 突发事件发生地的公民应当服从人民政府、居民委员会、村民委员会或者所属单位的指挥和安排,配合人民政府采取的应急处置措施,积极参加应急救援工作,协助维护社会秩序。

(17) 国务院根据受突发事件影响地区遭受损失的情况,制定扶持该地区有关行业发展的优惠政策。

受突发事件影响地区的人民政府应当根据本地区遭受损失的情况,制定救助、补偿、抚慰、抚恤、安置等善后工作计划并组织实施,妥善解决因处置突发事件引发的矛盾和纠纷。

公民参加应急救援工作或者协助维护社会秩序期间,其在本单位的工资待遇和福利不变;表现突出、成绩显著的,由县级以上人民政府给予表彰或者奖励。

县级以上人民政府对在应急救援工作中伤亡的人员依法给予抚恤。

(18) 单位或者个人违反本法规定,不服从所在地人民政府及其有关部门发布的决定、命令或者不配合其依法采取的措施,构成违反治安管理行为的,由公安机关依法给予处罚。

(19) 单位或者个人违反本法规定,导致突发事件发生或者危害扩大,给他人人身、财产造成损害的,应当依法承担民事责任。

(20) 违反本法规定,构成犯罪的,依法追究刑事责任。

(三)《防震减灾法》及解读

《中华人民共和国防震减灾法》(简称《防震减灾》)于 1997 年 12 月 29 日第八届全国人民代表大会常务委员会第二十九次会议通过,2008 年 12 月 27 日第十一届全国人民代表大会常务委员会第六次会议修订,自 2009 年 5 月 1 日起施行。

(1) 防震减灾工作方针:防震减灾工作,实行预防为主、防御与救助相结合的方针。

(2) 从事防震减灾活动,应当遵守国家有关防震减灾标准。

(3) 国务院地震工作主管部门负责制定全国地震烈度区划图或者地震动参数区划图。

国务院地震工作主管部门和省、自治区、直辖市人民政府负责管理地震工作的部门或者机构,负责审定建设工程的地震安全性评价报告,确定抗震设防要求。

(4) 新建、扩建、改建建设工程,应当达到抗震设防要求。

重大建设工程和可能发生严重次生灾害的建设工程,应当按照国务院有关规定进行地震安全性评价,并按照经审定的地震安全性评价报告所确定的抗震设防要求进行抗震设防。建设工程的地震安全性评价单位应当按照国家有关标准进行地震安全性评价,并对地震安全性评价报告的质量负责。

对学校、医院等人员密集场所的建设工程,应当按照高于当地房屋建筑的抗震设防要求进行设计和施工,采取有效措施,增强抗震设防能力。

(5) 建设单位对建设工程的抗震设计、施工的全过程负责。

设计单位应当按照抗震设防要求和工程建设强制性标准进行抗震设计,并对抗震设计的质量以及出具的施工图设计文件的准确性负责。

施工单位应当按照施工图设计文件和工程建设强制性标准进行施工,并对施工质量负责。

建设单位、施工单位应当选用符合施工图设计文件和国家有关标准规定的材料、构配件和设备。

工程监理单位应当按照施工图设计文件和工程建设强制性标准实施监理,并对施工质量承担监理责任。

(四)《中华人民共和国刑法修正案》(六)

(1)《刑法》第一百三十四条:在生产、作业中违反有关安全管理的规定,因而发生重大伤亡事故或者造成其他严重后果的,处三年以下有期徒刑或者拘役;情节特别恶劣的,处三年以上七年以下有期徒刑。

强令他人违章冒险作业,因而发生重大伤亡事故或者造成其他严重后果的,处五年以下有期徒刑或者拘役;情节特别恶劣的,处五年以上有期徒刑。

(2)《刑法》第一百三十五条:安全生产设施或者安全生产条件不符合国家规定,因而发生重大伤亡事故或者造成其他严重后果的,对直接负责的主管人员和其他直接责任人员,处三年以下有期徒刑或者拘役;情节特别恶劣的,处三年以上七年以下有期徒刑。

举办大型群众性活动违反安全管理规定,因而发生重大伤亡事故或者造成其他严重后果的,对直接负责的主管人员和其他直接责任人员,处三年以下有期徒刑或者拘役;情节特别恶劣的,处三年以上七年以下有期徒刑。

(3)《刑法》第一百三十六条:违反爆炸性、易燃性、放射性、毒害性、腐蚀性物品的管理规定,在生产、储存、运输、使用中发生重大事故,造成严重后果的,处三年以下有期徒刑或者拘役;后果特别严重的,处三年以上七年以下有期徒刑。

(4)《刑法》第一百三十七条:建设单位、设计单位、施工单位、工程监理单位违反国家规定,降低工程质量标准,造成重大安全事故的,对直接责任人员,处五年以下有期徒刑或者拘役,并处罚金;后果特别严重的,处五年以上十年以下有期徒刑,并处罚金。

(5)《刑法》第一百三十八条:明知校舍或者教育教学设施有危险,而不采取措施或者不及时报告,致使发生重大伤亡事故的,对直接责任人员,处三年以下有期徒刑或者拘役;后果特别严重的,处三年以上七年以下有期徒刑。

(6)《刑法》第一百三十九条:违反消防管理法规,经消防监督机构通知采取改正措施而拒绝执行,造成严重后果的,对直接责任人员,处三年以下有期徒刑或者拘役;后果特别严重的,处三年以上七年以下有期徒刑。

在安全事故发生后,负有报告职责的人员不报或者谎报事故情况,贻误事故抢救,情节严重的,处三年以下有期徒刑或者拘役;情节特别严重的,处三年以上七年以下有期徒刑。

五、危险化学品安全管理条例及解读

《危险化学品安全管理条例》经 2002 年 1 月 26 日中华人民共和国国务院令第 344 号公布。根据 2011 年 2 月 16 日国务院第 144 次常务会议修订通过,2011 年 3 月 2 日中华人民共和国国务院令第 591 号公布,自 2011 年 12 月 1 日起施行的《危险化学品安全管理条例》第一次修正。根据 2013 年 12 月 4 日国务院第 32 次常务会议通过,2013 年 12 月 7 日中华人民共和国国务院令第 645 号公布,自 2013 年 12 月 7 日起施行的《国务院关于修改部分行政法规的决定》第二次修正。该条例分为总则,生产、储存安全,使用安全,经营安全,运输安全,危险化学品登记与事故应急救援,法律责任,附则等共 8 章 102 条。该条例相关内容如下:

(一)制定本条例目的

为了加强危险化学品的安全管理,预防和减少危险化学品事故,保障人民群众生命财产安全,保护环境,制定本条例。

(二)适用范围

危险化学品生产、储存、使用、经营和运输的安全管理,适用本条例。

废弃危险化学品的处置,依照有关环境保护的法律、行政法规和国家有关规定执行。

(三)危险化学品定义

本条例所称危险化学品,是指具有毒害、腐蚀、爆炸、燃烧、助燃等性质,对人体、设施、环境具有危害的剧毒化学品和其他化学品。

（四）落实企业的主体责任

危险化学品安全管理，应当坚持安全第一、预防为主、综合治理的方针，强化和落实企业的主体责任。

生产、储存、使用、经营、运输危险化学品的单位（以下统称危险化学品单位）的主要负责人对本单位的危险化学品安全管理工作全面负责。

危险化学品单位应当具备法律、行政法规规定和国家标准、行业标准要求的安全条件，建立、健全安全管理规章制度和岗位安全责任制度，对从业人员进行安全教育、法制教育和岗位技术培训。从业人员应当接受教育和培训，考核合格后上岗作业；对有资格要求的岗位，应当配备依法取得相应资格的人员。

（五）不得生产、经营、使用国家禁止的危险化学品

任何单位和个人不得生产、经营、使用国家禁止生产、经营、使用的危险化学品。

国家对危险化学品的使用有限制性规定的，任何单位和个人不得违反限制性规定使用危险化学品。

（六）负有危险化学品安全监督管理职责的部门的职责 *

对危险化学品的生产、储存、使用、经营、运输实施安全监督管理的有关部门（以下统称负有危险化学品安全监督管理职责的部门），依照下列规定履行职责：

（1）安全生产监督管理部门负责危险化学品安全监督管理综合工作，组织确定、公布、调整危险化学品目录，对新建、改建、扩建生产、储存危险化学品（包括使用长输管道输送危险化学品，下同）的建设项目进行安全条件审查，核发危险化学品安全生产许可证、危险化学品安全使用许可证和危险化学品经营许可证，并负责危险化学品登记工作。

上款明确了危险化学品的生产、储存实行安全条件审查（有些书刊将其称为审批）制度；未经安全条件审查、未取得安全生产许可证，任何单位和个人都不得生产、储存危险化学品。

（2）公安机关负责危险化学品的公共安全管理，核发剧毒化学品购买许可证、剧毒化学品道路运输通行证，并负责危险化学品运输车辆的道路交通安全管理。

（3）质量监督检验检疫部门负责核发危险化学品及其包装物、容器（不包括储存危险化学品的固定式大型储罐，下同）生产企业的工业产品生产许可证，并依法对其产品质量实施监督，负责对进出口危险化学品及其包装实施检验。

（4）环境保护主管部门负责废弃危险化学品处置的监督管理，组织危险化学品的环境危害性鉴定和环境风险程度评估，确定实施重点环境管理的危险化学品，负责危险化学品环境管理登记和新化学物质环境管理登记；依照职责分工调查相关危险化学品环境污染事故和生态破坏事件，负责危险化学品事故现场的应急环境监测。

（5）交通运输主管部门负责危险化学品道路运输、水路运输的许可以及运输工具的安全管理，对危险化学品水路运输安全实施监督，负责危险化学品道路运输企业、水路运输企业驾驶人员、船员、装卸管理人员、押运人员、申报人员、集装箱装箱现场检查员的资格认定。铁路监管部门负责危险化学品铁路运输及其运输工具的安全管理。民用航空主管部门负责危险化学品航

---

* 近年国家机构改革后，安全生产监督管理部门改为应急管理部、质量监督检验检疫部门和工商行政管理部门改为市场监管总局、环境保护主管部门改为生态环境部等，因为本条例没有相应修改，为了保留本条例的原文，文中有关部门名称不做改动。

空运输以及航空运输企业及其运输工具的安全管理。

（6）卫生主管部门负责危险化学品毒性鉴定的管理,负责组织、协调危险化学品事故受伤人员的医疗卫生救援工作。

（7）工商行政管理部门依据有关部门的许可证件,核发危险化学品生产、储存、经营、运输企业营业执照,查处危险化学品经营企业违法采购危险化学品的行为。

（8）邮政管理部门负责依法查处寄递危险化学品的行为。

（七）监督检查可以采取的措施

负有危险化学品安全监督管理职责的部门依法进行监督检查,可以采取下列措施：

（1）进入危险化学品作业场所实施现场检查,向有关单位和人员了解情况,查阅、复制有关文件、资料；

（2）发现危险化学品事故隐患,责令立即消除或者限期消除；

（3）对不符合法律、行政法规、规章规定或者国家标准、行业标准要求的设施、设备、装置、器材、运输工具,责令立即停止使用；

（4）经本部门主要负责人批准,查封违法生产、储存、使用、经营危险化学品的场所,扣押违法生产、储存、使用、经营、运输的危险化学品以及用于违法生产、使用、运输危险化学品的原材料、设备、运输工具；

（5）发现影响危险化学品安全的违法行为,当场予以纠正或者责令限期改正。

负有危险化学品安全监督管理职责的部门依法进行监督检查,监督检查人员不得少于 2 人,并应当出示执法证件；有关单位和个人对依法进行的监督检查应当予以配合,不得拒绝、阻碍。

（八）县级以上政府建立危险化学品安全监督管理工作协调机制

县级以上人民政府应当建立危险化学品安全监督管理工作协调机制,支持、督促负有危险化学品安全监督管理职责的部门依法履行职责,协调、解决危险化学品安全监督管理工作中的重大问题。

负有危险化学品安全监督管理职责的部门应当相互配合、密切协作,依法加强对危险化学品的安全监督管理。

（九）举报

任何单位和个人对违反本条例规定的行为,有权向负有危险化学品安全监督管理职责的部门举报。负有危险化学品安全监督管理职责的部门接到举报,应当及时依法处理；对不属于本部门职责的,应当及时移送有关部门处理。

（十）采用先进技术、工艺、设备以及自动控制系统

国家鼓励危险化学品生产企业和使用危险化学品从事生产的企业采用有利于提高安全保障水平的先进技术、工艺、设备以及自动控制系统,鼓励对危险化学品实行专门储存、统一配送、集中销售。

（十一）安全条件审查

新建、改建、扩建生产、储存危险化学品的建设项目（以下简称建设项目）,应当由安全生产监督管理部门进行安全条件审查。

建设单位应当对建设项目进行安全条件论证,委托具备国家规定的资质条件的机构对建设项目进行安全评价,并将安全条件论证和安全评价的情况报告报建设项目所在地设区的市级以上人民政府安全生产监督管理部门;安全生产监督管理部门应当自收到报告之日起 45 日内作出审查决定,并书面通知建设单位。具体办法由国务院安全生产监督管理部门制定。

新建、改建、扩建储存、装卸危险化学品的港口建设项目,由港口行政管理部门按照国务院交通运输主管部门的规定进行安全条件审查。

(十二) 危险化学品管道定期检查、检测

生产、储存危险化学品的单位,应当对其铺设的危险化学品管道设置明显标志,并对危险化学品管道定期检查、检测。

进行可能危及危险化学品管道安全的施工作业,施工单位应当在开工的 7 日前书面通知管道所属单位,并与管道所属单位共同制定应急预案,采取相应的安全防护措施。管道所属单位应当指派专门人员到现场进行管道安全保护指导。

(十三) 取得危险化学品安全生产许可证

危险化学品生产企业进行生产前,应当依照《安全生产许可证条例》的规定,取得危险化学品安全生产许可证。

(十四) 安全技术说明书和安全标签

危险化学品生产企业应当提供与其生产的危险化学品相符的化学品安全技术说明书,并在危险化学品包装(包括外包装件)上粘贴或者挂拉与包装内危险化学品相符的化学品安全标签。化学品安全技术说明书和化学品安全标签所载明的内容应当符合国家标准的要求。

危险化学品生产企业发现其生产的危险化学品有新的危险特性的,应当立即公告,并及时修订其化学品安全技术说明书和化学品安全标签。

化学品使用单位,应向供应商索取全套的最新的化学品安全技术说明书。

危险化学品的用户在接收和使用化学品时,必须认真阅读安全技术说明书,了解和掌握其危险性。

(十五) 危险化学品的包装

危险化学品的包装应当符合法律、行政法规、规章的规定以及国家标准、行业标准的要求。

危险化学品包装物、容器的材质以及危险化学品包装的型式、规格、方法和单件质量(重量),应当与所包装的危险化学品的性质和用途相适应。

例如,高锰酸钾不可以用纸袋包装,纸袋易损坏。高锰酸钾危险特性:强氧化剂。遇硫酸、铵盐或过氧化氢能发生爆炸,遇甘油、乙醇能引起自燃,与有机物、还原剂、易燃物如硫、磷等接触或混合时有引起燃烧爆炸的危险。搬运时要轻装轻卸,防止包装及容器损坏。包装密封,应与还原剂、活性金属粉末等分开存放,切忌混储。储区应备有合适的材料收容泄漏物。

案 例

某化工有限公司未经批准擅自利用某单位空房间设置危险化学品仓库,并大量储存包装不符合国家标准要求的连二亚硫酸钠(保险粉)和高锰酸钾等危险化学品。由于下雨,房间漏雨进水,地面返潮,连二亚硫酸钠受潮,发生化学反应引起火灾,造成 7 000 多人疏散,103 人感到不适。

根据上述事实,请判断:危险化学品包装的型式、规格、方法和单件质量(重量),应当与所包装的危险化学品的性质和用途相适应。(　　　)

[判断:正确]

(十六) 取得工业产品生产许可证

生产列入国家实行生产许可证制度的工业产品目录的危险化学品包装物、容器的企业,应当依照《中华人民共和国工业产品生产许可证管理条例》的规定,取得工业产品生产许可证;其生产的危险化学品包装物、容器经国务院质量监督检验检疫部门认定的检验机构检验合格,方可出厂销售。

运输危险化学品的船舶及其配载的容器,应当按照国家船舶检验规范进行生产,并经海事管理机构认定的船舶检验机构检验合格,方可投入使用。

对重复使用的危险化学品包装物、容器,使用单位在重复使用前应当进行检查;发现存在安全隐患的,应当维修或者更换。使用单位应当对检查情况做记录,记录的保存期限不得少于2年。

用于化学品运输工具的槽罐以及其他容器,应由专业生产企业定点生产,并经检测、检验合格,方可使用。

生产经营单位使用的危险物品的容器、运输工具,以及涉及人身安全、危险性较大的海洋石油开采特种设备和矿山井下特种设备,必须按照国家有关规定,由专业生产单位生产,并经具有专业资质的检测、检验机构检测、检验合格,取得安全使用证或者安全标志,方可投入使用。检测、检验机构对检测、检验结果负责。

(十七) 储存设施安全距离

危险化学品生产装置或者储存数量构成重大危险源的危险化学品储存设施(运输工具加油站、加气站除外),与下列场所、设施、区域的距离应当符合国家有关规定:

(1) 居住区以及商业中心、公园等人员密集场所;

(2) 学校、医院、影剧院、体育场(馆)等公共设施;

(3) 饮用水源、水厂以及水源保护区;

(4) 车站、码头(依法经许可从事危险化学品装卸作业的除外)、机场以及通信干线、通信枢纽、铁路线路、道路交通干线、水路交通干线、地铁风亭以及地铁站出入口;

(5) 基本农田保护区、基本草原、畜禽遗传资源保护区、畜禽规模化养殖场(养殖小区)、渔业水域以及种子、种畜禽、水产苗种生产基地;

(6) 河流、湖泊、风景名胜区、自然保护区;

(7) 军事禁区、军事管理区;

(8) 法律、行政法规规定的其他场所、设施、区域。

已建的危险化学品生产装置或者储存数量构成重大危险源的危险化学品储存设施不符合前款规定的,由所在地设区的市级人民政府安全生产监督管理部门会同有关部门监督其所属单位在规定期限内进行整改;需要转产、停产、搬迁、关闭的,由本级人民政府决定并组织实施。

根据上述规定,储存数量构成重大危险源的危险化学品储存设施的选址,应当避开地震活动断层和容易发生洪灾、地质灾害的区域。政府有关部门应制定综合性的土地使用政策,确保重大危险源与居民区、其他工作场所(机构)和水库等公共设施以及其他危险源安全隔离。

本条例所称重大危险源,是指生产、储存、使用或者搬运危险化学品,且危险化学品的数量等于或者超过临界量的单元(包括场所和设施)。

考核内容中有两种情况在这里需要说明一下:

一是考核内容中出现了"危险目标"这一表述,危险目标指因危险性质、数量可能引起事故的危险化学品所在场所或设施。

二是考核内容中出现这样的判断题,即"政府主管部门必须派出经过培训的、考核合格的技术人员定期对重大危险源进行监察、调查、评估和咨询"。判断应为"正确",但这题的判断没有从法律、法规及规章中查到依据。

(十八) 安全设施、设备及经常性维护、保养

生产、储存危险化学品的单位,应当根据其生产、储存的危险化学品的种类和危险特性,在作业场所设置相应的监测、监控、通风、防晒、调温、防火、灭火、防爆、泄压、防毒、中和、防潮、防雷、防静电、防腐、防泄漏以及防护围堤或者隔离操作等安全设施、设备,并按照国家标准、行业标准或者国家有关规定对安全设施、设备进行经常性维护、保养,保证安全设施、设备的正常使用。

生产、储存危险化学品的单位,应当在其作业场所和安全设施、设备上设置明显的安全警示标志。

危险化学品生产企业应当有相应的职业危害防护设施,并为从业人员配备符合有关国家标准或者行业标准规定的劳动防护用品。

(十九) 设置通信、报警装置

生产、储存危险化学品的单位,应当在其作业场所设置通信、报警装置,并保证处于适用状态。

(二十) 安全评价

生产、储存危险化学品的企业,应当委托具备国家规定的资质条件的机构,对本企业的安全生产条件每3年进行一次安全评价,提出安全评价报告。安全评价报告的内容应当包括对安全生产条件存在的问题进行整改的方案。

生产、储存危险化学品的企业,应当将安全评价报告以及整改方案的落实情况报所在地县级人民政府安全生产监督管理部门备案。在港区内储存危险化学品的企业,应当将安全评价报告以及整改方案的落实情况报港口行政管理部门备案。

(二十一) 易制爆危险化学品管理

生产、储存剧毒化学品或者国务院公安部门规定的可用于制造爆炸物品的危险化学品(以下简称易制爆危险化学品)的单位,应当如实记录其生产、储存的剧毒化学品、易制爆危险化学品的数量、流向,并采取必要的安全防范措施,防止剧毒化学品、易制爆危险化学品丢失或者被盗;发现剧毒化学品、易制爆危险化学品丢失或者被盗的,应当立即向当地公安机关报告。

生产、储存剧毒化学品、易制爆危险化学品的单位,应当设置治安保卫机构,配备专职治安保卫人员。

(二十二) 危险化学品储存在专用仓库

危险化学品应当储存在专用仓库、专用场地或者专用储存室(以下统称专用仓库)内,并由专人负责管理;剧毒化学品以及储存数量构成重大危险源的其他危险化学品,应当在专用仓库内单独存放,并实行双人收发、双人保管制度。

危险化学品的储存方式、方法以及储存数量应当符合国家标准或者国家有关规定。

(二十三) 出入库核查、登记制度

储存危险化学品的单位应当建立危险化学品出入库核查、登记制度。

对剧毒化学品以及储存数量构成重大危险源的其他危险化学品,储存单位应当将其储存数量、储存地点以及管理人员的情况,报所在地县级人民政府安全生产监督管理部门(在港区内储存的,报港口行政管理部门)和公安机关备案。

(二十四)危险化学品专用仓库符合国家标准、行业标准

危险化学品专用仓库应当符合国家标准、行业标准的要求,并设置明显的标志。储存剧毒化学品、易制爆危险化学品的专用仓库,应当按照国家有关规定设置相应的技术防范设施。

(二十五)生产、储存危险化学品的单位转产、停产、停业或者解散

生产、储存危险化学品的单位转产、停产、停业或者解散的,应当采取有效措施,及时、妥善处置其危险化学品生产装置、储存设施以及库存的危险化学品,不得丢弃危险化学品;处置方案应当报所在地县级人民政府安全生产监督管理部门、工业和信息化主管部门、环境保护主管部门和公安机关备案。安全生产监督管理部门应当会同环境保护主管部门和公安机关对处置情况进行监督检查,发现未依照规定处置的,应当责令其立即处置。

(二十六)使用危险化学品的单位管理要求

使用危险化学品的单位,其使用条件(包括工艺)应当符合法律、行政法规的规定和国家标准、行业标准的要求,并根据所使用的危险化学品的种类、危险特性以及使用量和使用方式,建立、健全使用危险化学品的安全管理规章制度和安全操作规程,保证危险化学品的安全使用。

(二十七)取得危险化学品安全使用许可证

使用危险化学品从事生产并且使用量达到规定数量的化工企业(属于危险化学品生产企业的除外,下同),应当依照本条例的规定取得危险化学品安全使用许可证。

(二十八)申请危险化学品安全使用许可证的条件

申请危险化学品安全使用许可证的化工企业,除应当符合本条例第二十八条的规定外,还应当具备下列条件:

1. 有与所使用的危险化学品相适应的专业技术人员;
2. 有安全管理机构和专职安全管理人员;
3. 有符合国家规定的危险化学品事故应急预案和必要的应急救援器材、设备;
4. 依法进行了安全评价。

(二十九)申请危险化学品安全使用许可证的程序

申请危险化学品安全使用许可证的化工企业,应当向所在地设区的市级人民政府安全生产监督管理部门提出申请,并提交其符合本条例第三十条规定条件的证明材料。设区的市级人民政府安全生产监督管理部门应当依法进行审查,自收到证明材料之日起45日内作出批准或者不予批准的决定。予以批准的,颁发危险化学品安全使用许可证;不予批准的,书面通知申请人并说明理由。

安全生产监督管理部门应当将其颁发危险化学品安全使用许可证的情况及时向同级环境保护主管部门和公安机关通报。

(三十)国家对危险化学品经营实行许可制度

国家对危险化学品经营(包括仓储经营,下同)实行许可制度。未经许可,任何单位和个人不得经营危险化学品。

这里需要说明,考核题中出现一道判断题,即"任何单位和个人不得经营危险化学品"。判断应该为"正确"。但是,这一判断不符合法规的规定。

依法设立的危险化学品生产企业在其厂区范围内销售本企业生产的危险化学品,不需要取得危险化学品经营许可。

依照《中华人民共和国港口法》的规定取得港口经营许可证的港口经营人,在港区内从事危险化学品仓储经营,不需要取得危险化学品经营许可。

但是,危险化学品经营单位仓储经营的企业异地重建的,应当重新申请办理经营许可证。

(三十一)危险化学品经营企业具备的条件

从事危险化学品经营的企业应当具备下列条件:

(1)有符合国家标准、行业标准的经营场所,储存危险化学品的,还应当有符合国家标准、行业标准的储存设施;

(2)从业人员经过专业技术培训并经考核合格;

(3)有健全的安全管理规章制度;

(4)有专职安全管理人员;

(5)有符合国家规定的危险化学品事故应急预案和必要的应急救援器材、设备;

(6)法律、法规规定的其他条件。

(三十二)从事剧毒化学品、易制爆危险化学品经营的企业许可证

从事剧毒化学品、易制爆危险化学品经营的企业,应当向所在地设区的市级人民政府安全生产监督管理部门提出申请,从事其他危险化学品经营的企业,应当向所在地县级人民政府安全生产监督管理部门提出申请(有储存设施的,应当向所在地设区的市级人民政府安全生产监督管理部门提出申请)。

申请人应当提交其符合本条例第三十四条规定条件的证明材料。设区的市级人民政府安全生产监督管理部门或者县级人民政府安全生产监督管理部门应当依法进行审查,并对申请人的经营场所、储存设施进行现场核查,自收到证明材料之日起 30 日内作出批准或者不予批准的决定。予以批准的,颁发危险化学品经营许可证;不予批准的,书面通知申请人并说明理由。

设区的市级人民政府安全生产监督管理部门和县级人民政府安全生产监督管理部门应当将其颁发危险化学品经营许可证的情况及时向同级环境保护主管部门和公安机关通报。

申请人持危险化学品经营许可证向工商行政管理部门办理登记手续后,方可从事危险化学品经营活动。法律、行政法规或者国务院规定经营危险化学品还需要经其他有关部门许可的,申请人向工商行政管理部门办理登记手续时还应当持相应的许可证件。

(三十三)商店内只能存放民用小包装的危险化学品

危险化学品经营企业储存危险化学品的,应当遵守本条例关于储存危险化学品的规定。危险化学品商店内只能存放民用小包装的危险化学品。

(三十四)不得向未经许可的企业采购危险化学品

危险化学品经营企业不得向未经许可从事危险化学品生产、经营活动的企业采购危险化学品,不得经营没有化学品安全技术说明书或者化学品安全标签的危险化学品。

(三十五)凭相应的许可证件购买剧毒化学品、易制爆危险化学品

依法取得危险化学品安全生产许可证、危险化学品安全使用许可证、危险化学品经营许可证的企业,凭相应的许可证件购买剧毒化学品、易制爆危险化学品。民用爆炸物品生产企业凭

民用爆炸物品生产许可证购买易制爆危险化学品。

前款规定以外的单位购买剧毒化学品的,应当向所在地县级人民政府公安机关申请取得剧毒化学品购买许可证;购买易制爆危险化学品的,应当持本单位出具的合法用途说明。

个人不得购买剧毒化学品(属于剧毒化学品的农药除外)和易制爆危险化学品。

> **案例**
>
> 某大学学生常某为报复同宿舍的同学,以非法手段从经营剧毒品的朋友处获取了250 g剧毒物质硝酸铊。5月29日下午4时许,常某用注射器分别向受害人牛某、李某、石某的茶杯中注入硝酸铊,导致3名学生铊中毒。
>
> 根据以上情况,(　　)向个人销售剧毒化学品(属于剧毒化学品的农药除外)和易制爆危险化学品。
>
> A. 可以　　　　　　　B. 视情况而定　　　　　　　C. 禁止
>
> [选择:C]

(三十六) 申请取得剧毒化学品购买许可证

申请取得剧毒化学品购买许可证,申请人应当向所在地县级人民政府公安机关提交下列材料:

(1) 营业执照或者法人证书(登记证书)的复印件;

(2) 拟购买的剧毒化学品品种、数量的说明;

(3) 购买剧毒化学品用途的说明;

(4) 经办人的身份证明。

(三十七) 销售剧毒化学品、易制爆危险化学品

危险化学品生产企业、经营企业销售剧毒化学品、易制爆危险化学品,应当如实记录购买单位的名称,地址,经办人的姓名、身份证号以及所购买的剧毒化学品、易制爆危险化学品的品种、数量、用途。销售记录以及经办人的身份证明复印件、相关许可证件复印件或者证明文件的保存期限不得少于1年。

剧毒化学品、易制爆危险化学品的销售企业、购买单位应当在销售、购买后5日内,将所销售、购买的剧毒化学品、易制爆危险化学品的品种、数量以及流向信息报所在地县级人民政府公安机关备案,并输入计算机系统。

(三十八) 不得出借、转让其购买的剧毒化学品、易制爆危险化学品

使用剧毒化学品、易制爆危险化学品的单位不得出借、转让其购买的剧毒化学品、易制爆危险化学品;因转产、停产、搬迁、关闭等确需转让的,应当向具有本条例第三十八条第一款、第二款规定的相关许可证件或者证明文件的单位转让,并在转让后将有关情况及时向所在地县级人民政府公安机关报告。

(三十九) 危险货物道路运输许可、水路运输许可

从事危险化学品道路运输、水路运输的,应当分别依照有关道路运输、水路运输的法律、行政法规的规定,取得危险货物道路运输许可、危险货物水路运输许可,并向工商行政管理部门办理登记手续。

危险化学品道路运输企业、水路运输企业应当配备专职安全管理人员。

（四十）从业资格

危险化学品道路运输企业、水路运输企业的驾驶人员、船员、装卸管理人员、押运人员、申报人员、集装箱装箱现场检查员应当经交通运输主管部门考核合格，取得从业资格。具体办法由国务院交通运输主管部门制定。

危险化学品的装卸作业应当遵守安全作业标准、规程和制度，并在装卸管理人员的现场指挥或者监控下进行。

水路运输危险化学品的集装箱装箱作业应当在集装箱装箱现场检查员的指挥或者监控下进行，并符合积载、隔离的规范和要求；装箱作业完毕后，集装箱装箱现场检查员应当签署装箱证明书。

（四十一）采取安全防护措施

运输危险化学品，应当根据危险化学品的危险特性采取相应的安全防护措施，并配备必要的防护用品和应急救援器材。

用于运输危险化学品的槽罐以及其他容器应当封口严密，能够防止危险化学品在运输过程中因温度、湿度或者压力的变化发生渗漏、洒漏；槽罐以及其他容器的溢流和泄压装置应当设置准确、起闭灵活。

运输危险化学品的驾驶人员、船员、装卸管理人员、押运人员、申报人员、集装箱装箱现场检查员，应当了解所运输的危险化学品的危险特性及其包装物、容器的使用要求和出现危险情况时的应急处置方法。

（四十二）托运人委托依法取得许可的企业承运

通过道路运输危险化学品的，托运人应当委托依法取得危险货物道路运输许可的企业承运。

危险化学品道路运输托运人必须检查托运的产品外包装上是否加贴或拴挂危险化学品安全标签，对未加贴或拴挂标签的，不得予以托运。

（四十三）不得超载

通过道路运输危险化学品的，应当按照运输车辆的核定载质量装载危险化学品，不得超载。

危险化学品运输车辆应当符合国家标准要求的安全技术条件，并按照国家有关规定定期进行安全技术检验。

危险化学品运输车辆应当悬挂或者喷涂符合国家标准要求的警示标志。

（四十四）配备押运人员

通过道路运输危险化学品的，应当配备押运人员，并保证所运输的危险化学品处于押运人员的监控之下。

运输危险化学品途中因住宿或者发生影响正常运输的情况，需要较长时间停车的，驾驶人员、押运人员应当采取相应的安全防范措施；运输剧毒化学品或者易制爆危险化学品的，还应当向当地公安机关报告。

（四十五）不得进入危险化学品运输车辆限制通行的区域

未经公安机关批准，运输危险化学品的车辆不得进入危险化学品运输车辆限制通行的区域。危险化学品运输车辆限制通行的区域由县级人民政府公安机关划定，并设置明显的标志。

（四十六）剧毒化学品道路运输通行证

通过道路运输剧毒化学品的，托运人应当向运输始发地或者目的地县级人民政府公安机关申请剧毒化学品道路运输通行证。

申请剧毒化学品道路运输通行证，托运人应当向县级人民政府公安机关提交下列材料：

（1）拟运输的剧毒化学品品种、数量的说明；

（2）运输始发地、目的地、运输时间和运输路线的说明；

（3）承运人取得危险货物道路运输许可、运输车辆取得营运证以及驾驶人员、押运人员取得上岗资格的证明文件；

（4）购买剧毒化学品的相关许可证件，或者海关出具的进出口证明文件。

县级人民政府公安机关应当自收到前款规定的材料之日起 7 日内，作出批准或者不予批准的决定。予以批准的，颁发剧毒化学品道路运输通行证；不予批准的，书面通知申请人并说明理由。

剧毒化学品道路运输通行证管理办法由国务院公安部门制定。

（四十七）运输途中发生突发情况的处置

剧毒化学品、易制爆危险化学品在道路运输途中丢失、被盗、被抢或者出现流散、泄漏等情况的，驾驶人员、押运人员应当立即采取相应的警示措施和安全措施，并向当地公安机关报告。公安机关接到报告后，应当根据实际情况立即向安全生产监督管理部门、环境保护主管部门、卫生主管部门通报。有关部门应当采取必要的应急处置措施。

（四十八）禁止通过内河封闭水域运输剧毒化学品

禁止通过内河封闭水域运输剧毒化学品以及国家规定禁止通过内河运输的其他危险化学品。

前款规定以外的内河水域，禁止运输国家规定禁止通过内河运输的剧毒化学品以及其他危险化学品。

（四十九）由取得许可的企业通过内河运输危险化学品

通过内河运输危险化学品，应当由依法取得危险货物水路运输许可的水路运输企业承运，其他单位和个人不得承运。托运人应当委托依法取得危险货物水路运输许可的水路运输企业承运，不得委托其他单位和个人承运。

（五十）内河码头、泊位

用于危险化学品运输作业的内河码头、泊位应当符合国家有关安全规范，与饮用水取水口保持国家规定的距离。有关管理单位应当制定码头、泊位危险化学品事故应急预案，并为码头、泊位配备充足、有效的应急救援器材和设备。

用于危险化学品运输作业的内河码头、泊位，经交通运输主管部门按照国家有关规定验收合格后方可投入使用。

爆炸品不可存放于码头普通仓库内。

（五十一）托运危险化学品

托运危险化学品的，托运人应当向承运人说明所托运的危险化学品的种类、数量、危险特性以及发生危险情况的应急处置措施，并按照国家有关规定对所托运的危险化学品妥善包装，在外包装上设置相应的标志。

运输危险化学品需要添加抑制剂或者稳定剂的,托运人应当添加,并将有关情况告知承运人。

(五十二) 不得在托运的普通货物中夹带危险化学品

托运人不得在托运的普通货物中夹带危险化学品,不得将危险化学品匿报或者谎报为普通货物托运。

任何单位和个人不得交寄危险化学品或者在邮件、快件内夹带危险化学品,不得将危险化学品匿报或者谎报为普通物品交寄。邮政企业、快递企业不得收寄危险化学品。

(五十三) 危险化学品登记

国家实行危险化学品登记制度,为危险化学品安全管理以及危险化学品事故预防和应急救援提供技术、信息支持。

(五十四) 办理危险化学品登记

危险化学品生产企业、进口企业,应当向国务院安全生产监督管理部门负责危险化学品登记的机构(以下简称危险化学品登记机构)办理危险化学品登记。

危险化学品登记包括下列内容:

(1) 分类和标签信息;

(2) 物理、化学性质;

(3) 主要用途;

(4) 危险特性;

(5) 储存、使用、运输的安全要求;

(6) 出现危险情况的应急处置措施。

对同一企业生产、进口的同一品种的危险化学品,不进行重复登记。危险化学品生产企业、进口企业发现其生产、进口的危险化学品有新的危险特性的,应当及时向危险化学品登记机构办理登记内容变更手续。

(五十五) 事故应急预案及应急救援演练

危险化学品单位应当制定本单位危险化学品事故应急预案,配备应急救援人员和必要的应急救援器材、设备,并定期组织应急救援演练。

危险化学品单位应当将其危险化学品事故应急预案报所在地设区的市级人民政府安全生产监督管理部门备案。

(五十六) 发生危险化学品事故,单位主要负责人组织救援

发生危险化学品事故,事故单位主要负责人应当立即按照本单位危险化学品应急预案组织救援,并向当地安全生产监督管理部门和环境保护、公安、卫生主管部门报告;道路运输、水路运输过程中发生危险化学品事故的,驾驶人员、船员或者押运人员还应当向事故发生地交通运输主管部门报告。

(五十七) 发生危险化学品事故,政府及各部门组织救援

发生危险化学品事故,有关地方人民政府应当立即组织安全生产监督管理、环境保护、公安、卫生、交通运输等有关部门,按照本地区危险化学品事故应急预案组织实施救援,不得拖延、推诿。

(五十八) 违法行为处罚

有下列情形之一的,由安全生产监督管理部门责令改正,可以处 5 万元以下的罚款;拒不改正的,处 5 万元以上 10 万元以下的罚款;情节严重的,责令停产停业整顿:

(1) 生产、储存危险化学品的单位未对其铺设的危险化学品管道设置明显的标志,或者未对危险化学品管道定期检查、检测的;

(2) 进行可能危及危险化学品管道安全的施工作业,施工单位未按照规定书面通知管道所属单位,或者未与管道所属单位共同制定应急预案、采取相应的安全防护措施,或者管道所属单位未指派专门人员到现场进行管道安全保护指导的;

(3) 危险化学品生产企业未提供化学品安全技术说明书,或者未在包装(包括外包装件)上粘贴、拴挂化学品安全标签的;

(4) 危险化学品生产企业提供的化学品安全技术说明书与其生产的危险化学品不相符,或者在包装(包括外包装件)粘贴、拴挂的化学品安全标签与包装内危险化学品不相符,或者化学品安全技术说明书、化学品安全标签所载明的内容不符合国家标准要求的;

(5) 危险化学品生产企业发现其生产的危险化学品有新的危险特性不立即公告,或者不及时修订其化学品安全技术说明书和化学品安全标签的;

(6) 危险化学品经营企业经营没有化学品安全技术说明书和化学品安全标签的危险化学品的;

(7) 危险化学品包装物、容器的材质以及包装的型式、规格、方法和单件质量(重量)与所包装的危险化学品的性质和用途不相适应的;

(8) 生产、储存危险化学品的单位未在作业场所和安全设施、设备上设置明显的安全警示标志,或者未在作业场所设置通信、报警装置的;

(9) 危险化学品专用仓库未设专人负责管理,或者对储存的剧毒化学品以及储存数量构成重大危险源的其他危险化学品未实行双人收发、双人保管制度的;

(10) 储存危险化学品的单位未建立危险化学品出入库核查、登记制度的;

(11) 危险化学品专用仓库未设置明显标志的;

(12) 危险化学品生产企业、进口企业不办理危险化学品登记,或者发现其生产、进口的危险化学品有新的危险特性不办理危险化学品登记内容变更手续的。

从事危险化学品仓储经营的港口经营人有前款规定情形的,由港口行政管理部门依照前款规定予以处罚。储存剧毒化学品、易制爆危险化学品的专用仓库未按照国家有关规定设置相应的技术防范设施的,由公安机关依照前款规定予以处罚。

生产、储存剧毒化学品、易制爆危险化学品的单位未设置治安保卫机构、配备专职治安保卫人员的,依照《企业事业单位内部治安保卫条例》的规定处罚。

(五十九) 与本条例相关的《危险化学品建设项目安全监督管理办法》

《危险化学品建设项目安全监督管理办法》于 2012 年 1 月 30 日以国家安全监管总局令第 45 号公布,自 2012 年 4 月 1 日起施行,2015 年 5 月 27 日国家安全监管总局令第 79 号修正。国家安全生产监督管理总局 2006 年 9 月 2 日公布的《危险化学品建设项目安全许可实施办法》同时废止。该管理办法的有关部分重点内容阐述如下:

(1) 本办法所称建设项目安全审查,是指建设项目安全条件审查、安全设施的设计审查。建设项目的安全审查由建设单位申请,安全生产监督管理部门根据本办法分级负责实施。

建设项目安全设施竣工验收由建设单位负责依法组织实施。

建设项目未经安全审查和安全设施竣工验收的,不得开工建设或者投入生产(使用)。

(2) 建设单位应当在建设项目的可行性研究阶段,委托具备相应资质的安全评价机构对建设项目进行安全评价。

(3) 城镇燃气辅助的储存等建设项目,既不适用已废止的《危险化学品建设项目安全许可实施办法》,也不适用《危险化学品建设项目安全监督管理办法》。

(4) 建设项目有下列情形之一的,安全条件审查不予通过:

① 安全评价报告存在重大缺陷、漏项的,包括建设项目主要危险、有害因素辨识和评价不全或者不准确的;

② 建设项目与周边场所、设施的距离或者拟建场址自然条件不符合有关安全生产法律、法规、规章和国家标准、行业标准规定的;

③ 主要技术、工艺未确定,或者不符合有关安全生产法律、法规、规章和国家标准、行业标准规定的;

④ 国内首次使用的化工工艺,未经省级人民政府有关部门组织的安全可靠性论证的;

⑤ 对安全设施设计提出的对策与建议不符合法律、法规、规章和国家标准、行业标准规定的;

⑥ 未委托具备相应资质的安全评价机构进行安全评价的;

⑦ 隐瞒有关情况或者提供虚假文件、资料的。

建设项目未通过安全条件审查的,建设单位经过整改后可以重新申请建设项目安全条件审查。

(5) 建设项目安全设施设计有下列情形之一的,审查不予通过:

① 设计单位资质不符合相关规定的;

② 未按照有关安全生产的法律、法规、规章和国家标准、行业标准的规定进行设计的;

③ 对未采纳的建设项目安全评价报告中的安全对策和建议,未作充分论证说明的;

④ 隐瞒有关情况或者提供虚假文件、资料的。

建设项目安全设施设计审查未通过的,建设单位经过整改后可以重新申请建设项目安全设施设计的审查。

(6) 建设项目安全设施有下列情形之一的,建设项目安全设施竣工验收不予通过:

① 未委托具备相应资质的施工单位施工的;

② 未按照已经通过审查的建设项目安全设施设计施工或者施工质量未达到建设项目安全设施设计文件要求的;

③ 建设项目安全设施的施工不符合国家标准、行业标准规定的;

④ 建设项目安全设施竣工后未按照本办法的规定进行检验、检测,或者经检验、检测不合格的;

⑤ 未委托具备相应资质的安全评价机构进行安全验收评价的;

⑥ 安全设施和安全生产条件不符合或者未达到有关安全生产法律、法规、规章和国家标准、行业标准规定的;

⑦ 安全验收评价报告存在重大缺陷、漏项,包括建设项目主要危险、有害因素辨识和评价不正确的;

⑧ 隐瞒有关情况或者提供虚假文件、资料的;

⑨ 未按照本办法规定向参加验收人员提供文件、材料,并组织现场检查的。

建设项目安全设施竣工验收未通过的,建设单位经过整改后可以再次组织建设项目安全设施竣工验收。建设项目安全设施未经竣工验收或者验收不合格,擅自投入生产(使用)的,给予处罚。

(7) 建设项目选址时,建设单位应当对建设项目设立的有关安全条件进行论证。

六、易制毒化学品管理条例及解读

《易制毒化学品管理条例》已于 2005 年 8 月 26 日以国务院第 445 号令的形式公布,自 2005 年 11 月 1 日起施行。根据 2014 年 7 月 29 日《国务院关于修改部分行政法规的决定》第一次修订,根据 2016 年 2 月 6 日《国务院关于修改部分行政法规的决定》第二次修订,根据 2018 年 9 月 18 日《国务院关于修改部分行政法规的决定》第三次修订。《易制毒化学品管理条例》内容包括总则、生产经营管理、购买管理、运输管理、进出口管理、监督检查、法律责任、附则共 8 章 45 条。部分重点内容阐述如下:

(一) 制定条例的目的

为了加强易制毒化学品管理,规范易制毒化学品的生产、经营、购买、运输和进口、出口行为,防止易制毒化学品被用于制造毒品,维护经济和社会秩序。

(二) 国家对易制毒化学品的生产、经营、购买、运输和进口、出口实行分类管理和许可制度

易制毒化学品分为三类。第一类是可以用于制毒的主要原料,第二类、第三类是可以用于制毒的化学配剂。

国务院公安部门、药品监督管理部门、安全生产监督管理部门、商务主管部门、卫生主管部门、海关总署、价格主管部门、铁路主管部门、交通主管部门、市场监督管理部门、生态环境主管部门在各自的职责范围内,负责全国的易制毒化学品有关管理工作;县级以上地方各级人民政府有关行政主管部门在各自的职责范围内,负责本行政区域内的易制毒化学品有关管理工作。

县级以上地方各级人民政府应当加强对易制毒化学品管理工作的领导,及时协调解决易制毒化学品管理工作中的问题。

(三) 标明产品的名称、化学分子式和成分

易制毒化学品的产品包装和使用说明书,应当标明产品的名称、化学分子式和成分。

(四) 属于药品和危险化学品的,遵守药品和危险化学品的有关规定

易制毒化学品的生产、经营、购买、运输和进口、出口,除应当遵守本条例的规定外,属于药品和危险化学品的,还应当遵守法律、其他行政法规对药品和危险化学品的有关规定。

禁止走私或者非法生产、经营、购买、转让、运输易制毒化学品。

禁止使用现金或者实物进行易制毒化学品交易。但是,个人合法购买第一类中的药品类易制毒化学品药品制剂和第三类易制毒化学品的除外。

生产、经营、购买、运输和进口、出口易制毒化学品的单位,应当建立单位内部易制毒化学品管理制度。

(五) 申请生产第一类易制毒化学品应具备的条件

申请生产第一类易制毒化学品,应当具备下列条件,并经行政主管部门审批,取得生产许可证后,方可进行生产:

（1）属依法登记的化工产品生产企业或者药品生产企业；

（2）有符合国家标准的生产设备、仓储设施和污染物处理设施；

（3）有严格的安全生产管理制度和环境突发事件应急预案；

（4）企业法定代表人和技术、管理人员具有安全生产和易制毒化学品的有关知识，无毒品犯罪记录；

（5）法律、法规、规章规定的其他条件。

申请生产第一类中的药品类易制毒化学品，还应当在仓储场所等重点区域设置电视监控设施以及与公安机关联网的报警装置。

申请生产第一类中的药品类易制毒化学品的，由国务院药品监督管理部门审批；申请生产第一类中的非药品类易制毒化学品的，由省、自治区、直辖市人民政府安全生产监督管理部门审批。

前款规定的行政主管部门应当自收到申请之日起60日内，对申请人提交的申请材料进行审查。对符合规定的，发给生产许可证，或者在企业已经取得的有关生产许可证件上标注；不予许可的，应当书面说明理由。

审查第一类易制毒化学品生产许可申请材料时，根据需要，可以进行实地核查和专家评审。

（六）申请经营第一类易制毒化学品应具备的条件

申请经营第一类易制毒化学品，应当具备下列条件，并经行政主管部门审批，取得经营许可证后，方可进行经营：

（1）属依法登记的化工产品经营企业或者药品经营企业；

（2）有符合国家规定的经营场所，需要储存、保管易制毒化学品的，还应当有符合国家技术标准的仓储设施；

（3）有易制毒化学品的经营管理制度和健全的销售网络；

（4）企业法定代表人和销售、管理人员具有易制毒化学品的有关知识，无毒品犯罪记录；

（5）法律、法规、规章规定的其他条件。

申请经营第一类中的药品类易制毒化学品的，由（省、自治区、直辖市人民政府）药品监督管理部门审批；申请经营第一类中的非药品类易制毒化学品的，由省、自治区、直辖市人民政府安全生产监督管理部门审批。

前款规定的行政主管部门应当自收到申请之日起30日内，对申请人提交的申请材料进行审查。对符合规定的，发给经营许可证，或者在企业已经取得的有关经营许可证件上标注；不予许可的，应当书面说明理由。

审查第一类易制毒化学品经营许可申请材料时，根据需要，可以进行实地核查。

（七）取得第一类易制毒化学品生产许可的企业可以经销自产的易制毒化学品

取得第一类易制毒化学品生产许可或者依照本条例第十三条第一款规定已经履行第二类、第三类易制毒化学品备案手续的生产企业，可以经销自产的易制毒化学品。但是，在厂外设立销售网点经销第一类易制毒化学品的，应当依照本条例的规定取得经营许可。

第一类中的药品类易制毒化学品药品单方制剂，由麻醉药品定点经营企业经销，且不得零售。

取得第一类易制毒化学品生产、经营许可的企业，应当凭生产、经营许可证到市场监督管理部门办理经营范围变更登记。未经变更登记，不得进行第一类易制毒化学品的生产、经营。

第一类易制毒化学品生产、经营许可证被依法吊销的,行政主管部门应当自作出吊销决定之日起 5 日内通知市场监督管理部门;被吊销许可证的企业,应当及时到市场监督管理部门办理经营范围变更或者企业注销登记。

(八) 生产第二类、第三类易制毒化学品的备案

生产第二类、第三类易制毒化学品的,应当自生产之日起 30 日内,将生产的品种、数量等情况,向所在地设区的市级人民政府安全生产监督管理部门备案。

经营第二类易制毒化学品的,应当自经营之日起 30 日内,将经营的品种、数量、主要流向等情况,向所在地设区的市级人民政府安全生产监督管理部门备案;经营第三类易制毒化学品的,应当自经营之日起 30 日内,将经营的品种、数量、主要流向等情况,向所在地县级人民政府安全生产监督管理部门备案。

前两款规定的行政主管部门应当于收到备案材料的当日发给备案证明。

(九) 申请购买第一类易制毒化学品,应取得购买许可证

申请购买第一类易制毒化学品,应当提交下列证件,经行政主管部门审批,取得购买许可证:

(1) 经营企业提交企业营业执照和合法使用需要证明;

(2) 其他组织提交登记证书(成立批准文件)和合法使用需要证明。

个人不得购买除农药、灭鼠药、灭虫药以外的剧毒化学品。

(十) 申请购买第一类中的药品类、非药品易制毒化学品的审批

申请购买第一类中的药品类易制毒化学品的,由所在地的省、自治区、直辖市人民政府药品监督管理部门审批;申请购买第一类中的非药品类易制毒化学品的,由所在地的省、自治区。

前款规定的行政主管部门应当自收到申请之日起 10 日内,对申请人提交的申请材料和证件进行审查。对符合规定的,发给购买许可证;不予许可的,应当书面说明理由。

审查第一类易制毒化学品购买许可申请材料时,根据需要,可以进行实地核查。

持有麻醉药品、第一类精神药品购买印鉴卡的医疗机构购买第一类中的药品类易制毒化学品的,无须申请第一类易制毒化学品购买许可证。

个人不得购买第一类、第二类易制毒化学品。

购买第二类、第三类易制毒化学品的,应当在购买前将所需购买的品种、数量,向所在地的县级人民政府公安机关备案。

个人自用购买少量高锰酸钾的,无须备案。

(十一) 经营单位销售第一类易制毒化学品

经营单位销售第一类易制毒化学品时,应当查验购买许可证和经办人的身份证明。对委托代购的,还应当查验购买人持有的委托文书。

经营单位在查验无误、留存上述证明材料的复印件后,方可出售第一类易制毒化学品;发现可疑情况的,应当立即向当地公安机关报告。

经营单位应当建立易制毒化学品销售台账,如实记录销售的品种、数量、日期、购买方等情况。销售台账和证明材料复印件应当保存 2 年备查。

第一类易制毒化学品的销售情况,应当自销售之日起 5 日内报当地公安机关备案;第一类易制毒化学品的使用单位,应当建立使用台账,并保存 2 年备查。

第二类、第三类易制毒化学品的销售情况,应当自销售之日起 30 日内报当地公安机关备案。

(十二) 申请易制毒化学品运输许可

跨设区的市级行政区域(直辖市为跨市界)或者在国务院公安部门确定的禁毒形势严峻的重点地区跨县级行政区域运输第一类易制毒化学品的,由运出地的设区的市级人民政府公安机关审批;运输第二类易制毒化学品的,由运出地的县级人民政府公安机关审批。经审批取得易制毒化学品运输许可证后,方可运输。

运输第三类易制毒化学品的,应当在运输前向运出地的县级人民政府公安机关备案。公安机关应当于收到备案材料的当日发给备案证明。

申请易制毒化学品运输许可,应当提交易制毒化学品的购销合同,货主是企业的,应当提交营业执照;货主是其他组织的,应当提交登记证书(成立批准文件);货主是个人的,应当提交其个人身份证明。经办人还应当提交本人的身份证明。

公安机关应当自收到第一类易制毒化学品运输许可申请之日起 10 日内,收到第二类易制毒化学品运输许可申请之日起 3 日内,对申请人提交的申请材料进行审查。对符合规定的,发给运输许可证;不予许可的,应当书面说明理由。

审查第一类易制毒化学品运输许可申请材料时,根据需要,可以进行实地核查。

对许可运输第一类易制毒化学品的,发给一次有效的运输许可证。

对许可运输第二类易制毒化学品的,发给 3 个月有效的运输许可证;6 个月内运输安全状况良好的,发给 12 个月有效的运输许可证。

易制毒化学品运输许可证应当载明拟运输的易制毒化学品的品种、数量、运入地、货主及收货人、承运人情况以及运输许可证种类。

(十三) 运输供教学、科研使用的麻黄素

运输供教学、科研使用的 100 g 以下的麻黄素样品和供医疗机构制剂配方使用的小包装麻黄素以及医疗机构或者麻醉药品经营企业购买麻黄素片剂 6 万片以下、注射剂 1.5 万支以下,货主或者承运人持有依法取得的购买许可证明或者麻醉药品调拨单的,无须申请易制毒化学品运输许可。

因治疗疾病需要,患者、患者近亲属或者患者委托的人凭医疗机构出具的医疗诊断书和本人的身份证明,可以随身携带第一类中的药品类易制毒化学品药品制剂,但是不得超过医用单张处方的最大剂量。

医用单张处方最大剂量,由国务院卫生主管部门规定、公布。

(十四) 承运人应当查验货主提供的运输许可证或者备案证明

接受货主委托运输的,承运人应当查验货主提供的运输许可证或者备案证明,并查验所运货物与运输许可证或者备案证明载明的易制毒化学品品种等情况是否相符;不相符的,不得承运。

运输易制毒化学品,运输人员应当自启运起全程携带运输许可证或者备案证明。公安机关应当在易制毒化学品的运输过程中进行检查。

运输易制毒化学品,应当遵守国家有关货物运输的规定。

(十五) 申请进口或者出口易制毒化学品

申请进口或者出口易制毒化学品,应当提交下列材料,经国务院商务主管部门或者其委托的省、自治区、直辖市人民政府商务主管部门审批,取得进口或者出口许可证后,方可从事进口、出口活动:

（1）对外贸易经营者备案登记证明复印件；

（2）营业执照副本；

（3）易制毒化学品生产、经营、购买许可证或者备案证明；

（4）进口或者出口合同（协议）副本；

（5）经办人的身份证明。

申请易制毒化学品出口许可的，还应当提交进口方政府主管部门出具的合法使用易制毒化学品的证明或者进口方合法使用的保证文件。

受理易制毒化学品进口、出口申请的商务主管部门应当自收到申请材料之日起 20 日内，对申请材料进行审查，必要时可以进行实地核查。对符合规定的，发给进口或者出口许可证；不予许可的，应当书面说明理由。

对进口第一类中的药品类易制毒化学品的，有关的商务主管部门在作出许可决定前，应当征得国务院食品药品监督管理部门的同意。

麻黄素等属于重点监控物品范围的易制毒化学品，由国务院商务主管部门会同国务院有关部门核定的企业进口、出口。

国家对易制毒化学品的进口、出口实行国际核查制度。易制毒化学品国际核查目录及核查的具体办法，由国务院商务主管部门会同国务院公安部门规定、公布。

国际核查所用时间不计算在许可期限之内。

对向毒品制造、贩运情形严重的国家或者地区出口易制毒化学品以及本条例规定品种以外的化学品的，可以在国际核查措施以外实施其他管制措施，具体办法由国务院商务主管部门会同国务院公安部门、海关总署等有关部门规定、公布。

（十六）通关

进口、出口或者过境、转运、通运易制毒化学品的，应当如实向海关申报，并提交进口或者出口许可证。海关凭许可证办理通关手续。

易制毒化学品在境外与保税区、出口加工区等海关特殊监管区域、保税场所之间进出的，适用前款规定。

易制毒化学品在境内与保税区、出口加工区等海关特殊监管区域、保税场所之间进出的，或者在上述海关特殊监管区域、保税场所之间进出的，无须申请易制毒化学品进口或者出口许可证。

进口第一类中的药品类易制毒化学品，还应当提交药品监督管理部门出具的进口药品通关单。

进出境人员随身携带第一类中的药品类易制毒化学品药品制剂和高锰酸钾，应当以自用且数量合理为限，并接受海关监管。

进出境人员不得随身携带前款规定以外的易制毒化学品。

（十七）易制毒化学品丢失、被盗、被抢情况的报告

易制毒化学品丢失、被盗、被抢的，发案单位应当立即向当地公安机关报告，并同时报告当地的县级人民政府药品监督管理部门、安全生产监督管理部门、商务主管部门或者卫生主管部门。接到报案的公安机关应当及时立案查处，并向上级公安机关报告；有关行政主管部门应当逐级上报并配合公安机关的查处。

（十八）生产、经营、购买、运输或者进口、出口易制毒化学品情况的报告

生产、经营、购买、运输或者进口、出口易制毒化学品的单位，应当于每年 3 月 31 日前向许可或者备案的行政主管部门和公安机关报告本单位上年度易制毒化学品的生产、经营、购买、运输或者进口、出口情况;有条件的生产、经营、购买、运输或者进口、出口单位,可以与有关行政主管部门建立计算机联网,及时通报有关经营情况。

（十九）违法行为处罚之一

违反本条例规定,未经许可或者备案擅自生产、经营、购买、运输易制毒化学品,伪造申请材料骗取易制毒化学品生产、经营、购买或者运输许可证,使用他人的或者伪造、变造、失效的许可证生产、经营、购买、运输易制毒化学品的,由公安机关没收非法生产、经营、购买或者运输的易制毒化学品、用于非法生产易制毒化学品的原料以及非法生产、经营、购买或者运输易制毒化学品的设备、工具,处非法生产、经营、购买或者运输的易制毒化学品货值 10 倍以上 20 倍以下的罚款,货值的 20 倍不足 1 万元的,按 1 万元罚款;有违法所得的,没收违法所得;有营业执照的,由市场监督管理部门吊销营业执照;构成犯罪的,依法追究刑事责任。

对有前款规定违法行为的单位或者个人,有关行政主管部门可以自作出行政处罚决定之日起 3 年内,停止受理其易制毒化学品生产、经营、购买、运输或者进口、出口许可申请。

（二十）违法行为处罚之二

违反本条例规定,走私易制毒化学品的,由海关没收走私的易制毒化学品;有违法所得的,没收违法所得,并依照海关法律、行政法规给予行政处罚;构成犯罪的,依法追究刑事责任。

（二十一）违法行为处罚之三

违反本条例规定,有下列行为之一的,由负有监督管理职责的行政主管部门给予警告,责令限期改正,处 1 万元以上 5 万元以下的罚款;对违反规定生产、经营、购买的易制毒化学品可以予以没收;逾期不改正的,责令限期停产停业整顿;逾期整顿不合格的,吊销相应的许可证:

（1）易制毒化学品生产、经营、购买、运输或者进口、出口单位未按规定建立安全管理制度的;

（2）将许可证或者备案证明转借他人使用的;

（3）超出许可的品种、数量生产、经营、购买易制毒化学品的;

（4）生产、经营、购买单位不记录或者不如实记录交易情况、不按规定保存交易记录或者不如实、不及时向公安机关和有关行政主管部门备案销售情况的;

（5）易制毒化学品丢失、被盗、被抢后未及时报告,造成严重后果的;

（6）除个人合法购买第一类中的药品类易制毒化学品药品制剂以及第三类易制毒化学品外,使用现金或者实物进行易制毒化学品交易的;

（7）易制毒化学品的产品包装和使用说明书不符合本条例规定要求的;

（8）生产、经营易制毒化学品的单位不如实或者不按时向有关行政主管部门和公安机关报告年度生产、经销和库存等情况的。

企业的易制毒化学品生产经营许可被依法吊销后,未及时到市场监督管理部门办理经营范围变更或者企业注销登记的,依照前款规定,对易制毒化学品予以没收,并处罚款。

（二十二）违法行为处罚之四

运输的易制毒化学品与易制毒化学品运输许可证或者备案证明载明的品种、数量、运入地、货主及收货人、承运人等情况不符,运输许可证种类不当,或者运输人员未全程携带运输许可证或者备案证明的,由公安机关责令停运整改,处 5 000 元以上 5 万元以下的罚款;有危险物品运输资质的,运输主管部门可以依法吊销其运输资质。

个人携带易制毒化学品不符合品种、数量规定的，没收易制毒化学品，处 1 000 元以上 5 000 元以下的罚款。

（二十三）违法行为处罚之五

生产、经营、购买、运输或者进口、出口易制毒化学品的单位或者个人拒不接受有关行政主管部门监督检查的，由负有监督管理职责的行政主管部门责令改正，对直接负责的主管人员以及其他直接责任人员给予警告；情节严重的，对单位处 1 万元以上 5 万元以下的罚款，对直接负责的主管人员以及其他直接责任人员处 1 000 元以上 5 000 元以下的罚款；有违反治安管理行为的，依法给予治安管理处罚；构成犯罪的，依法追究刑事责任。

（二十四）与本条例相关的易制毒化学品购销和运输管理办法

《易制毒化学品购销和运输管理办法》以公安部令第 87 号发布，自 2006 年 10 月 1 日起施行。有关部分重点内容阐述如下：

（1）公安部是全国易制毒化学品购销、运输管理和监督检查的主管部门。

县级以上地方人民政府公安机关负责本辖区内易制毒化学品购销、运输管理和监督检查工作。

各省、自治区、直辖市和设区的市级人民政府公安机关禁毒部门应当设立易制毒化学品管理专门机构，县级人民政府公安机关应当设专门人员，负责易制毒化学品的购买、运输许可或者备案和监督检查工作。

（2）购买第一类中的非药品类易制毒化学品的，应当向所在地省级人民政府公安机关申请购买许可证；购买第二类、第三类易制毒化学品的，应当向所在地县级人民政府公安机关备案。取得购买许可证或者购买备案证明后，方可购买易制毒化学品。

（3）个人不得购买第一类易制毒化学品和第二类易制毒化学品。

禁止使用现金或者实物进行易制毒化学品交易，但是个人合法购买第一类中的药品类易制毒化学品药品制剂和第三类易制毒化学品的除外。

（4）申请购买第一类中的非药品类易制毒化学品和第二类、第三类易制毒化学品的，应当提交下列申请材料：

① 经营企业的营业执照（副本和复印件），其他组织的登记证书或者成立批准文件（原件和复印件），或者个人的身份证明（原件和复印件）；

② 合法使用需要证明（原件）。

合法使用需要证明由购买单位或者个人出具，注明拟购买易制毒化学品的品种、数量和用途，并加盖购买单位印章或者个人签名。

（5）申请购买第一类中的非药品类易制毒化学品的，由申请人所在地的省级人民政府公安机关审批。负责审批的公安机关应当自收到申请之日起十日内，对申请人提交的申请材料进行审查。对符合规定的，发给购买许可证；不予许可的，应当书面说明理由。

负责审批的公安机关对购买许可证的申请能够当场予以办理的，应当当场办理；对材料不齐备需要补充的，应当一次告知申请人需补充的内容；对提供材料不符合规定不予受理的，应当书面说明理由。

（6）公安机关审查第一类易制毒化学品购买许可申请材料时，根据需要，可以进行实地核查。遇有下列情形之一的，应当进行实地核查：

① 购买单位第一次申请的；

② 购买单位提供的申请材料不符合要求的;

③ 对购买单位提供的申请材料有疑问的。

(7) 购买第二类、第三类易制毒化学品的,应当在购买前将所需购买的品种、数量,向所在地的县级人民政府公安机关备案。公安机关受理备案后,应当于当日出具购买备案证明。

自用一次性购买五 kg 以下且年用量 50 kg 以下高锰酸钾的,无须备案。

(8) 易制毒化学品购买许可证一次使用有效,有效期 1 个月。

易制毒化学品购买备案证明一次使用有效,有效期 1 个月。对备案后一年内无违规行为的单位,可以发给多次使用有效的备案证明,有效期 6 个月。

对个人购买的,只办理一次使用有效的备案证明。

(9) 经营单位销售第一类易制毒化学品时,应当查验购买许可证和经办人的身份证明。对委托代购的,还应当查验购买人持有的委托文书。

委托文书应当载明委托人与被委托人双方情况、委托购买的品种、数量等事项。

经营单位在查验无误、留存前两款规定的证明材料的复印件后,方可出售第一类易制毒化学品;发现可疑情况的,应当立即向当地公安机关报告。

经营单位在查验购买方提供的许可证和身份证明时,对不能确定其真实性的,可以请当地公安机关协助核查。公安机关应当当场予以核查,对于不能当场核实的,应当于 3 日内将核查结果告知经营单位。

(10) 经营单位应当建立易制毒化学品销售台账,如实记录销售的品种、数量、日期、购买方等情况。经营单位销售易制毒化学品时,还应当留存购买许可证或者购买备案证明以及购买经办人的身份证明的复印件。

销售台账和证明材料复印件应当保存 2 年备查。

(11) 经营单位应当将第一类易制毒化学品的销售情况于销售之日起 5 日内报当地县级人民政府公安机关备案,将第二类、第三类易制毒化学品的销售情况于 30 日内报当地县级人民政府公安机关备案。

备案的销售情况应当包括销售单位、地址,销售易制毒化学品的种类、数量等,并同时提交留存的购买方的证明材料复印件。

(12) 第一类易制毒化学品的使用单位,应当建立使用台账,如实记录购进易制毒化学品的种类、数量、使用情况和库存等,并保存 2 年备查。

(13) 购买、销售和使用易制毒化学品的单位,应当在易制毒化学品的出入库登记、易制毒化学品管理岗位责任分工以及企业从业人员的易制毒化学品知识培训等方面建立单位内部管理制度。

(14) 运输易制毒化学品,有下列情形之一的,应当申请运输许可证或者进行备案:

① 跨设区的市级行政区域(直辖市为跨市界)运输的;

② 在禁毒形势严峻的重点地区跨县级行政区域运输的。禁毒形势严峻的重点地区由公安部确定和调整,名单另行公布。

运输第一类易制毒化学品的,应当向运出地的设区的市级人民政府公安机关申请运输许可证。

运输第二类易制毒化学品的,应当向运出地县级人民政府公安机关申请运输许可证。

运输第三类易制毒化学品的,应当向运出地县级人民政府公安机关备案。

(15) 运输供教学、科研使用的 100 g 以下的麻黄素样品和供医疗机构制剂配方使用的小包装麻黄素以及医疗机构或者麻醉药品经营企业购买麻黄素片剂 6 万片以下、注射剂 1.5 万支以下,货主或者承运人持有依法取得的购买许可证明或者麻醉药品调拨单的,无须申请易制毒化学品运输许可。

(16) 因治疗疾病需要,患者、患者近亲属或者患者委托的人凭医疗机构出具的医疗诊断书和本人的身份证明,可以随身携带第一类中的药品类易制毒化学品药品制剂,但是不得超过医用单张处方的最大剂量。

(17) 运输易制毒化学品,应当由货主向公安机关申请运输许可证或者进行备案。申请易制毒化学品运输许可证或者进行备案,应当提交下列材料:

① 经营企业的营业执照(副本和复印件),其他组织的登记证书或者成立批准文件(原件和复印件),个人的身份证明(原件和复印件);

② 易制毒化学品购销合同(复印件);

③ 经办人的身份证明(原件和复印件)。

由上可知,申请易制毒化学品运输许可,应当提交易制毒化学品的购销合同,货主是企业的,应当提交营业执照;货主是其他组织的,应当提交登记证书(成立批准文件);货主是个人的,应当提交其个人身份证明。经办人还应当提交本人的身份证明。

(18) 负责审批的公安机关应当自收到第一类易制毒化学品运输许可申请之日起 10 日内,收到第二类易制毒化学品运输许可申请之日起 3 日内,对申请人提交的申请材料进行审查。对符合规定的,发给运输许可证;不予许可的,应当书面说明理由。

负责审批的公安机关对运输许可申请能够当场予以办理的,应当当场办理;对材料不齐备需要补充的,应当一次告知申请人需补充的内容;对提供材料不符合规定不予受理的,应当书面说明理由。

运输第三类易制毒化学品的,应当在运输前向运出地的县级人民政府公安机关备案。公安机关应当在收到备案材料的当日发给备案证明。

(19) 负责审批的公安机关对申请人提交的申请材料,应当核查其真实性和有效性,其中查验购销合同时,可以要求申请人出示购买许可证或者备案证明,核对是否相符;对营业执照和登记证书(或者成立批准文件),应当核查其生产范围、经营范围、使用范围、证照有效期等内容。

公安机关审查第一类易制毒化学品运输许可申请材料时,根据需要,可以进行实地核查。遇有下列情形之一的,应当进行实地核查:

① 申请人第一次申请的;

② 提供的申请材料不符合要求的;

③ 对提供的申请材料有疑问的。

(20) 对许可运输第一类易制毒化学品的,发给一次有效的运输许可证,有效期 1 个月。

对许可运输第二类易制毒化学品的,发给 3 个月多次使用有效的运输许可证;对第三类易制毒化学品运输备案的,发给 3 个月多次使用有效的备案证明;对于领取运输许可证或者运输备案证明后 6 个月内按照规定运输并保证运输安全的,可以发给有效期 12 个月的运输许可证或者运输备案证明。

(21) 承运人接受货主委托运输,对应当凭证运输的,应当查验货主提供的运输许可证或者备案证明,并查验所运货物与运输许可证或者备案证明载明的易制毒化学品的品种、数量等情况是否相符;不相符的,不得承运。

承运人查验货主提供的运输许可证或者备案证明时,对不能确定其真实性的,可以请当地人民政府公安机关协助核查。公安机关应当当场予以核查,对于不能当场核实的,应当于3日内将核查结果告知承运人。

(22) 运输易制毒化学品时,运输车辆应当在明显部位张贴易制毒化学品标识;属于危险化学品的,应当由有危险化学品运输资质的单位运输;应当凭证运输的,运输人员应当自启运起全程携带运输许可证或者备案证明。承运单位应当派人押运或者采取其他有效措施,防止易制毒化学品丢失、被盗、被抢。

运输易制毒化学品时,还应当遵守国家有关货物运输的规定。

(23) 运输易制毒化学品,应当由货主向公安机关申请运输许可证或者进行备案。

(24) 违反规定购买易制毒化学品,有下列情形之一的,公安机关应当没收非法购买的易制毒化学品,对购买方处非法购买易制毒化学品货值10倍以上20倍以下的罚款,货值的20倍不足1万元的,按1万元罚款;构成犯罪的,依法追究刑事责任:

① 未经许可或者备案擅自购买易制毒化学品的;

② 使用他人的或者伪造、变造、失效的许可证或者备案证明购买易制毒化学品的。

(25) 违反规定销售易制毒化学品,有下列情形之一的,公安机关应当对销售单位处1万元以下罚款;有违法所得的,处3万元以下罚款,并对违法所得依法予以追缴;构成犯罪的,依法追究刑事责任:

① 向无购买许可证或者备案证明的单位或者个人销售易制毒化学品的;

② 超出购买许可证或者备案证明的品种、数量销售易制毒化学品的。

(26) 货主违反规定运输易制毒化学品,有下列情形之一的,公安机关应当没收非法运输的易制毒化学品或者非法运输易制毒化学品的设备、工具;处非法运输易制毒化学品货值10倍以上20倍以下罚款,货值的20倍不足1万元的,按1万元罚款;有违法所得的,没收违法所得;构成犯罪的,依法追究刑事责任:

① 未经许可或者备案擅自运输易制毒化学品的;

② 使用他人的或者伪造、变造、失效的许可证运输易制毒化学品的。

(27) 承运人违反规定运输易制毒化学品,有下列情形之一的,公安机关应当责令停运整改,处5 000元以上5万元以下罚款:

① 与易制毒化学品运输许可证或者备案证明载明的品种、数量、运入地、货主及收货人、承运人等情况不符的;

② 运输许可证种类不当的;

③ 运输人员未全程携带运输许可证或者备案证明的。

个人携带易制毒化学品不符合品种、数量规定的,公安机关应当没收易制毒化学品,处1 000元以上5 000元以下罚款。

(28) 伪造申请材料骗取易制毒化学品购买、运输许可证或者备案证明的,公安机关应当处1万元罚款,并撤销许可证或者备案证明。

使用以伪造的申请材料骗取的易制毒化学品购买、运输许可证或者备案证明购买、运输易制毒化学品的,分别按照第三十条第一项和第三十二条第一项的规定处罚。

(29) 违反易制毒化学品管理规定,有下列行为之一的,公安机关应当给予警告,责令限期改正,处1万元以上5万元以下罚款;对违反规定购买的易制毒化学品予以没收;逾期不改正的,责令限期停产停业整顿;逾期整顿不合格的,吊销相应的许可证:

① 将易制毒化学品购买或运输许可证或者备案证明转借他人使用的;

②超出许可的品种、数量购买易制毒化学品的；

③销售、购买易制毒化学品的单位不记录或者不如实记录交易情况、不按规定保存交易记录或者不如实、不及时向公安机关备案销售情况的；

④易制毒化学品丢失、被盗、被抢后未及时报告，造成严重后果的；

⑤除个人合法购买第一类中的药品类易制毒化学品药品制剂以及第三类易制毒化学品外，使用现金或者实物进行易制毒化学品交易的；

⑥经营易制毒化学品的单位不如实或者不按时报告易制毒化学品年度经销和库存情况的。

（30）经营、购买、运输易制毒化学品的单位或者个人拒不接受公安机关监督检查的，公安机关应当责令其改正，对直接负责的主管人员以及其他直接责任人员给予警告；情节严重的，对单位处1万元以上5万元以下罚款，对直接负责的主管人员以及其他直接责任人员处1000元以上5000元以下罚款；有违反治安管理行为的，依法给予治安管理处罚；构成犯罪的，依法追究刑事责任。

七、《安全生产许可证条例》及解读

《安全生产许可证条例》于2004年1月13日以国务院令第397号公布，自公布之日起施行。根据2014年7月29日《国务院关于修改部分行政法规的决定》（国务院令653号）第二次修正。部分重点内容阐述如下：

（一）国家对矿山企业、建筑施工企业和危险化学品、烟花爆竹、民用爆炸物品生产企业（以下统称企业）实行安全生产许可制度

企业未取得安全生产许可证的，不得从事生产活动。

（二）企业取得安全生产许可证应具备的安全生产条件

企业取得安全生产许可证，应当具备下列安全生产条件：

（1）建立、健全安全生产责任制，制定完备的安全生产规章制度和操作规程；

（2）安全投入符合安全生产要求；

（3）设置安全生产管理机构，配备专职安全生产管理人员；

（4）主要负责人和安全生产管理人员经考核合格；

（5）特种作业人员经有关业务主管部门考核合格，取得特种作业操作资格证书；

（6）从业人员经安全生产教育和培训合格；

（7）依法参加工伤保险，为从业人员缴纳保险费；

（8）厂房、作业场所和安全设施、设备、工艺符合有关安全生产法律、法规、标准和规程的要求；

（9）有职业危害防治措施，并为从业人员配备符合国家标准或者行业标准的劳动防护用品；

（10）依法进行安全评价；

（11）有重大危险源检测、评估、监控措施和应急预案；

（12）有生产安全事故应急救援预案、应急救援组织或者应急救援人员，配备必要的应急救援器材、设备；

（13）法律、法规规定的其他条件。

（三）申请领取安全生产许可证程序

企业进行生产前，应当依照本条例的规定向安全生产许可证颁发管理机关申请领取安全生产许可证,并提供本条例第六条规定的相关文件、资料。安全生产许可证颁发管理机关应当自收到申请之日起45日内审查完毕,经审查符合本条例规定的安全生产条件的,颁发安全生产许可证;不符合本条例规定的安全生产条件的,不予颁发安全生产许可证,书面通知企业并说明理由。

煤矿企业应当以矿(井)为单位,依照本条例的规定取得安全生产许可证。

(四) 安全生产许可证的有效期

安全生产许可证的有效期为3年。

安全生产许可证有效期满需要延期的,企业应当于期满前3个月向原安全生产许可证颁发管理机关办理延期手续。

企业在安全生产许可证有效期内,严格遵守有关安全生产的法律法规,未发生死亡事故的,安全生产许可证有效期届满时,经原安全生产许可证颁发管理机关同意,不再审查,安全生产许可证有效期延期3年。

(五) 定期向社会公布企业取得安全生产许可证的情况

安全生产许可证颁发管理机关应当建立、健全安全生产许可证档案管理制度,并定期向社会公布企业取得安全生产许可证的情况。

(六) 企业不得转让、冒用安全生产许可证

企业不得转让、冒用安全生产许可证或者使用伪造的安全生产许可证。

(七) 取得安全生产许可证后不得降低安全生产条件

企业取得安全生产许可证后,不得降低安全生产条件,并应当加强日常安全生产管理,接受安全生产许可证颁发管理机关的监督检查。

(八) 本条例规定的行政处罚,由安全生产许可证颁发管理机关决定

(九) 与本条例相关的《危险化学品生产企业安全生产许可证实施办法》

《危险化学品生产企业安全生产许可证实施办法》于2011年8月5日以国家安全监管总局令第41号公布,根据2015年5月27日国家安全监管总局令第79号修正。部分重点内容阐述如下:

(1) 企业应当依照本办法的规定取得危险化学品安全生产许可证(以下简称安全生产许可证)。未取得安全生产许可证的企业,不得从事危险化学品的生产活动。

购买某种危险化学品进行分装(包括充装)或者加入非危险化学品的溶剂进行稀释,然后销售或者使用的,不适用《危险化学品生产企业安全生产许可证实施办法》。

(2) 安全生产许可证的颁发管理工作实行企业申请、两级发证、属地监管的原则。

(3) 企业应当根据化工工艺、装置、设施等实际情况,制定完善下列主要安全生产规章制度:

① 安全生产例会等安全生产会议制度;

② 安全投入保障制度;

③ 安全生产奖惩制度;

④ 安全培训教育制度;

⑤ 领导干部轮流现场带班制度;

⑥ 特种作业人员管理制度;

⑦ 安全检查和隐患排查治理制度;

⑧ 重大危险源评估和安全管理制度；

⑨ 变更管理制度；

⑩ 应急管理制度；

⑪ 生产安全事故或者重大事件管理制度；

⑫ 防火、防爆、防中毒、防泄漏管理制度；

⑬ 工艺、设备、电气仪表、公用工程安全管理制度；

⑭ 动火、进入受限空间、吊装、高处、盲板抽堵、动土、断路、设备检维修等作业安全管理制度；

⑮ 危险化学品安全管理制度；

⑯ 职业健康相关管理制度；

⑰ 劳动防护用品使用维护管理制度；

⑱ 承包商管理制度；

⑲ 安全管理制度及操作规程定期修订制度。

（4）企业主要负责人、分管安全负责人和安全生产管理人员必须具备与其从事的生产经营活动相适应的安全生产知识和管理能力，依法参加安全生产培训，并经考核合格，取得安全合格证书。

企业分管安全负责人、分管生产负责人、分管技术负责人应当具有一定的化工专业知识或者相应的专业学历，专职安全生产管理人员应当具备国民教育化工化学类（或安全工程）中等职业教育以上学历或者化工化学类中级以上专业技术职称。

企业应当有危险物品安全类注册安全工程师从事安全生产管理工作。

特种作业人员应当依照《特种作业人员安全技术培训考核管理规定》，经专门的安全技术培训并考核合格，取得特种作业操作证书。

（5）企业应当依法参加工伤保险，为从业人员缴纳保险费。

（6）企业应当符合下列应急管理要求：

① 按照国家有关规定编制危险化学品事故应急预案并报有关部门备案；

② 建立应急救援组织，规模较小的企业可以不建立应急救援组织，但应指定兼职的应急救援人员；

③ 配备必要的应急救援器材、设备和物资，并进行经常性维护、保养，保证正常运转。

（7）安全生产许可证有效期为 3 年。企业安全生产许可证有效期届满后继续生产危险化学品的，应当在安全生产许可证有效期届满前 3 个月提出延期申请，并提交延期申请书和本办法第二十五条规定的申请文件、资料。

（8）发现企业隐瞒有关情况或者提供虚假材料申请安全生产许可证的，实施机关不予受理或者不予颁发安全生产许可证，并给予警告，该企业在 1 年内不得再次申请安全生产许可证。

企业以欺骗、贿赂等不正当手段取得安全生产许可证的，自实施机关撤销其安全生产许可证之日起 3 年内，该企业不得再次申请安全生产许可证。

（十）与本条例相关的《危险化学品经营许可证管理办法》

《危险化学品经营许可证管理办法》于 2012 年 7 月 17 日以国家安全生产监督管理总局令第 55 号公布，自 2012 年 9 月 1 日起施行。根据 2015 年 5 月 27 日国家安全监管总局令第 79 号修正。有关主要内容阐述如下：

（1）在中华人民共和国境内从事列入《危险化学品目录》的危险化学品的经营（包括仓储经

营)活动,适用本办法。

民用爆炸物品、放射性物品、核能物质和城镇燃气的经营活动,不适用本办法。

(2)国家对危险化学品经营实行许可制度。经营危险化学品的企业,应当依照本办法取得危险化学品经营许可证(以下简称经营许可证)。未取得经营许可证,任何单位和个人不得经营危险化学品。

从事下列危险化学品经营活动,不需要取得经营许可证:

① 依法取得危险化学品安全生产许可证的危险化学品生产企业在其厂区范围内销售本企业生产的危险化学品的。

② 依法取得港口经营许可证的港口经营人在港区内从事危险化学品仓储经营的。

危险化学品生产单位销售本单位生产的危险化学品,在厂外设立销售网点,需要办理经营许可证。

(3)经营许可证的颁发管理工作实行企业申请、两级发证、属地监管的原则。

(4)国家安全生产监督管理总局指导、监督全国经营许可证的颁发和管理工作。

省、自治区、直辖市人民政府安全生产监督管理部门指导、监督本行政区域内经营许可证的颁发和管理工作。

设区的市级人民政府安全生产监督管理部门(以下简称市级发证机关)负责下列企业的经营许可证审批、颁发:

① 经营剧毒化学品的企业;

② 经营易制爆危险化学品的企业;

③ 经营汽油加油站的企业;

④ 专门从事危险化学品仓储经营的企业;

⑤ 从事危险化学品经营活动的中央企业所属省级、设区的市级公司(分公司);

⑥ 带有储存设施经营除剧毒化学品、易制爆危险化学品以外的其他危险化学品的企业。

县级人民政府安全生产监督管理部门(以下简称县级发证机关)负责本行政区域内本条第三款规定以外企业的经营许可证审批、颁发;没有设立县级发证机关的,其经营许可证由市级发证机关审批、颁发。

(5)从事危险化学品经营的单位(以下统称申请人)应当依法登记注册为企业,并具备下列基本条件:

① 经营和储存场所、设施、建筑物符合《建筑设计防火规范》(GB 50016)、《石油化工企业设计防火规范》(GB 50160)、《汽车加油加气站设计与施工规范》(GB 50156)、《石油库设计规范》(GB 50074)等相关国家标准、行业标准的规定;

② 企业主要负责人和安全生产管理人员具备与本企业危险化学品经营活动相适应的安全生产知识和管理能力,经专门的安全生产培训和安全生产监督管理部门考核合格,取得相应安全资格证书;特种作业人员经专门的安全作业培训,取得特种作业操作证书;其他从业人员依照有关规定经安全生产教育和专业技术培训合格;

③ 有健全的安全生产规章制度和岗位操作规程;

④ 有符合国家规定的危险化学品事故应急预案,并配备必要的应急救援器材、设备;

⑤ 法律、法规和国家标准或者行业标准规定的其他安全生产条件。

(6)申请人经营剧毒化学品的,除符合本办法第六条规定的条件外,还应当建立剧毒化学品双人验收、双人保管、双人发货、双把锁、双本账等管理制度。

(7) 申请人带有储存设施经营危险化学品的,除符合本办法第六条规定的条件外,还应当具备下列条件:

① 新设立的专门从事危险化学品仓储经营的,其储存设施建立在地方人民政府规划的用于危险化学品储存的专门区域内;

② 储存设施与相关场所、设施、区域的距离符合有关法律、法规、规章和标准的规定;

③ 依照有关规定进行安全评价,安全评价报告符合《危险化学品经营企业安全评价细则》的要求;

④ 专职安全生产管理人员具备国民教育化工化学类或者安全工程类中等职业教育以上学历,或者化工化学类中级以上专业技术职称,或者危险物品安全类注册安全工程师资格;

⑤ 符合《危险化学品安全管理条例》《危险化学品重大危险源监督管理暂行规定》《常用化学危险品贮存通则》(GB 15603)的相关规定。

申请人储存易燃、易爆、有毒、易扩散危险化学品的,除符合本条第一款规定的条件外,还应当符合《石油化工可燃气体和有毒气体检测报警设计规范》(GB 50493)的规定。

针对上述规定,补充两点:

① 经营危险化学品的单位的主要负责人对本单位的危险化学品的安全管理工作全面负责。

② 申请剧毒化学品和其他危险化学品经营许可证的企业和单位,自主选择具有资质的安全评价机构对本单位的经营条件进行安全评价。

(8) 申请人申请经营许可证,应当依照本办法第五条规定向所在地市级或者县级发证机关(以下统称发证机关)提出申请,提交下列文件、资料,并对其真实性负责:

① 申请经营许可证的文件及申请书;

② 安全生产规章制度和岗位操作规程的目录清单;

③ 企业主要负责人、安全生产管理人员、特种作业人员的相关资格证书(复制件)和其他从业人员培训合格的证明材料;

④ 经营场所产权证明文件或者租赁证明文件(复制件);

⑤ 工商行政管理部门颁发的企业性质营业执照或者企业名称预先核准文件(复制件);

⑥ 危险化学品事故应急预案备案登记表(复制件)。

带有储存设施经营危险化学品的,申请人还应当提交下列文件、资料:

① 储存设施相关证明文件(复制件);租赁储存设施的,需要提交租赁证明文件(复制件);储存设施新建、改建、扩建的,需要提交危险化学品建设项目安全设施竣工验收意见书(复制件);

② 重大危险源备案证明材料、专职安全生产管理人员的学历证书、技术职称证书或者危险物品安全类注册安全工程师资格证书(复制件);

③ 安全评价报告。

(9) 已经取得经营许可证的企业有新建、改建、扩建危险化学品储存设施建设项目的,应当自建设项目安全设施竣工验收合格之日起 20 个工作日内,向本办法第五条规定的发证机关提出变更申请,并提交危险化学品建设项目安全设施竣工验收意见书(复制件)等相关文件、资料。发证机关应当按照本办法第十条、第十五条的规定进行审查,办理变更手续。

(10) 已经取得经营许可证的企业,有下列情形之一的,应当按照本办法的规定重新申请办理经营许可证,并提交相关文件、资料:

① 不带有储存设施的经营企业变更其经营场所的;

② 带有储存设施的经营企业变更其储存场所的；

③ 仓储经营的企业异地重建的；

④ 经营方式发生变化的；

⑤ 许可范围发生变化的。

（11）经营许可证的有效期为3年。有效期满后，企业需要继续从事危险化学品经营活动的，应当在经营许可证有效期满3个月前，向发证机关提出经营许可证的延期申请，并提交延期申请书及本办法第九条规定的申请文件、资料。

企业提出经营许可证延期申请时，可以同时提出变更申请，并向发证机关提交相关文件、资料。

　　某危险化学品经营公司，经营范围是一般危险化学品，危险化学品经营许可证于2006年10月30日到期，尚未申请换证。2007年4月5日，装卸工在仓库内搬运货物时，将一瓶甲苯二异氰酸酯（剧毒化学品）撞碎，导致多人中毒。

　　根据上述情况，该公司应于危险化学品经营许可证到期1个月前，向发证机关提出经营许可证的延期申请，并提交相关文件、资料。（　　）

　　[判断：错误]企业需要继续从事危险化学品经营活动的，应当在经营许可证有效期满3个月前，向发证机关提出经营许可证的延期申请。

（12）符合下列条件的企业，申请经营许可证延期时，经发证机关同意，可以不提交本办法第九条规定的文件、资料：

① 严格遵守有关法律、法规和本办法；

② 取得经营许可证后，加强日常安全生产管理，未降低安全生产条件；

③ 未发生死亡事故或者对社会造成较大影响的生产安全事故。

带有储存设施经营危险化学品的企业，除符合前款规定条件的外，还需要取得并提交危险化学品企业安全生产标准化二级达标证书（复制件）。

（13）发证机关作出准予延期决定的，经营许可证有效期顺延3年。

（14）任何单位和个人不得伪造、变造经营许可证，或者出租、出借、转让其取得的经营许可证，或者使用伪造、变造的经营许可证。

（15）未取得经营许可证从事危险化学品经营的，依照《中华人民共和国安全生产法》有关未经依法批准擅自生产、经营、储存、装卸危险物品的法律责任条款并处罚款；构成犯罪的，依法追究刑事责任。

企业在经营许可证有效期届满后，仍然从事危险化学品经营的，依照前款规定给予处罚。

（16）带有储存设施的企业违反《危险化学品安全管理条例》规定，有下列情形之一的，责令改正，处5万元以上10万元以下的罚款；拒不改正的，责令停产停业整顿；经停产停业整顿仍不具备法律、法规、规章、国家标准和行业标准规定的安全生产条件的，吊销其经营许可证：

① 对重复使用的危险化学品包装物、容器，在重复使用前不进行检查的；

② 未根据其储存的危险化学品的种类和危险特性，在作业场所设置相关安全设施、设备，或者未按照国家标准、行业标准或者国家有关规定对安全设施、设备进行经常性维护、保养的；

③ 未将危险化学品储存在专用仓库内，或者未将剧毒化学品以及储存数量构成重大危险

源的其他危险化学品在专用仓库内单独存放的；

　　④ 未对其安全生产条件定期进行安全评价的；

　　⑤ 危险化学品的储存方式、方法或者储存数量不符合国家标准或者国家有关规定的；

　　⑥ 危险化学品专用仓库不符合国家标准、行业标准的要求的；

　　⑦ 未对危险化学品专用仓库的安全设施、设备定期进行检测、检验的。

　　(17) 伪造、变造或者出租、出借、转让经营许可证，或者使用伪造、变造的经营许可证的，处10 万元以上 20 万元以下的罚款，有违法所得的，没收违法所得；构成违反治安管理行为的，依法给予治安管理处罚；构成犯罪的，依法追究刑事责任。

　　(18) 已经取得经营许可证的企业不再具备法律、法规和本办法规定的安全生产条件的，责令改正；逾期不改正的，责令停产停业整顿；经停产停业整顿仍不具备法律、法规、规章、国家标准和行业标准规定的安全生产条件的，吊销其经营许可证。

　　(19) 购买危险化学品进行分装、充装或者加入非危险化学品的溶剂进行稀释，然后销售的，依照本办法执行。

　　本办法所称储存设施，是指按照《危险化学品重大危险源辨识》(GB 18218)确定，储存的危险化学品数量构成重大危险源的设施。

　　(20) 本办法施行前已取得经营许可证的企业，在其经营许可证有效期内可以继续从事危险化学品经营；经营许可证有效期届满后需要继续从事危险化学品经营的，应当依照本办法的规定重新申请经营许可证。

　　本办法施行前取得经营许可证的非企业的单位或者个人，在其经营许可证有效期内可以继续从事危险化学品经营；经营许可证有效期届满后需要继续从事危险化学品经营的，应当先依法登记为企业，再依照本办法的规定申请经营许可证。

八、《使用有毒物品作业场所劳动保护条例》及解读

　　《使用有毒物品作业场所劳动保护条例》于 2002 年 5 月 20 日以国务院令第 352 号公布，自公布之日起施行。该条例内容包括总则、作业场所的预防措施、劳动过程的防护、职业健康监护、劳动者的权利与义务、监督管理、罚则、附则共 8 章 71 条。该条例部分重点内容阐述如下：

　　(一) 制定本条例的目的

　　为了保证作业场所安全使用有毒物品，预防、控制和消除职业中毒危害，保护劳动者的生命安全、身体健康及其相关权益，根据职业病防治法和其他有关法律、行政法规的规定，制定本条例。

　　(二) 适用范围

　　作业场所使用有毒物品可能产生职业中毒危害的劳动保护。

　　(三) 国家对作业场所使用高毒物品实行特殊管理

　　按照有毒物品产生的职业中毒危害程度，有毒物品分为一般有毒物品和高毒物品。国家对作业场所使用高毒物品实行特殊管理。

　　例如，二氧化硫不属于高毒物品，氯乙烯属于高毒物品。

　　(四) 使用符合国家标准的有毒物品

　　从事使用有毒物品作业的用人单位(以下简称用人单位)应当使用符合国家标准的有毒物品，不得在作业场所使用国家明令禁止使用的有毒物品或者使用不符合国家标准的有毒物品。

　　用人单位应当尽可能使用无毒物品；需要使用有毒物品的，应当优先选择使用低毒物品。

（五）参加工伤保险

用人单位应当依照本条例和其他有关法律、行政法规的规定，采取有效的防护措施，预防职业中毒事故的发生，依法参加工伤保险，保障劳动者的生命安全和身体健康。

（六）使用有毒物品作业场所的要求

用人单位的设立，应当符合有关法律、行政法规规定的设立条件，并依法办理有关手续，取得营业执照。用人单位的使用有毒物品作业场所，除应当符合职业病防治法规定的职业卫生要求外，还必须符合下列要求：

（1）作业场所与生活场所分开，作业场所不得住人；

（2）有害作业与无害作业分开，高毒作业场所与其他作业场所隔离；

（3）设置有效的通风装置；可能突然泄漏大量有毒物品或者易造成急性中毒的作业场所，设置自动报警装置和事故通风设施；

（4）高毒作业场所设置应急撤离通道和必要的泄险区。

用人单位及其作业场所符合前两款规定的，由卫生行政部门发给职业卫生安全许可证，方可从事使用有毒物品的作业。

（七）设置黄色区域警示线、警示标识和中文警示说明

使用有毒物品作业场所应当设置黄色区域警示线、警示标识和中文警示说明。警示说明应当载明产生职业中毒危害的种类、后果、预防以及应急救治措施等内容。

高毒作业场所应当设置红色区域警示线、警示标识和中文警示说明，并设置通信报警设备。

（八）职业中毒危害预评价

新建、扩建、改建的建设项目和技术改造、技术引进项目（以下统称建设项目），可能产生职业中毒危害的，应当依照职业病防治法的规定进行职业中毒危害预评价，并经卫生行政部门审核同意；可能产生职业中毒危害的建设项目的职业中毒危害防护设施应当与主体工程同时设计，同时施工，同时投入生产和使用；建设项目竣工，应当进行职业中毒危害控制效果评价，并经卫生行政部门验收合格。

存在高毒作业的建设项目的职业中毒危害防护设施设计，应当经卫生行政部门进行卫生审查；经审查，符合国家职业卫生标准和卫生要求的，方可施工。

（九）申报存在职业中毒危害项目

用人单位应当按照国务院卫生行政部门的规定，向卫生行政部门及时、如实申报存在职业中毒危害项目。

（十）用人单位变更名称、法定代表人或者负责人应备案

用人单位变更名称、法定代表人或者负责人的，应当向原受理申报的卫生行政部门备案。

（十一）加强劳动过程中的防护与管理

用人单位应当依照职业病防治法的有关规定，采取有效的职业卫生防护管理措施，加强劳动过程中的防护与管理。

从事使用高毒物品作业的用人单位，应当配备专职的或者兼职的职业卫生医师和护士；不具备配备专职的或者兼职的职业卫生医师和护士条件的，应当与依法取得资质认证的职业卫生技术服务机构签订合同，由其提供职业卫生服务。

（十二）告知

用人单位应当与劳动者订立劳动合同，将工作过程中可能产生的职业中毒危害及其后果、职业中毒危害防护措施和待遇等如实告知劳动者，并在劳动合同中写明，不得隐瞒或者欺骗。

劳动者在已订立劳动合同期间因工作岗位或者工作内容变更，从事劳动合同中未告知的存在职业中毒危害的作业时，用人单位应当依照前款规定，如实告知劳动者，并协商变更原劳动合同有关条款。

用人单位违反前两款规定的，劳动者有权拒绝从事存在职业中毒危害的作业，用人单位不得因此单方面解除或者终止与劳动者所订立的劳动合同。

> 某职业病防治所接到报告，某电器公司员工杨某由于三氯乙烯中毒导致死亡。卫生监督人员现场检查发现该电器公司清洗工序设有一台超声波清洗机，使用三氯乙烯作为清洗剂。该公司已向卫生部门申报存在三氯乙烯职业危害，清洗工序未设立警示标志和中文警示说明。该单位工人进公司时检查过肝功能，但没有进行在岗期间、离岗时的职业健康检查，公司没能提供工作场所职业病危害因素监测及评价资料，订立劳动合同时没有告知劳动者职业病危害真实情况，经检测，清洗房中的三氯乙烯浓度最高为 243 mg/m³。
>
> 根据以上描述，对从事接触职业病危害的作业的劳动者，用人单位应当按照国务院安全生产监督管理部门、卫生行政部门的规定组织上岗前、在岗期间和离岗时的职业健康检查，并将检查结果书面告知劳动者。

（十三）劳动者经培训考核合格方可上岗作业

用人单位有关管理人员应当熟悉有关职业病防治的法律、法规以及确保劳动者安全使用有毒物品作业的知识。

用人单位应当对劳动者进行上岗前的职业卫生培训和在岗期间的定期职业卫生培训，普及有关职业卫生知识，督促劳动者遵守有关法律、法规和操作规程，指导劳动者正确使用职业中毒危害防护设备和个人使用的职业中毒危害防护用品。

劳动者经培训考核合格，方可上岗作业。

（十四）防护设备、应急救援设施、通信报警装置处于正常适用状态

用人单位应当确保职业中毒危害防护设备、应急救援设施、通信报警装置处于正常适用状态，不得擅自拆除或者停止运行。

用人单位应当对前款所列设施进行经常性的维护、检修，定期检测其性能和效果，确保其处于良好运行状态。

职业中毒危害防护设备、应急救援设施和通信报警装置处于不正常状态时，用人单位应当立即停止使用有毒物品作业；恢复正常状态后，方可重新作业。

（十五）提供符合国家职业卫生标准的防护用品

用人单位应当为从事使用有毒物品作业的劳动者提供符合国家职业卫生标准的防护用品，并确保劳动者正确使用。

（十六）维护、检修存在高毒物品的生产装置

用人单位维护、检修存在高毒物品的生产装置，必须事先制定维护、检修方案，明确职业中毒危害防护措施,确保维护、检修人员的生命安全和身体健康。

（十七）定期对作业场所职业中毒危害因素进行检测、评价

用人单位应当按照国务院卫生行政部门的规定,定期对使用有毒物品作业场所职业中毒危害因素进行检测、评价。检测、评价结果存入用人单位职业卫生档案,定期向所在地卫生行政部门报告并向劳动者公布。

从事使用高毒物品作业的用人单位应当至少每一个月对高毒作业场所进行一次职业中毒危害因素检测,至少每半年进行一次职业中毒危害控制效果评价。

高毒作业场所职业中毒危害因素不符合国家职业卫生标准和卫生要求时,用人单位必须立即停止高毒作业,并采取相应的治理措施;经治理,职业中毒危害因素符合国家职业卫生标准和卫生要求的,方可重新作业。

（十八）设置淋浴间和更衣室

从事使用高毒物品作业的用人单位应当设置淋浴间和更衣室,并设置清洗、存放或者处理从事使用高毒物品作业劳动者的工作服、工作鞋帽等物品的专用间。

劳动者结束作业时,其使用的工作服、工作鞋帽等物品必须存放在高毒作业区域内,不得穿戴到非高毒作业区域。

（十九）劳动者岗位轮换

用人单位应当按照规定对从事使用高毒物品作业的劳动者进行岗位轮换。用人单位应当为从事使用高毒物品作业的劳动者提供岗位津贴。

（二十）上岗前职业健康检查

用人单位应当组织从事使用有毒物品作业的劳动者进行上岗前职业健康检查。

用人单位不得安排未经上岗前职业健康检查的劳动者从事使用有毒物品的作业,不得安排有职业禁忌的劳动者从事其所禁忌的作业。

（二十一）定期职业健康检查

用人单位应当对从事使用有毒物品作业的劳动者进行定期职业健康检查。

用人单位发现有职业禁忌或者有与所从事职业相关的健康损害的劳动者,应当将其及时调离原工作岗位,并妥善安置。

用人单位对需要复查和医学观察的劳动者,应当按照体检机构的要求安排其复查和医学观察。

（二十二）离岗时的职业健康检查

用人单位应当对从事使用有毒物品作业的劳动者进行离岗时的职业健康检查;对离岗时未进行职业健康检查的劳动者,不得解除或者终止与其订立的劳动合同。

用人单位发生分立、合并、解散、破产等情形的,应当对从事使用有毒物品作业的劳动者进行健康检查,并按照国家有关规定妥善安置职业病病人。

（二十三）健康检查和医学观察

用人单位对受到或者可能受到急性职业中毒危害的劳动者,应当及时组织进行健康检查和医学观察。

（二十四）健康检查和医学观察的费用由用人单位承担

劳动者职业健康检查和医学观察的费用,由用人单位承担。

（二十五）劳动者享有的职业卫生保护权利

劳动者享有下列职业卫生保护权利：

（1）获得职业卫生教育、培训；

（2）获得职业健康检查、职业病诊疗、康复等职业病防治服务；

（3）了解工作场所产生或者可能产生的职业中毒危害因素、危害后果和应当采取的职业中毒危害防护措施；

（4）要求用人单位提供符合防治职业病要求的职业中毒危害防护设施和个人使用的职业中毒危害防护用品，改善工作条件；

（5）对违反职业病防治法律、法规，危及生命、健康的行为提出批评、检举和控告；

（6）拒绝违章指挥和强令进行没有职业中毒危害防护措施的作业；

（7）参与用人单位职业卫生工作的民主管理，对职业病防治工作提出意见和建议。

用人单位应当保障劳动者行使前款所列权利。禁止因劳动者依法行使正当权利而降低其工资、福利等待遇或者解除、终止与其订立的劳动合同。

　　某地一化工有限公司所属分装厂分装农药。由于没有严格的防护措施，几名临时招聘的女工在倒装农药时，先后发生头晕、恶心、呕吐等中毒症状，相继被送到医院。因抢救及时没有人员死亡。

　　根据上述事实，请判断：该公司招聘人员应当进行上岗前和在岗期间的职业卫生教育和培训，普及有关职业卫生知识。（　　　　）

　　［判断：正确。］

（二十六）劳动者有权查阅、复印其本人职业健康监护档案

（二十七）承继单位承担对患职业病的劳动者的补偿责任

用人单位分立、合并的，承继单位应当承担由原用人单位对患职业病的劳动者承担的补偿责任。

用人单位解散、破产的，应当依法从其清算财产中优先支付患职业病的劳动者的补偿费用。

（二十八）劳动者义务

劳动者应当学习和掌握相关职业卫生知识，遵守有关劳动保护的法律、法规和操作规程，正确使用和维护职业中毒危害防护设施及其用品；发现职业中毒事故隐患时，应当及时报告。

（二十九）违法行为处罚

用人单位违反本条例的规定，有下列情形之一的，由卫生行政部门给予警告，责令限期改正，处10万元以上50万元以下的罚款；逾期不改正的，提请有关人民政府按照国务院规定的权限责令停建、予以关闭；造成严重职业中毒危害或者导致职业中毒事故发生的，对负有责任的主管人员和其他直接责任人员依照刑法关于重大劳动安全事故罪或者其他罪的规定，依法追究刑事责任：

（1）可能产生职业中毒危害的建设项目，未依照职业病防治法的规定进行职业中毒危害预评价，或者预评价未经卫生行政部门审核同意，擅自开工的；

（2）职业卫生防护设施未与主体工程同时设计、同时施工、同时投入生产和使用的；

（3）建设项目竣工，未进行职业中毒危害控制效果评价，或者未经卫生行政部门验收或者验收不合格，擅自投入使用的；

（4）存在高毒作业的建设项目的防护设施设计未经卫生行政部门审查同意，擅自施工的。

需要注意的是，中央编办于2010年10月8日印发了《关于职业卫生监管部门职责分工的通知》，规定了国务院有关部门在职业卫生监管方面的职责分工。其中安全监管总局的职责如下：

① 起草职业卫生监管有关法规，制定用人单位职业卫生监管相关规章。组织拟订国家职业卫生标准中的用人单位职业危害因素工程控制、职业防护设施、个体职业防护等相关标准。

② 负责用人单位职业卫生监督检查工作，依法监督用人单位贯彻执行国家有关职业病防治法律法规和标准情况。组织查处职业危害事故和违法违规行为。

③ 负责新建、改建、扩建工程项目和技术改造、技术引进项目的职业卫生"三同时"审查及监督检查。负责监督管理用人单位职业危害项目申报工作。

④ 负责依法管理职业卫生安全许可证的颁发工作。负责职业卫生检测、评价技术服务机构的资质认定和监督管理工作。组织指导并监督检查有关职业卫生培训工作。

⑤ 负责监督检查和督促用人单位依法建立职业危害因素检测、评价、劳动者职业健康监护、相关职业卫生检查等管理制度；监督检查和督促用人单位提供劳动者健康损害与职业史、职业危害接触关系等相关证明材料。

⑥ 负责汇总、分析职业危害因素检测、评价、劳动者职业健康监护等信息，向相关部门和机构提供职业卫生监督检查情况。

九、《生产安全事故报告和调查处理条例》及解读

《生产安全事故报告和调查处理条例》于2007年4月9日以国务院令第493号公布，自2007年6月1日起施行。该条例内容包括总则、事故报告、事故调查、事故处理、法律责任、附则共6章46条。该条例中部分重点内容阐述如下：

（一）适用范围

生产经营活动中发生的造成人身伤亡或者直接经济损失的生产安全事故的报告和调查处理，适用本条例；环境污染事故、核设施事故、国防科研生产事故的报告和调查处理不适用本条例。

（二）生产安全事故分级

根据生产安全事故（以下简称事故）造成的人员伤亡或者直接经济损失，事故一般分为以下等级：

（1）特别重大事故，是指造成30人以上死亡，或者100人以上重伤（包括急性工业中毒，下同），或者1亿元以上直接经济损失的事故；

（2）重大事故，是指造成10人以上30人以下死亡，或者50人以上100人以下重伤，或者5 000万元以上1亿元以下直接经济损失的事故；

（3）较大事故，是指造成3人以上10人以下死亡，或者10人以上50人以下重伤，或者1 000万元以上5 000万元以下直接经济损失的事故；

（4）一般事故，是指造成3人以下死亡，或者10人以下重伤，或者1 000万元以下直接经济损失的事故。

本条第一款所称的"以上"包括本数，所称的"以下"不包括本数。

案例 1

　　某加油站汽油加油机的吸管止回阀发生故障,加油员张某请来农机站修理工进行修理,修理完毕后修理工离开,张某与另一闲杂人员周某滞留在罐室。因张某打火机掉落地上,周某拣起打火机后,随手打火,检修中溢出的汽油气体遇火引起爆燃。造成2人死亡。

　　根据上述情况,依据《生产安全事故报告和调查处理条例》,本事故属于一般事故。

案例 2

　　某煤气公司液化石油气储罐区发生液化石油气泄漏燃爆事故。事发当天 16 时38 分,接班巡线职工检查发现白茫茫的雾状液化气带着呼啸声从罐区容积 400 m³ 的 11号球罐底部喷出。虽经单位职工及当地消防队员奋力抢险,最终还是在 18 时 50 分发生第一次爆炸,造成参加现场抢险人员中的 12 人当场死亡,31 人受伤。19 时 25 分,11 号球罐再次发生爆炸,20 时,12 号球罐也发生爆炸,引发邻近 3 台 100 m³ 卧罐安全阀排放、着火燃烧。此次燃爆事故烧毁 400 m³ 球罐 2 台,100 m³ 卧罐 4 台,燃损槽车 7 辆,炸毁配电室、水泵房等建筑物,直接经济损失 477 万元。

　　根据上述情况,依据《生产安全事故报告和调查处理条例》,本事故属于重大事故。

(三) 事故报告

事故报告应当及时、准确、完整,任何单位和个人对事故不得迟报、漏报、谎报或者瞒报。

(四) 县级以上政府完成事故调查处理工作

县级以上人民政府应当依照本条例的规定,严格履行职责,及时、准确地完成事故调查处理工作。

事故发生地有关地方人民政府应当支持、配合上级人民政府或者有关部门的事故调查处理工作,并提供必要的便利条件。

参加事故调查处理的部门和单位应当互相配合,提高事故调查处理工作的效率。

(五) 工会依法参加事故调查处理

工会依法参加事故调查处理,有权向有关部门提出处理意见。

(六) 不得阻挠和干涉对事故的报告和依法调查处理

任何单位和个人不得阻挠和干涉对事故的报告和依法调查处理。

对事故报告和调查处理中的违法行为,任何单位和个人有权向安全生产监督管理部门、监察机关或者其他有关部门举报,接到举报的部门应当依法及时处理。

(七) 单位负责人报告事故时限

事故发生后,事故现场有关人员应当立即向本单位负责人报告;单位负责人接到报告后,应当于 1 小时内向事故发生地县级以上人民政府安全生产监督管理部门和负有安全生产监督管理职责的有关部门报告。

情况紧急时,事故现场有关人员可以直接向事故发生地县级以上人民政府安全生产监督管理部门和负有安全生产监督管理职责的有关部门报告。

根据有关规定,生产经营单位发生生产安全事故后,事故现场有关人员应当立即报告本单位负责人。单位负责人接到事故报告后,应当迅速采取有效措施,组织抢救,防止事故扩大,减少人员伤亡和财产损失,并按照国家有关规定立即如实报告当地负有安全生产监督管理职责的部门,不得隐瞒不报、谎报或者迟报,不得故意破坏事故现场、毁灭有关证据。

(八)事故逐级上报规定

安全生产监督管理部门和负有安全生产监督管理职责的有关部门接到事故报告后,应当依照下列规定上报事故情况,并通知公安机关、劳动保障行政部门、工会和人民检察院:

(1)特别重大事故、重大事故逐级上报至国务院安全生产监督管理部门和负有安全生产监督管理职责的有关部门;

(2)较大事故逐级上报至省、自治区、直辖市人民政府安全生产监督管理部门和负有安全生产监督管理职责的有关部门;

案例

某公司上海销售分公司租赁经营的浦三路油气加注站,在停业检修时发生液化石油气储罐爆炸事故,造成 4 人死亡、30 人受伤,周围部分建筑物等受损,直接经济损失 960 万元。

根据上述事实,请判断:该事故应上报至省、自治区、直辖市人民政府安全生产监督管理部门和负有安全生产监督管理职责的有关部门。(　　　)

[判断:正确]

(3)一般事故上报至设区的市级人民政府安全生产监督管理部门和负有安全生产监督管理职责的有关部门。

安全生产监督管理部门和负有安全生产监督管理职责的有关部门依照前款规定上报事故情况,应当同时报告本级人民政府。国务院安全生产监督管理部门和负有安全生产监督管理职责的有关部门以及省级人民政府接到发生特别重大事故、重大事故的报告后,应当立即报告国务院。

必要时,安全生产监督管理部门和负有安全生产监督管理职责的有关部门可以越级上报事故情况。

(九)监管部门逐级上报事故时限

安全生产监督管理部门和负有安全生产监督管理职责的有关部门逐级上报事故情况,每级上报的时间不得超过 2 小时。

由上述可知,事故信息上报并不是指事故发生后向上级主管单位报告事故信息的流程、内容和时限。

(十)报告事故包括的内容

报告事故应当包括下列内容:

(1)事故发生单位概况;

(2)事故发生的时间、地点以及事故现场情况;

(3)事故的简要经过;

(4)事故已经造成或者可能造成的伤亡人数(包括下落不明的人数)和初步估计的直接经济损失;

（5）已经采取的措施；

（6）其他应当报告的情况。

（十一）事故报告后出现新情况的，应当及时补报

自事故发生之日起 30 日内，事故造成的伤亡人数发生变化的，应当及时补报。道路交通事故、火灾事故自发生之日起 7 日内，事故造成的伤亡人数发生变化的，应当及时补报。

（十二）单位负责人启动事故应急预案

事故发生单位负责人接到事故报告后，应当立即启动事故相应应急预案，或者采取有效措施，组织抢救，防止事故扩大，减少人员伤亡和财产损失。

（十三）有关部门负责人应当立即赶赴事故现场组织事故救援

事故发生地有关地方人民政府、安全生产监督管理部门和负有安全生产监督管理职责的有关部门接到事故报告后，其负责人应当立即赶赴事故现场，组织事故救援。

（十四）保护事故现场

事故发生后，有关单位和人员应当妥善保护事故现场以及相关证据，任何单位和个人不得破坏事故现场、毁灭相关证据。

因抢救人员、防止事故扩大以及疏通交通等原因，需要移动事故现场物件的，应当做出标志、绘制现场简图并做出书面记录，妥善保存现场重要痕迹、物证。

案例

京沈高速公路辽中段 610 km 处，一辆高速行驶的黑色桑塔纳轿车，撞上前方正在行驶的一辆货运槽车尾部，车上装有 24 t 丙烯腈，大量的液体喷涌而出，不仅被困者随时都有生命危险，而且数百辆车经过出事路段，附近还有上百名农民正在劳动，情况十分危急。

根据上述描述，请判断：事故发生后，有关单位和人员应当妥善保护事故现场以及相关证据，任何单位和个人不得破坏事故现场、毁灭相关证据。（　　　）

［判断：正确。］

（十五）立案侦查

事故发生地公安机关根据事故的情况，对涉嫌犯罪的，应当依法立案侦查，采取强制措施和侦查措施。犯罪嫌疑人逃匿的，公安机关应当迅速追捕归案。

（十六）建立值班制度

安全生产监督管理部门和负有安全生产监督管理职责的有关部门应当建立值班制度，并向社会公布值班电话，受理事故报告和举报。

（十七）事故调查权限

特别重大事故由国务院或者国务院授权有关部门组织事故调查组进行调查。

重大事故、较大事故、一般事故分别由事故发生地省级人民政府、设区的市级人民政府、县级人民政府负责调查。省级人民政府、设区的市级人民政府、县级人民政府可以直接组织事故调查组进行调查，也可以授权或者委托有关部门组织事故调查组进行调查。

未造成人员伤亡的一般事故，县级人民政府也可以委托事故发生单位组织事故调查组进行调查。

（十八）上级人民政府可以调查由下级人民政府负责调查的事故

上级人民政府认为必要时，可以调查由下级人民政府负责调查的事故。

自事故发生之日起 30 日内（道路交通事故、火灾事故自发生之日起 7 日内），因事故伤亡人数变化导致事故等级发生变化，依照本条例规定应当由上级人民政府负责调查的，上级人民政府可以另行组织事故调查组进行调查。

（十九）事故发生地与事故发生单位不在同一行政区域时调查规定

特别重大事故以下等级事故，事故发生地与事故发生单位不在同一个县级以上行政区域的，由事故发生地人民政府负责调查，事故发生单位所在地人民政府应当派人参加。

（二十）事故调查组的组成应当遵循精简、效能的原则

根据事故的具体情况，事故调查组由有关人民政府、安全生产监督管理部门、负有安全生产监督管理职责的有关部门、监察机关、公安机关以及工会派人组成，并应当邀请人民检察院派人参加。

事故调查组可以聘请有关专家参与调查。

　　某公司上海销售分公司租赁经营的浦三路油气加注站，在停业检修时发生液化石油气储罐爆炸事故，造成 4 人死亡、30 人受伤，周围部分建筑物等受损，直接经济损失 960 万元。事故调查组认定造成这次事故的直接原因是：液化石油气储罐卸料后没有用氮气置换清洗，储罐内仍残留液化石油气；在用压缩空气进行管道气密性试验时，没有将管道与液化石油气储罐用盲板隔断，致使压缩空气进入了液化石油气储罐，储罐内残留液化石油气与压缩空气混合，形成爆炸性混合气体；因违章电焊动火作业，引发试压系统发生化学爆炸，导致事故发生。

　　根据上述事实，请判断：本起事故调查组成员由有关人民政府、安全生产监督管理部门、负有安全生产监督管理职责的有关部门、监察机关、公安机关以及工会派人组成，并应当邀请人民检察院派人参加，不可以聘请有关专家参与调查。（　　　）

　　[判断：错误。]事故调查组可以聘请有关专家参与调查。

（二十一）事故调查组成员

事故调查组成员应当具有事故调查所需要的知识和专长，并与所调查的事故没有直接利害关系。

（二十二）事故调查组组长

事故调查组组长由负责事故调查的人民政府指定。事故调查组组长主持事故调查组的工作。

（二十三）事故调查组履行的职责

事故调查组履行下列职责：

（1）查明事故发生的经过、原因、人员伤亡情况及直接经济损失；

（2）认定事故的性质和事故责任；

（3）提出对事故责任者的处理建议；

（4）总结事故教训，提出防范和整改措施；

（5）提交事故调查报告。

　　某煤气公司液化石油气储罐区发生液化石油气泄漏燃爆事故。事发当天 16 时 38 分，接班巡线职工检查发现，白茫茫的雾状液化气带着呼啸声从罐区容积 400 m³ 的 11 号球罐底部喷出。虽经单位职工及当地消防队员奋力抢险，最终还是在 18 时 50 分发生第一次爆炸，造成参加现场抢险人员中的 12 人当场死亡，31 人受伤。19 时 25 分，11 号球罐再次发生爆炸，20 时，12 号球罐也发生爆炸，引发邻近 3 台 100 m³ 卧罐安全阀排放、着火燃烧。此次燃爆事故烧毁 400 m³ 球罐 2 台，100 m³ 卧罐 4 台，燃损槽车 7 辆，炸毁配电室、水泵房等建筑物，直接经济损失 477 万元。

　　根据上述情况，分析不属于该事故防范措施的是（　　）。

　　A. 液化石油气储气站应加强日常安全检查和安全管理

　　B. 不定期更换法兰密封垫片并检查紧固螺栓，防止阀门泄漏

　　C. 制定事故应急处理预案并组织有关人员演练

　　［选择：B］

（二十四）事故调查组有权向有关单位和个人了解与事故有关的情况

　　事故调查组有权向有关单位和个人了解与事故有关的情况，并要求其提供相关文件、资料，有关单位和个人不得拒绝。

　　事故发生单位的负责人和有关人员在事故调查期间不得擅离职守，并应当随时接受事故调查组的询问，如实提供有关情况。

（二十五）技术鉴定

　　事故调查中需要进行技术鉴定的，事故调查组应当委托具有国家规定资质的单位进行技术鉴定。必要时，事故调查组可以直接组织专家进行技术鉴定。技术鉴定所需时间不计入事故调查期限。

（二十六）事故调查组纪律

　　事故调查组成员在事故调查工作中应当诚信公正、恪尽职守，遵守事故调查组的纪律，保守事故调查的秘密。

　　未经事故调查组组长允许，事故调查组成员不得擅自发布有关事故的信息。

（二十七）提交事故调查报告

　　事故调查组应当自事故发生之日起 60 日内提交事故调查报告；特殊情况下，经负责事故调查的人民政府批准，提交事故调查报告的期限可以适当延长，但延长的期限最长不超过 60 日。

（二十八）事故调查报告包括的内容

　　事故调查报告应当包括下列内容：

（1）事故发生单位概况；

（2）事故发生经过和事故救援情况；

（3）事故造成的人员伤亡和直接经济损失；

（4）事故发生的原因和事故性质；

（5）事故责任的认定以及对事故责任者的处理建议；

（6）事故防范和整改措施。

事故调查报告应当附具有关证据材料。事故调查组成员应当在事故调查报告上签名。

（二十九）事故调查工作结束

事故调查报告报送负责事故调查的人民政府后，事故调查工作即告结束。事故调查的有关资料应当归档保存。

（三十）事故调查批复

重大事故、较大事故、一般事故，负责事故调查的人民政府应当自收到事故调查报告之日起15日内做出批复；特别重大事故，30日内做出批复，特殊情况下，批复时间可以适当延长，但延长的时间最长不超过30日。

有关机关应当按照人民政府的批复，依照法律、行政法规规定的权限和程序，对事故发生单位和有关人员进行行政处罚，对负有事故责任的国家工作人员进行处分。

事故发生单位应当按照负责事故调查的人民政府的批复，对本单位负有事故责任的人员进行处理。

负有事故责任的人员涉嫌犯罪的，依法追究刑事责任。

（三十一）防范和整改措施

事故发生单位应当认真吸取事故教训，落实防范和整改措施，防止事故再次发生。防范和整改措施的落实情况应当接受工会和职工的监督。

安全生产监督管理部门和负有安全生产监督管理职责的有关部门应当对事故发生单位落实防范和整改措施的情况进行监督检查。

（三十二）事故处理的情况向社会公布

事故处理的情况由负责事故调查的人民政府或者其授权的有关部门、机构向社会公布，依法应当保密的除外。

（三十三）违法行为处罚之一

事故发生单位主要负责人有下列行为之一的，处上一年年收入40%至80%的罚款；属于国家工作人员的，并依法给予处分；构成犯罪的，依法追究刑事责任：

（1）不立即组织事故抢救的；

（2）迟报或者漏报事故的；

（3）在事故调查处理期间擅离职守的。

（三十四）违法行为处罚之二

事故发生单位及其有关人员有下列行为之一的，对事故发生单位处100万元以上500万元以下的罚款；对主要负责人、直接负责的主管人员和其他直接责任人员处上一年年收入60%至100%的罚款；属于国家工作人员的，并依法给予处分；构成违反治安管理行为的，由公安机关依法给予治安管理处罚；构成犯罪的，依法追究刑事责任：

（1）谎报或者瞒报事故的；

（2）伪造或者故意破坏事故现场的；

（3）转移、隐匿资金、财产，或者销毁有关证据、资料的；

(4) 拒绝接受调查或者拒绝提供有关情况和资料的；

(5) 在事故调查中作伪证或者指使他人作伪证的；

(6) 事故发生后逃匿的。

(三十五) 违法行为处罚之三

事故发生单位对事故发生负有责任的，依照下列规定处以罚款：

(1) 发生一般事故的，处 10 万元以上 20 万元以下的罚款；

(2) 发生较大事故的，处 20 万元以上 50 万元以下的罚款；

(3) 发生重大事故的，处 50 万元以上 200 万元以下的罚款；

(4) 发生特别重大事故的，处 200 万元以上 500 万元以下的罚款。

(三十六) 违法行为处罚之四

事故发生单位主要负责人未依法履行安全生产管理职责，导致事故发生的，依照下列规定处以罚款；属于国家工作人员的，并依法给予处分；构成犯罪的，依法追究刑事责任：

(1) 发生一般事故的，处上一年年收入 30％的罚款；

(2) 发生较大事故的，处上一年年收入 40％的罚款；

(3) 发生重大事故的，处上一年年收入 60％的罚款；

(4) 发生特别重大事故的，处上一年年收入 80％的罚款。

(三十七) 违法行为处罚之五

事故发生单位对事故发生负有责任的，由有关部门依法暂扣或者吊销其有关证照；对事故发生单位负有事故责任的有关人员，依法暂停或者撤销其与安全生产有关的执业资格、岗位证书；事故发生单位主要负责人受到刑事处罚或者撤职处分的，自刑罚执行完毕或者受处分之日起，5 年内不得担任任何生产经营单位的主要负责人。

(三十八) 违法行为处罚之六

有关地方人民政府、安全生产监督管理部门和负有安全生产监督管理职责的有关部门有下列行为之一的，对直接负责的主管人员和其他直接责任人员依法给予处分；构成犯罪的，依法追究刑事责任：

(1) 不立即组织事故抢救的；

(2) 迟报、漏报、谎报或者瞒报事故的；

(3) 阻碍、干涉事故调查工作的；

(4) 在事故调查中作伪证或者指使他人作伪证的。

(三十九) 违法行为处罚之七

为发生事故的单位提供虚假证明的中介机构，由有关部门依法暂扣或者吊销其有关证照及其相关人员的执业资格；构成犯罪的，依法追究刑事责任。

(四十) 违法行为处罚之八

参与事故调查的人员在事故调查中有下列行为之一的，依法给予处分；构成犯罪的，依法追究刑事责任：

(1) 对事故调查工作不负责任，致使事故调查工作有重大疏漏的；

(2) 包庇、袒护负有事故责任的人员或者借机打击报复的。

（四十一）违法行为处罚之九

违反本条例规定,有关地方人民政府或者有关部门故意拖延或者拒绝落实经批复的对事故责任人的处理意见的,由监察机关对有关责任人员依法给予处分。

（四十二）本条例规定的罚款的行政处罚,由安全生产监督管理部门决定

法律、行政法规对行政处罚的种类、幅度和决定机关另有规定的,依照其规定。

（四十三）国家机关、事业单位、人民团体参照本条例的规定执行

没有造成人员伤亡,但是社会影响恶劣的事故,国务院或者有关地方人民政府认为需要调查处理的,依照本条例的有关规定执行。

国家机关、事业单位、人民团体发生的事故的报告和调查处理,参照本条例的规定执行。

（四十四）特别重大事故以下等级事故的报告和调查处理,有关法律、行政法规或者国务院另有规定的,依照其规定

（四十五）与条例相关的规章

《生产安全事故信息报告和处置办法》由原国家安全生产监督管理总局令第 21 号于 2009 年 6 月 16 日公布,自 2009 年 7 月 1 日起施行。其主要内容如下(注:机构改革后,国家安全生产监督管理总局已改为应急管理部,各级安全生产监督管理局已改为应急管理厅或局):

(1) 生产经营单位报告生产安全事故信息和应急管理部门、煤矿安全监察机构对生产安全事故信息的报告和处置工作,适用本办法。

(2) 本办法规定的应当报告和处置的生产安全事故信息(以下简称事故信息),是指已经发生的生产安全事故和较大涉险事故的信息。

(3) 事故信息的报告应当及时、准确和完整,信息的处置应当遵循快速高效、协同配合、分级负责的原则。

应急管理部门负责各类生产经营单位的事故信息报告和处置工作。煤矿安全监察机构负责煤矿的事故信息报告和处置工作。

(4) 应急管理部门、煤矿安全监察机构应当建立事故信息报告和处置制度,设立事故信息调度机构,实行 24 小时不间断调度值班,并向社会公布值班电话,受理事故信息报告和举报。

(5) 生产经营单位发生生产安全事故或者较大涉险事故,其单位负责人接到事故信息报告后应当于 1 小时内报告事故发生地县级应急管理部门、煤矿安全监察分局。

发生较大以上生产安全事故的,事故发生单位在依照第一款规定报告的同时,应当在 1 小时内报告省级应急管理部门、省级煤矿安全监察机构。

发生重大、特别重大生产安全事故的,事故发生单位在依照本条第一款、第二款规定报告的同时,可以立即报告应急管理部、国家煤矿安全监察局。

(6) 应急管理部门、煤矿安全监察机构接到事故发生单位的事故信息报告后,应当按照下列规定上报事故情况,同时书面通知同级公安机关、劳动保障部门、工会、人民检察院和有关部门:

① 一般事故和较大涉险事故逐级上报至设区的市级应急管理部门、省级煤矿安全监察机构;

② 较大事故逐级上报至省级应急管理部门、省级煤矿安全监察机构;

③ 重大事故、特别重大事故逐级上报至应急管理部、国家煤矿安全监察局。

前款规定的逐级上报,每一级上报时间不得超过 2 小时。应急管理部门依照前款规定上报事故情况时,应当同时报告本级人民政府。

(7) 发生较大生产安全事故或者社会影响重大的事故的,县级、市级应急管理部门或者煤矿安全监察分局接到事故报告后,在依照本办法第七条规定逐级上报的同时,应当在 1 小时内先用电话快报省级应急管理部门、省级煤矿安全监察机构,随后补报文字报告;乡镇安监站(办)可以根据事故情况越级直接报告省级应急管理部门、省级煤矿安全监察机构。

(8) 发生重大、特别重大生产安全事故或者社会影响恶劣的事故的,县级、市级应急管理部门或者煤矿安全监察分局接到事故报告后,在依照本办法第七条规定逐级上报的同时,应当在 1 小时内先用电话快报省级应急管理部门、省级煤矿安全监察机构,随后补报文字报告;必要时,可以直接用电话报告应急管理部、国家煤矿安全监察局。

省级应急管理部门、省级煤矿安全监察机构接到事故报告后,应当在 1 小时内先用电话快报应急管理部、国家煤矿安全监察局,随后补报文字报告。

应急管理部、国家煤矿安全监察局接到事故报告后,应当在 1 小时内先用电话快报国务院总值班室,随后补报文字报告。

(9) 报告事故信息,应当包括下列内容:

① 事故发生单位的名称、地址、性质、产能等基本情况;

② 事故发生的时间、地点以及事故现场情况;

③ 事故的简要经过(包括应急救援情况);

④ 事故已经造成或者可能造成的伤亡人数(包括下落不明、涉险的人数)和初步估计的直接经济损失;

⑤ 已经采取的措施;

⑤ 其他应当报告的情况。

使用电话快报,应当包括下列内容:

① 事故发生单位的名称、地址、性质;

② 事故发生的时间、地点;

③ 事故已经造成或者可能造成的伤亡人数(包括下落不明、涉险的人数)。

(10) 事故具体情况暂时不清楚的,负责事故报告的单位可以先报事故概况,随后补报事故全面情况。

事故信息报告后出现新情况的,负责事故报告的单位应当依照本办法的规定及时续报。较大涉险事故、一般事故、较大事故每日至少续报 1 次;重大事故、特别重大事故每日至少续报 2 次。

自事故发生之日起 30 日内(道路交通、火灾事故自发生之日起 7 日内),事故造成的伤亡人数发生变化的,应于当日续报。

(11) 应急管理部门、煤矿安全监察机构接到任何单位或者个人的事故信息举报后,应当立即与事故单位或者下一级应急管理部门、煤矿安全监察机构联系,并进行调查核实。

下一级应急管理部门、煤矿安全监察机构接到上级应急管理部门、煤矿安全监察机构的事故信息举报核查通知后,应当立即组织查证核实,并在 2 个月内向上一级应急管理部门、煤矿安全监察机构报告核实结果。

对发生较大涉险事故的,应急管理部门、煤矿安全监察机构依照本条第二款规定向上一级应急管理部门、煤矿安全监察机构报告核实结果;对发生生产安全事故的,应急管理部门、煤矿安全监察机构应当在5日内对事故情况进行初步查证,并将事故初步查证的简要情况报告上一级应急管理部门、煤矿安全监察机构,详细核实结果在2个月内报告。

(12) 事故信息经初步查证后,负责查证的应急管理部门、煤矿安全监察机构应当立即报告本级人民政府和上一级应急管理部门、煤矿安全监察机构,并书面通知公安机关、劳动保障部门、工会、人民检察院和有关部门。

(13) 发生生产安全事故或者较大涉险事故后,应急管理部门、煤矿安全监察机构应当立即研究、确定并组织实施相关处置措施。应急管理部门、煤矿安全监察机构负责人按照职责分工负责相关工作。

(14) 应急管理部门、煤矿安全监察机构接到生产安全事故报告后,应当按照下列规定派员立即赶赴事故现场:

① 发生一般事故的,县级应急管理部门、煤矿安全监察分局负责人立即赶赴事故现场;

② 发生较大事故的,设区的市级应急管理部门、省级煤矿安全监察局负责人应当立即赶赴事故现场;

③ 发生重大事故的,省级安全监督管理部门、省级煤矿安全监察局负责人立即赶赴事故现场;

④ 发生特别重大事故的,应急管理部、国家煤矿安全监察局负责人立即赶赴事故现场。

上级应急管理部门、煤矿安全监察机构认为必要的,可以派员赶赴事故现场。

(15) 应急管理部门、煤矿安全监察机构应当依照有关规定定期向社会公布事故信息。

任何单位和个人不得擅自发布事故信息。

(16) 本办法所称的较大涉险事故是指:

① 涉险10人以上的事故;

② 造成3人以上被困或者下落不明的事故;

③ 紧急疏散人员500人以上的事故;

④ 因生产安全事故对环境造成严重污染(人员密集场所、生活水源、农田、河流、水库、湖泊等)的事故;

⑤ 危及重要场所和设施安全(电站、重要水利设施、危化品库、油气站和车站、码头、港口、机场及其他人员密集场所等)的事故;

⑥ 其他较大涉险事故。

十、《工伤保险条例》及解读

《工伤保险条例》于2003年4月27日以国务院令第375号公布,根据2010年12月20日《国务院关于修改〈工伤保险条例〉的决定》修订,新修订的《工伤保险条例》自2011年1月1日起施行。新修订的《工伤保险条例》的内容包括总则、工伤保险基金、工伤认定、劳动能力鉴定、工伤保险待遇、监督管理、法律责任、附则共8章67条。该条例部分重点内容阐述如下:

(一)制定本条例的目的

为了保障因工作遭受事故伤害或者患职业病的职工获得医疗救治和经济补偿,促进工伤预防和职业康复,分散用人单位的工伤风险。

(二)适用范围

中华人民共和国境内的企业、事业单位、社会团体、民办非企业单位、基金会、律师事务所、会计师事务所等组织和有雇工的个体工商户(以下称用人单位)应当依照本条例规定参加工伤保险,为本单位全部职工或者雇工(以下称职工)缴纳工伤保险费。

中华人民共和国境内的企业、事业单位、社会团体、民办非企业单位、基金会、律师事务所、会计师事务所等组织的职工和个体工商户的雇工,均有依照本条例的规定享受工伤保险待遇的权利。

(三)用人单位应当将参加工伤保险的有关情况在本单位内公示

用人单位和职工应当遵守有关安全生产和职业病防治的法律法规,执行安全卫生规程和标准,预防工伤事故发生,避免和减少职业病危害。

职工发生工伤时,用人单位应当采取措施使工伤职工得到及时救治。

(四)工伤保险基金构成

工伤保险基金由用人单位缴纳的工伤保险费、工伤保险基金的利息和依法纳入工伤保险基金的其他资金构成。

(五)工伤保险费根据以支定收、收支平衡的原则,确定费率

(六)用人单位应当按时缴纳工伤保险费

用人单位应当按时缴纳工伤保险费。职工个人不缴纳工伤保险费。

用人单位缴纳工伤保险费的数额为本单位职工工资总额乘以单位缴费费率之积。

(七)工伤保险基金统筹

工伤保险基金逐步实行省级统筹。

跨地区、生产流动性较大的行业,可以采取相对集中的方式异地参加统筹地区的工伤保险。

(八)工伤保险基金应当留有一定比例的储备金

工伤保险基金应当留有一定比例的储备金,用于统筹地区重大事故的工伤保险待遇支付;储备金不足支付的,由统筹地区的人民政府垫付。

(九)认定为工伤的情形

职工有下列情形之一的,应当认定为工伤:

(1)在工作时间和工作场所内,因工作原因受到事故伤害的;

(2)工作时间前后在工作场所内,从事与工作有关的预备性或者收尾性工作受到事故伤害的;

(3)在工作时间和工作场所内,因履行工作职责受到暴力等意外伤害的;

(4)患职业病的;

(5)因工外出期间,由于工作原因受到伤害或者发生事故下落不明的;

(6)在上下班途中,受到非本人主要责任的交通事故或者城市轨道交通、客运轮渡、火车事故伤害的;

(7)法律、行政法规规定应当认定为工伤的其他情形。

(十)视同工伤的情形

职工有下列情形之一的,视同工伤:

(1)在工作时间和工作岗位,突发疾病死亡或者在 48 小时之内经抢救无效死亡的;

(2)在抢险救灾等维护国家利益、公共利益活动中受到伤害的;

(3)职工原在军队服役,因战、因公负伤致残,已取得革命伤残军人证,到用人单位后旧伤复发的。

(十一) 不得认定为工伤或者视同工伤的情形

职工符合上述的规定,但是有下列情形之一的,不得认定为工伤或者视同工伤:

(1) 故意犯罪的;

(2) 醉酒或者吸毒的;

(3) 自残或者自杀的。

(十二) 工伤认定申请时限

职工发生事故伤害或者按照职业病防治法规定被诊断、鉴定为职业病,所在单位应当自事故伤害发生之日或者被诊断、鉴定为职业病之日起30日内,向统筹地区社会保险行政部门提出工伤认定申请。遇有特殊情况,经报社会保险行政部门同意,申请时限可以适当延长。

用人单位未按前款规定提出工伤认定申请的,工伤职工或者其近亲属、工会组织在事故伤害发生之日或者被诊断、鉴定为职业病之日起1年内,可以直接向用人单位所在地统筹地区社会保险行政部门提出工伤认定申请。

按照本条第一款规定应当由省级社会保险行政部门进行工伤认定的事项,根据属地原则由用人单位所在地的设区的市级社会保险行政部门办理。

(十三) 工伤认定申请应提交的材料

提出工伤认定申请应当提交下列材料:

(1) 工伤认定申请表;

(2) 与用人单位存在劳动关系(包括事实劳动关系)的证明材料;

(3) 医疗诊断证明或者职业病诊断证明书(或者职业病诊断鉴定书)。

工伤认定申请表应当包括事故发生的时间、地点、原因以及职工伤害程度等基本情况。

工伤认定申请人提供材料不完整的,社会保险行政部门应当一次性书面告知工伤认定申请人需要补正的全部材料。申请人按照书面告知要求补正材料后,社会保险行政部门应当受理。

(十四) 调查核实

社会保险行政部门受理工伤认定申请后,根据审核需要可以对事故伤害进行调查核实,用人单位、职工、工会组织、医疗机构以及有关部门应当予以协助。职业病诊断和诊断争议的鉴定,依照职业病防治法的有关规定执行。对依法取得职业病诊断证明书或者职业病诊断鉴定书的,社会保险行政部门不再进行调查核实。

职工或者其近亲属认为是工伤,用人单位不认为是工伤的,由用人单位承担举证责任。

用人单位未在本条第一款规定的时限内提交工伤认定申请,在此期间发生符合本条例规定的工伤待遇等有关费用由该用人单位负担。

(十五) 进行劳动能力鉴定

职工发生工伤,经治疗伤情相对稳定后存在残疾、影响劳动能力的,应当进行劳动能力鉴定。

(十六) 劳动功能障碍和生活自理障碍等级

劳动能力鉴定是指劳动功能障碍程度和生活自理障碍程度的等级鉴定。

劳动功能障碍分为十个伤残等级,最重的为一级,最轻的为十级。

生活自理障碍分为三个等级:生活完全不能自理、生活大部分不能自理和生活部分不能自理。

劳动能力鉴定标准由国务院社会保险行政部门会同国务院卫生行政部门等部门制定。

（十七）劳动能力鉴定的申请

劳动能力鉴定由用人单位、工伤职工或者其近亲属向设区的市级劳动能力鉴定委员会提出申请,并提供工伤认定决定和职工工伤医疗的有关资料。

（十八）劳动能力鉴定委员会

省、自治区、直辖市劳动能力鉴定委员会和设区的市级劳动能力鉴定委员会分别由省、自治区、直辖市和设区的市级社会保险行政部门、卫生行政部门、工会组织、经办机构代表以及用人单位代表组成。

劳动能力鉴定委员会建立医疗卫生专家库。列入专家库的医疗卫生专业技术人员应当具备下列条件:

(1) 具有医疗卫生高级专业技术职务任职资格;

(2) 掌握劳动能力鉴定的相关知识;

(3) 具有良好的职业品德。

（十九）劳动能力鉴定结论

设区的市级劳动能力鉴定委员会收到劳动能力鉴定申请后,应当从其建立的医疗卫生专家库中随机抽取 3 名或者 5 名相关专家组成专家组,由专家组提出鉴定意见。设区的市级劳动能力鉴定委员会根据专家组的鉴定意见作出工伤职工劳动能力鉴定结论;必要时,可以委托具备资格的医疗机构协助进行有关的诊断。

设区的市级劳动能力鉴定委员会应当自收到劳动能力鉴定申请之日起 60 日内作出劳动能力鉴定结论,必要时,作出劳动能力鉴定结论的期限可以延长 30 日。劳动能力鉴定结论应当及时送达申请鉴定的单位和个人。

（二十）再次鉴定申请

申请鉴定的单位或者个人对设区的市级劳动能力鉴定委员会作出的鉴定结论不服的,可以在收到该鉴定结论之日起 15 日内向省、自治区、直辖市劳动能力鉴定委员会提出再次鉴定申请。省、自治区、直辖市劳动能力鉴定委员会作出的劳动能力鉴定结论为最终结论。

（二十一）劳动能力鉴定人员回避

劳动能力鉴定工作应当客观、公正。劳动能力鉴定委员会组成人员或者参加鉴定的专家与当事人有利害关系的,应当回避。

（二十二）申请劳动能力复查鉴定

自劳动能力鉴定结论作出之日起 1 年后,工伤职工或者其近亲属、所在单位或者经办机构认为伤残情况发生变化的,可以申请劳动能力复查鉴定。

（二十三）职工因工作遭受事故伤害或者患职业病进行治疗,享受工伤医疗待遇

职工治疗工伤应当在签订服务协议的医疗机构就医,情况紧急时可以先到就近的医疗机构急救。

治疗工伤所需费用符合工伤保险诊疗项目目录、工伤保险药品目录、工伤保险住院服务标准的,从工伤保险基金支付。工伤保险诊疗项目目录、工伤保险药品目录、工伤保险住院服务标准,由国务院社会保险行政部门会同国务院卫生行政部门、食品药品监督管理部门等部门规定。

职工住院治疗工伤的伙食补助费,以及经医疗机构出具证明,报经办机构同意,工伤职工到统筹地区以外就医所需的交通、食宿费用从工伤保险基金支付,基金支付的具体标准由统筹地区人民政府规定。

工伤职工治疗非工伤引发的疾病,不享受工伤医疗待遇,按照基本医疗保险办法处理。

工伤职工到签订服务协议的医疗机构进行工伤康复的费用,符合规定的,从工伤保险基金支付。

(二十四)行政复议、行政诉讼

社会保险行政部门作出认定为工伤的决定后发生行政复议、行政诉讼的,行政复议和行政诉讼期间不停止支付工伤职工治疗工伤的医疗费用。

(二十五)安装假肢、矫形器、假眼、假牙和配置轮椅等辅助器具

工伤职工因日常生活或者就业需要,经劳动能力鉴定委员会确认,可以安装假肢、矫形器、假眼、假牙和配置轮椅等辅助器具,所需费用按照国家规定的标准从工伤保险基金支付。

(二十六)在停工留薪期内待遇

职工因工作遭受事故伤害或者患职业病需要暂停工作接受工伤医疗的,在停工留薪期内,原工资福利待遇不变,由所在单位按月支付。

停工留薪期一般不超过12个月。伤情严重或者情况特殊,经设区的市级劳动能力鉴定委员会确认,可以适当延长,但延长不得超过12个月。工伤职工评定伤残等级后,停发原待遇,按照本章的有关规定享受伤残待遇。工伤职工在停工留薪期满后仍需治疗的,继续享受工伤医疗待遇。

生活不能自理的工伤职工在停工留薪期需要护理的,由所在单位负责。

(二十七)生活护理费

工伤职工已经评定伤残等级并经劳动能力鉴定委员会确认需要生活护理的,从工伤保险基金按月支付生活护理费。

生活护理费按照生活完全不能自理、生活大部分不能自理或者生活部分不能自理3个不同等级支付,其标准分别为统筹地区上年度职工月平均工资的50%、40%或者30%。

(二十八)职工因工致残享受的待遇

职工因工致残被鉴定为一级至四级伤残的,保留劳动关系,退出工作岗位,享受以下待遇:

(1)从工伤保险基金按伤残等级支付一次性伤残补助金,标准为:一级伤残为27个月的本人工资,二级伤残为25个月的本人工资,三级伤残为23个月的本人工资,四级伤残为21个月的本人工资;

(2)从工伤保险基金按月支付伤残津贴,标准为:一级伤残为本人工资的90%,二级伤残为本人工资的85%,三级伤残为本人工资的80%,四级伤残为本人工资的75%。伤残津贴实际金额低于当地最低工资标准的,由工伤保险基金补足差额;

(3)工伤职工达到退休年龄并办理退休手续后,停发伤残津贴,按照国家有关规定享受基本养老保险待遇。基本养老保险待遇低于伤残津贴的,由工伤保险基金补足差额。

职工因工致残被鉴定为一级至四级伤残的,由用人单位和职工个人以伤残津贴为基数,缴纳基本医疗保险费。

职工因工致残被鉴定为五级、六级伤残的,享受以下待遇:

(1)从工伤保险基金按伤残等级支付一次性伤残补助金,标准为:五级伤残为18个月的本人工资,六级伤残为16个月的本人工资;

（2）保留与用人单位的劳动关系，由用人单位安排适当工作。难以安排工作的，由用人单位按月发给伤残津贴，标准为：五级伤残为本人工资的70％，六级伤残为本人工资的60％，并由用人单位按照规定为其缴纳应缴纳的各项社会保险费。伤残津贴实际金额低于当地最低工资标准的，由用人单位补足差额。

经工伤职工本人提出，该职工可以与用人单位解除或者终止劳动关系，由工伤保险基金支付一次性工伤医疗补助金，由用人单位支付一次性伤残就业补助金。一次性工伤医疗补助金和一次性伤残就业补助金的具体标准由省、自治区、直辖市人民政府规定。

职工因工致残被鉴定为七级至十级伤残的，享受以下待遇：

（1）从工伤保险基金按伤残等级支付一次性伤残补助金，标准为：七级伤残为13个月的本人工资，八级伤残为11个月的本人工资，九级伤残为9个月的本人工资，十级伤残为7个月的本人工资；

（2）劳动、聘用合同期满终止，或者职工本人提出解除劳动、聘用合同的，由工伤保险基金支付一次性工伤医疗补助金，由用人单位支付一次性伤残就业补助金。一次性工伤医疗补助金和一次性伤残就业补助金的具体标准由省、自治区、直辖市人民政府规定。

（二十九）职工因工死亡，其近亲属补助金

职工因工死亡，其近亲属按照下列规定从工伤保险基金领取丧葬补助金、供养亲属抚恤金和一次性工亡补助金：

（1）丧葬补助金为6个月的统筹地区上年度职工月平均工资。

（2）供养亲属抚恤金按照职工本人工资的一定比例发给由因工死亡职工生前提供主要生活来源、无劳动能力的亲属。标准为：配偶每月40％，其他亲属每人每月30％，孤寡老人或者孤儿每人每月在上述标准的基础上增加10％。核定的各供养亲属的抚恤金之和不应高于因工死亡职工生前的工资。供养亲属的具体范围由国务院社会保险行政部门规定。

（3）一次性工亡补助金标准为上一年度全国城镇居民人均可支配收入的20倍。

（三十）职工因工外出下落不明补助金

职工因工外出期间发生事故或者在抢险救灾中下落不明的，从事故发生当月起3个月内照发工资，从第4个月起停发工资，由工伤保险基金向其供养亲属按月支付供养亲属抚恤金。生活有困难的，可以预支一次性工亡补助金的50％。职工被人民法院宣告死亡的，按照职工因工死亡的规定处理。

（三十一）停止享受工伤保险待遇的情形

工伤职工有下列情形之一的，停止享受工伤保险待遇：

（1）丧失享受待遇条件的；

（2）拒不接受劳动能力鉴定的；

（3）拒绝治疗的。

（三十二）承继单位的工伤保险责任

用人单位分立、合并、转让的，承继单位应当承担原用人单位的工伤保险责任；原用人单位已经参加工伤保险的，承继单位应当到当地经办机构办理工伤保险变更登记。

用人单位实行承包经营的，工伤保险责任由职工劳动关系所在单位承担。

职工被借调期间受到工伤事故伤害的，由原用人单位承担工伤保险责任，但原用人单位与借调单位可以约定补偿办法。

企业破产的,在破产清算时依法拨付应当由单位支付的工伤保险待遇费用。

(三十三) 职工被派遣出境工作的工伤保险

职工被派遣出境工作,依据前往国家或者地区的法律应当参加当地工伤保险的,参加当地工伤保险,其国内工伤保险关系中止;不能参加当地工伤保险的,其国内工伤保险关系不中止。

(三十四) 职工再次发生工伤的待遇

职工再次发生工伤,根据规定应当享受伤残津贴的,按照新认定的伤残等级享受伤残津贴待遇。

(三十五) 工会组织实行监督

工会组织依法维护工伤职工的合法权益,对用人单位的工伤保险工作实行监督。

(三十六) 申请行政复议、提起行政诉讼的情形

有下列情形之一的,有关单位或者个人可以依法申请行政复议,也可以依法向人民法院提起行政诉讼:

(1) 申请工伤认定的职工或者其近亲属、该职工所在单位对工伤认定申请不予受理的决定不服的;

(2) 申请工伤认定的职工或者其近亲属、该职工所在单位对工伤认定结论不服的;

(3) 用人单位对经办机构确定的单位缴费费率不服的;

(4) 签订服务协议的医疗机构、辅助器具配置机构认为经办机构未履行有关协议或者规定的;

(5) 工伤职工或者其近亲属对经办机构核定的工伤保险待遇有异议的。

(三十七) 附则

(1) 本条例所称工资总额,是指用人单位直接支付给本单位全部职工的劳动报酬总额。

本条例所称本人工资,是指工伤职工因工作遭受事故伤害或者患职业病前 12 个月平均月缴费工资。本人工资高于统筹地区职工平均工资 300% 的,按照统筹地区职工平均工资的 300% 计算;本人工资低于统筹地区职工平均工资 60% 的,按照统筹地区职工平均工资的 60% 计算。

(2) 无营业执照或者未经依法登记、备案的单位以及被依法吊销营业执照或者撤销登记、备案的单位的职工受到事故伤害或者患职业病的,由该单位向伤残职工或者死亡职工的近亲属给予一次性赔偿,赔偿标准不得低于本条例规定的工伤保险待遇;用人单位不得使用童工,用人单位使用童工造成童工伤残、死亡的,由该单位向童工或者童工的近亲属给予一次性赔偿,赔偿标准不得低于本条例规定的工伤保险待遇。具体办法由国务院社会保险行政部门规定。

前款规定的伤残职工或者死亡职工的近亲属就赔偿数额与单位发生争议的,以及前款规定的童工或者童工的近亲属就赔偿数额与单位发生争议的,按照处理劳动争议的有关规定处理。

第二节　规　章

一、《危险化学品重大危险源管理暂行规定》及解读

《危险化学品重大危险源监督管理暂行规定》于 2011 年 8 月 5 日以原国家安全生产监督管理总局令第 40 号公布,自 2011 年 12 月 1 日起施行。根据 2015 年 5 月 27 日国家安全生产监

督管理总局令第 79 号修正。该暂行规定部分重点内容阐述如下：

（一）适用范围

从事危险化学品生产、储存、使用和经营的单位（以下统称危险化学品单位）的危险化学品重大危险源的辨识、评估、登记建档、备案、核销及其监督管理，适用本规定。

城镇燃气、用于国防科研生产的危险化学品重大危险源以及港区内危险化学品重大危险源的安全监督管理，不适用本规定。

（二）危险化学品重大危险源定义

本规定所称危险化学品重大危险源（以下简称重大危险源），是指按照《危险化学品重大危险源辨识》（GB 18218）标准辨识确定，生产、储存、使用或者搬运危险化学品的数量等于或者超过临界量的单元（包括场所和设施）。

（三）重大危险源安全管理的责任主体

危险化学品单位是本单位重大危险源安全管理的责任主体，其主要负责人对本单位的重大危险源安全管理工作负责，并保证重大危险源安全生产所必需的安全投入。

（四）属地监管与分级管理相结合

重大危险源的安全监督管理实行属地监管与分级管理相结合的原则。

县级以上地方人民政府应急管理部门按照有关法律、法规、标准和本规定，对本辖区内的重大危险源实施安全监督管理。

（五）重大危险源辨识

危险化学品单位应当按照《危险化学品重大危险源辨识》标准，对本单位的危险化学品生产、经营、储存和使用装置、设施或者场所进行重大危险源辨识，并记录辨识过程与结果。

企业应对工厂的安全生产负责，在对重大危险源进行辨识和评价后，应对每一个重大危险源制定出一套严格的管理制度，采取技术措施和组织措施对重大危险源进行严格的控制和管理。

（六）重大危险源等级

危险化学品单位应当对重大危险源进行安全评估并确定重大危险源等级。危险化学品单位可以组织本单位的注册安全工程师、技术人员或者聘请有关专家进行安全评估，也可以委托具有相应资质的安全评价机构进行安全评估。

依照法律、行政法规的规定，危险化学品单位需要进行安全评价的，重大危险源安全评估可以与本单位的安全评价一起进行，以安全评价报告代替安全评估报告，也可以单独进行重大危险源安全评估。

危险源等级计算公式见式（1-1）。

$$R = \alpha\left(\beta_1 \frac{q_1}{Q_1} + \beta_2 \frac{q_2}{Q_2} + \cdots + \beta_n \frac{q_n}{Q_n}\right) \qquad \text{式}(1-1)$$

式中：$q_1, q_2, \cdots, q_n$——每种危险化学品实际存在量（单位：t）；

$Q_1, Q_2, \cdots, Q_n$——与各危险化学品相对应的临界量（单位：t）；

$\beta_1, \beta_2, \cdots, \beta_n$——与各危险化学品相对应的校正系数；

α——该危险化学品重大危险源单位外暴露人员的校正系数。

重大危险源根据其危险程度,分为一级、二级、三级和四级,一级为最高级别,见表1-1。

表 1-1　重大危险源分级

危险化学品重大危险源级别	R 值
一级	$R \geqslant 100$
二级	$50 \leqslant R < 100$
三级	$10 \leqslant R < 50$
四级	$R < 10$

(七) 委托具有相应资质的安全评价机构进行安全评估

重大危险源有下列情形之一的,应当委托具有相应资质的安全评价机构,按照有关标准的规定采用定量风险评价方法进行安全评估,确定个人和社会风险值:

(1) 构成一级或者二级重大危险源,且毒性气体实际存在(在线)量与其在《危险化学品重大危险源辨识》中规定的临界量比值之和大于或等于1的;

(2) 构成一级重大危险源,且爆炸品或液化易燃气体实际存在(在线)量与其在《危险化学品重大危险源辨识》中规定的临界量比值之和大于或等于1的。

(八) 重大危险源安全评估报告的内容

重大危险源安全评估报告应当客观公正、数据准确、内容完整、结论明确、措施可行,并包括下列内容:

(1) 评估的主要依据;

(2) 重大危险源的基本情况;

(3) 事故发生的可能性及危害程度;

(4) 个人风险和社会风险值(仅适用定量风险评价方法);

(5) 可能受事故影响的周边场所、人员情况;

(6) 重大危险源辨识、分级的符合性分析;

(7) 安全管理措施、安全技术和监控措施;

(8) 事故应急措施;

(9) 评估结论与建议。

危险化学品单位以安全评价报告代替安全评估报告的,其安全评价报告中有关重大危险源的内容应当符合本条第一款规定的要求。

(九) 重新进行辨识、安全评估及分级的情形

有下列情形之一的,危险化学品单位应当对重大危险源重新进行辨识、安全评估及分级:

(1) 重大危险源安全评估已满三年的;

(2) 构成重大危险源的装置、设施或者场所进行新建、改建、扩建的;

(3) 危险化学品种类、数量、生产、使用工艺或者储存方式及重要设备、设施等发生变化,影响重大危险源级别或者风险程度的;

(4) 外界生产安全环境因素发生变化,影响重大危险源级别和风险程度的;

(5) 发生危险化学品事故造成人员死亡,或者10人以上受伤,或者影响到公共安全的;

（6）有关重大危险源辨识和安全评估的国家标准、行业标准发生变化的。

（十）建立健全安全监测监控体系

危险化学品单位应当根据构成重大危险源的危险化学品种类、数量、生产、使用工艺（方式）或者相关设备、设施等实际情况，按照下列要求建立健全安全监测监控体系，完善控制措施：

（1）重大危险源配备温度、压力、液位、流量、组分等信息的不间断采集和监测系统以及可燃气体和有毒有害气体泄漏检测报警装置，并具备信息远传、连续记录、事故预警、信息存储等功能；一级或者二级重大危险源，具备紧急停车功能。记录的电子数据的保存时间不少于30天。

依据上述规定，一级重大危险源所配备的采集和监测系统应具备信息远传、连续记录、异常状态报警、事故预警、信息储存和紧急停车等功能。二级重大危险源应配备温度、压力、液位、流量、浓度等信息的不间断监测、显示和报警装置，并具备信息远传、连续记录等功能。

（2）重大危险源的化工生产装置装备满足安全生产要求的自动化控制系统；一级或者二级重大危险源，装备紧急停车系统。

（3）对重大危险源中的毒性气体、剧毒液体和易燃气体等重点设施，设置紧急切断装置；毒性气体的设施，设置泄漏物紧急处置装置。涉及毒性气体、液化气体、剧毒液体的一级或者二级重大危险源，配备独立的安全仪表系统（SIS）。

（4）重大危险源中储存剧毒物质的场所或者设施，设置视频监控系统。

（5）安全监测监控系统符合国家标准或者行业标准的规定。

根据上述规定，生产经营单位应对重大危险源的温度、压力、流量、浓度等采取自动监测报警措施。对于各个等级的重大危险源，例如三级重大危险源，也应根据可能引起火灾、爆炸及泄漏的部位、场所，设置必要的可燃气体、有毒气体检测和火灾报警装置。

（十一）建立安全管理规章制度和安全操作规程

危险化学品单位应当建立完善重大危险源安全管理规章制度和安全操作规程，并采取有效措施保证其得到执行。

（十二）重大危险源的安全设施和安全监测监控系统检测、检验

危险化学品单位应当按照国家有关规定，定期对重大危险源的安全设施和安全监测监控系统进行检测、检验，并进行经常性维护、保养，保证重大危险源的安全设施和安全监测监控系统有效、可靠运行。维护、保养、检测应当作好记录，并由有关人员签字。

为保证重大危险源的安全设施和安全监测监控系统有效、可靠运行，通常的做法是对重大危险源设备、设施的硬件采取双电源保护。

对已确定的重大危险源，应在建筑设计、设备设计、环境设计等方面采取消防、安全等措施。

（十三）危险源事故应急管理

危险化学品单位应当依法制定重大危险源事故应急预案，建立应急救援组织或者配备应急救援人员，配备必要的防护装备及应急救援器材、设备、物资，并保障其完好和方便使用；配合地方人民政府应急管理部门制定所在地区涉及本单位的危险化学品事故应急预案。

企业应根据重大危险源目标模拟事故状态，制定出各种事故状态的应急处置方案。

企业要建立重大危险源管理制度，明确操作规程和应急处置措施，实施不间断的监控。

企业一旦发生重大危险源事故，本企业抢险抢救力量不足，应请求社会力量援助。

对存在吸入性有毒、有害气体的重大危险源，危险化学品单位应当配备便携式浓度检测设备、空气呼吸器、化学防护服、堵漏器材等应急器材和设备；涉及剧毒气体的重大危险源，还应当配备两套以上(含本数)气密型化学防护服;涉及易燃易爆气体或者易燃液体蒸气的重大危险源,还应当配备一定数量的便携式可燃气体检测设备。

(十四) 应急演练

危险化学品单位应当制定重大危险源事故应急预案演练计划,并按照下列要求进行事故应急预案演练:

(1) 对重大危险源专项应急预案,每年至少进行一次;

(2) 对重大危险源现场处置方案,每半年至少进行一次。

应急预案演练结束后,危险化学品单位应当对应急预案演练效果进行评估,撰写应急预案演练评估报告,分析存在的问题,对应急预案提出修订意见,并及时修订完善。

(十五) 登记建档

危险化学品单位应当对辨识确认的重大危险源及时、逐项进行登记建档。

重大危险源档案应当包括下列文件、资料:

(1) 辨识、分级记录;

(2) 重大危险源基本特征表;

(3) 涉及的所有化学品安全技术说明书;

(4) 区域位置图、平面布置图、工艺流程图和主要设备一览表;

(5) 重大危险源安全管理规章制度及安全操作规程;

(6) 安全监测监控系统、措施说明、检测、检验结果;

(7) 重大危险源事故应急预案、评审意见、演练计划和评估报告;

(8) 安全评估报告或者安全评价报告;

(9) 重大危险源关键装置、重点部位的责任人、责任机构名称;

(10) 重大危险源场所安全警示标志的设置情况;

(11) 其他文件、资料。

(十六) 备案

危险化学品单位在完成重大危险源安全评估报告或者安全评价报告后 15 日内,应当填写重大危险源备案申请表,连同重大危险源档案材料,报送所在地县级人民政府应急管理部门备案。

所有生产经营单位都必须将本单位的重大危险源报当地人民政府应急管理部门和有关部门备案。

(十七) 监督检查

县级以上地方各级人民政府应急管理部门应当加强对存在重大危险源的危险化学品单位的监督检查,督促危险化学品单位做好重大危险源的辨识、安全评估及分级、登记建档、备案、监测监控、事故应急预案编制、核销和安全管理工作。

(十八) 危险化学品名称及其临界量

危险化学品名称及其临界量,详见《危险化学品重大危险源辨识》(GB 18218)。根据该标准,乙烯临界量为 50 t。

二、《危险化学品登记管理办法》及解读

《危险化学品登记管理办法》于 2012 年 7 月 1 日以原国家安全生产监督管理总局第 53 号

令公布,自 2012 年 8 月 1 日起施行。原国家经济贸易委员会 2002 年 10 月 8 日公布的《危险化学品登记管理办法》同时废止。主要内容包括:

(一) 监督管理部门

应急管理部负责全国危险化学品登记的监督管理工作。

县级以上地方各级人民政府应急管理部门负责本行政区域内危险化学品登记的监督管理工作。

(二) 办理危险化学品登记

新建的生产企业应当在竣工验收前办理危险化学品登记。进口企业应当在首次进口前办理危险化学品登记。

(1) 同一企业生产、进口同一品种危险化学品的,按照生产企业进行一次登记,但应当提交进口危险化学品的有关信息。

进口企业进口不同制造商的同一品种危险化学品的,按照首次进口制造商的危险化学品进行一次登记,但应当提交其他制造商的危险化学品的有关信息。

生产企业、进口企业多次进口同一制造商的同一品种危险化学品的,只进行一次登记。

(2) 危险化学品登记应当包括下列内容:

① 分类和标签信息,包括危险化学品的危险性类别、象形图、警示词、危险性说明、防范说明等;

② 物理、化学性质,包括危险化学品的外观与性状、溶解性、熔点、沸点等物理性质,闪点、爆炸极限、自燃温度、分解温度等化学性质;

③ 主要用途,包括企业推荐的产品合法用途、禁止或者限制的用途等;

④ 危险特性,包括危险化学品的物理危险性、环境危害性和毒理特性;

⑤ 储存、使用、运输的安全要求,其中,储存的安全要求包括对建筑条件、库房条件、安全条件、环境卫生条件、温度和湿度条件的要求,使用的安全要求包括使用时的操作条件、作业人员防护措施、使用现场危害控制措施等,运输的安全要求包括对运输或者输送方式的要求、危害信息向有关运输人员的传递手段、装卸及运输过程中的安全措施等;

⑥ 出现危险情况的应急处置措施,包括危险化学品在生产、使用、储存、运输过程中发生火灾、爆炸、泄漏、中毒、窒息、灼伤等化学品事故时的应急处理方法、应急咨询服务电话等。

(三) 危险化学品登记程序

危险化学品登记按照下列程序办理:

(1) 登记企业通过登记系统提出申请;

(2) 登记办公室在 3 个工作日内对登记企业提出的申请进行初步审查,符合条件的,通过登记系统通知登记企业办理登记手续;

(3) 登记企业接到登记办公室通知后,按照有关要求在登记系统中如实填写登记内容,并向登记办公室提交有关纸质登记材料;

(4) 登记办公室在收到登记企业的登记材料之日起 20 个工作日内,对登记材料和登记内容逐项进行审查,必要时可进行现场核查,符合要求的,将登记材料提交给登记中心;不符合要求的,通过登记系统告知登记企业并说明理由;

(5) 登记中心在收到登记办公室提交的登记材料之日起 15 个工作日内,对登记材料和登记内容进行审核,符合要求的,通过登记办公室向登记企业发放危险化学品登记证;不符合要求的,通过登记系统告知登记办公室、登记企业并说明理由。

登记企业修改登记材料和整改问题所需时间,不计算在前款规定的期限内。

(四)危险化学品登记证有效期

危险化学品登记证有效期为 3 年。登记证有效期满后,登记企业继续从事危险化学品生产或者进口的,应当在登记证有效期届满前 3 个月提出复核换证申请,并按下列程序办理复核换证:

(1)通过登记系统填写危险化学品复核换证申请表;

(2)登记办公室审查登记企业的复核换证申请,符合条件的,通过登记系统告知登记企业提交规定的登记材料;不符合条件的,通过登记系统告知登记企业并说明理由。

(五)登记企业建立危险化学品管理档案

登记企业应当对本企业的各类危险化学品进行普查,建立危险化学品管理档案。

危险化学品管理档案应当包括危险化学品名称、数量、标识信息、危险性分类和化学品安全技术说明书、化学品安全标签等内容。

(六)专职人员 24 小时值守

危险化学品生产企业应当设立由专职人员 24 小时值守的国内固定服务电话,向用户提供危险化学品事故应急咨询服务,为危险化学品事故应急救援提供技术指导和必要的协助。专职值守人员应当熟悉本企业危险化学品的危险特性和应急处置技术,准确回答有关咨询问题。

(七)登记企业不得转让、冒用、使用伪造登记证

登记企业不得转让、冒用或者使用伪造的危险化学品登记证。

三、《安全生产事故隐患排查治理暂行规定》及解读

《安全生产事故隐患排查治理暂行规定》于 2007 年 12 月 28 日以原国家安全生产监督管理总局令 16 号发布,自 2008 年 2 月 1 日起施行。2016 年 5 月 5 日,国家安全监管总局发出《安全生产事故隐患排查治理暂行规定(修订稿)》,公开征求意见。

该暂行规定的部分主要内容如下:

(一)事故隐患定义

本规定所称安全生产事故隐患(以下简称事故隐患),是指生产经营单位违反安全生产法律、法规、规章、标准、规程和安全生产管理制度的规定,或者因其他因素在生产经营活动中存在可能导致事故发生的物的危险状态、人的不安全行为和管理上的缺陷。

事故隐患分为一般事故隐患和重大事故隐患。一般事故隐患,是指危害和整改难度较小,发现后能够立即整改排除的隐患。重大事故隐患,是指危害和整改难度较大,应当全部或者局部停产停业,并经过一定时间整改治理方能排除的隐患,或者因外部因素影响致使生产经营单位自身难以排除的隐患。

(二)事故隐患整改治理

对于一般事故隐患,由生产经营单位(车间、分厂、区队等)负责人或者有关人员立即组织整改。

对于重大事故隐患,由生产经营单位主要负责人组织制定并实施事故隐患治理方案。重大事故隐患治理方案应当包括以下内容:

（1）治理的目标和任务；

（2）采取的方法和措施；

（3）经费和物资的落实；

（4）负责治理的机构和人员；

（5）治理的时限和要求；

（6）安全措施和应急预案。

（三）建立健全事故隐患排查治理制度

生产经营单位应当建立健全事故隐患排查治理制度。

生产经营单位主要负责人对本单位事故隐患排查治理工作全面负责。

（四）责任主体

生产经营单位是事故隐患排查、治理和防控的责任主体。

生产经营单位应当建立健全事故隐患排查治理和建档监控等制度，逐级建立并落实从主要负责人到每个从业人员的隐患排查治理和监控责任制。

（五）排查事故隐患

生产经营单位应当定期组织安全生产管理人员、工程技术人员和其他相关人员排查本单位的事故隐患。对排查出的事故隐患，应当按照事故隐患的等级进行登记，建立事故隐患信息档案，并按照职责分工实施监控治理。

（六）安全防范措施

生产经营单位在事故隐患治理过程中，应当采取相应的安全防范措施，防止事故发生。事故隐患排除前或者排除过程中无法保证安全的，应当从危险区域内撤出作业人员，并疏散可能危及的其他人员，设置警戒标志，暂时停产停业或者停止使用；对暂时难以停产或者停止使用的相关生产储存装置、设施、设备，应当加强维护和保养，防止事故发生。

第三节　标准规范

一、危险化学品经营企业安全技术基本要求（GB 18265—2019）

（一）范围

（1）本标准规定了危险化学品经营企业的安全技术基本要求。

（2）本标准适用于危险化学品经营企业的危险化学品仓库、危险化学品商店的选址、建设、安全设施的安全技术基本要求。

本标准不适用于汽车加油加气站、石油库、无实物陈列营业场所的危险化学品商店及网上销售的危险化学品商店。

（二）引用标准

GB 2894 安全标志及其使用导则

GB 12158 防止静电事故通用导则

GB 15603 常用化学危险品贮存通则

GB 18218 危险化学品重大危险源辨识

GB 30077 危险化学品单位应急救援物资配备要求

GB/T 37243 危险化学品生产装置和储存设施外部安全防护距离确定方法

GB 50016 建筑设计防火规范

GB 50057 建筑物防雷设计规范

GB 50058 爆炸危险环境电力装置设计规范

GB 50089 民用爆破器材工程设计安全规范

GB 50140 建筑灭火器配置设计规范

GB 50161 烟花爆竹工程设计安全规范

GB 50493 石油化工可燃气体和有毒气体检测报警设计规范

（三）定义

1. 危险化学品仓库

储存危险化学品的专用库房及其附属设施。

2. 危险化学品商店

零售危险化学品民用小包装的专门经营场所,由营业场所或与其毗邻的备货库房组成。

3. 爆炸物

列入《危险化学品目录》及《危险化学品分类信息表》的所有爆炸物。

4. 有毒气体

列入《危险化学品目录》及《危险化学品分类信息表》,危害特性类别包含急性毒性-吸入的气体。

5. 易燃气体

列入《危险化学品目录》及《危险化学品分类信息表》,危害特性类别包含易燃气体,类别1、类别2的气体。

（四）危险化学品仓库安全技术基本要求

1. 规划选址

（1）危险化学品仓库应符合本地区城乡规划,选址在远离市区和居民区的常年最小频率风向的上风侧。

（2）危险化学品仓库防火间距应按 GB 50016 的规定执行。危险化学品仓库与铁路安全防护距离,与公路、广播电视设施、石油天然气管道、电力设施距离应符合其法规要求。

（3）爆炸物库房除符合上述要求外,与防护目标应至少保持 1 000 m 的距离。还应按 GB/T 37243 的规定,采用事故后果法计算外部安全防护距离。事故后果法计算时应采用最严重事故情景计算外部安全防护距离。

（4）涉及有毒气体或易燃气体,且其构成危险化学品重大危险源的库房除本标准要求外,还应按 GB/T 37243 的规定,采用定量风险评价法计算外部安全防护距离。定量风险评价法计算时应采用可能储存的危险化学品最大量计算外部安全防护距离。

2. 建设要求

（1）危险化学品仓库建设应按 GB 50016 平面布置、建筑构造、耐火等级、安全疏散、消防设施、电气、通风等规定执行。

（2）爆炸物库房建设应按 GB 50089 或 GB 50161 平面布置、建筑与结构、消防、电气、通风等规定执行。

（3）危险化学品库房应防潮、平整、坚实、易于清扫。可能释放可燃性气体或蒸气，在空气中能形成粉尘、纤维等爆炸性混合物的危险化学品库房应采用不发生火花的地面。储存腐蚀性危险化学品的库房的地面、踢脚应采取防腐材料。

（4）危险化学品储存禁忌应按 GB 15603 的规定执行。

（5）应建立危险化学品追溯管理信息系统，应具备危险化学品出入库记录，库存危险化学品品种、数量及库内分布等功能，数据保存期限不得少于 1 年，且应异地实时备份。

（6）构成危险化学品重大危险源的危险化学品仓库应符合国家法律法规、标准规范关于危险化学品重大危险源的技术要求。

（7）爆炸物宜按不同品种单独存放。当受条件限制，不同品种爆炸物需同库存放时，应确保爆炸物之间不是禁忌物品且包装完整无损。

（8）有机过氧化物应储存在危险化学品库房特定区域内，避免阳光直射，并应满足不同品种的存储温度、湿度要求。

（9）遇水放出易燃气体的物质和混合物应密闭储存在设有防水、防雨、防潮措施的危险化学品库房中的干燥区域内。

（10）自热物质和混合物的储存温度应满足不同品种的存储温度、湿度要求，并避免阳光直射。

（11）自反应物质和混合物应储存在危险化学品库房特定区域内，避免阳光直射并保持良好通风，且应满足不同品种的存储温度、湿度要求。自反应物质及其混合物只能在原装容器中存放。

3．安全设施

（1）危险化学品库房内的爆炸危险环境电力装置应按 GB 50058 的规定执行。危险化学品库房爆炸危险环境内使用的电瓶车、铲车等作业工具应符合防爆要求。

（2）危险化学品仓库防雷、防静电应按 GB 50057、GB 12158 的规定执行。

（3）危险化学品仓库应设置通信、火灾报警装置，有供对外联络的通信设备，并保证处于适用状态。

（4）储存可能散发可燃气体、有毒气体的危险化学品库房应按 GB 50493 的规定配备相应的气体检测报警装置，并与风机联锁。报警信号应传至 24 小时有人值守的场所，并设声光报警器。

（5）储存易燃液体的危险化学品库房应设置防液体流散措施。剧毒物品的危险化学品库房应安装通风设备。

（6）危险化学品仓库应在库区建立全覆盖的视频监控系统。

（7）危险化学品库房、作业场所和安全设施、设备上，应按 GB 2894 的规定设置明显的安全警示标志。不能用水、泡沫等灭火的危险化学品库房应在库房外适当位置设置醒目标识。

（8）危险化学品仓库应按 GB 50016、GB 50140 的规定设置消防设施和消防器材。

（9）危险化学品仓库应按 GB 30077 的规定配备相应的防护装备及应急救援器材、设备、物资，并保障其完好和方便使用。

（五）危险化学品商店安全技术基本要求

1．商店选址

禁止选址在人员密集场所、居住建筑内。

2．建设要求

（1）危险化学品商店建筑构造、耐火等级、安全疏散、消防设施、电气、通风应按 GB 50016

规定执行。

（2）危险化学品商店的营业场所面积（不含备货库房）应不小于 60 m²，危险化学品商店内不应设有生活设施。营业场所与备货库房之间，以及危险化学品商店与其他场所之间应进行防火分隔。

（3）备货库房应设置高窗，窗上应安装防护铁栏，窗户应采取避光和防雨措施。

（4）备货库房地面应防潮、平整、坚实、易于清扫。可能释放可燃性气体或蒸气，在空气中能形成粉尘、纤维等爆炸性混合物的备货库房应采用不发生火花的地面。储存腐蚀性危险化学品的备货库房的地面、踢脚应采用防腐材料。

（5）营业场所只允许存放单件质量小于 50 kg 或容积小于 50 L 的民用小包装危险化学品，其存放总质量不得超过 1 t，且营业场所内危险化学品的量与 GB 18218 中所规定的临界量比值之和应不大于 0.3。

（6）备货库房只允许存放单件质量小于 50 kg 或容积小于 50 L 的民用小包装危险化学品，其存放总质量不得超过 2 t，且备货库房内危险化学品的量与 GB 18218 中所规定的临界量比值之和应不大于 0.6。

（7）只允许经营除爆炸物、剧毒化学品（属于剧毒化学品的农药除外）以外的危险化学品。

（8）经营有机过氧化物、遇水放出易燃气体的物质和混合物、自热物质和混合物、自反应物质和混合物的商店应分别具备规定的存储要求。

（9）危险化学品不应露天存放。

（10）危险化学品的摆放应布局合理，禁忌物品要求应按 GB 15603 的规定执行。

（11）应建立危险化学品经营档案，档案内容至少应包括危险化学品品种、数量、出入记录等，数据保存期限应不少于 1 年。

3. 安全设施

（1）备货库房平开门应向疏散方向开启。平开门及窗应设等电位接地线，门外应设人体静电消除器设施。

（2）备货库房内的爆炸危险环境电力装置应按 GB 50058 的规定执行。

（3）备货库房照明设施、电气设备的配电箱及电气开关应设置在库外，并应可靠接地，安装过压、过载、触电、漏电保护设施，采取防雨、防潮保护措施。

（4）备货库房应有防止小动物进入的设施。

（5）危险化学品商店应设置视频监控设备。

（6）危险化学品商店应配备灭火器等消防器材，且其类型和数量应按 GB 50140 的规定执行。

（7）危险化学品商店应按 GB 2894 的规定设置安全警示标志。

二、危险化学品企业安全风险隐患排查治理导则

2019 年 8 月，应急管理部印发了《危险化学品企业安全风险隐患排查治理导则》。

《危险化学品企业安全风险隐患排查治理导则》内容主要包括：

① 安全风险隐患排查治理基本要求；

② 安全风险隐患排查方式及频次；

③ 安全风险隐患排查的主要内容；

④ 安全风险隐患闭环管理。

三、化工园区安全风险排查治理导则(试行)

2019 年 8 月,应急管理部印发了《化工园区安全风险排查治理导则(试行)》。

《化工园区安全风险排查治理导则(试行)》内容主要包括:

① 化工园区的设立;

② 化工园区选址及规划;

③ 化工园区内布局;

④ 化工园区企业(项目)的准入和退出;

⑤ 化工园区配套功能设施;

⑥ 化工园区一体化安全管理及应急救援;

⑦ 化工园区安全风险排查治理检查表。

四、《加油站作业安全规范》

《加油站作业安全规范》(AQ 3010)由原国家安全生产监督管理总局于 2007 年 10 月 22 日发布,2008 年 1 月 1 日实施。

(一)适用范围

本规范规定了在加油站内进行的卸油、加油,油罐计量,设备使用、维护、检修等作业的安全要求及安全标志。本标准适用于加油站内的作业,不适用于撬装式加油装置、水上加油站的作业。

(二)基本要求

(1)作业人员应经过培训、考试合格后持证上岗。特种作业人员必须经过专业培训,持有特种作业资格证。

(2)在加油站区域内作业人员上岗时应穿防静电工作服、防静电工作鞋;严禁穿带铁钉的鞋。严禁在爆炸危险区域穿脱衣服、帽子或类似物。严禁携带火种、非防爆移动通信工具进入爆炸危险区域。

(3)严禁在加油站内吸烟、使用明火。加油站内不应使用移动通信设备。

(4)作业时应使用不产生火花的工具及安全防爆照明设备。

(5)不得在 GB 50156 标准规定的防火距离内提供住宿、餐饮、娱乐经营性活动,不得进行修理和洗车作业。

(6)加油站上空有闪电或雷击时,应停止卸油、加油作业。

(7)站区内搬运金属容器时,严禁在地上抛掷、拖拉或金属容器相互碰撞。

(8)加油站应使用金属制污油布存放桶,并定期清理。

(9)泄漏在加油站地面的油料必须立即清除。

(10)不得使用汽油做清洁工作。

(三)卸油作业

1. **基本要求**

(1)必须具备密闭卸油的条件。

(2)防雷、防静电接地设施完好。

(3)油罐车车况良好,防火、防静电设施完备;油罐车的排气管应安装阻火器。

（4）卸油作业所需消防器材配备齐全。

（5）卸油时卸油区域内应停止其他非卸油作业活动。

2．卸油作业安全要求

（1）油罐车站内移动时，应由加油站人员引导、指挥，车速不应大于5 km/h。

（2）油罐车停于密闭卸油点，熄火并拉上手刹车；车头宜向外。

（3）油罐车进站后，卸油人员检查油罐车的安全设施后，应先将静电接地线夹头接到专用接地端，并确认接触良好，报警器不报警。按规定数量在卸油位置上风处摆放消防器材。

（4）油罐车熄火并静置15 min后，卸油员按工艺流程连接卸油管及油气回收管接头，将接头结合紧密，保持卸油管自然弯曲；经计量后准备接卸。

（5）油罐卸油、计量前，与该罐连接的给油设备应停止使用。

（6）卸油前，应准确计量油罐的存油量。卸油作业中，严禁用量油尺计量油罐。

（7）卸油前，核对罐车与油罐中油品的品名、牌号是否一致。

（8）检查确认油罐计量孔密闭良好，并检查通气管阀门是否关闭。

（9）卸油作业中，必须有专人在现场监护，并禁止车辆及非操作人员进入卸油区。

（10）卸油过程中，卸油人员和油罐车驾驶员不得离开作业现场。

（11）油罐车驾驶员缓慢开启卸油阀卸油。卸油员应监视卸油管线、相关阀门、过滤器等设备的运行情况，随时准备处理可能发生的问题。

（12）卸油时严格控制油的流速，在油面淹没进油管口200 mm前，初始流速不应大于1 m/s，卸油时流速应不大于4.5 m/s。

（13）卸油时若发生油料溅溢，应立即停止卸油并及时处理。

（14）卸油时如发生交通事故、火灾事故、爆炸事故、破坏性事故和伤亡事故等，应立即停止卸油作业，启动相应的应急预案。

（15）在卸油过程中，严禁修理、擦洗油罐车，不得鸣笛；使用器具时要轻拿轻放。

（16）卸油完毕，油罐车驾驶员应关闭卸油阀。卸油员应先拆卸油管与油罐车连接端头，并将卸油管抬高使管内油料流入油罐内并防止溅出。盖严罐口处的卸油帽并加锁，收回静电导线。收存卸油管、油气回收管时不可抛摔，以防接头变形。

（17）卸油完毕应静置5 min，卸油员全面检查确认状态正常后，引导油罐车启动车辆、离站，并清理卸油现场，将消防器材放回原位。

（18）卸油完毕待罐内油面静止平稳后，方可通知加油员开机加油。

（四）加油作业

1．基本要求

（1）加油员在使用加油机前，应确认加油机机件性能良好，油气分离器及过滤器功能正常，排气管应畅通、无损，泵安全阀定压正常。

（2）加油岛上不应放置除消防器材外的其他物品。

（3）加油员不应向绝缘性容器加注汽油、柴油及煤油等。

2．加油作业安全要求

（1）车辆驶入加油站时，加油员应主动引导车辆进入加油位置。当加油车辆停稳、发动机熄火后，方可开始加油作业。

（2）有加油车辆进站时，加油员应避免站在车辆正面车道上。车辆移动时操作人员应避开车辆以防被撞。

（3）加油作业应由加油员操作，不得由顾客自行处置。

（4）加油机运转时，电机和泵温度应保持正常，计量器和泵的轴封应无明显泄漏，汽油加油流量不应大于 60 L/min。

（5）加油时应避免油料溅出，若有油料溢出，应立即擦拭。油污布料应妥善收存到金属制污油布存放桶内。

这里补充两点注意事项：

① 机动车在加注汽油时，油箱口会有大量油气冒出，应该注意防火。

② 加油站邻近单位发生火灾时，不可继续营业。

（6）加完油后，应立即将加油枪复位于加油机。

（7）站内有人吸烟或使用非防爆移动通信工具时，应立即停止加油，并及时制止。

（8）摩托车加油前驾驶人员应离开座位；摩托车加油后，应用人力将摩托车推离加油机 4.5 m 后，方可启动。

（五）油罐计量

（1）油罐计量时应使用经法定检定并符合安全要求的计量器具。

（2）油罐计量时应停止使用与此油罐相连的加油机。

（3）卸油后，待静置 15 min 后方可计量。

（4）采用人工采样、计量和测温时，测量工具上提速度不得大于 0.5 m/s，下落速度不得大于 1 m/s。

（六）设备使用、维护、检修的安全要求

1. 基本要求

（1）作业应使用防爆机具，手持工具应为不产生火花的工具，清洁设备应使用全棉清洁用具。

（2）应定期检测地下油罐，确认无油料泄漏。

（3）清除阴井内积水时，需使用防爆型电动设备或以手工清除。

2. 清洗油罐

（1）清洗油罐时必须按清洗油罐安全要求进行。清洗油罐处须设置施工标识，并严禁无关人员接近。

（2）油罐清洗前，必须对油罐的油管和电气连接采取隔离措施。

（3）油罐清洗前和作业中，应适时测试油罐油气浓度，并采取相应的安全和个体防护措施。

（4）油罐清洗作业期间，监护人须在现场监督清洗作业过程。

（5）油罐清洗后，监护人应检查所有部件，确认完好后恢复到正常工作状态。

3. 加油机维修

（1）加油机维修时应设警示标志并对维修区域进行隔离，隔离范围不小于以加油机中心线为中心，半径为 4.5 m 的区域范围。

（2）加油机维修之前应切断电源。

（3）若所修的部位需要放油时，必须用金属容器收集。

（4）维修所需工具应摆放整齐，严禁乱放乱扔。

（5）加油机被车辆撞击后，应立即关闭电源通知维护人员检修。

4. 动火作业

（1）在加油站区域内进行动火作业，应办理动火审批手续。

（2）现场应挂警示标志，作业场所应增设消防器材，放置于施工现场。动火人员应按动火审批的具体要求作业。

（3）动火前，与动火设备相连的所有管线均应加堵盲板与系统彻底隔离、切断。

（4）将动火设备内的油品等可燃物彻底清理干净，达到动火条件。严禁使用压缩空气对管线进行清扫。

（5）在爆炸危险区域附近动火施工时，应隔离并注意风向。

（6）动火点周围（最小半径 15 m）的下水井、水封井、隔油池、地漏、地沟等应清除易燃物，并予以封闭。

（7）油罐动火，应作动火分析，合格后方可动火。

（8）动火期间，安全监护人员应在现场监督，落实防火措施。

（9）施工中须启、闭管线阀门设备时，施工人员应会同值班站长处理，施工人员不得擅自操作。

（10）电焊回路线应接在焊件上，不得穿过下水井或其他设备搭火。

（11）高处动火（2 m 以上）必须采取防止火花飞溅措施，风力大于 5 级时禁止室外动火。

5. 防雷、防静电设施和接地装置检测

（1）防雷装置检测应每年一次，并建立设备检测档案。

（2）所有防静电设施应定期检查、维修，并建立设施检测档案。

（3）定期检查加油枪胶管上的金属屏蔽线和机体之间的连接情况，保持其具有良好的接地性能，并建立检查记录。

6. 供电、发电

（1）供电、发电基本要求应按 GB/T 13869 规定执行。

（2）电气检修、临时用电必须执行工作票制度，并明确工作票签发人、工作负责人、监护人、工作许可人、操作人员责任。必须办理签发、许可手续后方可作业。

（3）变、配电房间必须制定运行规程、巡回检查制度。

（4）变、配电设备无论带电与否，不得单人移开或越过遮栏进行工作。若必须移开遮栏时，必须有监护人在场，并符合设备不停电检修安全距离要求。

（5）在高压设备或大容量低压总盘上倒闸操作及在带电设备附近工作时，必须由两人进行。

（6）不得在电气设备、供电线路上带电作业。断电后，应在电源开关处上锁、拆下熔断器，并挂上"**禁止合闸、有人工作**"等标示牌；工作未结束或未得到许可，任何人不得拿下标示牌或送电。工作完毕并经复查无误后，由工作负责人将检修情况与值班人员做好交接后方可摘牌送电。

（7）发电、供电过程中应有专人巡回检查。

（8）当外线停电时，及时断开配电柜中外电总闸和加油站内设备及照明的电源开关。按发电操作规程启动发电设备。

（9）当外线来电时，断开加油站内设备及照明的电源开关。注意观察外电指示灯及电压表变化情况，确认电压稳定后，按操作规程恢复供电。

（七）安全标志

（1）加油站作业场所应按 GB 16179、GB 15630 规定设置安全标志。

（2）以下情况宜设"禁止标志"：

① 加油站出入口及周边、作业防火区内，选用"**禁止烟火**""**禁止使用手机**""**当心火灾**"标志。

② 作业场所动火时，选用"**禁止放易燃品**""**当心火灾**""**禁止使用手机**"标志。

③ 火灾爆炸危险场所选用"**禁止穿化纤服**""**禁止穿带钉鞋**"标志。

④ 润滑油储存区域选用"**禁止吸烟**"标志。

⑤ 加油站出入口选用"**限制速度**"标志。

（3）以下情况宜设"**警告标志**"：

① 加油站作业场所选用"**注意安全**""**当心爆炸**""**当心火灾**""**当心车辆**"标志。

② 润滑油储存区域选用"**当心火灾**"标志。

③ 可能产生触电危险的配电间和电器设备,选用"**当心触电**"标志。

（4）以下情况宜设"**指令标志**"：

① 加油站出入口选用"入口""出口"标志。

② 卸油作业时在作业区放置"**禁止带火种**""**注意安全**"标志;在对应的加油机醒目处放置"**暂停使用**"标志。

③ 有限空间作业场所选用"**当心中毒**""**禁止带火种**""**注意安全**"标志。

（5）手动火灾报警按钮和固定灭火系统的手动启动器等装置附近,选用"**消防手动启动器**"标志。

案例

某加油站事发当天上午,该加油站站长陈某在未办理动火审批手续的情况下,带领2名临时雇来的无资格证的修理工,对装过90#汽油的一卧式罐扶梯进行焊补作业,在焊接过程中发生爆炸,陈某和1名焊工当场被炸死,另1人重伤。直接经济损失16万元。

根据上述事实,请判断:在加油站动火,必须严格执行规章制度,办理必要的动火手续。（　　）

［判断:正确。］

五、相关标准规范及解读

（一）《危险化学品事故应急救援指挥导则》（AQ/T 3052—2015）

该导则由原国家安全生产监督管理总局于2015年3月6日发布,于2015年9月1日实施。该导则规定了危险化学品事故应急救援指挥的基本原则和程序,适用于政府部门、外部救援力量和事故单位共同参与救援的危险化学品事故应急救援。

危险化学品事故应急救援是指危险化学品由于各种原因造成或可能造成众多人员伤亡及其他社会危害时,为及时控制危险源,抢救受害人员,指导群众防护和组织撤离,清除危害后果而组织的救援活动。

（二）《危险化学品重大危险源辨识》（GB 18218—2018）

本标准规定了辨识危险化学品重大危险源的依据和方法。

1. 单元

涉及危险化学品的生产、储存装置、设施或场所,分为生产单元和储存单元。

2. 临界量

某种或某类危险化学品构成重大危险源所规定的最小数量。

3. 危险化学品重大危险源

长期地或临时地生产、储存、使用和经营危险化学品,且危险化学品的数量等于或超过临界量的单元。

4. 重大危险源的辨识指标

生产单元、储存单元内存在危险化学品的数量等于或超过规定的临界量,即被定为重大危险源。单元内存在的危险化学品的数量根据危险化学品种类的多少区分为以下两种情况:

（1）生产单元、储存单元内存在的危险化学品为单一品种时,该危险化学品的数量即为单元内危险化学品的总量,若等于或超过相应的临界量,则定为重大危险源。

（2）生产单元、储存单元内存在的危险化学品为多品种时,按式（1-2）计算,若满足条件,则定为重大危险源:

$$S = \frac{q_1}{Q_1} + \frac{q_2}{Q_2} + \cdots + \frac{q_n}{Q_n} \geqslant 1 \qquad\qquad \text{式(1-2)}$$

式中:S——辨识指标;

$q_1, q_2, \cdots, q_n$——每种危险化学品实际存在量,单位为吨（t）;

$Q_1, Q_2, \cdots, Q_n$——与各危险化学品相对应的临界量,单位为吨（t）。

（三）《化学品分类和危险性公示　通则》（GB 13690）

该标准由国家质量监督检验检疫总局于 2009 年 6 月 21 日发布,于 2010 年 5 月 1 日实施。本标准规定了有关化学品分类及标记全球协调制度（GHS）的化学品分类及其危险公示。

本标准适用于化学品分类及其危险公示。本标准适用于化学品生产场所和消费品的标志。

（四）《职业性接触毒物危害程度分级》（GBZ 230）

1. 分级依据

《职业性接触毒物危害程度分级》（GBZ 230—2010）规定了职业性接触毒物危害程度分级的依据。

该标准适用于职业性接触毒物危害程度的分级。

该标准也是工作场所职业病危害分级以及建设项目职业病危害评价的依据之一。

2. 相关术语和定义

（1）职业性接触毒物:劳动者在职业活动中接触的以原料、成品、半成品、中间体、反应副产物和杂质等形式存在,并可经呼吸道、经皮肤或经口进入人体而对劳动者健康产生危害的物质。

（2）危害:职业性接触毒物可能导致的劳动者的健康损害和不良健康影响。

（3）毒物危害指数:综合反映职业性接触毒物对劳动者健康危害程度的量值。

3. 分级原则

（1）职业性接触毒物危害程度分级,是以毒物的急性毒性、扩散性、蓄积性、致癌性、生殖毒性、致敏性、刺激与腐蚀性、实际危害后果与预后等 9 项指标为基础的定级标准。

（2）分级原则是依据急性毒性、影响毒性作用的因素、毒性效应、实际危害后果等 4 大类 9 项分级指标进行综合分析、计算毒物危害指数确定。每项指标均按照危害程度分 5 个等级并赋予相应分值（轻微危害:0 分;轻度危害:1 分;中度危害:2 分;高度危害:3 分;极度危害:4 分）;同时根据各项指标对职业危害影响作用的大小赋予相应的权重系数。依据各项指标加权分值的总和,即毒物危害指数确定职业性接触毒物危害程度的级别。

（3）我国的产业政策明令禁止的物质或限制使用（含贸易限制）的物质,依据产业政策,结合毒物危害指数划分危害程度。

4. 危害程度等级划分

职业接触毒物危害程度分为轻度危害（Ⅳ级）、中度危害（Ⅲ级）、高度危害（Ⅱ级）和极度危害（Ⅰ级）4个等级。

（五）化学品生产单位特殊作业安全规范

《化学品生产单位特殊作业安全规范》（GB 30871—2014）由原国家质量监督检验检疫总局和国家标准化管理委员会于2014年7月24日发布，自2015年6月1日起正式实施。

本标准规定了化学品生产单位设备检修中动火、进入受限空间、盲板抽堵、高处作业、吊装、临时用电、动土、断路的安全要求。适用于化学品生产单位设备检修中涉及的动火作业、受限空间作业、盲板抽堵作业、高处作业、吊装作业、临时用电作业、动土作业、断路作业。

（六）安全色

《安全色》（GB 2893）规定了传递安全信息的颜色、安全色的测试方法和使用方法。

该标准适用于公共场所、生产经营单位和交通运输、建筑、仓储等行业以及消防等领域所使用的信号和标志的表面色。

该标准不适用于灯光信号和航海、内河航运以及其他目的而使用的颜色。

1. 术语和定义

（1）安全色：传递安全信息含义的颜色，包括红、蓝、黄、绿四种颜色。

（2）对比色：使安全色更加醒目的反衬色，包括黑、白两种颜色。

（3）安全标记：采用安全色和（或）对比色传递安全信息或者使某个对象或地点变得醒目的标记。

（4）色域：能够满足一定条件的颜色集合在色品图或色空间内的范围。

（5）亮度：在发光面、被照射面或光传播断面上的某点，从包括该点的微小面元在某方向微小立体面内的光通量除以微小面元的正投影面积与该微小立体角乘积所得的商。

（6）亮度因数：在规定的照明和观测条件下，非自发光体表面上某一点的给定方向的亮度 L_{vs} 与同一条件下完全反射或完全透射的漫射体的亮度 L_{vn} 之比。

2. 颜色表征

（1）安全色

① 红色：传递禁止、停止、危险或提示消防设备、设施的信息。

② 蓝色：传递必须遵守规定的指令性信息。

③ 黄色：传递注意、警告的信息。

④ 绿色：传递安全的提示性信息。

（2）对比色：安全色与对比色同时使用时，应按表1-2规定搭配使用。

表1-2 安全色的对比色

安全色	对比色
红色	白色
蓝色	白色
黄色	黑色
绿色	白色

① 黑色：黑色用于安全标志的文字、图形符号和警告标志的几何边框。

② 白色：白色用于安全标志中红、蓝、绿的背景色，也可用于安全标志的文字和图形符号。

（3）安全色与对比色的相间条纹：相间条纹为等宽条纹，倾斜约 45°。

① 红色与白色相间条纹：表示禁止或提示消防设备、设施位置的安全标记。

② 黄色与黑色相间条纹：表示危险位置的安全标记。

③ 蓝色与白色相间条纹：表示指令的安全标记，传递必须遵守规定的信息。

④ 绿色与白色相间条纹：表示安全环境的安全标记。

3. 安全色的使用导则

（1）安全色

① 红色：各种禁止标志（参照 GB 2894），交通禁令标志（参照 GB 5768），消防设备标志（参照 GB 13495），机械的停止按钮、刹车及停车装置的操纵手柄，机械设备转动部件的裸露部位，仪表刻度盘上极限位置的刻度，各种危险信号旗等。

② 黄色：各种警告标志（参照 GB 2894），道路交通标志和标线中警告标志（参照 GB 5768），警告信号旗等。

③ 蓝色：各种指令标志（参照 GB 2894），道路交通标志和标线中指示标志（参照 GB 5768）等。

④ 绿色：各种提示标志（参照 GB 2894），机器启动按钮，安全信号旗，急救站、疏散通道、避险处、应急避难场所等。

（2）安全色与对比色相间条纹

① 红色与白色相间条纹：应用于交通运输等方面所使用的防护栏杆及隔离墩，液化石油气汽车槽车的条纹，固定禁止标志的标志杆上的色带。

② 黄色与黑色相间条纹：应用于各种机械在工作或移动时容易碰撞的部位，如移动式起重机的外伸腿、起重臂端部、起重吊钩和配重；剪板机的压紧装置；冲床的滑块等有暂时或永久性危险的场所或设备；固定警告标志的标志杆上的色带。设备所涂条纹的倾斜方向应以中心线为轴线对称。两个相对运动（剪切或挤压）棱边上条纹的倾斜方向应相反。

③ 蓝色与白色相间条纹：应用于道路交通的指示性导向标志；固定指令标志的标志杆上的色带。

④ 绿色与白色相间条纹：应用于固定提示标志杆上的色带等。

⑤ 相间条纹宽度：安全色与对比色相间的条纹宽度应相等，即各占 50%，斜度与基准面成 45°。宽度一般为 100 mm，但可根据设备大小和安全标志位置的不同，采用不同的宽度，在较小的面积上其宽度可适当地缩小，每种颜色不能少于两条。

（3）使用要求：使用安全色时要考虑周围的亮度及同其他颜色的关系，要使安全色能正确辨认。在明亮的环境中，照明光源应接近自然白昼光如 D65 光源；在黑暗的环境中为避免眩光或干扰应减少亮度。

（4）检查与维修：凡涂有安全色的部位，每半年应检查一次，应保持整洁、明亮，如有变色、褪色等不符合安全色范围，逆反射系数低于 70% 或安全色的使用环境改变时，应及时重涂或更换，以保证安全色正确、醒目，达到安全警示的目的。

（七）工作场所有害因素职业接触限值

《工作场所有害因素职业接触限值（化学有害因素）》（GBZ 2.1）规定了工作场所化学有害因素的职业接触限值。

1. 适用范围

该标准适用于工业企业卫生设计及存在或产生化学有害因素的各类工作场所。适用于工作场所卫生状况、劳动条件、劳动者接触化学因素的程度、生产装置泄漏、防护措施效果的监测、评价、管理及职业卫生监督检查等。

该标准不适用于非职业性接触。

2. 术语和定义

(1) 职业接触限值(OELs):职业性有害因素的接触限制量值,指劳动者在职业活动过程中长期反复接触,对绝大多数接触者的健康不引起有害作用的容许接触水平。化学有害因素的职业接触限值包括时间加权平均容许浓度、短时间接触容许浓度和最高容许浓度三类。

① 时间加权平均容许浓度(PC-TWA):以时间为权数规定的 8 h 工作日、40 h 工作周的平均容许接触浓度。

② 短时间接触容许浓度(PC-STEL):在遵守 PC-TWA 前提下容许短时间(15 min)接触的浓度。

③ 最高容许浓度(MAC):工作地点、在一个工作日内、任何时间有毒化学物质均不应超过的浓度。

(2) 超限倍数:对未制定 PC-STEL 的化学有害因素,在符合 8 h 时间加权平均容许浓度的情况下,任何一次短时间(15 min)接触的浓度均不应超过的 PC-TWA 的倍数值。

(3) 工作场所:劳动者进行职业活动的所有地点。

(4) 工作地点:劳动者从事职业活动或进行生产管理而经常或定时停留的岗位作业地点。

(5) 化学有害因素:化学有害因素除包括化学物质、粉尘外,还包括生物因素。

(6) 总粉尘:可进入整个呼吸道(鼻、咽和喉、胸腔支气管、细支气管和肺泡)的粉尘,简称总尘。技术上系用总粉尘采样器按标准方法在呼吸带测得的所有粉尘。

(7) 空气动力学直径:某颗粒物(任何形状和密度)与相对密度为 1 的球体在静止或层流空气中若沉降速率相等,则球体的直径视作该颗粒物的空气动力学直径。

(8) 呼吸性粉尘:按呼吸性粉尘标准测定方法所采集的可进入肺泡的粉尘粒子,其空气动力学直径均在 7.07 μm 以下,空气动力学直径 5 μm 粉尘粒子的采样效率为 50%,简称"呼尘"。

3. 卫生要求

(1) 工作场所空气中化学物质容许浓度(详见标准)。

(2) 工作场所空气中粉尘容许浓度(详见标准)。

(3) 工作场所空气中生物因素容许浓度(详见标准)。

案例

某五金厂包装车间一名工人发生严重皮炎和肝损害,送往职业病防治院治疗,被诊断为职业性三氯乙烯剥脱性皮炎。该厂老板感到很委屈。因为该厂清洗车间曾发生过多例三氯乙烯皮炎,后在当地卫生防疫站的指导下对通风系统进行改造,包装车间与清洗车间距离有十几米远,怎么会发生三氯乙烯皮炎?经查五金构件出厂前要用一种代号为"808"的溶剂进行表面清洁,该代号产品没有技术说明书,不知道化学组成成分。经检验,"808"溶剂含三氯乙烯达 22%。另外包装车间使用中央空调,只送冷风,没有排风系统。

根据上述事实,该厂不符合《工作场所化学有害因素职业接触限值》规定的条件,中央空调没有排风系统。

第二章　危险化学品知识

第一节　危险化学品基础知识

一、危险化学品基本概念

（一）化学品的概念

国际劳工组织制定的《作业场所安全使用化学品公约》（第170号公约）为化学品所下的定义是："化学品一词系指化学元素、化合物和混合物，无论是天然的或人造的。"按此定义，人类生存的地球和大气层中所有有形物质包括固体、液体和气体都是化学品。目前，全世界已有化学品多达上千万种，经常使用的化学品有7万多种。现在每年全世界新出现的化学品多达上千种。

（二）危险化学品的概念

根据国务院颁布的《危险化学品安全管理条例》，危险化学品是指具有毒害、腐蚀、爆炸、燃烧、助燃等性质，对人体、设施、环境具有危害的剧毒化学品和其他化学品。

原国家安全生产监督管理总局等部门公布的《危险化学品名录》中的化学品是专指危险化学品。除了已公认不是危险化学品的物质（如纯净食品、水、食盐等）之外，《危险化学品名录》中未列的化学品是否属于危险化学品，一般应经试验加以鉴别认定。

（三）危险货物的概念

根据《危险货物分类和品名编号》（GB 6944）的规定，具有爆炸、易燃、毒害、感染、腐蚀、放射性等危险特性，在运输、储存、生产、经营、使用和处置中，容易造成人身伤亡、财产损毁或环境污染而需要特别防护的物质和物品。

二、危险化学品的分类与标志

（一）危险化学品的分类

《全球化学品统一分类和标签制度（全球统一制度）》按化学品的物理危险、健康危险、环境危险三个方面把它的危险分为29类。

按物理危险分为16类：

（1）爆炸物；

（2）易燃气体；

（3）气雾剂；

（4）氧化性气体；

（5）高压下气体；

（6）易燃液体；

（7）易燃固体；

（8）自反应物质及和混合物；

（9）发火液体；

（10）发火固体；

（11）自热物质和其混合物；

（12）遇水放出易燃气体的物质和其混合物；

（13）氧化性液体；

（14）氧化性固体；

（15）有机过氧化物；

（16）金属腐蚀物；

（17）退敏爆炸物。

按健康危险分为 10 类：

（1）急毒性；

（2）皮肤腐蚀/刺激；

（3）严重眼睛损伤/眼睛刺激；

（4）呼吸或皮肤致过敏；

（5）生殖细胞突变性；

（6）致癌性；

（7）生殖毒性；

（8）特定目标器官毒性——单次接触；

（9）特定目标器官毒性——重复接触；

（10）吸入危险。

按环境危险分为 2 类：

（1）危害水生环境；

（2）危害臭氧层。

每类化学品都设定了特殊的标记，每个标记的危险信息要素，包括符号、标记字符、危险性说明、警示性说明和象形图、产品说明、供应商名称等内容。安全数据单（MSDS）共列出 16 项信息（内容），即：

（1）化学品及企业标识；

（2）组成/成分信息；

（3）危险性概述；

（4）急救措施；

（5）消防措施；

（6）事故意外释放措施；

（7）搬运和储存；

（8）接触控制/个体保护；

（9）物理和化学特质；

（10）稳定性和反应性；

（11）毒理学信息；

（12）生态学信息；

（13）处置考虑；

（14）运输信息；

（15）管理信息；

（16）其他信息。

（二）我国危险化学品分类

目前我国关于危险化学品分类已公布的法规、标准有 4 个，即《危险货物分类和品名编号》（GB 6944）《化学品分类和危险性公示通则》（GB 13690）《危险货物品名表》（GB 12268）和《危险化学品名录》（2015 版）。

（1）依据《危险货物分类和品名编号》（GB 6944），将危险货物划分为以下 9 类：

第一类　爆炸品

爆炸品是指在外界作用下能发生剧烈的化学反应，瞬间产生大量的气体和热量，使周围压力急骤上升，发生爆炸，对周围环境造成破坏的物品，也包括无整体爆炸危险，但具有燃烧、抛射及较小爆炸危险的物品。

爆炸品包括以爆炸物质为原料制成的成品。

按爆炸性物质用途划分，可分为 4 类，即起爆药、炸药、火药、烟火剂。

GB 6944 中，按危险货物具有的危险性把爆炸品分为 6 项。

第 1 项　有整体爆炸危险的物质或物品；

第 2 项　有进射危险，但无整体爆炸危险的物质和物品；

第 3 项　有燃烧危险并有局部爆炸危险或局部进射危险或这两种危险都有，但无整体爆炸危险的物质和物品；

第 4 项　不呈现重大危险的爆炸物质和物品；

第 5 项　有整体爆炸危险的非常不敏感物质；

第 6 项　无整体爆炸危险的极端不敏感物品。

爆炸品一旦发生爆炸，往往危害大、损失大、扑救困难，因此从事爆炸品工作的人员必须熟悉爆炸品的性能、危险特性和不同爆炸品的特殊要求。

第二类　气体

第 1 项　易燃气体；

第 2 项　非易燃无毒气体；

第 3 项　毒性气体。

第三类　易燃液体

GB 13690 中规定，易燃液体是指闪点不高于 93 ℃的液体。

按易燃液体闪点的高低分为低闪点液体、中闪点液体、高闪点液体三项。

① 低闪点液体：指闭杯试验闪点＜−18 ℃的液体；

② 中闪点液体：指−18 ℃≤闭杯试验闪点＜23 ℃的液体；

③ 高闪点液体：指 23 ℃≤闭杯试验闪点≤61 ℃的液体。

黏度的大小取决于液体的性质与温度。

第四类　易燃固体、易于自燃的物质、遇水放出易燃气体的物质

第1项　易燃固体、自反应物质和固态退敏爆炸品；

第2项　易于自燃的物质；

第3项　遇水放出易燃气体的物质。

例如,磷能在常温下自燃。

第五类　氧化性物质和有机过氧化物

第1项　氧化性物质；

第2项　有机过氧化物。

氧化性物质,本身不一定可燃,但通常因放出氧或起氧化反应,可能引起或促进其他物质的燃烧。因此,氧化性物质的危险性是通过与其他物质作用或自身发生化学变化的结果表现出来的。

有机过氧化物是指含有过氧基的有机物。有机过氧化物的危险特性如下:

① 强氧化性:有机过氧化物由于都含有过氧基(—O—O—),所以表现出强烈的氧化性能,绝大多数都可作为氧化剂并且极易发生爆炸性自氧化分解反应。

② 分解爆炸性:有机过氧化物的分解产物是活泼的自由基,由自由基参与的反应很难用常规的抑制方法扑救。

③ 易燃性:有机过氧化物本身是易燃的,而且燃烧迅速,可很快就转化为爆炸性反应。

④ 对碰撞或摩擦敏感:有机过氧化物中的过氧基是极不稳定的结构,对热、震动、碰撞、冲击或摩擦都极为敏感,当受到轻微的外力作用时就有可能发生分解爆炸。

⑤ 伤害性:有机过氧化物容易伤害眼睛,有的种类还具有很强的毒性。

由上可知,有机过氧化物本身化学性质不稳定,易燃易爆,极易分解。

例如,有机过氧化物的过滤过程就很危险,因为有机过氧化物(滤饼)极不稳定,受撞击、挤压、摩擦易发生燃烧或爆炸。

第六类　毒性物质和感染性物质

第1项　毒性物质；

第2项　感染性物质。

第七类　放射性物质

第八类　腐蚀性物质

第九类　杂项危险物质和物品

(2) 依据《化学品分类和危险性公示　通则》(GB 13690),分类如下:

第一类　理化危险

① 爆炸物。

② 易燃气体。

③ 易燃气溶胶。

④ 氧化性气体。

⑤ 压力下气体。

⑥ 易燃液体,例如汽油、苯、乙醇属于易燃液体。

⑦ 易燃固体,例如可燃固体的粉尘能与空气形成爆炸性混合物。固体粉碎和筛分,对于自反应性物质,可能因机械撞击、摩擦而着火,所以这类物质能否适用于筛分和粉碎必须慎重考虑。

⑧ 自反应物质或混合物。

⑨ 自热物质或混合物。

⑩ 自燃液体。

⑪ 自燃固体。

⑫ 遇水放出易燃气体的物质或混合物。

⑬ 金属腐蚀剂。

⑭ 氧化性液体。

⑮ 氧化性固体。

⑯ 有机过氧化物。

第二类　健康危险

① 急性毒性；

② 皮肤腐蚀/刺激；

③ 严重眼睛损伤/眼刺激；

④ 呼吸或皮肤过敏；

⑤ 生殖细胞致突变性；

⑥ 致癌性；

⑦ 生殖毒性；

⑧ 特异性靶器官系统毒性——一次接触；

⑨ 特异性靶器官系统毒性——反复接触；

⑩ 吸入危险。

第三类　环境危险

① 危害水生环境；

② 急性水生毒性是指物质对短期接触它的生物体造成伤害的固有性质；

③ 基本要素；

④ 急性水生毒性；

⑤ 生物积累潜力；

⑥ 快速降解性；

⑦ 慢性水生毒性。

(三) 危险化学品的标志

《化学品分类和危险性公示　通则》(GB 13690)规定了有关化学品分类及其危险公示。

《化学品分类和危险性公示　通则》(GB 13690—2009)代替了《常用危险化学品的分类及标志》(GB 13690—1992)。

《危险货物包装标志》(GB 190)规定了危险货物图示标志的类别、名称、尺寸和颜色,共有危险品标志图形 21 种、名称 19 个。该标准适用于危险货物的运输包装。标志分为标记和标签。标记 4 个,标签 26 个,其图形分别标示了 9 类危险货物的主要特性。

当一种危险化学品具有一种以上的危险性时,应用主标志表示主要的危险性类别,并用副标志来表示其他的危险性类别。当主要危险性标签和次要危险性标签都需要时,彼此紧挨着贴。

常用危险化学品的主标志和副标志的区别是副标志中没有危险性类别号。

这里需要说明,目前还在使用的国家考核题库中,有些考核内容引用了《常用危险化学品的分类及标志》(GB 13690—1992)中的一些规定。例如：

①《常用危险化学品的分类及标志》国家标准按其主要危险特性将危险化学品分为 8 类。

②《常用危险化学品的分类及标志》(GB 13690—1992)常用危险化学品安全标志中的图形分别标示了 8 类危险化学品的主要危险特性。

③《常用危险化学品的分类及标志》(GB 13690—1992)规定了当一种危险化学品具有一种以上危险特性时，用主标志表示其主要危险性类别，副标志表示重要的其他危险性类别。

④ 在《常用危险化学品的分类及标志》(GB 13690—1992)中规定了常用危险化学品的包装标志 27 种。

⑤ 主标志由表示危险特性的图案、文字说明、底色和危险品类别号四个部分组成的菱形标志。副标志图形中没有危险品类别号。副标志图形与主标志是不相同的。

⑥《常用危险化学品的分类及标志》(GB 13690—1992)中，共设副标志 11 种。

⑦ 根据常用危险化学品的危险特性和类别，它们的标志设主标志 16 种和副标志 11 种。每种化学品最多可以选用 2 个标志。

但是要注意，《常用危险化学品的分类及标志》(GB 13690—1992)已经被《化学品分类和危险性公示 通则》(GB 13690)替代。

1. 标志图形

常用危险化学品标志如图 2-1 至图 2-9 所示。

(1) 第 1 类爆炸品标志图形(图 2-1)：标志图形符号为黑色，底色为橙红色。

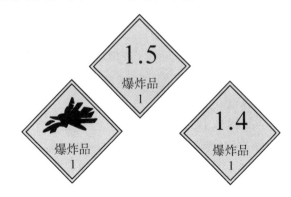

图 2-1 爆炸品标志图形

(2) 第 2 类易燃气体共有 3 种标志图形(图 2-2)：易燃气体标志图形符号为黑色，底色为正红色；非易燃气体标志图形符号为黑色，底色为绿色；有毒气体标志图形符号为黑色，底色为白色。

图 2-2 易燃气体标志图形

(3) 第 3 类易燃液体的标志图形有 1 种(图 2-3)：易燃液体标志图形符号为黑色，底色为正红色。

图 2-3 易燃液体标志图形

图 2-4 易燃固体、自燃物品和遇湿易燃物品标志图形

（4）第 4 类易燃固体、自燃物品和遇湿易燃物品有 3 种标志图形（图 2-4）：易燃固体标志图形符号为黑色，底色为白色红条；自燃物品标志图形符号为黑色，底色为上白下红；遇湿易燃物品标志图形符号为黑色，底色为蓝色。

（5）第 5 类氧化剂和有机过氧化物的标志图形有 2 种（图 2-5）：标志图形符号为黑色，底色为柠檬黄色。

图 2-5 氧化剂和有机过氧化物标志图形

图 2-6 毒害品和感染性物品标志图形

（6）第 6 类毒害品和感染性物品的标志图形有 4 种，其中毒害品有 3 种，感染性物品有 1 种（图 2-6）：标志图形符号为黑色，底色为白色。

由上可知，常用危险化学品标志中的图形为"骷髅头和交叉骨形"，标示危险化学品为有毒品。

（7）第 7 类放射性物品的标志图形有 3 种（图 2-7）：标志图形符号为黑色，底色为上黄下白，附红竖条。

图 2-7 放射性物品标志图形

图 2-8 腐蚀品标志图形

（8）第 8 类腐蚀品的标志图形有 1 种（图 2-8）：标志图形符号为黑色底色为上白下黑。

（9）第 9 类杂类的标志图形有 1 种（图 2 - 9）：标志图形符号为黑色，底色为白色。

图 2 - 9 杂类标志图形

《工作场所职业病危害警示标识》（GBZ 158）规定了在工作场所设置的可以使劳动者对职业病危害产生警觉，并采取相应防护措施的图形标识、警示线、警示语句和文字。

图形标识分为禁止标识、警告标识、指令标识和提示标识。

安全标志分为四类，它们分别是禁止标志、警告标志、指令标志、提示标志。

警示语句是一组表示禁止、警告、指令、提示或描述工作场所职业病危害的词语。警示语句可单独使用，也可与图形标识组合使用。

警示线是界定和分隔危险区域的标识线，分为红色、黄色和绿色三种。

禁止标志的含义是不准或制止人们的某种行为，它的基本几何图形是带斜杠的圆环。

在危险化学品生产或储存区域，图示标记表示了各自的含义。例如：

（1）如见到图 的标记，表示有辐射。

（2）见到图 的标记，表示禁止穿钉子鞋。

（3）见到图 的标记，表示必须戴防护眼镜。

（4）见到图 的标记，表示必须佩戴防尘口罩。

（5）见到图 的标记，表示必须戴防毒面具。

（6）见到图 的标记，表示怕晒物品。

（7）见到图 的标记，表示禁止入内。

2. 标志图形的印制

标志图形在印制时，应特别注意颜色和尺寸。

标志的颜色按每个标志图形下边括号内的规定进行印刷。标志图形的尺寸一般分为 4 种（表 2 - 1）。

当包装容器特大或特小时，标志图形的尺寸可按规定适当扩大或缩小。

表 2 - 1 标志图形的一般尺寸　　　　　　　　单位：mm

尺寸号别	长	宽
1	50	50
2	100	100
3	150	150
4	250	250

3．标志的使用说明

（1）标签应粘贴、挂拴、喷印在化学品包装或容器的明显位置。多层包装运输，原则上要求内外包装都应加贴(挂)安全标签,但若外包装上已加贴安全标签,内包装是外包装的衬里,内包装上可免贴安全标签;外包装为透明物,内包装的安全标签可清楚地透过外包装,外包装可免加标签。

（2）标签在包装物上的位置如下：

① 箱状包装：位于包装端面或侧面明显处；

② 袋、捆包装：位于包装明显处；

③ 桶、瓶形包装：位于桶、瓶侧身；

④ 集装箱、成组货物：位于四个侧面。

使用注意事项：

① 标签的粘贴、挂栓、喷印应牢固,保证在运输、储存期间不脱落,不损坏。

② 标签应由生产企业在货物出厂前粘贴、挂拴、喷印。若要改换包装,则由改换包装单位重新粘贴、挂拴、喷印标签。

③ 盛装危险化学品的容器或包装,在经过处理并确认其危险性完全消除之后,方可撕下标签,否则不能撕下相应的标签。

三、危险化学品的安全标签、安全技术说明书

（一）危险化学品安全标签

依据《化学品安全标签编写规定》（GB 15258），安全标签主要是对市场上流通的化学品通过加贴标签的形式进行危险性标识,提出安全使用注意事项,向作业人员传递安全信息,以预防和减少化学危害,达到保障安全和健康的目的。

《化学品安全标签编写规定》规定了化学品安全标签的术语和定义、标签内容、制作和使用要求,适用于化学品安全标签的编写、制作和使用。

由上可知,应按《化学危险品标签编写导则》编写危险化学品标签。《化学品安全技术说明书编写规定》适用于化学品,包括工业化学品。

1．基本概念

（1）剧毒品：急性毒性为经口 $LD_{50} \leqslant 5$ mg/kg,经皮接触 24 h $LD_{50} \leqslant 40$ mg/kg,吸入 1 h $LC_{50} \leqslant 0.5$ mg/L 的化学品。

（2）有毒品：急性毒性为经口 5 mg/kg$<LD_{50} \leqslant 50$ mg/kg,经皮接触 24 h 40 mg/kg$<LD_{50} \leqslant 200$ mg/kg,吸入 1 h 0.5 mg/L$<LC_{50} \leqslant 2$ mg/L 的化学品。

（3）有害品：急性毒性为固体经口 50 mg/kg$<LD_{50} \leqslant 500$ mg/kg,液体经口 50 mg/kg$<LD_{50} \leqslant 2\,000$ mg/kg,经皮接触 24 h 200 mg/kg$<LD_{50} \leqslant 1\,000$ mg/kg,吸入 1 h 2 mg/L$<LC_{50} \leqslant 10$ mg/L 的化学品。

急性毒性是指一定量的毒物一次对动物所产生的毒害作用。急性毒性的大小,常用半数致死量(LD_{50})来表示。

毒物毒性常以引起试验动物死亡数所需剂量表示。

2．标签

安全标签用文字、图形符号和编码的组合形式表示化学品所具有的危险性和安全注意事项。

贴安全标签的目的是为了警示使用者此种化学品的危害性以及一旦发生事故应采取的救护措施。

《危险货物品名表》中采用 4 位的联合国编号(UN),中国编号(CN)已不再使用。

3. 安全标签的主要内容

(1) 化学品和其主要有害组分标识

① 名称:用中文和英文分别标明化学品的通用名称。名称要求醒目清晰,位于标签的正上方。

② 分子式:用元素符号和数字表示分子中各原子数,居名称的下方。若是混合物此项可略。

③ 化学成分及组成:标出化学品的主要成分和含有的有害组分、含量或浓度。

④ 编号:标明联合国危险货物编号。

在《危险化学品名录》中的 UN 号是指联合国危险货物编号。

⑤ 标志:标志采用联合国《关于危险货物运输的建议书》和 GB 13690 规定的符号。每种化学品最多可选用两个标志。标志符号居标签右边。

(2) 警示词:根据化学品的危险程度和类别,用"危险""警告""注意"三个词分别进行危害程度的警示。当某种化学品具有两种及两种以上的危险性时,用危险性最大的警示词。警示词位于化学品名称的下方,要求醒目、清晰。

例如,爆炸品、易燃气体、剧毒品用警示词为"危险"。

(3) 危险性概述:简要概述化学品燃烧爆炸危险特性、健康危害和环境危害。居警示词下方。

(4) 安全措施:表述化学品在处置、搬运、储存和使用作业中所必须注意的事项和发生意外时简单有效的救护措施等,要求内容简明扼要、重点突出。

(5) 灭火:化学品为易(可)燃或助燃物质,应提示有效的灭火剂和禁用的灭火剂以及灭火注意事项。

(6) 批号:注明生产日期及生产班次。生产日期用××××年××月××日表示,班次用××表示。

(7) 提示向生产销售企业索取安全技术说明书。经营进口化学品的企业,应负责向供应商索取最新的中文安全技术说明书。

(8) 生产企业名称、地址、邮编、电话。

(9) 应急咨询电话:填写化学品生产企业的应急咨询电话和国家化学事故应急咨询电话。

安全标签上的应急咨询电话可以是企业本身的应急咨询电话.也可以委托其他专业机构代理,但对外资企业,其标签上必须提供中国境内的应急电话。

当危险化学品发生紧急事故后,可以按照危险化学品安全标签中提供的应急咨询电话和国家化学事故应急咨询电话对遇到的技术问题进行咨询。

标签正文应简洁、明了、易于理解,要采用规范的汉字表述,也可以同时使用少数民族文字或外文,但意义必须与汉字相对应,字形应小于汉字。相同的含义应用相同的文字和图形表示。

由上可知,化学品安全标签内容由 9 部分组成。

当某种化学品有新的信息发现时,标签应及时修订、更改。

此外,《工作场所安全使用化学品规定》中提出,用人单位应对化学品危险性进行鉴别和分类,建立化学品安全标签和安全技术说明书制度,并且明确了职工的义务和权利。

(二)化学品安全技术说明书

化学品安全技术说明书为化学物质及其制品提供了有关安全、健康和环境保护方面的各种信息,并能提供有关化学品的基本知识、防护措施和应急行动等方面的资料。

化学品安全技术说明书,又被称为物质安全技术说明书,简称 SDS(有的国家也称 MSDS)。

危险化学品安全技术说明书也可表述为"是一份关于危险化学品燃爆、毒性和环境危害以及安全使用、泄漏应急处理、主要理化参数、法律法规等方面信息的综合性文件"。

化学品安全技术说明书主要用途是传递安全信息。

化学品安全技术说明书是化学品生产供应企业向用户提供基本危害信息的工具(包括运输、操作处置、储存和应急行动等)。

1. 危险化学品安全技术说明书内容

化学品安全技术说明书包括以下 16 部分内容。

(1)化学品及企业标识:主要标明化学品名称、生产企业名称、地址、邮编、电话、应急电话、传真和电子邮件地址等信息。

化学品安全技术说明书中所写化学品名称用中、英文两种形式填写。

(2)成分/组成信息:标明该化学品是纯化学品还是混合物。纯化学品应给出其化学品名称或商品名和通用名。混合物应给出危害性组分的浓度或浓度范围。

无论是纯化学品还是混合物,如果其中包含有害性组分,则应给出化学文摘索引登记号(CAS 号)。化学品主要成分为混合物,要填写有害组分的品名和浓度范围。

(3)危险性概述:简要概述本化学品最重要的危害和效应,主要包括危害类别、侵入途径、健康危害、环境危害、燃爆危险等信息。

(4)急救措施:指作业人员意外地受到伤害时,所需采取的现场自救或互救的简要处理方法,包括眼睛接触、皮肤接触、吸入、食入的急救措施。

(5)消防措施:主要表示化学品的物理和化学特殊危险性、适合的灭火介质、不合适的灭火介质以及消防人员个体防护等方面的信息,包括危险特性、灭火介质和方法、灭火注意事项等。

(6)泄漏应急处理:指化学品泄漏后现场可采用的简单有效的应急措施、注意事项和消除方法,包括应急行动、应急人员防护、环保措施、消除方法等内容。

危险化学品的泄漏处理包括泄漏源控制、泄漏物处理、危害监测。

(7)操作处置与储存:主要是指化学品操作处置和安全储存方面的信息资料,包括操作处置作业中的安全注意事项、安全储存条件和注意事项。

(8)接触控制/个体防护:在生产、操作处置、搬运和使用化学品的作业过程中,为保护作业人员免受化学品危害而采取的防护方法和手段,包括最高容许浓度、工程控制、呼吸系统防护、眼睛防护、身体防护、手防护、其他防护要求。

(9)理化特性:主要描述化学品的外观及理化性质等方面的信息,包括外观与性状、pH 值、沸点、熔点、相对密度(水＝1)、相对蒸气密度(空气＝1)、饱和蒸气压、燃烧热、临界温度、临界压力、辛醇/水分配系数、闪点、引燃温度、爆炸极限、溶解性、主要用途和其他一些特殊理化性质。

临界压力就是在临界温度时使气体液化所需要的最小压力。

(10)稳定性和反应性:主要叙述化学品的稳定性和反应活性方面的信息,包括稳定性、禁配物、应避免接触的条件、聚合危害、分解产物。

(11)毒理学资料:提供化学品的毒理学信息,包括不同接触方式的急性毒性(LD_{50}、LC_{50})、刺激性、致敏性、亚急性和慢性毒性、致突变性、致畸性、致癌性等。

（12）生态学资料：主要陈述化学品的环境生态效应、行为和转归，包括生物效应、生物降解性、生物富集、环境迁移及其他有害的环境影响等。

（13）废弃处置：是指对被化学品污染的包装和无使用价值的化学品的安全处理方法，包括废弃处置方法和注意事项。

（14）运输信息：主要是指国内、国际化学品包装、运输的要求及运输规定的分类和编号，包括危险货物编号、包装类别、包装标志、包装方法、UN编号（联合国危险货物编号）及运输注意事项等。

（15）法规信息：主要是化学品管理方面的法律条款和标准。

（16）其他信息：主要提供其他对安全有重要意义的信息，包括参考文献、填表时间、填表部门、数据审核单位等。

2. 危险化学品安全技术说明书编写和使用要求

（1）编写要求：安全技术说明书规定的十六大项内容在编写时不能随意删除或合并，其顺序不可随意变更。各项目填写的要求、边界和层次，按"填写指南"进行。其中十六大项为必填项，而每个小项可有三种选择，标明[A]项者，为必填项；标明[B]项者，此项若无数据，应写明无数据原因（如无资料、无意义）；标明[C]项者，若无数据，此项可略。

安全技术说明书的正文应采用简洁明了、通俗易懂的规范汉字表述。数字资料要准确可靠，系统全面。

安全技术说明书的内容，从该化学品的制作之日算起，每五年更新一次，若发现新的危害性，在有关信息发布后的半年内，生产企业必须对安全技术说明书的内容进行修订。

（2）种类：安全技术说明书采用"一个品种一卡"的方式编写，同类物、同系物的技术说明书不能互相替代；混合物要填写有害性组分及其含量范围。所填数据应是可靠和有依据的。一种化学品具有一种以上的危害性时，要综合表述其主、次危害性以及急救、防护措施。

（3）使用：安全技术说明书由化学品的生产供应企业编印，在交付商品时提供给用户，作为为用户的一种服务随商品在市场上流通。化学品的用户在接收使用化学品时，要认真阅读技术说明书，了解和掌握化学品的危险性，并根据使用的情形制订安全操作规程，选用合适的防护器具，培训作业人员。

（4）资料的可靠性：安全技术说明书内的数值和资料要准确可靠。

危险化学品经营单位必须保证所经营的危险化学品有化学品安全技术说明书和安全标签。

第二节　危险化学品的危险特性

危险化学品存在的主要危险有火灾、爆炸、中毒、腐蚀及环境污染等。

一、危险化学品爆炸危险性

（一）爆炸的概念

爆炸是大量能量在短时间内迅速释放或急剧转化成机械功的现象。爆炸时物质由一种状态迅速转变成另一种状态，并在瞬间以声、光、热、机械功等形式放出大量能量爆炸。爆炸是物质发生急剧的物理、化学变化，在瞬间释放出大量能量并伴有巨大声响的过程。物质爆炸时，大量能量在极短的时间内突然释放并聚积，造成高温高压，对邻近介质形成急剧的压力突变并引起随后的复杂运动。爆炸介质在压力作用下,表现出不寻常的运动或机械破坏效应,以及爆炸介质受震动而产生的音响效应。爆炸现象的最主要特征是压力急剧升高。

爆炸常伴随发热、发光、高压、真空、电离等现象,并且具有很大的破坏作用。爆炸的破坏作用与爆炸物质的数量和性质、爆炸时的条件以及爆炸位置等因素有关。如果爆炸发生在均匀介质的自由空间,在以爆炸点为中心的一定范围内,爆炸力的传播是均匀的,并使这个范围内的物体粉碎、飞散。

爆炸品在外界作用下能发生剧烈化学反应,瞬时产生大量气体和热量,使周围压力急剧上升而发生爆炸。决定爆炸品具有爆炸性质的主要因素是爆炸品的化学组成和化学结构。

(二)爆炸的分类

按照爆炸产生的原因和性质,爆炸一般分为物理性爆炸、化学性爆炸和核爆炸。危险化学品爆炸主要涉及前两类爆炸。

1. 物理性爆炸

物质因状态或压力发生突变而形成的爆炸现象称为物理性爆炸。物理性爆炸前后物质的性质及化学成分均无变化。例如:锅炉爆炸、压力容器、压缩气瓶因外界条件变化而造成的爆炸属于物理性爆炸,容器内液体过热、汽化而引起的爆炸属于物理性爆炸。压力容器爆破时所能释放的能量与它的工作介质的物性状态有关。

2. 化学性爆炸

物质在发生极迅速的化学反应过程中形成高温高压和新的反应产物而引起的爆炸,称为化学性爆炸。化学性爆炸前后物质的性质和成分均发生了根本的改变。化学性爆炸按爆炸时所发生的化学变化又可分为三类。

(1)简单分解爆炸:简单分解爆炸时所需热量是由爆炸物本身分解时产生的,爆炸时并不一定发生燃烧反应。属于这一类的有雷汞、雷银、三氯化氮、三碘化氮、乙炔银等,乙炔铜爆炸也属于简单分解爆炸。这类物质撞击感度较高,受震动即可引起爆炸,比较危险。某些气体由于分解产生很大的热量,在一定条件下可能产生分解爆炸,尤其在受压情况下更容易发生爆炸。例如,高压下存放的乙烯、乙炔发生的爆炸即属简单分解爆炸。汽油、乙炔、苯三者中,爆炸危险性最高的是乙炔。

(2)复杂分解爆炸:这类爆炸物质的危险性较简单分解爆炸物质稍低。这类物质爆炸时,伴有燃烧现象。燃烧所需的氧由本身分解产生。大多数的炸药和一些有机过氧化物的爆炸都属于此类。炸药燃烧与一般可燃物爆炸不同,它不需要空气中的氧气就能进行燃烧。炸药爆炸三要素是反应过程的放热性、反应过程的高速性、生成大量气体。

殉爆,是指当炸药发生爆炸时,由于爆轰波的作用引起相隔一定距离的另一炸药爆炸的现象。

凡是炸药,百分之百都是易燃物质。

炸药的热感度是指火炸药在热作用下发生燃烧或爆炸的难易程度。

决定爆炸品敏感度的内在因素是它的化学组成和结构,影响敏感度的外来因素还有温度、杂质、结晶、密度等。

杂质对于爆炸品的敏感度有很大影响,在一般情况下,固体杂质,特别是硬度高、有尖棱的杂质能够提高爆炸品的敏感度。

许多炸药本身就是含氧的化合物或者是可燃物与氧化剂的混合物,故不需外界供给氧气也能发生燃烧和爆炸。

　　在炸药爆炸场所进行施救工作时,除了防止爆炸伤害外,还应注意防毒,以免造成中毒事故。

　　(3) 气体混合物爆炸:可燃气体、蒸气或粉尘与空气或氧气形成的混合物发生的爆炸都属于此类爆炸。爆炸性混合物的爆炸需要一定的条件,可燃气体与空气或氧气的混合物要达到爆炸的极限范围,并具有一定的激发能量才能发生爆炸。

　　爆炸性气体混合物包括以下几种:氢、乙炔、甲烷、一氧化碳、煤气等与空气或氧气形成的混合物;汽油、苯类、醇类、醚类等可燃液体的蒸气与空气或氧气形成的混合物;煤、铝、镁、硫黄等粉尘与空气或氧气形成的混合物;遇水爆炸物质,如钾、钠、碳化钙、烷基铝等与水接触,放出的可燃气体与空气或氧气形成的混合物。

　　例如,可燃气体以一定的比例与空气混合后,在一定条件下所产生的爆炸属于化学爆炸。瓦斯爆炸也属于化学爆炸。

　　此外,粉尘也能发生爆炸。煤尘、铝粉、镁粉、塑料粉尘、纤维粉尘、硝铵粉尘等,悬浮于空气中,达到一定浓度遇高温、摩擦、火花等引爆能源会引起爆炸,此种爆炸称为粉尘爆炸。例如:① 金属类如镁粉、铝粉、锰粉等;② 煤炭类如活性炭、煤等;③ 粮食类如淀粉、面粉等;④ 合成材料类如染料、塑料等;⑤ 农副产品类如烟草、棉花等;⑥ 林产品类如纸粉、木粉等。

　　粉尘爆炸的特点是:燃烧热值越大的物质,其爆炸的危险性越大,例如,煤、碳、硫的粉尘等;易氧化的物质其粉尘易爆炸,例如,镁、氧化亚铁、染料等;易带电的粉尘也易引起爆炸,如化学纤维等;粉尘粒度越细越容易发生爆炸。生石灰不可能发生爆炸。

　　粉尘爆炸与可燃气体爆炸相似,有一定的浓度范围,也有上、下限之分,一般只有粉尘的爆炸下限,这是因为粉尘爆炸上限较高,通常情况下不易发生。通常的爆炸极限是在常温、常压的标准条件下测定出来的,它随压力、温度的变化而变化。

　　对于有爆炸危险的可燃物,当可燃物的爆炸极限范围越宽,则越易发生爆炸。

　　可燃气体和氧的含量越大,火源强度、初始温度越高,湿度越低,惰性粉尘及灰分越少,爆炸极限范围越大,粉尘爆炸危险性也就越大。爆炸下限越低,爆炸极限范围越宽,危险性越大。

　　向镁、铝等粉尘爆炸性混合物内充填氩气可起到防止静电爆炸和火灾的作用。

　　粉尘的爆炸下限大体为 $25\sim45$ mg/L,爆炸上限约为 80 mg/L。防止生产性粉尘爆炸的主要技术措施包括控制火源、适当增加湿度等,但不包括扩大粉尘扩散范围这样的做法。

　　某加油站汽油加油机的吸管止回阀发生故障,加油员张某请来农机站修理工进行修理,修理完毕后修理工离开,张某与另一闲杂人员周某滞留在罐室。因张某打火机掉落地上,周某拣起打火机后,随手打火,检修中溢出的汽油气体遇火引起爆燃,造成 2 人死亡。

　　根据上述情况,检修中溢出的汽油气体发生爆燃,必须达到爆炸极限。

　　关于爆炸性气体场所危险区域的划分(按释放源级别划分区域),通常是这样划分的:

　　存在连续级释放源的区域,可划为 0 区;存在第一级释放源的区域,可划为 1 区;存在第二级释放源的区域,可划为 2 区。

　　释放源的等级的定义如下:连续级释放源是指连续释放、长时间释放或短时间频繁释放;一级释放源是指正常运行时周期性释放或偶然释放;二级释放源是指正常运行时不释放或即使释放也仅是偶尔短时释放;多级释放源包含上述两种以上特征。

(三)爆轰和爆燃

爆轰:指燃速以超音速传播,并以冲击波为特征的爆炸。当燃烧速度极快的爆炸性混合物,在全部或部分封闭状态下或高压下燃烧时,若混合物的组成及预热条件适宜,可以产生一种比爆燃更激烈的现象,这种现象称为爆轰。爆轰的特征是具有突然引起的极高压力,其传播是以超音速的"冲击波"方式进行的。发生爆轰可使压力增长为初压的15倍以上。

爆燃:指燃速以亚音速传播的爆炸。爆燃是火药、炸药或燃爆性气体混合物的快速燃烧。

(四)爆炸极限与爆炸的破坏作用

1. 爆炸极限

可燃气体、蒸气和粉尘与空气(或助燃气体)的混合物,必须在一定范围的浓度内,遇到足以起爆的能量才能发生爆炸,这个可以爆炸的浓度范围称号该爆炸物的爆炸极限。气体混合物的爆炸极限一般可用可燃气体或蒸气在混合物中的体积百分比(%)来表示;可燃粉尘则以"mg/L"表示。

可燃性气体或蒸气的浓度低于下限或高于上限时,都不会发生爆炸。

气体测爆仪测定的是可燃气体的浓度。

各种可燃气体、蒸气和粉尘的爆炸浓度不一样,有的爆炸浓度范围大,有的爆炸浓度范围小。例如,乙炔的爆炸浓度范围是2.5%～82%,甲烷是5%～15%。可燃蒸气的爆炸极限与液体所处环境的温度有关系,因为液体的蒸发量随着温度发生变化。

可燃气体的爆炸极限与空气中的含氧量也有关系。含氧量多,爆炸浓度范围扩大;含氧量少,爆炸浓度范围缩小。如果掺入惰性气体,发生爆炸的危险性就会减少,甚至不发生爆炸。

许多可燃固体的粉碎研磨、过筛等过程中产生颗粒度很小的粉尘,例如,面粉、糖粉、煤粉、木屑和镁、铅等金属粉末。这些可燃粉尘都能与空气混合形成爆炸混合物,达到爆炸极限时,遇火源可发生爆炸。在发生第一次爆炸后,可能引起连续性爆炸。如果可燃粉尘中水分或灰分增多,可以降低其爆炸危险性。在火场上,要及时用喷雾水流润湿和驱散悬浮粉尘,注意避免使用水柱冲击堆积粉尘,以防止可燃粉尘发生爆炸。

几种常见可燃粉尘的爆炸下限见表2-2。

表2-2　几种可燃粉尘的爆炸下限

粉尘名称	爆炸下限/(g·m⁻³)	粉尘名称	爆炸下限/(g·m⁻³)
镁粉	20	锌粉	6.9
铝粉	35～40	硫粉	35
镁铝合金粉	50	煤粉	35～45
木粉	12.6～25	玉米粉	22.7～52

2. 影响爆炸极限的因素

爆炸极限受各种因素的影响,主要有以下几个方面:

(1)原始温度:混合物的爆炸极限不是固定的,而是随混合物的温度、压力等变化的。可燃气体混合物的原始温度(初始温度)越高,使爆炸下限降低,上限增高,爆炸极限范围增大。

(2)原始压力:压力增加,爆炸范围扩大,压力降低,爆炸范围缩小。压力对爆炸上限的影响十分显著,而对下限的影响较小。

（3）惰性介质的影响：若混合物中所含的惰性气体量增加，爆炸范围就会缩小，惰性气体的浓度提高到某一数值，混合物就不会爆炸。

（4）容器的尺寸和材质：容器、管子的直径越小，则爆炸范围缩小。当管径（或火焰通道）小到一定程度时，火焰就不能通过，这一间距叫临界直径，也称最大灭火间距。燃料容器管道直径越小，发生爆炸的危险性越小。

容器的材质对爆炸极限也有影响，例如，氯和氟在玻璃容器中混合，即使在液态空气的温度下（-180 ℃以下）于黑暗中也会发生爆炸，如果置于银制容器中，在一般温度下才能发生反应。在通常情况下，一般钢制容器对爆炸极限无明显影响。

（5）火源：燃烧和爆炸都需要一定的点火源。火源的能量、热表面的面积、火源与混合物的接触时间等，对爆炸极限均有影响。

最小点火能是指能引起爆炸性混合物燃烧爆炸时所需的最小能量。最小点火能数值愈大，说明该物质愈不易被引燃。

除上述因素外，还有其他因素也能影响爆炸的进行，如光、表面活性物质等。

气体或蒸气的爆炸极限范围越宽，其危险度值越大。爆炸极限的范围越宽，爆炸下限越小，则此物质越危险。

爆炸下限小于10％的气体属于甲类可燃性危险物品。

爆炸性混合物，不需要用明火即能引燃的最低的温度称为引燃温度。引燃温度愈低的物质愈容易引燃。爆炸性气体混合物按引燃温度的高低，分为 T1、T2、T3、T4、T5、T6 六组（此处 T 代表温度）。

3. 爆炸的破坏作用

爆炸的破坏作用主要表现为以下几种形式：

（1）冲击波：爆炸物的数量与冲击波的强度成正比，而冲击波压力与距离成反比。

（2）碎片冲击：爆炸可使机械、设备及建筑物的碎片、碎块飞出，能在相当范围内造成危害，不但造成人员伤害，而且还可能砸坏邻近的设备等。

（3）震荡作用：在波及破坏作用的区域内，有一个使物体受震荡而被松散的力量。

（4）造成二次事故：当爆炸使设备、容器破坏之后，从其内部喷射出来的可燃气体或液体蒸气，由于摩擦、撞击或遇到其他的火源、热源，可能被点燃着火。爆炸破坏作用的大小，与爆炸物的数量、爆炸物的性质、发生爆炸时的条件和发生爆炸的位置有关。

二、危险化学品火灾危险性

（一）燃烧的条件

1. 基本概念

（1）火灾是燃烧的通俗说法。燃烧是一种放热发光的化学反应，是可燃物与氧气或空气进行的快速放热和发光的氧化反应，并以火焰的形式出现。也有学者将燃烧表述为放热发光的氧化还原反应，通常伴随有放热、发光、火焰和发烟四个特征。也有人提出，燃烧是放热发光的氧化还原反应。火灾通常指违背人们的意志，在时间和空间上失去控制的燃烧所造成的灾害。可燃物燃烧后产生不能继续燃烧的新物质的燃烧称为完全燃烧。

气体燃烧的速度决定于气体的扩散速度。一般来讲，气体比较容易燃烧，其次是液体，再次是固体。

可燃气体燃烧所需要的热量只用于本身的氧化分解,并使其达到自燃点而燃烧;可燃液体首先蒸发成蒸气,其蒸气进行氧化分解后达到自燃点而燃烧。醚、苯等易燃液体的燃烧一般为蒸发燃烧。在固体燃烧中,如果是简单物质硫、磷等,受热后首先熔化,蒸发成蒸气进行燃烧,没有分解过程。化合物或复杂物质的燃烧过程是受热时先分解成气态和液态产物,然后气态物质燃烧或液态物质蒸发再燃烧。

一般可燃物质的燃烧都经历氧化分解、着火、燃烧等阶段。

大多数可燃物质的燃烧并非是物质本身在燃烧,而是物质受热分解出的气体或液体蒸气在气相中的燃烧。

通常,气体比较容易燃烧,其次是液体,再次是固体。气体与液体、固体比较,气体的燃烧速度最快。

可燃物燃烧后产生不能继续燃烧的新物质的燃烧称为完全燃烧。

气体扩散燃烧的速度决定于气体的扩散速度。

(2)闪点:在规定的试验条件下,液体能发生闪燃的最低温度,称为该液体的闪点。闪点是衡量可燃性液体火灾危险性大小的主要参数,是表示易燃液体燃爆危险性的一个重要指标。物质的闪点越高,爆炸危险性越小,闪点越低,危险性越大。

可燃液体的闪点随其浓度的变化而变化。

一般来说,液体燃料的密度越大,闪点越高,而自燃点越低。

两种可燃性液体的混合物的闪点,一般在这两种液体闪点之间,并低于这两种物质的平均值。

易燃液体的闭杯试验闪点应等于或低于 61 ℃。

(3)燃点:在规定的试验条件下,液体或固体能发生持续燃烧的最低温度称为燃点。一切液体的燃点都高于闪点。固体可燃物表面温度超过可燃物燃点时,可燃物接触该表面有可能一触即燃。

(4)自燃点:在规定的条件下,可燃物质产生自燃的最低温度是该物质的自燃点。对于气体可燃物,压力越高,自燃点越低;混合气中氧浓度越高,自燃点越低。对固体可燃物,挥发出的可燃物越多,其自燃点越低;固体颗粒越细,其表面积就越大,自燃点越低;长时间受热,其自燃点会有所降低。

自燃点不是可燃物质的固有性质。

2. 燃烧条件

燃烧必须同时具备下列三个必要条件:

(1)有可燃物存在:凡能与空气中的氧或氧化剂起剧烈反应的物质称为可燃物。可燃物包括:可燃固体,如煤、木材、纸张、棉花等;可燃液体,如汽油、酒精、甲醇等;可燃气体,如氢气、一氧化碳、液化石油气等。在化工生产中很多原料、中间体、半成品和成品都是可燃物质。可燃烧物质大多是含碳和氢的化合物,某些金属如镁、铝、钙等在某些条件下也可以燃烧,还有许多物质如肼、臭氧等在高温下可以通过自身的分解而放出光和热。

(2)有助燃物存在:凡能帮助和维持燃烧的物质,均称为助燃物。常见的助燃物是空气和氧气以及氯气和氯酸钾等氧化剂。

(3)有点火源存在:凡能引起可燃物质燃烧的能源,统称为点火源。如明火、撞击、摩擦高温表面、电火花、光和射线、化学反应热等。

电火花不是指事故火花。不是任一个点火源都能引燃每一种可燃物。

在进行物料粉碎时,最易产生的点火源是物料中掺杂有坚硬的铁石杂物,在撞击或研磨过程中能产生火花。

　　2011年1月,某公司一催化装置稳定单元发生闪爆事故,事故造成3人死亡、4人轻伤,事故未造成环境污染。事故的直接原因为重油催化装置稳定单元重沸器壳程下部入口管线上的低点排凝阀,因固定阀杆螺母压盖的焊点开裂,阀门闸板失去固定,阀门失效,脱乙烷汽油泄漏挥发,与空气形成爆炸性混合物,因喷射产生静电发生爆炸。

　　根据上述事实,请判断:石油化工装置可能存在的点火源除了静电外,还包括明火、电火花、高温表面等。(　　)

　　[判断:正确。]

可燃物、助燃物和点火源是构成燃烧的三个要素,缺少其中任何一个,燃烧便不可能发生。但是,并不能说只要具备燃烧三要素(可燃物、助燃物、点火源),即会引起燃烧。另外,燃烧反应在温度、压力、组成和点火能量等方面都存在极限值。在某些条件下,如可燃物未达到一定的浓度,助燃物数量不够,点火源不具备足够的温度或热量,即使具备了燃烧的三个条件,燃烧也不会发生。例如,氢气在空气中的浓度小于4%时就不能点燃,而一般可燃物质在空气中的浓度低于14%时也不会发生燃烧。对于已经进行着的燃烧,若消除其中一个条件,燃烧便会终止,这就是灭火的基本原理。

可燃物与氧化剂作用并达到一定的数量比例并不是物质得以燃烧的唯一条件。足够能量和温度的点火源和物质接触也不是物质得以燃烧的唯一条件。过量的燃料与不充足的氧不能引起燃烧。

热量从同一物体内或两个不同温度物体间从高温部分传给低温部分的过程称为传导。对流是指液体或气体依靠其本身的流动来达到热量传递的过程。辐射是高温物体不通过接触或流动,直接将热量向四周散发给低温物体的过程。环境热强度以WBGT指数表示,与温度、热辐射等因素有关,与劳动强度无关。

3. 燃烧类型

根据燃烧的起因不同,燃烧可分为以下几类:

(1)闪燃:是指可燃液体的蒸气(包括可升华固体的蒸气)与空气混合后,遇到明火而引起瞬间燃烧。

(2)自燃:可燃物质即使不与明火接触,因加热或由于缓慢氧化分解等自行发热达到一定的温度,所产生的自行燃烧现象。包括氧化发热、分解放热、聚合放热、吸附放热、可燃物与强氧化剂的混合等情况。

在一定条件下,压力越高,可燃物的自燃点愈低。

(3)着火:可燃物质在有足够助燃物(如充足的空气、氧气)的情况下,由点火源作用引起的持续燃烧现象。

混合物中可燃物浓度高于上限时,由于空气量不足,火焰也不能蔓延;低于下限时因含有过量的空气,空气的冷却作用会阻止火焰的蔓延。

（4）阴燃：是指没有火焰的缓慢燃烧现象。有的可燃固体如焦炭等，不能分解为气态物质，在燃烧时则呈炽热状态，没有火焰产生。

（5）爆燃：是指以亚音速传播的爆炸。

4. 燃烧形式

气态可燃物通常为扩散燃烧，即可燃物和氧气边混合边燃烧；液态可燃物（包括受热后先液化后燃烧的固态可燃物）通常先蒸发为可燃蒸气，可燃蒸气与氧化剂发生燃烧；固态可燃物先是通过热解等过程产生可燃气体，可燃气体与氧化剂再发生燃烧。

根据可燃物质的聚集状态不同，燃烧可分为以下 4 种形式：

（1）扩散燃烧：可燃气体（氢、甲烷、乙炔以及苯、酒精、汽油蒸气等）从管道、容器的裂缝流向空气时，可燃气体分子与空气分子互相扩散、混合，混合浓度达到爆炸极限范围内的可燃气体遇到火源即着火并能形成稳定火焰的燃烧，称为扩散燃烧。

（2）混合燃烧：可燃气体和助燃气体在管道、容器和空间扩散混合，混合气体的浓度在爆炸范围内，遇到火源即发生燃烧，混合燃烧是在混合气体分布的空间快速进行的，称为混合燃烧。煤气、液化石油气泄漏后遇到明火发生的燃烧爆炸即是混合燃烧，失去控制的混合燃烧往往能造成重大的经济损失和人员伤亡。

（3）蒸发燃烧：可燃液体在火源和热源的作用下，蒸发出的蒸气发生氧化分解而进行的燃烧，称为蒸发燃烧。

（4）分解燃烧：可燃物质在燃烧过程中首先遇热分解出可燃性气体，分解出的可燃性气体再与氧进行的燃烧，称为分解燃烧。

（二）火灾的危险性

1. 爆炸品的火灾危险性

爆炸物品都具有化学不稳定性，在一定外因的作用下，能以极快的速度发生猛烈的化学反应，产生的大量气体和热量在短时间内无法逸散开去，致使周围的温度迅速升高和产生巨大的压力而引起爆炸和火灾。

2. 易燃液体的火灾危险性

易燃液体是指闪点不高于 93 ℃的液体。易燃液体的闪点低，燃点也低，接触火源极易着火，持续燃烧。

按易燃液体闪点的高低分为低闪点液体、中闪点液体、高闪点液体。

低闪点液体是指闭杯闪点低于－18 ℃的液体；中闪点液体是指闭杯闪点在－18～23 ℃的液体；高闪点液体是指闭杯闪点在 23～61 ℃的液体。例如，煤油属于高闪点易燃液体，无水乙醇属于中闪点液体。

通常情况下，液体的燃烧难易程度主要用闪点的高低来衡量。

易燃液体不应采用压缩空气压送。

可燃液体在火源作用下蒸发成蒸气氧化分解进行燃烧。含水的油品会发生突沸和喷溅，因此油温一般不应超过 80 ℃。如果化学品以高速高压通过各种系统，必须避免产生热，否则将引起火灾或爆炸。

某公司利用存放干杂仓库改造成危险化学品仓库,库房之间防火间距不符合标准,并将过硫酸铵(氧化剂)与硫化钠(还原剂)在同一个库房混存。8 月 5 日因包装破漏,过硫酸铵与硫化钠接触发生化学反应,起火燃烧,13 点 26 分爆炸引起大火,1 小时后离着火区很近的仓库内存放的低闪点易燃液体又发生第二次强烈爆炸,造成更大范围的破坏和火灾。至 8 月 6 日凌晨 5 时,这场大火才被扑灭。这起事故造成 15 人死亡,200 多人受伤,其中重伤 25 人,直接经济损失 2.5 亿元。

　　根据上述情况,低闪点易燃液体的闪点低于 $-18\ ℃$。

　　当易燃液体与氧化剂或有氧化性的酸类(特别是硝酸)接触时,能发生剧烈反应而引起燃烧爆炸。大多数易燃液体相对分子质量小,沸点低,容易挥发,蒸气压大,液面的蒸气浓度也较大,遇明火或火花极易着火燃烧,且蒸气一般比空气重,易沉积在低洼处或室内,经久不散,更增加了着火的危险性。

　　有些易燃液体在流动、晃动时容易积聚静电,静电放电产生火花则引起燃烧。

　　当盛放易燃液体的容器有某种破损或无密封时,扩散出来的易燃蒸气与空气混合,达到爆炸极限时,遇明火或火花即能引起燃烧爆炸。

　　易燃液体的膨胀系数比较大,受热后容易膨胀,造成密封容器"鼓桶",甚至爆裂,爆裂时会产生火花而引起燃烧爆炸。

　　装卸和搬运易燃液体中,必须轻装轻卸,严禁滚动、摩擦、拖拉等危及安全的操作。在易燃环境中不要穿化纤织物的工作服。

　　为防止易燃气体积聚而发生爆炸和火灾,储存和使用易燃液体的区域要有良好的空气流通。

　　3. 压缩气体和液化气体的火灾危险性

　　储于钢瓶内的压缩气体、液化气体或加压溶解的气体受热膨胀,压力升高,能使钢瓶爆炸。压缩气体和液化气体除具有爆炸性外,还具有易燃性、助燃性、毒害性和窒息性,在受热、撞击、震动等外界作用下均易引起燃烧、爆炸或中毒等事故。

　　压缩气体和液化气体的特点是压力大、温度低。

　　压缩气体如正丁烷、乙炔等发生着火时,应迅速切断气源,然后灭火。

　　4. 易燃固体的火灾危险性

　　易燃固体的主要特性是容易被氧化,受热易分解或升华,遇明火常会引起强烈、连续的燃烧。易燃固体受摩擦、震动、撞击等也能起火燃烧,甚至爆炸。有些易燃固体与氧化剂或酸类(特别是氧化性酸)反应剧烈,会发生燃烧爆炸。

　　易燃固体在储存、运输、装卸过程中,应当注意轻拿轻放,避免摩擦撞击等外力作用。易燃固体不能和氧化剂、酸类混储混运。

　　5. 自燃物品和遇湿易燃物品的火灾危险性

　　自燃物品是指常温下与空气接触能缓慢氧化,积热不散而引起自燃的物品。

　　自燃物品也可表述为自燃点低,在空气中易于发生氧化反应,放出热量而自行燃烧的物品。自燃物品多具有容易氧化、分解的性质,且自燃点较低,当积热使温度达到该物质的自燃点时,便会自发地着火燃烧。有些自燃物品遇火或受潮后能分解引起自燃或爆炸。

　　遇湿易燃物品是指遇水或受潮时,发生剧烈化学反应,放出大量的易燃气体和热量的物品,有些不需明火,即能燃烧或爆炸。

遇湿易燃物品与水或潮湿空气中的水分能发生剧烈化学反应,放出易燃气体和热量。与酸反应更加剧烈,极易引起燃烧爆炸。如电石是遇湿易燃物品。

与煤、木材比较,硫的自燃点较低。

6. 氧化剂和有机过氧化物的火灾危险性

氧化剂最突出的性质是遇易燃物品、可燃物品、有机物、还原剂等会发生剧烈化学反应引起燃烧爆炸。氧化剂对摩擦、撞击、震动极为敏感,遇高温易分解放出氧和热量,极易引起燃烧爆炸。

大多数氧化剂,特别是碱性氧化剂,遇酸反应激烈,甚至发生爆炸。有些氧化剂遇水分解,有助燃作用,使可燃物燃烧,甚至爆炸。有些氧化剂与其他氧化剂接触后能发生复分解反应,放出大量热而引起燃烧爆炸,如亚硝酸盐,次氯酸盐等。过氧化氢是用途很广的绿色氧化剂,但含量低于20%的过氧化氢不属于氧化剂。氧化剂包括含有过氧基的无机物,其本身不一定可燃,但能导致可燃物的燃烧。如,过氧化氢属于氧化剂。

有机过氧化物比无机氧化剂有更大的火灾爆炸危险。与氧化剂相比,有机过氧化物更危险。

同属氧化剂的物品不可以任意混储混运。

氧化剂应储存于清洁、阴凉、通风、干燥的厂房内,远离火种、热源,照明设备选用防爆型。

7. 毒害品的火灾危险性

毒害品的主要特性是具有毒性,且在水中的溶解度越大,其毒性也越大。有些毒害品不仅有毒性,还有易燃、易爆、腐蚀等危险性。

在火灾中,由于毒性造成人员伤亡的罪魁祸首是一氧化碳。

毒害品应避免阳光直射、曝晒,要远离热源、电源、火源,库内在固定方便的地方配备与毒害品性质适应的消防器材、报警装置和急救药箱。

毒害品性质相抵的禁止同库存放。

8. 放射性物品的火灾危险性

放射性物品的主要危险性是对人体有严重危害。放射性物品一般都能燃烧,有的燃烧很强烈,甚至引起爆炸。放射性物品在火灾中造成的大量放射性灰尘会污染环境,危害人体健康。

9. 腐蚀品的火灾危险性

多数腐蚀品有不同程度的毒性,有的还是剧毒品。部分有机腐蚀品遇明火易燃烧,部分无机酸性腐蚀品具有氧化性能,遇有机化合物等易因氧化发热而引起燃烧。硝酸等腐蚀品除具有酸性外,还具有很强的氧化性能,遇有机物(如松节油)能立即着火燃烧。剧毒、腐蚀性极强的溴还具有氧化性,不但能灼伤皮肤,还能使干草、木屑等有机物氧化发热而引起燃烧。

(三) 火灾危险性分类

危险化学品的火灾危险性分类包括危险化学品生产的火灾危险性分类(表2-3)、储存物品的火灾危险性分类(表2-4)、可燃气体的火灾危险性分类(表2-5)、液化烃、可燃液体的火灾危险性分类(表2-6)。

储存物品的火灾危险性应根据储存物品的性质和储存物品中的可燃物数量等因素,分为甲、乙、丙、丁、戊类。按照《建筑设计防火规范》,不燃烧物品其火灾危险性为戊类。

表2-3 危险化学品生产的火灾危险性分类

生产类别	使用或生产下列物质的火灾危险性特征
甲	1. 闪点小于 28 ℃的液体 2. 爆炸下限小于 10%的气体 3. 常温下能自行分解或在空气中氧化即能导致迅速自燃或爆炸的物质 4. 常温下受到水或空气中水蒸气的作用,能产生可燃气体并引起燃烧或爆炸的物质 5. 遇酸、受热、撞击、摩擦、催化以及遇有机物或硫黄等易燃的无机物,极易引起燃烧或爆炸的强氧化剂 6. 受撞击、摩擦或与氧化剂、有机物接触时能引起燃烧或爆炸的物质 7. 在密闭设备内操作温度等于或超过物质本身自燃点的生产
乙	1. 闪点不小于 28 ℃,但小于<60 ℃的液体 2. 爆炸下限不小于 10%的气体 3. 不属于甲类的氧化剂 4. 不属于甲类的易燃危险固体 5. 助燃气体 6. 能与空气形成爆炸性混合物的浮游状态的粉尘、纤维、闪点不小于 60 ℃的液体雾滴
丙	1. 闪点不小于 60 ℃的液体 2. 可燃固体
丁	1. 对非燃烧物质进行加工,并在高热或熔化状态下经常产生强辐射热、火花或火焰的生产 2. 利用气体、液体、固体作为燃料或将气体、液体进行燃烧作其他用的各种生产 3. 常温下使用或加工难燃烧物质的生产
戊	常温下使用或加工不燃烧物质的生产

注:1. 在生产过程中,如使用或产生易燃、可燃物质的量较少,不足以构成爆炸或火灾危险时,可以按实际情况确定其火灾危险性的类别。

2. 一座厂房内或防火分区内有不同性质的生产时,其分类应按火灾危险性较大的部分确定,但火灾危险性大的部分占本层或本防火分区面积的比例小于 5%(丁、戊类生产厂房的油漆工段小于 10%),且发生事故时不足以蔓延到其他部位,或采取防火设施能防止火灾蔓延时,可按火灾危险性较小的部分确定。

表2-4 储存物品的火灾危险性分类

储存物品类别	储存物品的火灾危险性特征
甲	1. 闪点小于 28 ℃的液体 2. 爆炸下限小于 10%的气体,以及受到水或空气中水蒸气的作用,能产生爆炸下限小于 10%气体的固体物质 3. 常温下能自行分解或在空气中氧化即能导致迅速自燃或爆炸的物质 4. 常温下受到水或空气中水蒸气的作用能产生可燃气体并引起燃烧或爆炸的物质 5. 遇酸、受热、撞击、摩擦以及遇有机物或硫黄等易燃的无机物,极易引起燃烧或爆炸的强氧化剂 6. 受撞击、摩擦或与氧化剂、有机物接触时能引起燃烧或爆炸的物质
乙	1. 闪点不小于 28 ℃,但小于 60 ℃的液体 2. 爆炸下限不小于 10%的气体 3. 不属于甲类的氧化剂 4. 不属于甲类的危险易燃固体 5. 助燃气体 6. 常温下与空气接触能缓慢氧化,积热不散引起自燃的物品

（续表）

储存物品类别	储存物品的火灾危险性特征
丙	1. 闪点不小于 60 ℃的液体 2 可燃固体
丁	难燃烧物品
戊	不燃烧物品

注：难燃烧物品、不燃烧物品的可燃包装质量超过物品本身质量的1/4时，其火灾危险性应为丙类。根据《石油化工企业设计防火规范》(GB 50160)，可燃气体的火灾危险性分类见表 2-5，液化烃、可燃液体的火灾危险性分类见表 2-6。

表 2-5　可燃气体的火灾危险性分类

类别	可燃气体与空气混合物的爆炸极限
甲	<10%（体积分数）
乙	≥10%（体积分数）

表 2-6　液化烃、可燃液体的火灾危险性分类

类别		名称	特征
甲	A	液化烃	15 ℃时的蒸气压力>0.1 MPa 的烃类液体及其他类似的液体
	B	可燃液体	甲 A 类以外，闪点<28 ℃
乙	A		28 ℃≤闪点≤45 ℃
	B		45 ℃<闪点<60 ℃
丙	A		60 ℃≤闪点≤120 ℃
	B		闪点>120 ℃

三、危险化学品泄漏危险性

危险化学品在生产、经营、储存、运输和使用过程中，存在着发生火灾、爆炸、中毒、污染环境等重大事故的危险性。在运输危险货物过程中，不仅会引发燃烧、爆炸、腐蚀、毒害等灾害，而且会严重危及公共安全和人民群众的生命财产安全，并导致环境污染。

危险化学品泄漏会造成大量人员中毒。泄漏的有毒危险化学品进入人的机体后，即能与细胞内的重要物质（如酶、蛋白质、核酸等）作用，从而改变细胞内组分的含量及结构，破坏细胞的正常代谢，导致机体功能紊乱，造成中毒。而由于各种有毒物质的危害状态不同，中毒的途径也不同。如受污染的空气可经呼吸道吸入和皮肤吸收而中毒；毒物液滴可经皮肤渗透中毒，如沙林液滴落到皮肤上就很容易渗入皮肤之中；误食、误饮染毒食物、饮水，可经消化道吸收中毒。由于各种有毒物质的理化特性不同，能产生不同的中毒症状，造成不同的伤害效应。如沙林、苯、有机磷农药、氯代烃等神经性毒物，可经呼吸道、皮肤毒害神经系统；氯气、二氧化硫、氨气、光气、硫化氢、硫酸酯类、氮氧化物、异氰酸酯类等毒物，经呼吸道而导致呼吸系统中毒；一氧化碳、苯胺、硝基苯、氢氰酸吸入人体后会造成血液系统毒害。

2003 年国内曾发生特大天然气井喷事故,由于喷泄出的天然气中剧毒的硫化氢气体浓度过高,造成 243 人中毒死亡,2 142 人不同程度中毒住院治疗。还有不少危险化学品泄漏后,遇引火源发生爆炸、火灾,也会造成大量人员伤亡。如 2010 年南京市丙烯管道泄漏后爆炸、燃烧,导致 22 人死亡。

四、危险化学品的其他危险性

(一)危险化学品的灼烫危险性

1. 灼烫

灼烫是指由于热力或化学物质作用于身体,引起局部组织损伤,并通过受损的皮肤、黏膜组织导致全身病理或生理改变,有些化学物质还可以被创面吸收,引起全身中毒的病理过程。

2. 灼烫的部位

① 体表灼烫;

② 呼吸道灼烫;

③ 消化道灼烫;

④ 眼灼烫;

⑤ 其他灼烫。

3. 引起化学性灼烫的常见物质

(1) 酸性物质

无机酸类:硫酸、硝酸、盐酸、氢氟酸、氢溴酸、氢碘酸等。

有机酸类:甲酸、乙酸、氯乙酸、二氯乙酸、溴乙酸、乙二酸、丙烯酸、丁烯酸等。

酸酐类:醋酸酐、丁酸酐等。

(2) 碱性物质

无机碱类物质:氢氧化钠、氢氧化钾、氨水、氧化钙(生石灰)等。

有机胺类:一甲胺、乙二胺、乙醇胺等。

(3) 有机化合物

酚类:苯酚、甲酚、氨基酚等。

醛类:甲醛、乙醛、丙烯醛、丁烯醛等。

酰胺类:二甲基甲酰胺等。

(4) 其他化合物:包括黄磷、三氯化磷、三氯氧磷、三氯化锑、砷和砷酸盐、二氧化硒、铬酸、重铬酸钾(钠)等。

4. 灼烫的症状

化学灼烫的全身表现与一般烧伤基本相同,分为休克期、水肿回收期、感染期和康复期等。但由于化学致伤物不同,将会出现不同的表现。例如,磷灼伤的急性期以肝、肾损害为主;酚灼伤对于神经系统、泌尿系统均有较明显的损伤;氟化物灼伤吸收中毒后,有可能引起肾脏和骨病变;氯、氨、硫酸二甲酯等还可以损伤呼吸系统,甚至造成肺水肿;溴甲烷可引起中毒性脑病及一系列精神症状;硝基苯类化合物产生高铁血红蛋白血症及溶血等。

总之,各种致伤物引起灼伤后,可出现不同的全身中毒的临床表现。

(二)危险化学品毒害危险性

由于化学品的毒性、刺激性、致癌性、致畸性、致突变性、腐蚀性、麻醉性、窒息性等特性,导致人员中毒的事故每年都发生多起。

（1）毒害物在生产环境中一般以 5 种状态造成污染：① 粉尘、② 烟尘、③ 雾、④ 蒸气、⑤ 气体。

（2）毒物可按各种方法予以分类：① 按化学结构分类；② 按用途分类；③ 按进入途径分类；④ 按生物作用分类。毒物的生物作用，又可按其作用的性质和损害的器官或系统加以区分。其中，按作用的性质可分为 9 类：刺激性、腐蚀性、窒息性、麻醉性、溶血性、致敏性、致癌性、致突变性和致畸性等。毒物进入人体的途径有呼吸道（吸入）、消化道（经口摄入）、皮肤（吸收），还有皮下、肌内、静脉注射以及黏膜等其他途径。

在生产过程中，有毒品最主要的是通过呼吸道侵入，其次是皮肤，而经消化道侵入的较少。

（三）危险化学品的窒息危险性

危险化学品的窒息危害性是窒息性气体特有的危害性。窒息性气体是能对人或生物机体产生严重危害的有毒气体，它可使全身组织细胞得不到氧气或不能利用氧气，结果导致组织细胞损伤。

常见的窒息性气体有一氧化碳、硫化氢、氰化氢、甲烷等。

（四）危险化学品的静电危险性

1. 静电的产生与类别

两种物质互相摩擦是产生静电的一种方式，但并不是唯一的方式。除摩擦以外，两种物质紧密接触后再分离、物质受压或受热、物质发生电解，以及物质受到其他带电体的感应等，均可能产生静电。

（1）接触起电：如物质的撕裂、剥离、拉伸、压碾、撞击，以及生产过程中物料的粉碎、筛分、滚压、搅拌、喷涂、过滤等操作，均存在摩擦的因素，应特别注意静电的产生与消除。

（2）附着起电：极性离子或自由电子附着到对地绝缘的物质上，也能使该物质带电或改变其带电状况。

（3）感应起电：置入电场中的导体在电场作用下，会出现正、负电荷在其表面不同部位分布的现象，称为感应起电。

（4）极化起电：静电非导体置入电场中，其内部或外表不同部位会出现正、负相反的两种电荷，称为极化作用。如带电胶片吸附灰尘，带静电粉料黏附在料斗或管道中不易脱落等。

按照静电的带电过程，分为：

（1）固体静电：因物质表面往往有杂质吸附、氧化等原因，形成具有电子转移能力的薄层，在生产中，由于摩擦、滚压、接触分离等产生静电。固体静电的产生在塑料、橡胶、合成纤维、皮带传动等的生产工序中比较常见。

（2）液体静电：液体产生静电的主要原因是流动、接触分离等。影响液体静电的因素有：一是管道的材质对液体带电量的影响，二是管道内壁状况对液体带电量的影响，三是杂质和水对液体带电量的影响。压缩气体和液化气体从管口破损处高速喷出时，由于强烈的摩擦作用，会产生静电。

（3）气体静电：气体在管道内高速流动或气体中含有悬浮杂质时，在快速接触分离过程中，就会产生强烈的带电现象，并能引起事故。气体带电有以下几种形式：一是高速冲击带电，二是气体冲入液体带电，三是高速喷出带电。

（4）粉尘静电：粉尘在加工、输送等作业中，粉尘与粉尘、粉尘与管壁之间的互相摩擦、接触分离而产生静电。

（5）人体静电：人体带电的主要原因有摩擦带电、感应带电和吸附带电等。

2. 静电的危险性

(1) 静电放电：火花放电、电晕放电、刷形放电、场致发射放电及雷形放电是几种常见的静电放电形式。积聚在液体或固体上的电荷，对其他物质或接地导体放电时可能引起灾害。静电放电时产生的火花，可引燃爆炸性混合物，导致爆炸或火灾。不论是大型工业吸尘器管嘴的带电，还是细小物品气动输送系统中管道带电，除非设备由金属制成并保持接地，否则可能会导致可燃气的引燃和人体的强电击。

(2) 静电引燃：静电引燃一般分为导体放电引燃、非导体放电引燃、空间电荷放电引燃三种类型。液体在空气中的放电则有引燃的危险。油罐内液面与接地罐壁或其他金属构件之间的场强超过击穿强度时，即发生放电。粉尘云放电可引燃非常敏感的混合物，如悬浮的微细粉尘或可燃混合气体。

(3) 静电生理效应：绝大多数情况下，人体静电放电很少造成生理上的严重电击。但不应忽略放电时的肌肉反应所引起的二次事故，例如，由于人掉落工具或跌倒引起事故。

（五）危险化学品对大气的危害

危险化学品对大气的危害主要表现在以下几方面：一是破坏臭氧层，二是导致温室效应，三是引起酸雨，四是形成光化学烟雾。

（六）对土壤的危害

由于大量化学废物进入土壤，可导致土壤酸化、土壤碱化和土壤板结。

（七）对水体的污染

无机有毒物包括各类重金属(汞、镉、铅、铬)和氧化物、氟化物等。有机有毒物主要为苯酚、多环芳烃和多种人工合成的具积累性的稳定有机化合物，如多氯联苯和有机农药等。有机物的污染特征是耗氧，有毒物的污染特性是生物毒性。

含氮、磷及其他有机物的生活污水、工业废水排入水体，使水中养分过多，藻类大量繁殖，海水变红，称为"赤潮"。由于"赤潮"造成水中溶解的氧急剧减少，严重影响鱼类生存。

重金属、农药、挥发酚类、氧化物、砷化合物等污染物可在水中生物体内富集，造成其损害、死亡，破坏生态环境。石油类污染可导致鱼类、水生生物死亡，还可引起水上火灾。

（八）对人体的危害

当环境受到污染后，污染物通过各种途径侵入人体，将会毒害人体的各种器官组织，使其功能失调或者发生障碍，同时可能会引起各种疾病，严重时将危及生命。

第三节　危险化学品贮存、运输安全要求

一、危险化学品贮存安全管理

（一）化学危险品贮存的基本要求

(1) 化学危险品露天堆放，应符合防火、防爆的安全要求。爆炸物品、一级易燃物品、遇湿燃烧物品、剧毒物品不得露天堆放。

化学危险品仓库应设在远离城镇和人口密集的地区，并设置专用仓库和专用线路，有保证安全的特殊装卸设备以及符合城市规划、公安、防火等有关条例规定的安全措施，设置地点应与

当地有关单位协商确定。

　　某车库发生了严重的火灾。事后经调查得知,该车库平时用于堆放油料和纸箱之类的杂物,存放 2 t 左右的汽油、柴油等油品。当晚 20 时左右,车库老板在库内把车库反锁后,在开车库灯的时候发生爆炸,车库门被炸开,里面火光冲天,大火使整个车库几乎化为废墟。

　　根据上述情况,化学危险品必须贮存在经公安部门批准设置的专门的化学危险品仓库中,经销部门自管仓库贮存化学危险品及贮存数量必须经公安部门批准。

　　(2)贮存化学危险品的仓库必须配备有专业知识的技术人员,其库房及场所应设专人管理,管理人员必须配备可靠的个人安全防护用品。

　　(3)贮存的化学危险品应有明显的标志。同一区域贮存两种或两种以上不同级别的危险品时,应按最高等级危险物品的性能标志。

　　(4)化学危险品贮存方式分为三种:

　　① 隔离贮存:即在同一房间或同一区域内,不同的物料之间分开一定的距离,非禁忌物料间用通道保持空间的贮存方式。

　　② 隔开贮存:即在同一建筑或同一区域内,用隔板或墙将其与禁忌物料分离开的贮存方式。

　　③ 分离贮存:即在不同的建筑物或远离所有建筑的外部区域内的贮存方式。

　　各类危险品不得与禁忌物料混合贮存。

　　禁忌物料是指化学性质相抵触或灭火方法不同的化学物料。

　　危险化学品的储存根据物质的理化性状和贮存量的大小分为整装贮存和散装贮存两类。整装贮存是将物品装于小型容器或包件中储存,散装贮存是物品不带外包装的净货储存。

　　压缩气体和液化气体必须与爆炸物品、氧化剂、易燃物品、自燃物品、腐蚀性物品隔离储存。

　　爆炸品与其他非爆炸品严禁混储混运,点火器材、起爆器材与炸药、爆炸性药品以及发射药、烟火等其他爆炸品严禁共同储存和运输。

　　一切爆炸品严禁与氧化剂、自燃物品、酸、碱、盐类、易燃可燃物、金属粉末和钢铁材料器具等混储混运。

　　压缩气体和液化气体由于充装容器为压力容器,容器受热或在火场上受热辐射时易发生物理性爆炸。在不大于规定充装量的条件下,液化石油气储罐的压力随储存温度变化而变化。

　　(5)根据危险品性能分区、分类、分库贮存。

　　某公司利用存放干杂的仓库改造为危险化学品仓库,库房之间防火间距不符合标准,并将过硫酸铵(氧化剂)与硫化钠(还原剂)在同一个库房混存。8 月 5 日因包装破漏,过硫酸铵与硫化钠接触发生化学反应,起火燃烧,13 点 26 分爆炸引起大火,1 min 后离着火区很近的仓库内存放的低闪点易燃液体又发生第二次强烈爆炸,造成更大范围的破坏和火灾。至 8 月 6 日凌晨 5 时,这场大火才被扑灭。这起事故造成 15 人死亡,200 多人受伤,其中重伤 25 人,直接经济损失 2.5 亿元。

　　根据上述情况,该仓库贮存过硫酸铵与硫化碱的方式应是分库贮存。

（6）贮存化学危险品的建筑物、区域内严禁吸烟和使用明火。

甲、乙类仓库内不可以设置办公室、休息室等，严禁采用明火和电热散热器采暖。

　　某机械制造厂仪表车间车工班的李某、徐某、陈某和徒工小张、小孟及徐某的妻子饶某，聚集在一间约 18 m² 的休息室内，用一个 5 kW 的电炉取暖。将门窗紧闭，墙角存放一个盛装 15 kg 汽油的玻璃瓶。玻璃瓶内压力随着室温升高而加大，先后两次将瓶塞顶出，被徒工小孟先后两次用力塞紧。由于瓶内压力不断增大，把玻璃瓶胀开一道裂缝，汽油慢慢向外渗出，流向电炉。坐在电炉旁的陈某、饶某发现汽油渗出后，立刻用拖布擦拭汽油。在擦拭清理过程中，拖布上的汽油溅到电炉丝上，瞬间电炉就燃烧起来，火焰顺着油迹向汽油瓶烧去。屋内的几个人见势不妙都往门口跑，徐某用力把门打开，因屋内充满汽油蒸气，门一开，屋外充足的氧气使屋内刹那间火光冲天，汽油瓶爆炸，造成 3 人被烧死，其他人被烧伤，房屋和机床被烧毁，经济损失惨重。

　　根据上述事实，请判断：该事故原因是严重违反休息室内不准存放易燃易爆危险化学品的规定，汽油瓶受热胀裂，遇火燃烧爆炸，发现危险后处理操作方法错误，缺乏有关汽油等危险物品的安全知识，遇险后不会正确处理。（　　　）

　　［判断：正确。］

（二）贮存场所的要求

（1）贮存化学危险品的建筑物不得有地下室或其他地下建筑，其耐火等级、层数、占地面积、安全疏散和防火间距，应符合国家有关规定。

防火间距就是当一幢建筑物起火时，其他建筑物在热辐射的作用下，没有任何保护措施时，也不会起火的最小距离。建筑之间的防火间距应按相邻建筑外墙的最近距离计算，如外墙有凸出的燃烧构件，应从其凸出部分外缘算起。

任何场所的防火通道内都要设置防火标志。

占地面积大于 300 m² 的仓库安全出口不应少于 2 个。贮存毒害品的仓库应远离居民区和水源。

（2）贮存地点及建筑结构的设置，除了应符合国家的有关规定外，还应考虑对周围环境和居民的影响。

化学危险品库、氢氧站、油料库等应远离火源，布置在厂区边缘地区及最小频率风向的上风侧。

（3）贮存场所的电气安装

① 化学危险品贮存建筑物、场所消防用电设备应能充分满足消防用电的需要。

② 化学危险品贮存区域或建筑物内输配电线路、灯具、火灾事故照明和疏散指示标志，都应符合安全要求。

对电气开关及正常运行产生火花的电气设备，应远离可燃物，或采用隔墙存放可燃物质的地点最小距离应大于 3 m。

爆炸品库房内部照明应采用防爆型灯具，开关应设在库房外面。

③ 贮存易燃、易爆化学危险品的建筑，必须安装避雷设备。

（4）贮存场所通风或温度调节

① 贮存化学危险品的建筑必须安装通风设备，并注意设备的防护措施。

在爆炸危险环境中，良好的通风装置能降低环境的危险等级。

危险化学品库房不能通过贴近地面增设强制通风设施措施来定期置换仓库内的有毒气体。

贮藏易燃易爆品的库房，应冬暖夏凉、干燥、易于通风、密封和避光。

② 贮存化学危险品的建筑通排风系统应设有导除静电的接地装置。

③ 通风管应采用非燃烧材料制作。

④ 通风管道不宜穿过防火墙等防火分隔物，如必须穿过时应用非燃烧材料分隔。

储存危险化学品的采暖管道和设备的保温材料，必须采用非燃烧材料。

⑤ 贮存化学危险品建筑采暖的热媒温度不应过高，热水采暖不应超过 80 ℃，不得使用蒸汽采暖和机械采暖。

闪点低于 23 ℃ 的易燃液体，其仓库温度一般不得超过 30 ℃。甲、乙类仓库内严禁采用明火和电热散热器采暖。

易吸湿的黑火药、硝铵炸药、导火索等爆炸品库房，相对湿度不得超过 55%。

用于引爆炸药的导火索属于爆炸品。

黑火药类、爆炸性化合物不得同库储藏。

⑥ 采暖管道和设备的保温材料，必须采用非燃烧材料。

（三）贮存安排及贮存量限制

（1）化学危险品贮存安排取决于化学危险品分类、分项、容器类型、贮存方式和消防的要求。

危险化学品的贮存应根据危险品性能分区、分类、分库贮存。

（2）贮存量及贮存安排见表 2-7。

表 2-7　危险化学品贮存量及贮存安排

	露天贮存	隔离贮存	隔开贮存	分离贮存
平均单位面积贮存量/(t/m²)	1.0～1.5	0.5	0.7	0.7
单一贮存区最大贮量/t	2 000～2 400	200～300	200～300	400～600
垛距限制/m	2	0.3～0.5	0.3～0.5	0.3～0.5
通道宽度/m	4～6	1～2	1～2	5
墙距宽度/m	2	0.3～0.5	0.3～0.5	0.3～0.5
与禁忌品距离/m	10	不得同库贮存	不得同库贮存	7～10

这里需要说明两点：

一是在考核题中，出现了一道试题：依据《常用化学危险品贮存通则》规定，库存危险化学品隔离贮存垛与垛间距应控制在（　　）m。三个选项分别是 1、2、4，答案选 1。但依据《常用化学危险品贮存通则》，隔离贮存垛与垛间距 0.3～0.5 m。

二是在考核题中，出现了"依据《常用化学危险品贮存通则》规定，库存危险化学品主要通道的宽度不应小于（　　）m"。这道试题三个选项分别是 0.3～0.5、0.5～0.8、0.8～1.0，答案选 0.3～0.5。但依据《常用化学危险品贮存通则》，库存危险化学品通道的宽度分别为：露天贮存 4～6 m，隔离贮存 1～2 m，隔开贮存 1～2 m，分离贮存 5 m。

（3）遇火、遇热、遇潮能引起燃烧、爆炸或发生化学反应,产生有毒气体的化学危险品不得在露天或在潮湿、积水的建筑物中贮存。

部分危险化学品可以露天堆放,但应符合防火、防爆的安全要求。有些危险化学品不可以露天堆放。爆炸物品、一级易燃物品、遇湿燃烧物品、剧毒物品不得露天堆放。

遇湿易燃物品库房必须干燥,严防漏水或雨雪浸入,不可以露天存放。电石(碳化钙)不可以露天存放,不应当处于阴暗潮湿的库房内。

有毒物品应贮存在阴凉、通风、干燥的场所,不要露天存放,不要接近酸类物质。

易燃液体、遇湿易燃物品、易燃固体与氧化剂不可混合储存。

遇湿易燃物品应专库储藏。

在遇湿燃烧物品、剧毒物品、腐蚀物品中,只有腐蚀物品可以露天堆放。腐蚀性物品不允许泄漏,严禁与液化气体和其他物品共存。

（4）受日光照射能发生化学反应引起燃烧、爆炸、分解、化合或能产生有毒气体的化学危险品应贮存在一级建筑物中。其包装应采取避光措施。

遇火、遇热、遇潮能引起燃烧、爆炸、发生化学反应、产生有毒气体的危险化学品不可以露天存放,不得在潮湿、积水的建筑物中贮存。

厂房和仓库的耐火等级可分为一、二、三、四级。

使用或贮存特殊贵重机器仪表、仪器等设备或物品的建筑,其耐火等级为一级。

（5）爆炸物品不准和其他类物品同贮,必须单独隔离限量贮存,仓库不准建在城镇,还应与周围建筑、交通干道、输电线路保持一定安全距离。

为保证爆炸品贮存和运输的安全,必须根据各种爆炸品的性能或敏感程度严格分类,专库贮存、专人保管、专车运输。

爆炸品仓库要阴凉通风,远离火种、热源,防止阳光直射,一般库房温度控制在 $15\sim30\,℃$,一般库房内相对湿度一般控制在 $65\%\sim75\%$。

爆炸品仓库应为单层建筑,周围不宜装设避雷针。

爆炸物品不准和其他物品同储,必须单独隔离、限量储存。

爆炸品仓库必须选择在人烟稀少的空旷地带,与周围的居民住宅及工厂企业等建筑物必须有一定的安全距离。

（6）压缩气体和液化气体必须与爆炸物品、氧化剂、易燃物品、自燃物品、腐蚀性物品隔离贮存。

易燃气体不得与助燃气体、剧毒气体同贮。易燃气体、不燃气体和有毒气体要分别专库贮藏。氧气不得与油脂混合贮存。

盛装液化气体的容器属压力容器的,必须有压力表、安全阀、紧急切断装置,并定期检查,不得超装。常压的容器是不能贮存压缩气体和加压液体的。

压缩气体和液化气体仓库应阴凉通风,远离热源、火种,防止日光暴晒,严禁受热,库内照明应采用防爆照明灯,库房周围不得堆放任何可燃材料。

在作业场所液化气浓度较高时应戴面罩。

油脂接触纯氧发生燃烧属于自热自燃。油脂滴落于高温暖气片上发生燃烧的现象属于受热自燃。

压缩气体和液化气体仓库应阴凉通风,库温不宜超过 $30\,℃$。

输送易爆有毒的液化气体时应在压出管线上装有压力调节和超压切断泵的联锁装置、温控和超温信号等安全装置。

灭火方法不同的危险化学品不能同库储存。

(7) 易燃液体、遇湿易燃物品、易燃固体不得与氧化剂混合贮存,具有还原性的氧化剂应单独存放。

甲、乙、丙类液体仓库应设置防止液体流散的设施。

遇湿会发生燃烧爆炸的物品仓库应采取防止水浸渍的措施。

碳化钙的贮存库房不能阴暗潮湿。装贮汽油等易燃溶剂的容器不可以使用不导电的塑料容器。

用塑料管道输送易燃液体,由于塑料本身的电阻率高,更容易产生和积聚静电。

易燃固体可同库储藏,但发乳剂 H 与酸或酸性物品应分别储藏。

为了防止蒸发,汽油等挥发性强的液体应在口小、深度大的容器中盛装。

(8) 有毒物品应贮存在阴凉、通风、干燥的场所,不能露天存放,不能接近酸类物质。

剧毒品应专库贮存或存放在彼此间隔的单间内,还需安装防盗报警器,库门装双锁。剧毒物品的仓库不应密闭。发散大量热量或有害气体的厂房宜采用单层建筑。

严禁将有毒品与食品或食品添加剂混储混运。

不同种类毒品、危险程度和灭火方法不同的毒害品不得同库混存,性质相抵的禁止同库混存。

某建材商店地下涂料仓库内存放大量不合格的"三无"产品聚氨酯涂料(涂料是苯系物)。地下仓库内虽有预留通风口,但通风差,无动力排风设施。某日,进入库房作业时 1 名工人昏倒在地,一同作业的另 2 名工人在救助时也昏倒在地。后救援人员将中毒的 3 名工人送往医院,其中两人经抢救无效死亡。事后,又有 2 名在地下仓库作业的工人被发现有中毒症状,被送到医院住院治疗。

根据上述事实,请判断:本事故的直接原因是库存涂料是"三无"产品,含苯量严重超标,排毒通风差,大量有毒有害气体积聚,对作业人员造成危害。(   )

[判断:正确。]

(9) 腐蚀性物品,包装必须严密,不允许泄漏,严禁与液化气体和其他物品共存。

腐蚀性物品要按不同类别、性质、危险程度、灭火方法等分区分类贮藏,性质相抵的禁止同库贮藏。贮存腐蚀性物品的库房应是阴凉、干燥、通风、避光的防火建筑。建筑材料最好经过防腐蚀处理。

盐酸可用耐酸陶坛;硝酸应该用铝制容器;磷酸、冰醋酸、氢氟酸用塑料容器;浓硫酸、烧碱、液碱可用铁制容器,但不可用镀锌铁桶贮存。

如果储存容器合适,硫酸、硝酸、盐酸及烧碱都可储存于一般货棚内。

(四) 化学危险品的养护

(1) 化学危险品入库时,应严格检验物品质量、数量、包装情况、有无泄漏。

(2) 化学危险品入库后应采取适当的养护措施,在贮存期内,定期检查,发现其品质变化、包装破损、渗漏、稳定剂短缺等,应及时处理。

(3) 库房温度、湿度应严格控制、经常检查,发现变化及时调整。

易燃固体储存库房温度需控制在 35 ℃及以下。

（五）化学危险品出入库管理

（1）贮存化学危险品的仓库，必须建立严格的出入库管理制度。

（2）化学危险品出入库前均应按合同进行检查验收、登记。内容包括数量、包装、危险标志。经核对后方可入库、出库，当物品性质未弄清时不得入库。

（3）进入化学危险品贮存区域的人员、机动车辆和作业车辆，必须采取防火措施。

机动车辆严禁在易燃易爆危险场所内行驶，必要时必须装火星熄灭器。

进入危险化学品库区的机动车辆应安装防火罩。机动车装卸货物后，不得在库内、库房、货场停放和修理。

贮存危险化学品的建筑物、区域内严禁吸烟和使用明火。

（4）装卸、搬运化学危险品时应按有关规定进行，做到轻装、轻卸。严禁摔、碰、撞、击、拖拉、倾倒和滚动，以防引起爆炸。

（5）装卸对人身有毒害及腐蚀性的物品时，操作人员应根据危险性，穿戴相应的防护用品。

（6）不得用同一车辆运输互为禁忌的物料。

（7）修补、换装、清扫、装卸易燃、易爆物料时，应使用不产生火花的铜制、合金制或其他工具。

（六）消防措施

（1）根据危险品特性和仓库条件，必须配置相应的消防设备、设施和灭火药剂，并配备经过培训的兼职和专职的消防人员。

（2）贮存化学危险品建筑物内应根据仓库条件安装自动监测和火灾报警系统。

（3）贮存化学危险品的建筑物内，如条件允许，应安装灭火喷淋系统（遇水燃烧化学危险品，不可用水扑救的火灾除外），其喷淋强度和供水时间如下：喷淋强度为 15 L/(min·m^2)，持续时间为 90 min。

环状消防管网应用阀门分为若干独立段，每段内消防栓数量不宜超过 5 个。

（七）废弃物处理

（1）禁止在化学危险品贮存区域内堆积可燃废弃物品。

（2）泄漏或渗漏危险品的包装容器应迅速移至安全区域。

（3）按化学危险品特性，用化学的或物理的方法处理废弃物品，不得任意抛弃、污染环境。

危险废物的分类及储存是以安全性及相容性为准则，同时危险废物的卸载、传送及储存区必须配置适当的检测及安全措施。

（八）人员培训

（1）仓库工作人员应进行培训，经考核合格后持证上岗。

装卸人员也必须进行必要的教育；消防人员除了应具有一般消防知识外，还应进行专门的专业知识培训。

（2）对化学危险品的装卸人员进行必要的教育，使其按照有关规定进行操作。

（3）仓库的消防人员除了具有一般消防知识之外，还应进行在危险品库工作的专门培训，使其熟悉各区域贮存的化学危险品种类、特性、贮存地点、事故的处理程序及方法。

某化工有限公司未经批准擅自利用某单位空房间设置危险化学品仓库,并大量储存包装不符合国家标准要求的连二亚硫酸钠(保险粉)和高锰酸钾等危险化学品。2006年5月10日,由于下雨,房间漏雨进水,地面返潮,连二亚硫酸钠(保险粉)受潮,发生化学反应引起火灾,造成7 000多人疏散,103人感到不适。

　　根据上述事实,请判断:国家对危险化学品的生产、储存实行统筹规划、合理布局。
(　　)

[判断:正确。]

二、危险化学品运输的安全管理

　　1. 危险化学品运输资质

　　(1) 从事危险化学品道路运输、水路运输应当取得许可。通过道路运输危险化学品的,托运人应当委托依法取得危险货物道路运输许可的企业承运。通过内河运输危险化学品,应当由依法取得危险货物水路运输许可的水路运输企业承运,其他单位和个人不得承运。

　　危险化学品道路运输企业、水路运输企业应当配备专职安全管理人员。

　　危险化学品运输企业必须具备的条件由国务院交通部门规定。

　　(2) 危险化学品道路运输企业、水路运输企业的驾驶人员、船员、装卸管理人员、押运人员、申报人员、集装箱装箱现场检查员应当经交通运输主管部门考核合格,取得从业资格。

　　小村和王伟是新分到化工厂的工人,小村是押运人员,王伟是驾驶员,没经过任何培训就被安排上岗了。他们一起运送一批危险化学品去较远的B城市,车走到半路,小村想抽烟。王伟说:"再忍耐一下,前边就是A市了,去那里准能买上。"于是王伟加快了车速,抄近道超速行驶,很快就到了A市。王伟把车停在一个较大的百货商店门口,小村进去买了一包烟,他们又上路了,路上又捎上一搭车人,他们抽着烟边开聊天。吃饭时间到了,可还没到B市,他们又停车吃饭。饭后,两人一起出来,王伟问小村:"你知道车上拉的是什么吗?"小村说:"这容易,我马上就知道。"于是他拿起一瓶化学品,打开盖,闻了闻,说:"盐酸。"王伟夸小村:"你的鼻子还真厉害!"

　　根据上述情况,请判断:王伟和小村没有上岗资格证,违反了《危险化学品安全管理条例》关于驾驶员及押运人员必须有掌握危险化学品运输的安全知识,并经考核取得上岗资格证,方可上岗作业的规定。(　　)

[判断:正确。]

　　(3) 运输危险化学品的驾驶人员、船员、装卸管理人员、押运人员、申报人员、集装箱装箱现场检查员,应当了解所运输的危险化学品的危险特性及其包装物、容器的使用要求和出现危险情况时的应急处置方法。

　　运输危险化学品,应当根据危险化学品的危险特性采取相应的安全防护措施,并配备必要的防护用品和应急救援器材。

2. 危险化学品运输中的一般规定

（1）通过道路运输危险化学品的，应当按照运输车辆的核定载质量装载危险化学品，不得超载。

（2）危险化学品运输车辆应当符合国家标准要求的安全技术条件，并按照国家有关规定定期进行安全技术检验。

从事危险货物道路运输经营，需要具备国家规定的条件。

个体运输业户的车辆不可以从事道路危险化学品运输经营活动。

（3）危险化学品运输车辆应当悬挂或者喷涂符合国家标准要求的警示标志。

专用车辆应当按照国家标准《道路运输危险货物车辆标志》（GB 13392）的要求悬挂标志。

运输剧毒化学品、爆炸品的企业或者单位，应当配备专用停车区域，并设立明显的警示标牌。

专用车辆应当配备符合有关国家标准以及与所载运的危险货物相适应的应急处理器材和安全防护设备。

（4）通过道路运输危险化学品的，应当配备押运员，并保证所运输的危险化学品处于押运人员的监控之下。

运输危险化学品途中因住宿或者发生影响正常运输的情况，需要较长时间停车的，驾驶人员、押运人员应当采取相应的安全防范措施；运输剧毒化学品或者易制爆危险化学品的，应当向当地公安机关报告。

（5）未经公安机关批准运输危险化学品的车辆不得进入危险化学品运输车辆限制通行的区域。

（6）通过内河运输危险化学品，应当使用依法取得危险货物适装证书的运输船舶。水路运输企业应当针对所运输的危险化学品的危险特性，制定运输船舶危险化学品事故应急救援预案，并为运输船舶配备充足、有效的应急救援器材和设备。危险化学品包装物的材质、形式、强度以及包装方法应当符合水路运输危险化学品包装规范的要求。

3. 剧毒化学品的运输

（1）通过道路运输剧毒化学品的，托运人应当向运输始发地或者目的地县级人民政府公安机关申请剧毒化学品道路运输通行证。

申请剧毒品道路运输通行证，托运人应当向县级人民政府公安机关提交：营业执照的复印件；剧毒化学品品种、数量的说明；运输始发地、目的地、运输时间和运输路线的说明；承运人取得危险货物道路运输许可、运输车辆取得营运证以及驾驶人员、押运人员取得上岗资格的证明文件。

（2）剧毒化学品、易制爆危险化学品在道路运输途中丢失、被盗、被抢或者出现流散、泄漏等情况的，驾驶人员、押运人员应当立即采取相应的警示措施和安全措施，并向当地公安机关报告。

（3）禁止通过内河封闭水域运输剧毒化学品以及国家规定禁止通过内河运输的其他危险化学品。

4. 危险化学品运输的其他要求

（1）托运危险物品必须出示有关证明并办理手续。托运物品必须与托运单上所列的品名相符，托运未列入国家品名表的危险物品，应附合法取得的技术鉴定书。

（2）危险物品的装卸运输人员，应根据所装运危险物品的性质，佩戴相应的防护用品，装卸时必须轻装轻卸，严禁摔拖、重压和摩擦，不得野蛮装卸。

（3）危险物品装卸前，应对车（船）搬运工具进行必要的通风和清扫，不得留有残渣，对装有剧毒物品的车（船），卸车后必须清洗干净。

（4）装运爆炸、剧毒、放射性、易燃液体、可燃气体等物品，必须使用符合安全要求的运输工具。

装运危险货物的罐（槽）应适合所装货物的性能，具有足够的强度，并应根据不同货物的需要配备泄压阀、防波板、遮阳物、压力表、液位计、导除静电等相应的安全装置。

① 禁止用电瓶车、翻斗车、铲车、自行车等运输爆炸物品。运输强氧化剂、爆炸品及铁桶包装的一级易燃液体时，没有采取可靠的安全措施，不得用铁底板车及汽车挂车。

② 禁止用叉车、铲车搬运易燃、易爆危险物品。

③ 温度较高地区装运液化气体和易燃气体等危险物品，要有防晒设施。

④ 放射性物品应用专用运输搬运车和工具搬运。

⑤ 遇水易燃物品及有毒物品，禁止用小型机帆船、小木船和水泥船承运。

（5）运输爆炸、剧毒和放射性物品，应指派专人押运，押运员不得少于 2 人。

（6）运输危险物品的车辆，必须保持安全的车速，保持车距，严禁超车、超速和强行会车。按公安交通管理部门批准路线和时间运输，不可在繁华街道行驶和停留。

（7）运输危险化学品的车辆应有明显标志，符合交通管理部门对车辆和设备的规定。

① 车厢底板必须平坦完好，周围栏板必须牢固。

② 机动车辆排气管应装阻火器，电路系统应有切断总电源和隔离火花的装置。

阻火器的原理是阻止火焰的传播。

阻火器是由一种能够通过气体的、具有许多细小通道或缝隙的材料组成。当火焰进入阻火器后，被阻火元件分成许多细小的火焰流，由于传热效应（气体被冷却）和器壁效应，使火焰流熄灭。根据这个标准，阻火器按结构可分为充填型、板型、金属网型、液封型、波纹型。我们所常见的汽车排气管阻火器多为金属网型，而这种金属网型阻火器是有规定要求的。

因此，把阻火器的基本原理表述为"是由于液体封在气体进出之间，在液封两侧的任何一侧着火，火焰都将在液封底熄灭，从而阻止了火焰蔓延"是错误的。

③ 车辆必须按照国家标准《道路运输危险货物车辆标志》悬挂规定的标志和标志灯。

④ 根据装卸危险化学品货物的性质，配备相应的消防器材。

（8）蒸汽机车在调车作业中，对装载易燃、易爆物品的车辆，必须挂不少于两节的隔离车，并严禁溜放。除铰接列车、具有特殊装置的大型物件运输专用车辆外，严禁使用货车列车从事危险货物运输。

（9）运输散装固体危险物品，应根据性质，采取防火、防爆、防水、防粉尘飞扬和遮阳等措施。

（10）禁止无关人员搭乘运输危险化学品的车、船和其他运输工具。

（11）运输爆炸品应有公安部门发放的"爆炸品准运证"。

（12）运输危险化学品车辆、船只应有防火安全措施。

（13）易燃品闪点在 28 ℃以下，气温高于 28 ℃时应在夜间运输。

性质或消防方法相互抵触以及配装号或类项不同的危险化学品不能同车、同船内装载运输。

氧化物与还原物、氧化剂与强酸强碱必须分开存放。

（14）危险化学品运输的包装应符合《危险货物运输包装通用技术条件》（GB 12463）的

规定。

《危险货物运输包装通用技术条件》规定了危险品包装的跌落、液压、堆码、气密试验等4种试验方法。

在《危险货物运输包装通用技术条件》中,根据包装结构强度和防护性能及内装物的危险程度,将运输包装分为三个类别:

Ⅰ级包装:适用内装危险性较大的货物。

Ⅱ级包装:适用内装危险性中等的货物。

Ⅲ级包装:适用内装危险性较小的货物。

Ⅰ类包装表示包装物的最高标准。

《危险货物运输包装通用技术条件》适用于危险货物的运输包装,不适用于盛装放射性物质的运输包装、盛装压缩气体和液化气体的压力容器的运输包装、净重超过400 kg的运输包装、容积超过450 L的运输包装。

按包装的目的和作用,包装分为运输包装和销售包装。

按包装方式,包装分为敞开包装、托盘包装和集合包装。

按包装件的构成层次,包装分为内包装和外包装。

按包装容器的耐变形能力,包装分为软包装和硬包装。

软包装是在充填或取出内装物后容器形状可能发生变化的包装,如用纸、塑料薄膜等制作的容器。硬包装是在充填或取出内装物后容器形状不发生变化的包装,如用金属、木材、玻璃等制作的容器。

(15) 包装材料的选用

① 胶合板桶适用于装粉末状货物。通常,需要将货物先装入塑料袋或多层牛皮纸袋后,再装入胶合板桶内。

② 闭口钢桶适用于液体货物,灌装腐蚀性物质的钢桶内壁应涂镀防腐层。

③ 金属制包装的主要形式有桶(罐)和箱(盒、听)包装两大类,其强度是所有通用包装中最高的,爆炸品常用该种类型包装。

④ 压缩气体和液化气体危险货物的专用包装,其最显著的特点是能承受一定程度的内压力,称为压力容器包装。

⑤ 压缩气体和液化气体,处于较高压力下使用的是耐压钢瓶包装。

⑥ 一般来说,液体货物的包装强度应比固体货物的高。

⑦ 塑料桶按其开口形式分为闭口和全开口塑料桶两种。其中,闭口塑料桶适用于装腐蚀性的液体。

⑧ 用于盛装危险货物的木桶,一般规定容积不得超过250 L,净重不得超过400 kg。

⑨ 全开口钢桶适用于盛装固体、粉状及晶体状货物。

⑩ 一般情况下,铝桶适用于装腐蚀性液体。

氢氟酸用玻璃瓶盛装是错误的。氢氟酸具有极强的腐蚀性,能强烈腐蚀金属、玻璃和含硅的物体。

《危险货物运输包装通用技术条件》适用于盛装危险货物的运输包装。

我国包装代码标准与联合国标准基本相同,用数字表示容器的种类。

(16) 装运集装箱、大型气瓶、可移动罐(槽)等的车辆,必须设置有效的紧固装置。

(17) 通过铁路、航空运输危险化学品的,按照国务院铁路、民航部门的有关规定执行。

铁路严禁以零担方式办理剧毒品运输。

铁路运输剧毒品时全部实行押运。押运人员须熟悉剧毒品的特性,在剧毒品发生跑冒滴漏或其他不安全问题时能及时处理。押运人在押运过程中要对所运剧毒品的品名、数量、件数、包装、封印、装载方案和运输安全负责。同一到达站的,每组押运不超过四辆,途中不得解体,押运人数每组(罐车、集装罐装运除外)不得少于两人。

某生产企业为运输方便,自制一个油罐车,罐内用铁板隔开,前段存放汽油,后段存放柴油,在运油路程中,遇电闪雷鸣,引起储罐燃烧爆炸,造成人员伤亡。

根据以上描述,请判断:一个储罐可以同时存放两种危险化学品。(　　　)

[**判断:错误。**]一个储罐不可以同时存放两种危险化学品。

三、危险化学品包装的安全要求

危险化学品的包装应当符合法律、行政法规、规章的规定以及国家标准、行业标准的要求。

生产列入国家实行生产许可证工业产品目录的危险化学品包装物、容器的企业,应当依照《中华人民共和国工业产品生产许可证管理条例》的规定,取得工业产品生产许可证;其生产的危险化学品包装物、容器经国务院质量监督检验检疫部门认定的检验机构检验合格,方可出厂销售。

危险化学品运输包装应结构合理,具有一定强度,防护性能好。包装的材质、形式、规格、方法和单件质量(重量),应与所装危险货物的性质和用途相适应,并便于装卸、运输和储存。

危险化学品包装应质量良好,其结构和封闭形式应能承受正常运输条件下的各种作业风险,不应因温度、湿度或压力的变化而发生任何渗漏,包装表面应清洁,不允许粘附有害的危险物质。

包装与内装物直接接触部分,必要时应有内涂层或进行防护处理,包装材质不得与内装物发生化学反应而形成危险产物或导致包装强度变弱。

包装内容器应予固定。如属易碎性的应使用与内装物性质相适应的衬垫材料或吸附材料衬垫妥实。

盛装液体的容器,应能经受在正常运输条件下产生的内部压力。灌装时必须留有足够的膨胀余量(预留容积),除另有规定外,应保证在温度 55 ℃时,内装液体不致完全充满容器。

包装封口应根据内装物性质采用严密封口、液密封口或气密封口。

盛装需浸湿或加有稳定剂的物质时,其容器密封形式应能有效地保证内装液体的百分比,在贮运期间保持在规定的范围以内。

有降压装置的包装,其排气孔设计和安装应能防止内装物泄漏和外界杂质进入,排出的气体量不得造成危险和污染环境。

复合包装的内容器和外包装应紧密贴合,外包装不得有擦伤内容器的凸出物。

无论是新型包装、重复使用的包装还是修理过的包装,均应符合危险货物运输包装性能试验的要求。

危险化学品包装修理过后如果符合危险货物运输包装性能试验的要求,可以重复使用。

对重复使用的危险化学品包装物、容器,使用单位在重复使用前应当进行检查;发现存在安全隐患的,应当维修或者更换。使用单位应当对检查情况作出记录,记录的保存期限不得少于2年。

为了防止膨胀导致容器破裂,对盛装易燃液体的容器,夏天要储存于阴凉处或用喷淋冷水降温的方法加以防护。

盛装爆炸品包装的附加要求:

(1) 盛装液体爆炸品容器的封闭形式,应具有防止渗漏的双重保护。

(2) 除内包装能充分防止爆炸品与金属物接触外,铁钉和其他没有防护涂料的金属部件不得穿透外包装。

(3) 双重卷边接合的铁桶、金属桶或以金属做衬里的包装箱,应能防止爆炸物进入缝隙。钢桶或铝桶的封闭装置必须有合适的垫圈。

(4) 包装内的爆炸物质和物品,包括内容器,必须衬垫,在运输中不得发生危险性移动。

(5) 装有对外部电磁辐射敏感的电引发装置的爆炸物品,包装应具备防止所装物品受外界电磁辐射影响的功能。

爆炸品的包装箱不宜直接在地面上放置,最好铺垫 20 cm 左右的方木或垫板。

第三章　危险化学品安全管理

第一节　安全管理的基本原理

一、安全管理的概念

（一）安全管理

安全管理,就是管理者对安全生产进行的决策、计划、组织、控制和协调的一系列活动,以保护职工在生产过程中的安全与健康,保护国家和集体的财产不受损失,促进企业改善管理,提高效益,保障事业的顺利发展。

安全管理也可以表述为生产经营单位的生产管理者、经营者,为实现安全生产目标,按照一定的安全管理原则,科学地组织、指挥和协调全体员工进行安全生产的活动。

对于事故的预防与控制,安全教育对策和安全管理对策则主要着眼于人的不安全行为,安全技术对策着重解决物的不安全状态。

（二）安全生产管理的原则和目标

安全生产管理原则是指在生产管理的基础上指导安全生产活动的通用规则。

安全生产管理的目标是减少、控制危害和事故,尽量避免生产过程中由于事故所造成的人身伤害、财产损失及其他损失。

安全生产监督管理的基本特征为权威性、强制性和普遍约束性。

现代安全管理是以预防事故为中心。

安全监控系统作为防止事故发生和减少事故损失的安全技术,是发现系统故障和异常的重要手段。

安全管理中所称的事故是指可造成人员死亡、伤害、职业病、财产损失或其他损失的意外事件;所称的风险是指事故发生的可能性与严重性的结合,或表述为发生特定危险事件的可能性与后果的结合。

在可能发生人身伤害、设备或设施损坏和环境破坏的场合,事先采取措施,防止事故发生。

（三）安全生产五要素

有学者提出了安全生产五要素,即安全文化、安全法制、安全责任、安全监管和安全投入。安全文化建设不能忽视,它对安全生产有明显保障作用。也有学者提出了现代安全生产管理"五同时"原则,即企业领导在计划、布置、检查、总结、评比生产的同时,要计划、布置、检查、总结并评比安全生产工作。

企业安全目标管理体系的建立是一个自上而下、自下而上反复进行的过程，是全体职工努力的结果，是集中管理与民主相结合的结果。

二、安全管理的基本原理

安全管理原理是现代企业安全科学管理的基础、战略和纲领。

（一）系统原理

1. 系统原理的概念

系统原理是指人们在从事管理工作时，运用系统的观点、理论和方法对管理活动进行充分的分析，以达到管理的优化目标，即从系统论的角度来认识和处理管理中出现的问题。

2. 系统原理的原则

（1）整分合原则：整体规划，明确分工，有效综合。在企业安全管理系统中，整，就是企业领导在制定整体目标，进行宏观决策时，必须把安全作为一项重要内容加以考虑；分，就是安全管理必须做到明确分工，层层落实，建立健全安全组织体系和安全生产责任制度；合，就是要强化安全管理部门的职能，保证强有力的协调控制，实现有效综合。

高效的现代安全生产管理必须在整体规划下明确分工，在分工基础上有效综合，这就是整分合原则。运用此原则，要求企业管理者在制定整体目标和宏观决策时，必须将安全生产纳入其中。

（2）反馈原则：管理实质上就是一种控制，必然存在着反馈问题。由控制系统把信息输送出去，又把其作用结果返送回来，并对信息的再输出产生影响，起着控制的作用，以达到预定的目的。原因产生结果，结果又构成新的原因、新的结果。反馈在原因和结果之间架起了桥梁。

（3）封闭原则：是指任何一个系统管理手段必须构成一个连续封闭的回路，才能形成有效的管理运动。

在企业安全生产中，各管理机构之间、各种管理制度和方法之间，必须具有紧密的联系，形成相互制约的回路。这体现了对封闭原则的运用。

（4）动态相关性原则：是指构成系统的各个要素是运动和发展的，而且是相互关联的，它们之间既相互联系又相互制约。在生产经营单位建立、健全安全生产责任制是对这一原则的应用。

安全管理的动态相关性原则说明如果系统要素处于静止的、无关的状态，则事故就不会发生。

3. 系统安全的概念

在系统寿命周期内应用系统安全管理及系统安全工程原理识别危险源并使其危险性降至最小，从而使系统在规定的性能、时间和成本范围内达到最佳的安全程度。系统安全理论认为，新的技术发展会带来新的危险源，安全工作的目标就是控制危险源，努力把事故发生概率降到最低，万一发生事故，也可以把伤害和损失控制在较轻的程度上。

按照系统安全工程的观点，安全是指系统中人员免遭不可承受风险的伤害。

事故致因理论是安全原理的主要内容之一，用于揭示事故的成因、过程与结果，所以有时又叫事故机理或事故模型。只要事故的因素存在，发生事故是必然的，只是时间或早或迟而已，这就是因果关系原则。

按照因果连锁理论，企业安全工作的中心就是防止人的不安全行为，消除机械或物质的不安全状态，中断连锁的进程，从而避免事故的发生。

海因里希对 5 000 多起伤害事故案例进行了详细调查研究后得出海因里希法则,即事故后果为严重伤害、轻微伤害和无伤害的事故件数之比为 1:29:300。

(二)人本原理

1. 人本原理的概念

人本原理是管理学四大原理之一。它要求人们在管理活动中坚持一切以人为核心,以人的权利为根本,强调人的主观能动性,力求实现人的全面、自由发展。其实质就是充分肯定人在管理活动中的主体地位和作用。同时,通过激励调动和发挥员工的积极性和创造性,引导员工去实现预定的目标。

人本原理要求人们在安全管理中,必须把人的因素放在首位,体现以人为本的指导思想。因为管理活动中,作为管理对象的要素和管理系统各环节,都需要人掌管、运作、推行和实施。所以,一切安全管理活动都是以人为本展开的。人是安全管理活动的主体,也是安全管理活动的客体。

2. 人本原理的原则

(1)能级原则:人和其他要素的能量一样都有大小和等级之分,并会随着一定的条件而发展变化。它强调知人善任,调动各种积极因素,把人的能量发挥在管理活动相适应的岗位上。

(2)动力原则:管理必须有强大动力,只有正确地运用动力,才能使管理运动持续有效地进行下去。动力原则认为,推动安全管理活动的基本力量是人,必须有能够激发人的工作能力的动力。内容分为物质动力、精神动力、信息动力。

(3)激励原则:是思想教育的基本原则之一。激励,即激发和鼓励,它是指思想教育必须科学地运用各种激励手段,使它们有机结合,从而最大限度地激发人们在生产、劳动、工作和学习中的积极性,鼓励人们发愤努力,多作贡献。

安全管理必须要有强大的动力,并且正确地应用动力,从而激发人们保障自身和集体安全的意识,自觉地、积极地搞好安全工作。这种管理原则就是人本原理中的激励原则。

按安全生产绩效颁发奖金是对人本原理的动力原则和激励原则的具体应用。

安全第一原则不是人本原理包含的原则。当生产和其他工作与安全发生矛盾时,要以安全为主,生产和其他工作要服从安全,这就是安全第一原则。

(三)预防原理

安全生产管理应以预防为主,通过有效的管理和技术手段,减少和防止人的不安全行为和物的不安全状态,这就是预防原理。

1. 偶然损失原则

偶然损失原则认为事故和损失之间有下列关系:一个事故的后果产生的损失大小或损失种类由偶然性决定,反复发生的同种事故常常并不一定产生相同的损失。偶然损失原则告诉我们,无论事故损失大小,都必须做好预防工作。

2. 因果关系原则

防止灾害的重点是必须防止发生事故,事故之所以发生有它的必然原因,即事故的发生与其原因有着必然的因果关系。

3. "3E"原则

造成人的不安全行为和物的不安全状态的原因可归结为 4 个方面:技术原因、教育原因、身体和态度原因以及管理原因。针对这 4 个方面的原因,可以采取 3 种防止对策:工程技术对策、教育对策和法制对策,即"3E"原则。

4. 本质安全化原则

本质安全化一般是针对某一个系统或设施而言,表明该系统的安全技术与安全管理水平已达到本单位的基本要求,系统可以较为安全可靠地运行。

本质安全化原则是指从一开始和本质上实现安全化,从根本上消除事故发生的可能性,从而达到预防事故发生的目的。

本质安全化是安全生产管理预防为主的根本体现,它要求设备或设施含有内在的防止发生事故的功能,而不是事后采取完善措施补偿。

本质安全化原则既可以应用于设备、设施,也能应用于建设项目。

(四) 强制原理

采取强制管理的手段控制人的意愿和行为,使个人的活动、行为等受到安全生产管理要求的约束,从而实现有效的安全生产管理,这就是强制原理。

强制原理中,所谓强制就是绝对服从,不必经被管理者同意便可采取控制行动。

(五) 事故能量转移理论

事故能量转移理论是一种事故控制论。研究事故的控制的理论从事故的能量作用类型出发,即研究机械能(动能、势能)、电能、化学能、热能、声能、辐射能的转移规律;研究能量转移作用的规律,即从能级的控制技术,研究能转移的时间和空间规律;预防事故的本质是能量控制,可通过对系统能量的消除、限值、疏导、屏蔽、隔离、转移、距离控制、时间控制、局部弱化、局部强化、系统闭锁等技术措施来控制能量的不正常转移。

根据能量转移理论的概念,事故的本质是能量的不正常作用或转移。

根据能量意外释放理论,可以利用各种屏蔽或防护设施来防止意外的能量转移,从而防止事故的发生。

(六) 事故频发倾向理论

事故频发倾向理论是阐述企业工人中存在着个别人容易发生事故的、稳定的、个人的内在倾向的一种理论。该理论认为事故频发倾向者的存在是工业事故发生的主要原因。

第二节　风险管控

一、风险管控的概念

风险管控这里主要是指安全风险管控。安全风险管控包括安全风险管理和安全生产风险控制。

安全风险管理就是指通过识别生产经营活动中存在的危险、有害因素,并运用定性或定量的统计分析方法确定其风险严重程度,进而确定风险控制的优先顺序和风险控制措施,以达到改善安全生产环境、减少和杜绝安全生产事故的目标而采取的措施和规定。

安全生产风险控制是指企业管理者采取各种措施和方法,消灭或减少安全生产风险事件发生的各种可能性,或减少安全生产风险事件发生时造成的损失。

安全生产风险总是存在的。作为企业管理者应采取各种措施减小安全生产风险事件发生的可能性,或者把可能的损失控制在一定的范围内,以避免在安全生产风险事件发生时带来难以承担的损失。

二、风险辨识的内容

生产经营单位风险辨识的内容主要包括两个方面,即辨识危险源和排查事故隐患。

(一)危险源辨识

1. 危险源

危险源是指可能导致人身伤害或健康损害的根源、状态或行为,或其组合。

2. 重大危险源

重大危险源是指长期地或者临时地生产、搬运、使用或者储存危险物品,且危险物品的数量等于或者超过临界量的单元(包括场所和设施)。

危险化学品重大危险源是指按照《危险化学品重大危险源辨识》标准辨识确定,生产、储存、使用或者搬运危险化学品的数量等于或者超过临界量的单元(包括场所和设施)。

3. 危险源分类

根据危险源在事故本身发展中的作用可分为两类。

第一类危险源:产生能量的能量源或拥有能量的能量载体,如有毒物、易燃物等,锅炉、压力容器等。

第二类危险源:导致约束、限制能量措施失效破坏的各种不安全因素,主要指人的不安全行为、物的不安全状态,如操作失误、防护不当等。

4. 危险源辨识要考虑三种时态和三种状态

(1)三种时态

过去:已发生过事故的危险、有害因素;

现在:作业活动或设备等现在的危险、有害因素;

将来:作业活动发生变化、设备改进、报废、新购活动后将会产生的危险、有害因素。

(2)三种状态

正常:作业活动或设备等按其工作任务连续长时间进行工作的状态;

异常:作业活动或设备等周期性或临时性进行工作的状态,如设备的开启、停止、检修等状态;

紧急情况:发生火灾、水灾、停电事故等状态。

(二)事故隐患排查

事故隐患是指在生产经营活动中存在可能导致事故发生的物的危险(不安全)状态、人的不安全行为和管理上的缺陷。

1. 人的不安全行为

(1)操作错误,忽视安全,忽视警告;

(2)造成安全装置失效;

(3)使用不安全设备;

(4)手代替工具操作;

(5)物体(指成品、半成品、材料、工具、切屑和生产用品等)存放不当;

(6)冒险进入危险场所;

（7）攀、坐不安全位置（如窗台护栏、汽车挡板、吊车吊钩）；

（8）在起吊物下作业、停留；

（9）机器运转时进行加油、修理、检查、调整、焊扫、清扫等工作；

（10）有分散注意力行为；

（11）在必须使用个人防护用品用具的作业或场合中，忽视其使用；

（12）不安全装束；

（13）对易燃、易爆等危险物品处理错误。

2．物的不安全状态

（1）防护、保险、信号等装置缺乏或有缺陷；

（2）设备、设施、工具、附件有缺陷；

（3）个人防护用品用具——防护服、手套、护目镜及面罩、呼吸器官护具、听力护具、安全带、安全帽、安全鞋等缺少或有缺陷；

（4）生产（施工）场地环境不良。

3．安全管理上的缺陷

（1）安全生产管理组织机构不健全；

（2）安全生产责任制不落实；

（3）安全生产管理规章制度不完善；

（4）建设项目"三同时"制度不落实；

（5）操作规程不规范；

（6）事故应急预案及响应缺陷；

（7）培训制度不完善；

（8）安全生产投入不足；

（9）职业健康管理不完善；

（10）其他管理因素缺陷等。

三、风险辨识的方法

风险辨识和评价的方法很多，各企业应根据各自的实际情况选择使用。以下是常用的几种方法：安全检查表分析、作业条件危险性分析、工作危害分析、故障树分析、预先危险性分析、故障类型和影响分析（FMEA）、危险与可操作性分析（HAZOP）等方法或多种方法组合。

（一）安全检查表分析法（SCL）

安全检查表法是运用安全系统工程的方法，发现系统以及设备、机器装置和操作管理、工艺、组织措施中的各种不安全因素，列成表格进行分析。安全检查表分析法是一种定性的风险分析辨识方法，它是将一系列项目列出检查表进行分析，以确定系统、场所的状态是否符合安全要求，通过检查发现系统中存在的风险，提出改进措施的一种方法。

1．安全检查表分析法操作步骤

安全检查表分析法主要包括四个操作步骤：收集评价对象的有关数据资料；选择或编制安全检查表；现场检查评价；编写评价结果分析。

编制安全检查表应收集研究的主要资料如下：

（1）有关法规、规程、规范及规定；

（2）同类企业的安全管理经验及国内外事故案例；

（3）通过系统安全分析已确定的危险部位及其防范措施；

（4）装置的有关技术资料等。

选择指导性或强制性的安全检查表分析法，有关人员按照国家有关法律、法规、标准、规范的要求，根据系统或经验分析的结果，编制若干指导性或强制性的安全检查表。例如日本劳动省的安全检查表、美国杜邦公司的过程危险检查表、我国机械工厂安全性评价表、危险化学品经营单位安全评价现场检查表、加油站安全检查表、液化石油充装站安全评价现场检查表、光气及光气化产品生产装置安全检查表等。

2. 安全检查表的编制

（1）编制安全检查表应注意的问题

① 检查表的项目内容应繁简适当、重点突出、有启发性；

② 检查表的项目内容应针对不同评价对象有侧重点，尽量避免重复；

③ 检查表的项目内容应有明确的定义，可操作性强；

④ 检查表的项目内容应包括可能导致事故的一切不安全因素，确保能及时发现各种安全隐患。

（2）编制安全检查表时评价单元的选择：安全检查表的评价单元确定是按照评价对象的特征进行选择的，例如编制生产企业的安全生产条件安全检查表时，评价单元可分为安全管理单元、厂址与平面布置单元、生产储存场所建筑单元、生产储存工艺技术与装备单元、电气与配电设施单元、防火防爆防雷防静电单元、公用工程与安全卫生单元、消防设施单元、安全操作与检修作业单元、事故预防与救援处理单元和危险物品安全管理单元等。

（3）安全检查表的类型：常见的安全检查表有否决型检查表、半定量检查表和定性检查表三种类型。

3. 现场检查评价

根据安全检查表所列项目，在现场逐项进行检查，对检查到的事实情况如实记录和评定。

4. 编写评价结果分析

根据检查的记录及评定，按照安全检查表的评价计值方法，对评价对象给予安全程度评级。安全检查表应列举需查明的所有会导致事故的不安全因素。它采用提问的方式，要求回答"是"或"否"。每个检查表均需注明检查时间、检查者、直接负责人等，以便分清责任。安全检查表的设计应做到系统、全面，检查项目应明确。

5. 编制安全检查表主要依据

（1）有关标准、规程、规范及规定。

（2）国内外事故案例。

（3）通过系统分析确定的危险部位及防范措施，都是安全检查表的内容。

（4）研究成果。编制安全检查表必须采用最新的知识和研究成果，包括新的方法、技术、法规和标准。

（二）作业条件危险性分析法（LEC）

作业条件危险性分析法是一种半定量的风险评价方法，它用与系统风险有关的三种因素指标值的乘积来评价操作人员伤亡风险大小。三种因素分别是 L（事故发生的可能性）、E（人员暴露于危险环境中的频繁程度）和 C（一旦发生事故可能造成的后果）。给三种因素的不同等级分别确定不同的分值，再以三个分值的乘积 D（危险性）来评价作业条件危险性的大小，即

$$D = L \times E \times C \qquad\qquad 式（3-1）$$

式中：L——发生事故的可能性大小，按表 3-1 取值；

E——人体暴露在这种危险环境中的频繁程度，按表 3-2 取值；

C——一旦发生事故会造成的损失后果，按表 3-3 取值；

D 值越大，说明该系统危险性越大。

表 3-1 L——发生事故的可能性大小取值

事故发生的可能性	分数值
完全可以预料	10
相当可能	6
可能，但不经常	3
可能性小，完全意外	1
很不可能，可以设想	0.5
极不可能	0.2
实际不可能	0.1

表 3-2 E——人体暴露在这种危险环境中的频繁程度取值

暴露于危险环境的频繁程度	分数值
连续暴露	10
每天工作时间内暴露	6
每周一次，或偶然暴露	3
每月一次暴露	2
每年几次暴露	1
非常罕见地暴露	0.5

表 3-3　C————旦发生事故会造成的损失后果取值

发生事故产生的后果	分数值
大灾难,许多人死亡	100
灾难,数人死亡	40
非常严重,一人死亡	15
严重,重伤	7
重大,致残	3
引人注目,需要救护	1

根据计算出的危险性分值 D 的大小(表 3-4),确定危险程度、风险等级和对策。

表 3-4　危险程度与风险等级

危险程度	风险等级	分数值 D	对策
极其危险	1	>320	不能继续作业
高度危险	2	$160 \leqslant D < 320$	要立即整改
显著危险	3	$70 \leqslant D < 160$	需要整改
一般危险	4	$20 \leqslant D < 70$	需要注意
稍有危险	5	<20	可以接受

(三)工作危害分析法(JHA)

工作危害分析法是目前欧美企业在安全管理中使用最普遍的一种作业安全分析与控制的管理工具,是为了识别和控制操作危害的预防性工作流程。

工作危害分析法主要用来进行设备设施安全隐患、作业场所安全隐患、员工不安全行为等的有效识别。工作危害分析法从作业活动清单中选定一项作业活动,将作业活动分解为若干相连的工作步骤,识别每个工作步骤的潜在危害因素,然后通过风险评价,判定风险等级,制定控制措施。

举例:识别各步骤潜在危害时,可以按下述问题提示清单提问:

(1)身体某一部位是否可能卡在物体之间?

(2)工具、机器或装备是否存在危害因素?

(3)从业人员是否可能接触有害物质?

(4)从业人员是否可能滑倒、绊倒或摔落?

(5)从业人员是否可能因推、举、拉、用力过度而扭伤?

(6)从业人员是否可能暴露于极热或极冷的环境中?

(7)是否存在过度的噪声或震动?

(8)是否存在物体坠落的危害因素?

(9)是否存在照明问题?

(10)天气状况是否可能对安全造成影响?

(11)存在产生有害辐射的可能吗?

(12)是否可能接触灼热物质、有毒物质或腐蚀物质?

(13) 空气中是否存在粉尘、烟、雾、蒸汽?

以上仅为举例,在实际工作中问题远不止这些。

(四) 故障树分析法

故障树分析又称事故树分析,是安全系统工程中最重要的分析方法。事故树分析从一个可能的事故开始,自上而下、一层层地寻找顶事件的直接原因和间接原因事件,直到基本原因事件,并用逻辑图把这些事件之间的逻辑关系表达出来。其特点是直观明了,思路清晰,逻辑性强,可以做定性分析,也可以做定量分析。故障树分析法体现了以系统工程方法研究安全问题的系统性、准确性和预测性,它是安全系统工程的主要分析方法之一。

故障树分析的方法有定性分析和定量分析两种。

(1) 定性分析:找出导致顶事件发生的所有可能的故障模式,即求出故障的所有最小割集(MCS)。

(2) 定量分析:主要有两方面的内容:一是由输入系统各单元(底事件)的失效概率求出系统的失效概率;二是求出各单元(底事件)的结构重要度、概率重要度和关键重要度,最后可根据关键重要度的大小排序出最佳故障诊断和修理顺序,同时也可作为首先改善相对不大可靠的单元的数据。

故障树分析程序:① 熟悉系统,要详细了解系统状态及各种参数,绘出工艺流程图或布置图。② 调查事故,收集事故案例,进行事故统计,设想给定系统可能要发生的事故。③ 确定顶上事件,要分析的对象即为顶上事件,对调查的事故进行全面分析,找出后果严重且较易发生的事故作为顶上事件。④ 确定目标值。⑤ 调查原因事件。⑥ 画出故障树,从顶上事件起,一级一级找出直接原因事件,到所要分析的深度,按其逻辑关系画出故障树。⑦ 定性分析。⑧ 确定事件发生概率。⑨ 比较。⑩ 分析。

(五) 预先危险性分析法

预先危险性分析也称初始危险分析,是安全评价的一种方法,是在每项生产活动之前,特别是在设计的开始阶段,对系统存在危险类别、出现条件、事故后果等进行概略分析,尽可能评价出潜在的危险性。预先危险性分析是进一步进行危险分析的先导,是一种宏观概略定性分析方法。在项目发展初期使用预先危险性分析法有以下优点:① 方法简单易行、经济、有效;② 能为项目开发组分析和设计提供指南;③ 能识别可能的危险,用很少的费用、时间就可以实现改进。

运用预先危险性分析法主要目的:① 大体识别与系统有关的主要危险;② 鉴别产生危险的原因;③ 预测事故出现对人体及系统产生的影响;④ 判定已识别的危险性等级,并提出消除或控制危险性的措施。

预先危险性分析适用于固有系统中采取新的方法,接触新的物料、设备和设施的危险性评价,该法一般在项目的发展初期使用。当只希望进行粗略的危险和潜在事故情况分析时,也可以用预先危险性分析对已建成的装置进行分析。

预先危险性分析法分析步骤:① 危害辨识,通过经验判断、技术诊断等方法,查找系统中存在的危险、有害因素。② 确定可能事故类型,根据过去的经验教训,分析危险、有害因素对系统的影响,分析事故的可能类型。③ 针对已确定的危险、有害因素,制定预先危险性分析表。④ 确定危险、有害因素的危害等级,按危害等级排定次序,以便按计划处理。⑤ 制定预防事故发生的安全对策措施。

(六) 危险与可操作性分析法(HAZOP)

HAZOP 分析是一种用于辨识设计缺陷、工艺过程危害及操作性问题的结构化分析方法,方法的本质就是通过系列的会议对工艺图纸和操作规程进行分析。在这个过程中,由各专业人员组成的分析组按规定的方式系统地研究每一个单元(即分析节点),分析偏离设计工艺条件的偏差所导致的危险和可操作性问题。

HAZOP 分析组分析每个工艺单元或操作步骤,识别出那些具有潜在危险的偏差,这些偏差通过引导词引出,使用引导词的一个目的就是为了保证对所有工艺参数的偏差都进行分析,并分析它们的可能原因、后果和已有安全保护措施等,同时提出应该采取的安全保护措施。

HAZOP 研究的侧重点是工艺部分或操作步骤的各种具体值,其基本过程就是以引导词为引导,对过程中工艺状态(参数)可能出现的变化(偏差)加以分析,找出其可能导致的危害。

HAZOP 分析方法明显不同于其他分析方法,它是一个系统工程。HAZOP 分析必须由不同专业组成的分析组来完成。HAZOP 分析的这种群体方式的主要优点在于能相互促进、拓展思路,这也是 HAZOP 分析的核心内容。

1. HAZOP 应用范围

HAZOP 分析既适用于设计阶段,也适用于现有的工艺装置。对现有的生产装置分析时,如能吸收有操作经验和管理经验的人员共同参加,会收到很好的效果。

通过 HAZOP 分析,能够发现装置中存在的危险,根据危险带来的后果明确系统中的主要危害。如果需要,可利用故障树(FTA)对主要危害进行继续分析。因此,这又是确定故障树"顶上事件"的一种方法,可以与故障树配合使用。同时,针对装置存在的主要危险,可以对其进行进一步的定量风险评估,量化装置中主要危险带来的风险,所以,HAZOP 又是定量风险评估中危险辨识的方法之一。

2. HAZOP 主要作用

HAZOP 分析的目的是识别工艺生产或操作过程中存在的危害,识别不可接受的风险状况。其作用主要表现在以下两个方面:

(1) 尽可能将危险消灭在项目实施早期:识别设计、操作程序和设备中的潜在危险,将项目中的危险尽可能消灭在项目实施的早期阶段,节省投资。

HAZOP 的记录,可为企业提供危险分析证明,并应用于项目实施过程。必须记住,HAZOP 只是识别技术,不是解决问题的直接方法。HAZOP 实质上是定性的技术,但是通过采用简单的风险排序,它也可以用于复杂定量分析的领域,当作定量技术的一部分。

在项目的基础设计阶段采用 HAZOP,意味着能够识别基础设计中存在的问题,并能够在详细设计阶段得到纠正。这样做可以节省投资,因为装置建成后的修改比设计阶段的修改昂贵得多。

(2) 为操作指导提供有用的参考资料:HAZOP 分析为企业提供系统危险程度证明,并应用于项目实施过程。对许多操作,HAZOP 分析可提供满足法规要求的安全保障。HAZOP 分析可确定需采取的措施,以消除或降低风险。

HAZOP 能够为包括操作指导在内的文件提供大量有用的参考资料,因此应将 HAZOP 的分析结果全部告知操作人员和安全管理人员。

四、安全评价

安全评价是以实现安全为目的,应用安全系统工程原理和方法,辨识与分析工程、系统、生产经营活动中的危险、有害因素,做出评价结论的活动。

安全评价可针对一个特定的对象,也可针对一定的区域范围。建设项目安全验收评价报告应当符合《危险化学品建设项目安全评价细则》的要求。

不论企业规模大小,不依法进行安全评价的企业,不能获得安全生产许可证。经过安全评价,发现企业不具备安全生产条件的,也不能获得安全生产许可证。危险化学品生产经营单位申请安全生产(经营)许可证时,应自主选择具有资质的安全评价机构,对本单位的安全生产条件进行安全评价。

(一)安全评价依据

根据《危险化学品安全管理条例》的规定,生产、储存危险化学品的企业,应当委托具备国家规定的资质条件的机构,对本企业的安全生产条件每 3 年进行一次安全评价,提出安全评价报告。安全评价报告的内容应当包括对安全生产条件存在的问题进行整改的方案。生产、储存危险化学品的企业,应当将安全评价报告以及整改方案的落实情况报所在地县级人民政府应急管理部门备案。在港区内储存危险化学品的企业,应当将安全评价报告以及整改方案的落实情况报港口行政管理部门备案。

(二)安全评价分类

安全评价按照实施阶段的不同和评价的目的分为安全预评价、安全验收评价、安全现状评价(安全现状综合评价)、专项安全评价。生产经营单位新建、改建、扩建工程项目安全设施"三同时"评价工作,属于安全评价类型的安全预评价和安全验收评价。

1. 安全预评价

安全预评价是在建设项目可行性研究阶段、工业园区规划阶段或生产经营活动组织实施之前,根据相关的基础资料,辨识与分析建设项目、工业园区、生产经营活动潜在的危险、有害因素,确定其与安全生产法律法规、标准、行政规章、规范的符合性,预测发生事故的可能性及其严重程度,提出科学、合理、可行的安全对策措施建议,做出安全评价结论的活动。

2. 安全验收评价

安全验收评价是在建设项目竣工后、正式生产运行前或工业园区建设完成后,通过检查建设项目安全设施与主体工程同时设计、同时施工、同时投入生产和使用的情况或工业园区内的安全设施、设备、装置投入生产和使用的情况,检查安全生产管理措施到位情况,检查安全生产规章制度健全情况,检查事故应急救援预案建立情况,审查确定建设项目、工业园区建设满足安全生产法律法规、标准、规范要求的符合性,从整体上确定建设项目、工业园区的运行状况和安全管理情况,做出安全验收评价结论的活动。

3. 安全现状评价(安全现状综合评价)

安全现状评价是针对生产经营活动中、工业园区的事故风险、安全管理等情况,辨识与分析其存在的危险、有害因素,审查确定其与安全生产法律法规、规章、标准、规范要求的符合性,做出安全现状评价结论的活动。

安全现状评价既适用于对一个生产经营单位或一个工业园区的评价,也适用于某一特定的生产方式、生产工艺、生产装置或作业场所的评价。

4. 专项安全评价

专项安全评价是针对某一活动或场所,以及一个特定的行业、产品、生产方式、生产工艺或生产装置等存在的危险、有害因素进行的专项安全评价。

安全评价报告应当对生产、储存装置存在的安全问题提出整改方案。安全评价中发现生产、储存装置存在现实危险的,应当立即停止使用,予以更换或者修复,并采取相应的安全措施。

（三）**安全评价工作程序**

1. 前期准备

2. 安全评价

（1）辨识危险、有害因素；

（2）划分评价单元；

（3）确定安全评价方法；

（4）定性、定量分析危险、有害程度；

（5）分析安全条件和安全生产条件；

（6）提出安全对策与建议；

（7）整理、归纳安全评价结论。

3. 与建设单位交换意见

4. 编制安全评价报告

（四）**前期准备**

1. 确定安全评价对象和范围

根据建设项目的实际情况,与建设单位共同协商确定安全评价对象和范围。

2. 收集、整理安全评价所需资料

在充分调查研究安全评价对象和范围相关情况后,收集、整理安全评价所需要的各种文件、资料和数据。

（五）**建设项目设立的安全评价内容**

1. 建设项目概况

（1）简述建设项目设计上采用的主要技术、工艺（方式）和国内、外同类建设项目水平对比情况。

（2）简述建设项目所在的地理位置、用地面积和生产或者储存规模。

（3）阐述建设项目涉及的主要原辅材料和品种（包括产品、中间产品,下同）名称、数量及储存。

（4）描述建设项目选择的工艺流程、选用的主要装置（设备）和设施的布局及其上下游生产装置的关系。

（5）描述建设项目配套和辅助工程名称、能力（或者负荷）、介质（或者物料）来源。

（6）建设项目选用的主要装置（设备）和设施名称、型号（或者规格）、材质、数量和主要特种设备。

2. 原料、中间产品、最终产品或者储存的危险化学品的理化性能指标

搜集、整理建设项目涉及的原料、中间产品、最终产品或者储存的危险化学品的物理性质、化学性质、危险性和危险类别及数据来源。

3. 危险化学品包装、储存、运输的技术要求

搜集、整理建设项目涉及的原料、中间产品、最终产品或者储存的危险化学品包装、储存、运输的技术要求及信息来源。

4. 建设项目的危险、有害因素和危险、有害程度

(1) 危险、有害因素:危险和有害因素是指可对人造成伤亡、影响人的身体健康甚至导致疾病的因素。

① 运用危险、有害因素辨识的科学方法,辨识建设项目可能造成爆炸、火灾、中毒、灼烫事故的危险、有害因素及其分布。

危险、有害因素的识别是指识别危险、有害因素的存在并确定其性质的过程。其他厂产生的有害因素对本厂职工产生影响,属于生产环境中的有害因素。

② 分析建设项目可能造成作业人员伤亡的其他危险、有害因素及其分布。

(2) 危险、有害程度

① 评价单元的划分:根据建设项目的实际情况和安全评价的需要,可以将建设项目外部安全条件、总平面布置、主要装置(设施)、公用工程划分为评价单元。

工业企业厂区总平面布置应明确功能分区,可分为生产区、辅助生产区、非生产区。

② 安全评价方法的确定

A. 可选择国际、国内通行的安全评价方法;

B. 对国内首次采用新技术、新工艺的建设项目的工艺安全性分析,除选择其他安全评价方法外,尽可能选择危险和可操作性研究法进行。

③ 固有危险程度的分析

A. 定量分析建设项目中具有爆炸性、可燃性、毒性、腐蚀性的化学品数量、浓度(含量)、状态和所在的作业场所(部位)及其状况(温度、压力);

B. 定性分析建设项目总的和各个作业场所的固有危险程度;

C. 通过下列计算,定量分析建设项目安全评价范围内和各个评价单元的固有危险程度:具有爆炸性的化学品的质量及相当于 2,4,6-三硝基甲苯(TNT)的物质的量;具有可燃性的化学品的质量及燃烧后放出的热量;具有毒性的化学品的浓度及质量;具有腐蚀性的化学品的浓度及质量。

④ 风险程度的分析:根据已辨识的危险、有害因素,运用合适的安全评价方法,定性、定量分析和预测各个安全评价单元以下几方面内容:

A. 建设项目出现具有爆炸性、可燃性、毒性、腐蚀性的化学品泄漏的可能性;

B. 出现具有爆炸性、可燃性的化学品泄漏后具备造成爆炸、火灾事故的条件和需要的时间;

C. 出现具有毒性的化学品泄漏后扩散速率及达到人的接触最高限值的时间;

D. 出现爆炸、火灾、中毒事故造成人员伤亡的范围。

⑤ 列举与建设项目同样或者同类生产技术、工艺、装置(设施)在生产或者储存危险化学品过程中发生的事故案例的后果和原因。

5. 建设项目的安全条件

(1) 搜集、调查和整理建设项目的外部情况

① 根据爆炸、火灾、中毒事故造成人员伤亡的范围,搜集、调查和整理在此范围的建设项目周边 24 小时内生产经营活动和居民生活的情况。

② 搜集、调查和整理建设项目所在地的自然条件。

③ 搜集、调查和整理建设项目中危险化学品生产装置和储存数量构成重大危险源的储存设施与特定场所、区域的距离。

（2）分析建设项目的安全条件

① 建设项目内在的危险、有害因素和建设项目可能发生的各类事故，对建设项目周边单位生产、经营活动或者居民生活的影响。

② 建设项目周边单位生产、经营活动或者居民生活对建设项目投入生产或者使用后的影响。

③ 建设项目所在地的自然条件对建设项目投入生产或者使用后的影响。

6. 主要技术、工艺或者方式和装置、设备、设施及其安全可靠性

（1）分析拟选择的主要技术、工艺或者方式和装置、设备、设施的安全可靠性。

（2）分析拟选择的主要装置、设备或者设施与危险化学品生产或者储存过程的匹配情况。

（3）分析拟为危险化学品生产或者储存过程配套和辅助的工程能否满足安全生产的需要。

7. 安全对策与建议

根据上述安全评价的结果，从以下几方面提出采用（取）安全设施的安全对策与建议：

（1）建设项目的选址；

（2）拟选择的主要技术、工艺或者方式和装置、设备、设施；

（3）拟为危险化学品生产或者储存过程配套和辅助的工程；

（4）建设项目中主要装置、设备、设施的布局；

（5）事故应急救援措施和器材、设备。

8. 建设项目安全设施竣工验收的安全评价内容

（1）建设项目概况描述

（2）危险、有害因素和固有的危险、有害程度

① 危险、有害因素辨识和分析。

② 固有的危险、有害程度分析。

③ 风险程度分析。

④ 建设项目的安全条件分析。

（3）安全设施的施工、检验、检测和调试情况

① 调查、分析建设项目安全设施的施工质量情况。

② 调查、分析建设项目安全设施在施工前后的检验、检测情况及有效性情况。

③ 调查、分析建设项目安全设施试生产（使用）前的调试情况。

（4）安全生产条件

① 评价单元划分。

② 安全评价方法的选择：对建设项目安全设施竣工验收的安全评价，以安全检查表的方法为主，其他方面的安全评价为辅，可选择国际、国内通行的安全评价方法。

事先把系统加以剖析，列出各层次的不安全因素，确定检查项目，并把检查项目按系统的组成顺序编制成表，以便进行检查或评审。这种检查方法属于安全检查表法。

③ 安全生产条件的分析

A. 调查、分析建设项目采用（取）的安全设施情况：列出建设项目采用（取）的全部安全设施，并对每个安全设施说明符合或者高于国家现行有关安全生产法律、法规和部门规章及标准的具体条款；列出借鉴国内外同类建设项目所采取（用）的安全设施，并对每个安全设施说明依据；列出未采取（用）设计的安全设施。

B. 调查、分析安全生产管理情况：安全生产责任制的建立和执行情况；安全生产管理制度

的制定和执行情况;安全技术规程和作业安全规程的制定和执行情况;安全生产管理机构的设置和专职安全生产管理人员的配备情况;主要负责人、分管负责人和安全管理人员、其他管理人员安全生产知识和管理能力;其他从业人员掌握安全知识、专业技术、职业卫生防护和应急救援知识的情况;安全生产投入的情况;安全生产的检查情况;重大危险源的辨识和已确定的重大危险源检测、评估和监控情况;从业人员劳动防护用品的配备及其检修、维护和法定检验、检测情况。

C. 技术、工艺:建设项目试生产(使用)的情况;危险化学品生产、储存过程控制系统及安全联锁系统等运行情况。

D. 装置、设备和设施:装置、设备和设施的运行情况;装置、设备和设施的检修、维护情况;装置、设备和设施的法定检验、检测情况。

E. 原料、辅助材料和产品:属于危险化学品的原料、辅助材料、产品、中间产品的包装、储存、运输情况。

F. 作业场所:职业危害防护设施的设置情况;职业危害防护设施的检修、维护情况;作业场所的法定职业危害监测、监控情况;建(构)筑物的建设情况。

G. 事故及应急管理:可能发生的事故应急救援预案的编制情况;事故应急救援组织的建立和人员的配备情况;事故应急救援预案的演练情况;事故应急救援器材、设备的配备情况;事故调查处理与吸取教训的工作情况。

H. 其他方面:与已有生产、储存装置、设施和辅助(公用)工程的衔接情况;与周边社区、生活区的衔接情况。

(5) 可能发生的危险化学品事故及后果、对策

① 预测可能发生的各种危险化学品事故及后果、对策。

② 列举事故案例。

(6) 事故应急救援预案:根据建设项目投入生产(使用)后可能发生的事故预测与对策,分析事故应急救援预案与演练等情况。

(7) 结论和建议

① 结论:根据上述安全评价结果、国内外同类装置(设施)的设计情况和国家现行有关安全生产法律、法规和部门规章及标准的规定和要求,从以下几方面作出结论:

A. 建设项目所在地的安全条件和与周边的安全防护距离;

B. 建设项目安全设施设计的采纳情况和已采用(取)的安全设施水平;

C. 建设项目试生产(使用)中表现出来的技术、工艺和装置、设备(设施)的安全、可靠性和安全水平;

D. 建设项目试生产(使用)中发现的设计缺陷和事故隐患及其整改情况;

E. 建设项目试生产(使用)后具备国家现行有关安全生产法律、法规和部门规章及标准规定和要求的安全生产条件。

② 建议:根据国内外同类危险化学品生产或者储存装置(设施)持续改进的情况、企业管理模式和趋势,以及国家有关安全生产法律、法规和部门规章及标准的发展趋势,从下列几方面提出建议:

A. 安全设施的更新与改进;

B. 安全条件和安全生产条件的完善与维护;

C. 主要装置、设备(设施)和特种设备的维护与保养;

D. 安全生产投入；

E. 其他方面。

9. 与建设单位交换意见

(1) 评价机构应当就建设项目安全评价中各个方面的情况,与建设单位反复、充分交换意见。

(2) 评价机构与建设单位对建设项目安全评价中某些内容达不成一致意见时,评价机构在安全评价报告中应当如实说明建设单位的意见及其理由。

10. 安全评价报告

(1) 安全评价报告主要内容

① 安全评价工作经过:包括建设安全评价和前期准备情况、对象及范围、工作经过和程序。

② 建设项目概况:包括建设项目的投资单位组成及出资比例、建设项目所在单位基本情况和建设项目概况。

③ 危险、有害因素的辨识结果及依据说明。

④ 安全评价单元的划分结果及理由说明。

⑤ 采用的安全评价方法及理由说明。

⑥ 定性、定量分析危险、有害程度的结果:包括固有危险程度和风险程度的定性、定量分析结果。

⑦ 安全条件和安全生产条件的分析结果:包括安全条件、安全生产条件的分析结果和事故案例的后果、原因。

⑧ 安全对策与建议和结论。

⑨ 与建设单位交换意见的情况结果。

(2) 安全评价报告附件(略)

五、安全风险管控的措施

企业在进行风险管控时,首先,要确定安全风险程度的大小,评估安全事故的发生概率、损失大小、社会影响等。企业应根据风险评价的结果及经营运行情况等,确定不可接受的风险,制定并落实控制措施,将风险尤其是重大风险控制在可以接受的程度。其次,在选择风险控制措施时要考虑到可行性、安全性、可靠性。第三,要综合采取多样措施,如工程技术措施、管理措施等。

(一)安全管理措施

依据有关法律、法规、规章、标准和中共中央、国务院关于推进安全生产领域改革发展的意见,企业在风险管控方面应采取以下几方面措施:

(1) 建立安全预防控制体系:企业要建立完善的安全预防控制体系,如安全生产动态监控及预警预报体系、重大危险源信息管理体系等,实行风险预警控制。

(2) 建立风险管控责任制:按照"分区域、分级别、网格化"的原则,明确落实每一处安全风险源的安全管理措施与监管责任人。定期开展风险评估和危害辨识,每月进行一次安全生产风险分析。

(3) 针对高危工艺、设备、物品、场所和岗位,建立分级管控制度,制定落实安全操作规程。

(4) 开展经常性的应急演练和人员避险自救培训,着力提升现场应急处置能力。

(5) 加强新材料、新工艺、新业态安全风险评估和管控。

（6）位置相邻、行业相近、业态相似的企业、地区和行业要建立完善重大安全风险联防联控机制。

（7）树立隐患就是事故的观念，建立健全隐患排查治理制度、重大隐患治理情况向负有安全生产监督管理职责的部门和企业职代会"双报告"制度，实行自查自改自报闭环管理。

（8）严格执行安全生产和职业健康"三同时"制度。

大力推进企业安全生产标准化建设，实现安全管理、操作行为、设备设施和作业环境的标准化。

（二）安全技术措施

安全技术措施是指运用工程技术手段消除物的不安全因素，实现生产工艺和机械设备等生产条件本质安全的措施。

按照危险、有害因素的类别可分为防火防爆安全技术措施、锅炉与压力容器安全技术措施、起重与机械安全技术措施、电气安全技术措施等。

按照导致事故的原因可分为防止事故发生的安全技术措施、减少事故损失的安全技术措施等。

1. 预防事故发生的安全技术措施

预防事故发生的安全技术措施是指为了防止事故发生，采取的约束、限制能量或危险物质，防止其意外释放的安全技术措施。

预防事故发生的安全技术措施包括消除危险源，限制能量或危险物质，隔离，安全设计，减少故障和失误。

预防事故的设施包括：

（1）检测、报警设施；

（2）设备安全防护设施；

（3）防爆设施；

（4）作业场所防护设施；

（5）安全警示标志。

2. 减少事故损失的安全技术措施

防止意外释放的能量引起人的伤害或物的损坏，或减轻其对人的伤害或对物的破坏的技术措施称为减少事故损失的安全技术措施。该类技术措施是在事故发生后，迅速控制局面，防止事故的扩大，避免引起二次事故的发生，从而减少事故造成的损失。

常用的减少事故损失的安全技术措施包括隔离，设置薄弱环节，个体防护，避难与救援。控制、减少和消除事故影响的设施包括：

（1）泄压和止逆设施；

（2）紧急处理设施；

（3）防止火灾蔓延设施；

（4）灭火设施；

（5）紧急个体处置设施；

（6）逃生设施；

（7）应急救援设施。

电气安全技术措施包括：① 接零、接地保护系统，② 漏电保护，③ 绝缘，④ 电气隔离，⑤ 安全电压，⑥ 屏护和安全距离，⑦ 联锁保护等。

机械安全技术措施包括：① 采用本质安全技术，② 限制机械应力，③ 材料和物质的安全性，④ 遵循安全人机工程学原则，⑤ 设计控制系统的安全原则，⑥ 安全防护措施等。

第三节 事故隐患排查治理

事故隐患（以下简称隐患），是指不符合安全生产法律、法规、规章、标准、规程和安全生产管理制度的规定，或者因其他因素在生产经营活动中存在可能导致事故发生或导致事故后果扩大的物的危险状态、人的不安全行为和管理上的缺陷。

（一）建立健全隐患排查治理制度和管理体系

隐患排查治理是企业安全管理的基础工作，是企业安全生产标准化风险管理要素的重点内容，应按照"谁主管、谁负责"和"全员、全过程、全方位、全天候"的原则，明确职责，建立健全企业隐患排查治理制度和保证制度有效执行的管理体系，努力做到及时发现、及时消除各类安全生产隐患，保证企业安全生产。

（二）建立和不断完善隐患排查体制机制

企业应建立和不断完善隐患排查体制机制，主要包括：

（1）企业主要负责人对本单位事故隐患排查治理工作全面负责，应保证隐患治理的资金投入，及时掌握重大隐患治理情况，治理重大隐患前要督促有关部门制定有效的防范措施，并明确分管负责人。

分管负责隐患排查治理的负责人，负责组织检查隐患排查治理制度落实情况，定期召开会议研究解决隐患排查治理工作中出现的问题，及时向主要负责人报告重大情况，对所分管部门和单位的隐患排查治理工作负责。

其他负责人对所分管部门和单位的隐患排查治理工作负责。

（2）隐患排查要做到全面覆盖、责任到人，定期排查与日常管理相结合，专业排查与综合排查相结合，一般排查与重点排查相结合，确保横向到边、纵向到底、及时发现、不留死角。

（3）隐患治理要做到方案科学、资金到位、治理及时、责任到人、限期完成。能立即整改的隐患必须立即整改，无法立即整改的隐患，治理前要研究制定防范措施，落实监控责任，防止隐患发展为事故。

（4）技术力量不足或危险化学品安全生产管理经验欠缺的企业应聘请有经验的化工专家或注册安全工程师指导企业开展隐患排查治理工作。

（5）涉及重点监管危险化工工艺、重点监管危险化学品和重大危险源（以下简称"两重点一重大"）的危险化学品生产、储存企业应定期开展危险与可操作性分析（HAZOP），用先进科学的管理方法系统排查事故隐患。

（6）企业要建立健全隐患排查治理管理制度，包括隐患排查、隐患监控、隐患治理、隐患上报等内容。

隐患排查要按专业和部位，明确排查的责任人、排查内容、排查频次和登记上报的工作流程。

隐患监控要建立事故隐患信息档案，明确隐患的级别，按照"五定"（定整改方案、定资金来源、定项目负责人、定整改期限、定控制措施)的原则,落实隐患治理的各项措施,对隐患治理情况进行监控,保证隐患治理按期完成。

隐患治理要分类实施:能够立即整改的隐患,必须确定责任人组织立即整改,整改情况要安排专人进行确认;无法立即整改的隐患,要按照评估—治理方案论证—资金落实—限期治理—验收评估—销号的工作流程,明确每一工作节点的责任人,实行闭环管理;重大隐患治理工作结束后,企业应组织技术人员和专家对隐患治理情况进行验收,保证按期完成和治理效果。

隐患上报要按照安全监管部门的要求,建立与应急管理部门隐患排查治理信息管理系统联网的"隐患排查治理信息系统",每个月将开展隐患排查治理情况和存在的重大事故隐患上报当地安全监管部门,发现无法立即整改的重大事故隐患,应当及时上报。

(7) 要借助企业的信息化系统对隐患排查、监控、治理、验收评估、上报情况实行建档登记,重大隐患要单独建档。

(三) 隐患排查方式及频次

1. 隐患排查方式

(1) 隐患排查工作可与企业各专业的日常管理、专项检查和监督检查等工作相结合,科学整合下述方式进行:

① 日常隐患排查;

② 综合性隐患排查;

③ 专业性隐患排查;

④ 季节性隐患排查;

⑤ 重大活动及节假日前隐患排查;

⑥ 事故类比隐患排查。

(2) 日常隐患排查是指班组、岗位员工的交接班检查和班中巡回检查,以及基层单位领导和工艺、设备、电气、仪表、安全等专业技术人员的日常性检查。日常隐患排查要加强对关键装置、要害部位、关键环节、重大危险源的检查和巡查。

(3) 综合性隐患排查是指以保障安全生产为目的,以安全责任制、各项专业管理制度和安全生产管理制度落实情况为重点,各有关专业和部门共同参与的全面检查。

(4) 专业隐患排查主要是指对区域位置及总图布置、工艺、设备、电气、仪表、储运、消防和公用工程等系统分别进行专业检查。

(5) 季节性隐患排查是指根据各季节特点开展的专项隐患检查。

(6) 重大活动及节假日前隐患排查主要是指在重大活动和节假日前,对装置生产是否存在异常状况和隐患、备用设备状态、备品备件、生产及应急物资储备、保运力量安排、企业保卫、应急工作等进行的检查,特别是要对节日期间干部带班值班、机电仪保运及紧急抢修力量安排、备件及各类物资储备和应急工作进行重点检查。

(7) 事故类比隐患排查是对企业内和同类企业发生事故后举一反三进行安全检查。

2. 隐患排查频次确定

(1) 企业进行隐患排查的频次应满足:

① 装置操作人员现场巡检间隔不得大于 2 小时,涉及"两重点一重大"的生产、储存装置和部位的操作人员现场巡检间隔不得大于 1 小时,宜采用不间断巡检方式进行现场巡检。

② 基层车间(装置,下同)直接管理人员(主任、工艺设备技术人员)、电气、仪表人员每天至少两次对装置现场进行相关专业检查。

③ 基层车间应结合岗位责任制检查,至少每周组织一次隐患排查,并和日常交接班检查和班中巡回检查中发现的隐患一起进行汇总;基层单位(厂)应结合岗位责任制检查,至少每月组织一次隐患排查。

④ 企业应根据季节性特征及本单位的生产实际,每季度开展一次有针对性的季节性隐患排查;重大活动及节假日前必须进行一次隐患排查。

⑤ 企业至少每半年组织一次,基层单位至少每季度组织一次综合性隐患排查和专业隐患排查,两者可结合进行。

⑥ 当获知同类企业发生伤亡及泄漏、火灾爆炸等事故时,应举一反三,及时进行事故类比隐患专项排查。

⑦ 对于区域位置、工艺技术等不经常发生变化的,可依据实际变化情况确定排查周期,如果发生变化,应及时进行隐患排查。

(2) 当发生以下情形之一,企业应及时组织进行相关专业的隐患排查:

① 颁布实施有关新的法律法规、标准规范或原有适用法律法规、标准规范重新修订的;

② 组织机构和人员发生重大调整的;

③ 装置工艺、设备、电气、仪表、公用工程或操作参数发生重大改变的,应按变更管理要求进行风险评估;

④ 外部安全生产环境发生重大变化;

⑤ 发生事故或对事故、事件有新的认识;

⑥ 气候条件发生大的变化或预报可能发生重大自然灾害。

(3) 涉及"两重点一重大"的危险化学品生产、储存企业应每五年至少开展一次危险与可操作性分析(HAZOP)。

(四) 隐患排查内容

根据危险化学品企业的特点,隐患排查包括但不限于以下内容:

安全基础管理、区域位置和总图布置、工艺、设备、电气系统、仪表系统、危险化学品管理、储运系统、公用工程、消防系统。

1. 安全基础管理

(1) 安全生产管理机构建立健全情况、安全生产责任制和安全管理制度建立健全及落实情况。

(2) 安全投入保障情况,参加工伤保险、安全生产责任险的情况。

(3) 安全培训与教育情况。

(4) 企业开展风险评价与隐患排查治理情况。

(5) 事故管理、变更管理及承包商的管理情况。

(6) 危险作业和检维修的管理情况。

(7) 危险化学品事故的应急管理情况。

2. 区域位置和总图布置

(1) 危险化学品生产装置和重大危险源储存设施与《危险化学品安全管理条例》中规定的重要场所的安全距离。

（2）可能造成水域环境污染的危险化学品危险源的防范情况。

（3）企业周边或作业过程中存在的易由自然灾害引发事故灾难的危险点排查、防范和治理情况。

（4）企业内部重要设施的平面布置以及安全距离。

（5）其他总图布置情况。

3. 工艺管理

（1）工艺的安全管理。

（2）工艺技术及工艺装置的安全控制。

（3）现场工艺安全状况。

4. 设备管理

（1）设备管理制度与管理体系的建立与执行情况。

（2）设备现场的安全运行状况。

（3）特种设备（包括压力容器及压力管道）的现场管理。

5. 电气系统

（1）电气系统的安全管理。

（2）供配电系统、电气设备及电气安全设施的设置。

（3）电气设施、供配电线路及临时用电的现场安全状况。

6. 仪表系统

（1）仪表的综合管理。

（2）系统配置。

（3）现场各类仪表完好有效，检验维护及现场标识情况。

7. 危险化学品管理

（1）危险化学品分类、登记与档案的管理。

（2）化学品安全信息的编制、宣传、培训和应急管理。

8. 储运系统

（1）储运系统的安全管理情况。

（2）储运系统的安全设计情况。

（3）储运系统罐区、储罐本体及其安全附件、铁路装卸区、汽车装卸区等设施的完好性。

9. 消防系统

（1）建设项目消防设施验收情况；企业消防安全机构、人员设置与制度的制定，消防人员培训、消防应急预案及相关制度的执行情况；消防系统运行检测情况。

（2）消防设施与器材的设置情况。

（3）固定式与移动式消防设施、器材和消防道路的现场状况。

10. 公用工程系统

（1）给排水、循环水系统、污水处理系统的设置与能力能否满足各种状态下的需求。

（2）供热站及供热管道设备设施、安全设施是否存在隐患。

（3）空分装置、空压站位置的合理性及设备设施的安全隐患。

（五）隐患治理与上报

1. 隐患级别

（1）事故隐患可按照整改难易及可能造成的后果严重性，分为一般事故隐患和重大事故隐患。

（2）一般事故隐患，是指危害和整改难度较小，发现后能够立即整改排除的隐患。对于一般事故隐患，可按照隐患治理的负责单位，分为班组级、基层车间级、基层单位（厂）级直至企业级。

（3）重大事故隐患，是指危害和整改难度较大，应当全部或者局部停产停业，并经过一定时间整改治理方能排除的隐患或者因外部因素影响致使生产经营单位自身难以排除的隐患。

重大事故隐患可能导致重大人身伤亡或者重大经济损失。

2. 隐患治理

（1）企业应对排查出的各级隐患，做到"五定"，并将整改落实情况纳入日常管理进行监督，及时协调在隐患整改中存在的资金、技术、物资采购、施工等各方面问题。

（2）对一般事故隐患，由生产经营单位（车间、分厂、区队等）负责人或者有关人员立即组织整改。

（3）对于重大事故隐患，企业要结合自身的生产经营实际情况，确定风险可接受标准，评估隐患的风险等级。

（4）重大事故隐患的治理应满足以下要求：

① 当处于很高风险区域时，应立即采取充分的风险控制措施，防止事故发生，同时编制重大事故隐患治理方案，尽快进行隐患治理，必要时立即停产治理；

② 当处于一般高风险区域时，企业应采取充分的风险控制措施，防止事故发生，并编制重大事故隐患治理方案，选择合适的时机进行隐患治理；

③ 对于处于中风险的重大事故隐患，应根据企业实际情况，进行成本—效益分析，编制重大事故隐患治理方案，选择合适的时机进行隐患治理，尽可能将其降低到低风险。

（5）对于重大事故隐患，由企业主要负责人组织制定并实施事故隐患治理方案。重大事故隐患治理方案应包括：

① 治理的目标和任务；

② 采取的方法和措施；

③ 经费和物资的落实；

④ 负责治理的机构和人员；

⑤ 治理的时限和要求；

⑥ 防止整改期间发生事故的安全措施。

（6）事故隐患治理方案、整改完成情况、验收报告等应及时归入事故隐患档案。隐患档案应包括以下信息：隐患名称、隐患内容、隐患编号、隐患所在单位、专业分类、归属职能部门、评估等级、整改期限、治理方案、整改完成情况、验收报告等。事故隐患排查、治理过程中形成的传真、会议纪要、正式文件等，也应归入事故隐患档案。

3. 隐患上报

（1）企业应当定期通过"隐患排查治理信息系统"向属地应急管理部门和相关部门上报隐患统计汇总及存在的重大隐患情况。

（2）对于重大事故隐患，企业除依照前款规定报送（包括季报、年报）外，应当及时向应急管理部门和有关部门报告。重大事故隐患报告的内容应当包括：

① 隐患的现状及其产生原因；

② 隐患的危害程度和整改难易程度分析；

③ 隐患的治理方案。

第四节　安全生产标准化

安全生产标准化是指通过建立安全生产责任制，制定安全管理制度和操作规程，排查治理事故隐患和监控重大危险源，建立预防机制，规范生产行为，使各生产环节符合有关安全生产法律法规和标准规范的要求，人、机、物及环境处于良好的生产状态，并持续改进，不断加强企业安全生产规范化建设。

安全生产标准化是为安全生产活动获得最佳秩序，保证安全管理及生产条件达到法律、行政法规、部门规章和标准等要求制定的规则。

开展安全生产标准化工作是企业的自主行为，同时需要政府或其他有关部门的指导、推进、监督与考核。

危险化学品从业单位安全生产标准化评审标准提出了以下 11 项一级要素、55 项二级要素。

一、法律、法规和标准

（1）法律、法规和标准的识别和获取；

（2）法律、法规和标准符合性评价。

企业应每年至少 1 次对适用的安全生产法律、法规、标准及其他要求进行符合性评价，消除违规现象和行为。

二、机构和职责

（1）方针目标	（4）组织机构
（2）负责人	（5）安全生产投入
（3）职责	

三、风险管理

（1）范围与评价方法	（5）重大危险源
（2）风险评价	（6）变更
（3）风险控制	（7）风险信息更新
（4）隐患排查与治理	（8）供应商

风险评价是对系统存在的危险进行定性或定量的分析，得出系统发生危险的可能性及其后果严重程度的评价。

四、管理制度

（1）安全生产规章制度 （2）操作规程	（3）修订

五、培训教育

（1）培训教育管理 （2）从业人员岗位标准 （3）管理人员培训	（4）从业人员培训教育 （5）其他人员培训教育 （6）日常安全教育

六、生产设施及工艺安全

（1）生产设施建设 （2）安全设施 （3）特种设备 （4）工艺安全	（5）关键装置及重点部位 （6）检维修 （7）拆除和报废

七、作业安全

（1）作业许可 （2）警示标志	（3）作业环节 （4）承包商

八、职业健康

（1）职业危害项目申报 （3）劳动防护用品	（2）作业场所职业危害管理

九、危险化学品管理

（1）危险化学品档案 （2）化学品分类 （3）化学品安全技术说明书和安全标签 （4）化学事故应急咨询服务电话	（5）危险化学品登记 （6）危害告知 （7）储存和运输

十、事故与应急

（1）应急指挥与救援系统	（4）抢险与救护
（2）应急救援设施	（5）事故报告
（3）应急救援预案与演练	（6）事故调查

十一、检查与自评

（1）安全检查	（3）整改
（2）安全检查形式与内容	（4）自评

第四章　安全生产技术

　　所谓安全生产技术,是指企业在进行生产过程中,为防止伤亡事故,保障劳动者人身安全采取的各种技术措施。安全技术与生产技术紧密相连。如果生产技术和生产工艺有了改变,就必须重新研究是否可能出现新的安全问题,进而采取新的措施,消除新的不安全因素。

　　安全技术措施是指运用工程技术手段消除物的不安全因素,实现生产工艺和机械设备等生产条件本质安全的措施。

　　按照导致事故的原因,把安全技术措施分为预防事故发生的安全技术措施、控制事故发生的安全技术措施、消除减少事故损失的安全技术措施。

　　采取安全技术措施是为了防止事故发生,采取约束、限制能量或危险物质,防止其意外释放。安全技术措施是运用工程技术手段消除物的不安全因素,实现生产工艺和机械设备等生产条件本质安全的措施。

　　防止事故发生的安全技术措施有消除危险源、限制能量或危险物质、隔离等。

　　生产经营单位为了保证安全资金的有效投入,应编制安全技术措施计划,其核心是安全技术措施。编制安全技术措施计划要在编制生产财务计划的同时进行,但不能仅看作是生产经营单位生产财务计划的一个组成部分。

　　安全监控作为防止事故发生和减少事故损失的安全技术措施,是发现系统故障和异常的重要手段。

　　防止重大工业事故发生的第一步,是辨识或确认高危险性工业设施(危险设施)。

　　隔离是把被保护对象与意外释放的能量或危险物质等隔开,属于防止事故发生、减少事故损失的安全技术措施。

　　危险化学品安全技术的主要措施是急救措施、消防措施、泄漏应急处理、操作处置与存储、接触控制、个体防护等。

　　本章主要介绍防火防爆技术措施,触电防护技术措施,典型化工工艺过程的安全技术措施,锅炉、压力容器、气瓶、工业管道、起重机械安全技术措施等。

第一节　防火防爆技术

　　危险化学品生产中,原料、生产中的中间体和产品许多属易燃、易爆品,化工生产过程又多为高温、高压环境。在生产或储运中,若设计不合理、操作不当、管理不善,都有可能引起火灾或爆炸事故。因此,防火防爆技术对于危险化学品的安全生产尤为重要,而限制火灾扩散与蔓延是防火防爆的主要原则之一。

一、火灾分类

《火灾分类》标准(GB/T 4968),根据物质燃烧特性将火灾分为 A、B、C、D、E、F 六类。

A 类火灾:指固体物质火灾。如木材、棉、毛、麻、纸张等的火灾,固体有机物质燃烧的火灾。

按照《建筑设计防火规范》,可燃固体火灾危险性为丙类。

B 类火灾:指液体火灾和可熔化的固体物质火灾。如汽油、煤油、原油、甲醇、乙醇、沥青、石蜡火灾。易燃可燃液体燃烧的火灾为 B 类火灾。

C 类火灾:指气体火灾。如煤气、天然气、甲烷、乙烷、丙烷、氢等引起的火灾。氢气泄漏时,易在空间顶部聚集。

D 类火灾:指金属火灾。如钾、钠、镁、钛、锆、锂、铝镁合金火灾等。

金属燃烧属于表面燃烧。轻金属燃烧的火灾为 D 类火灾。

金属钠遇水剧烈反应并放出氢气。

E 类火灾:指带电火灾,即物体带电燃烧的火灾,如电器火灾。

F 类火灾:指烹饪器具内的烹饪物(如动植物油脂)火灾。

一般来说,物质越易燃,其火灾危险性就越大。可燃物气体、液体、固体三者中,固体的火灾危险性较小。

有些物质燃烧不会产生火焰。

二、爆炸事故易发生的场合

在化工生产中,由于本身存在着固有的潜在危险因素,所以安全工作的难度较其他工业要大。多年来,爆炸事故时有发生,主要发生在以下几种场合:

(一)过氧爆炸

可燃气体中的含氧量是化工生产过程中必须严格控制的工艺指标。氧含量超过安全界限,则容易形成爆炸混合物,在激发能源的作用下就能发生爆炸事故。

(二)物料互串引起爆炸

生产中的各种物料大多具有燃烧和爆炸性质,因此,当物料发生互串后,如氧气串入可燃气体中,可燃气体串入空气(氧气)中,或串入检修的设备中,均能引起爆炸。

可燃气体、可燃蒸气或可燃粉尘与空气组成的混合物在一定的浓度区间或混合后达到一定比例,遇点火源才可能发生爆炸。

高压可燃气体容易发生爆炸事故。

(三)违章动火引起爆炸

生产过程中,常伴有设备检修的动火作业。如果违反操作规程,仅凭经验而不采取必要的安全措施,违章动火,会引起爆炸。

(四)静电引起火灾爆炸

化工生产所输送的介质绝大多数是易燃易爆的液体、气体或固体。这些物料的电阻率高,导电性能差,产生的静电不易散失,造成静电积累,当达到某一数值后,便出现静电放电。静电放电火花能引起火灾和爆炸事故,这是静电的最大危害。

(五)积炭引起火灾爆炸

压缩机由于积炭导致爆炸,主要是因为润滑油质量不符合要求、用量过大等原因,在被压缩的空气中氧化,形成爆炸性混合物。

(六) 压力容器爆炸

压力容器由于设计、制造、使用、维护等方面存在问题,加之安全管理制度不健全,检测手段不完善,设备超期服役或存在缺陷未及时发现造成爆炸事故。

(七) 安全装置失灵引起爆炸

化工企业常用的安全装置有防护、信号、保险、卸压、联锁等,这些安全装置是根据生产的需要而设置的,以便提高安全生产的可靠性,一旦失灵易造成事故。

(八) 负压吸入空气引起爆炸

因生产协同不当、操作失误、设备和管道突然开裂、停车不及时、安全联锁失灵等原因,导致设备或生产系统形成负压,空气被吸入与可燃气体混合,形成爆炸性混合物,在高温、摩擦、静电等能源作用下即能引起火灾爆炸事故。

(九) 带压作业引起爆炸

带压作业在化工企业,特别是老装置中采用的机会较多,因为装置老化,跑、冒、滴、漏经常发生,为了确保正常生产,采用切实可行的安全措施带压堵漏是允许的,也是安全的。但是,有的企业在不减压的情况下热紧螺栓、消漏换垫等也常常引起爆炸事故。

(十) 过热液体和液化气体爆炸

水、有机液体等液体物质在容器内处于气液两相共存的过热饱和状态,容器一旦破裂,气液平衡被破坏,液体就会迅速汽化而发生爆炸;液化气体容器或贮罐在外壳破裂后气液平衡被破坏,液体突然汽化发生爆炸。

加压后使气体液化时所允许的最高温度,称为临界温度。

(十一) 粉尘爆炸

可燃性粉尘与空气形成爆炸性混合体系的爆炸。一般情况下,粉尘爆炸事故发生的概率不高,但随着化工行业的发展、原料的多样化、生产的连续化,粉尘爆炸的潜在危险也在增大。粉尘爆炸的可能性与它的物理化学性质有关,即与粉尘的可燃性、浮游状态、在空气中的含量以及点火能源的强度等因素有关。

三、火灾爆炸事故的预防措施

(一) 控制可燃物和助燃物

1. 工艺过程中控制用量

在化工生产中,原料、成品的质量过关是保证防火安全的重要条件。尽量在工艺过程中不用或少用易燃易爆物。这只能在可行的工艺条件下进行,如通过工艺或生产设备的改造,使用不燃溶剂或火灾爆炸危险性较小的难燃溶剂。一般沸点较高的液体物质不易形成爆炸性混合体系,如沸点在 110 ℃以上的液体,在常温下,通常不致形成爆炸体系。

2. 加强密闭

防止反应釜的跑、冒、滴、漏,特别是防止有害、易燃介质的泄漏,选择合理的密封装置十分重要。为了防止易燃气体、蒸气和可燃性粉尘与空气构成爆炸性混合物,应设法使生产设备和容器尽可能密闭,对于带压的设备,更应注意它的密闭性,以防止气体或粉尘逸出与空气形成爆炸性混合物;对于真空设备,应防止空气流入设备内部达到爆炸极限。输送腐蚀性物料的管道应该埋地敷设。

为保证设备的密闭性,对危险设备及系统应尽量少用法兰连接,但要保证安装检修方便;输送危险气体、液体的管道应采用无缝钢管;盛装腐蚀性介质的容器,底部尽可能不装开关和阀门,腐蚀性液体应从顶部抽吸排出;如用计液玻璃管观察液面情况,要装设可靠的保护,以免打碎玻璃漏出易燃液体,慎重使用脆性材料。

安全液封一般要安装在气体管线与生产设备或气柜间。水封井是安全液封的一种,一般设置在含有可燃气(蒸气)或者油污的排污管道上,以防燃烧爆炸沿排污管道蔓延。一般说来,水封高度不应小于 250 mm。

密封连接处两侧介质存在速度差和泄漏的原因无关。

在环氧乙烷或环氧乙烷水溶液泵的动密封附近,应设喷水防护设施。

强腐蚀液体的排液阀门,宜设双阀。固定泡沫装置管线控制阀不可以设在防火堤内。

3. 注意通风排气

要使设备完全密封是有困难的,尽管已经考虑得很周到,但总会有部分蒸气、气体或粉尘泄漏到容器外。对此,必须采取另外一些安全措施,使可燃物的含量达到最低,也就是说要保证易燃、易爆、有毒物质在厂房生产环境里不超过最高允许浓度,这就是通风排气。

对通风排气的要求,应从以下两种情况考虑:对于仅是易燃易爆的物质,其在厂房内的浓度要低于爆炸下限的 1/4;对于既易燃易爆又具有毒性的物质,应考虑到在有人操作的场所,其容许浓度只能由毒性的最高容许浓度来决定,因为一般情况下毒物的最高容许浓度比爆炸下限还要低得多。

对局部通风应注意气体或蒸气的密度。密度比空气大的要防止可能在低洼处积聚,密度轻的要防止在高处死角积聚。

设备的一切排气管都应伸出屋外,高出附近屋顶。排气管不应造成负压,也不应堵塞,如排出蒸气遇冷凝结,则放空管还应考虑有蒸气保护措施。

通风情况是划分爆炸危险区域的重要因素,它分为自然通风和机械通风两种类型。

工作场所内危害物质不能控制在一定区域内,这时应采用全面通风的方式。

有火灾爆炸危险的厂房内,通风气体不可以循环使用。

通风、正压型电气设备应与通风、正压系统联锁,运行前必须先通风,停机时应先停电气设备。

石油化工企业中,无飞火的明火设备,应布置在有散发可燃气体的设备、建筑物的主导风向上风头和侧风头。

一次点燃未成功需要重新点燃时,一定要在点火前给炉膛烟道重新通风,待充分清除可燃物之后再进行点火操作。可燃尾气的烟道不可以用砖石垒砌。

事故排风的室外排风口不应布置在人员经常停留或经常通行的地点,应高于 20 m 范围内最高建筑物屋顶 3 m 以上。不应将事故排风的排放口朝向室外空气动力正压区。

4. 惰性化

可燃气体、蒸气或粉尘与空气的混合物中充入惰性气体,降低氧气、可燃物的百分比,从而消除爆炸危险和火焰的传播。

(1)最小氧气浓度:燃烧反应中,氧气是一种关键成分,燃烧的传播要求有一个最小氧气浓度。低于最小氧气浓度,反应就无法生成足够的热量来加热所有的气体混合物,从而也就无法使燃烧自身的传播得到延续。

最小氧气浓度是指在空气和燃料的体积之和中氧气所占的百分比,低于这个比值,火焰就不能传播。如果没有实验数据则可以通过燃烧反应的化学计算式及爆炸下限来估算最小氧气浓度。这种方法适用于许多碳氢化合物。

(2) 惰性化。惰性化可以是将惰性气体加入易燃混合物以降低氧气浓度,使现有氧气浓度低于最小氧气浓度的过程,也可以是以惰性气体置换容器、管道内的可燃物,使可燃气体降至爆炸下限以下的过程。

为确保易燃易爆物质粉碎研磨过程的安全,密闭的研磨系统内应通入惰性气体进行保护。工业生产中,用惰性介质保护是防止形成爆炸性混合物的重要措施。惰性气体、雾化水、卤代烃等均能对可燃雾滴的燃烧产生抑制作用。

5. 监测空气中易燃易爆物质的含量

测定厂房空气中生产设备系统内易燃气体、蒸气和粉尘浓度,是保证安全生产的重要手段之一。特别是在厂房或设备内部要动火检修时,既要测定易燃气体或蒸气是否超过卫生标准或爆炸极限,当有人进入设备时,还应监测含氧量,过高或过低均不适宜。

液化气罐区及贮罐的安全防火要求比汽油罐区及贮罐还严格。

在可燃、有毒物质可能泄漏的区域设报警仪,是监测空气中易燃易爆物质含量的重要措施。

6. 工艺参数的安全控制

在化工生产过程中,工艺参数主要指温度、压力、流量、投料比等。按工艺要求严格控制工艺参数在安全限度以内,是实现化工生产的基本条件。而对工艺参数的自动调节和控制,则是保证生产安全的重要措施。重点控制反应的温度、压力、投料比以及副反应的发生。

对于放热反应,投料速度不能过快。催化剂对反应速度的影响很大,若配比失误,多加了催化剂,也有发生燃烧、爆炸的危险。

可燃混合物的化学反应速度越快,反应放出的热量就越多,则燃速越快。

(二) 着火源及其控制

为预防火灾或爆炸灾害,对着火能源的控制是一个重要问题。引起火灾爆炸事故的能源(着火源)主要有以下几个方面,即明火、高温表面、摩擦和碰撞、绝热压缩、自行发热、电气火花、静电火花、雷击和光热射线等,对于这些着火源,在有火灾爆炸危险的生产场所都应引起充分的注意和采取严格的预防措施。

但并不是说,在空气充足的条件下,可燃物与火源接触即可着火。

1. 明火及高温表面

工厂中的明火是指生产过程中的加热用火和维修用火,即生产用火。另外还有非生产用火,如取暖用火、焚烧、吸烟等与生产无关的明火。

易燃易爆危险场所严禁吸烟。

案 例

某机械制造厂仪表车间车工班的李某、徐某、陈某和徒工小张、小孟及徐某的妻子饶某,聚集在一间约 $18 m^2$ 的休息室内,用一个 $5 kW$ 的电炉取暖。将门窗紧闭,墙角存放一个盛装 $15 kg$ 汽油的玻璃瓶。玻璃瓶内压力随着室温升高而加大,先后两次将瓶塞顶出,被徒工小孟先后两次用力塞紧。由于瓶内压力不断增大,把玻璃瓶胀开一道裂缝,汽油慢慢向外渗出,流向电炉。坐在电炉旁的陈某、饶某发现汽油渗出后,立刻用拖布擦拭汽油。在擦拭清理过程中,拖布上的汽油溅到电炉丝上,瞬间电炉就燃烧起来,火焰顺着油迹向汽油瓶烧去。屋内的几个人见势不妙都往门口跑,徐某用力把门打开,因屋内充满汽油蒸气,门一开,屋外充足的氧气使屋内刹那间火光冲天,汽油瓶爆炸。造成3人被烧死,其他人被烧伤,房屋和机床被烧毁,经济损失惨重。

根据上述事实,引发该事故的着火源是明火。

(1)加热:在工业生产中为了达到工艺要求经常要采用加热操作,如燃油、燃煤的直接明火加热,电加热,蒸汽、过热水或其他中间载热体加热,在这些加热方法中,对于易燃液体的加热应尽量避免采用明火。一般温度加热时可采用蒸汽或过热水,较高温度时也可采用其他热载体加热。但热载体的加热温度必须低于其安全使用温度,在使用时要保持良好的循环并留有热载体膨胀的余地,要定期检查热载体的成分,及时处理和更换变质了的热载体。

(2)动火维修:在易燃易爆物料的场所,应尽量避免动火作业。如果因为生产急需无法停工,应将要检修的设备管道卸下移至远离易燃易爆的安全地点进行。

固体块状物料与粉料输送的危险主要来自设备和输送物料特性。对输送、贮存易燃易爆物料的设备、管道进行检修时,应将有关系统彻底处理,用惰性气体吹扫置换,并经分析合格后方可动火。

易燃易爆作业场所不能用扫帚清扫粉尘。

当检修的系统与其他设备管道连通时,应将相连的管道拆下断开,或加堵金属盲板隔离。在加盲板处要挂牌并登记,防止易燃易爆物料窜入检修系统或因遗忘造成事故。

电焊地线破残应及时更换修补,不能利用与生产设备有联系的金属构件作为电焊地线,以防止在电路接触不良时产生电火花。

使用喷灯在易燃易爆场所作业,要按动火制度规定进行。

维修作业时在禁火区动火,要严格执行动火审批、动火分析等规范和规定,采取预防措施,并加强监督检查,以确保安全作业。

气焊(割)作业中,乙炔气瓶和氧气瓶之间应有足够的安全距离(≥5 m),与明火点应保持10 m以上的距离。但是有一道考核题表述为:"乙炔气瓶与氧气瓶存放时不得少于(　　)m,使用时两者的距离不得少于(　　)m",答案应选择"2;5",但该题的表述是不正确的。

2. 摩擦与撞击

机器中轴承等转动部分的摩擦、铁器的相互撞击或铁器工具打击混凝土地面等,都可能产生火花。当管道或容器裂开,物料喷出,也可能因摩擦而起火。因此,在有火灾爆炸危险的场所,应采取防止火花生成的措施。

在易燃易爆场所穿带铁钉鞋最危险。易燃易爆场所中也不能使用铁制工具。为防止金属零件落入设备内发生撞击产生火花,应在设备上安装磁力吸附器,以清除混入物料中的铁器。

3. 绝热压缩

在爆炸性物质的处理中,如果其中含有微小气泡时,有可能受到绝热压缩,导致意想不到的爆炸事故。

4. 电气火花

一般的电气设备很难完全避免电火花的产生,因此在有爆炸危险的场所必须根据物质的危险性正确选用不同的防爆电气设备。电火花点燃易燃物品需要有一定的点火能量,没有足够的点火能量也不能点燃易燃物品。例如,用电火花点燃甲烷和空气的混合物时,当点火能量为0.18 mJ,该混合气体不会着火。

5. 其他火源的控制

(1) 防止自燃。

(2) 严禁吸烟。

(3) 有些化学反应,在反应过程中放出大量热量,如热量不能及时散去而积聚,使温度升高成为点火源,要注意监控。

(4) 烟囱飞火,汽车、拖拉机、柴油机等的排气管喷火都可能引起可燃、易燃气体或蒸气的爆炸事故,故此类运输工具不得进入危险场所;必须要进入时,要安装阻火装置,阻火装置是防火的安全装置。

(5) 手机、对讲机等通信工具可能成为点火源。

(三) 灭火的基本方法和常用灭火器的使用

1. 灭火的基本方法

常用的灭火方法有冷却灭火法、隔离灭火法、窒息灭火法和抑制灭火法。

(1) 冷却灭火法:冷却灭火法就是将灭火剂直接喷洒在燃烧着的物体上,将可燃物的温度降低到燃点以下,从而使燃烧终止。这是扑救火灾最常用的方法。冷却的方法主要是采取喷水或喷射二氧化碳等灭火剂,将燃烧物的温度降到燃点以下。

水和二氧化碳在灭火过程中不参与燃烧过程中的化学反应,所起的是物理灭火作用。

水蒸气的灭火原理在于降低燃烧区的含氧量。

在扑灭油品火灾时需要同时用水冷却贮罐。

(2) 隔离灭火法:隔离灭火法就是将燃烧物体与附近的可燃物质隔离或疏散开,使燃烧停止。这种方法适用扑救各种固体、液体和气体火灾。

采取隔离灭火法的具体措施有:将火源附近的可燃、易燃、易爆和助燃物质,从燃烧区内转移到安全地点;关闭阀门,阻止气体、液体流入燃烧区;排除生产装置、设备容器内的可燃气体或液体;设法阻拦流散的易燃、可燃液体或扩散的可燃气体;拆除与火源相毗连的易燃建筑结构,造成防止火势蔓延的空间地带;用水流封闭或用爆炸等方法扑救油气井喷火灾;采用泥土、黄沙筑堤等方法,阻止流淌的可燃液体流向燃烧点。

(3) 窒息灭火法:窒息灭火法就是阻止空气流入燃烧区,或用不燃物质冲淡空气,使燃烧物质隔绝氧气的助燃而熄灭。这种灭火方法适用于扑救一些封闭式的空间和生产设备装置的火灾。

(4) 抑制灭火法:抑制灭火法,是将化学灭火剂喷入燃烧区使之参与燃烧的化学反应,从而使燃烧反应停止。采用这种方法可使用的灭火剂有干粉和卤代烷灭火剂及替代产品。

2. 常用灭火器的使用

在化工生产装置区,应按规范设置一定数量的移动灭火器材,以扑救初起火灾。其类型有:

(1) 化学泡沫灭火器:化学泡沫灭火器主要用于扑救闪点在 318 K 以下的易燃液体的着火,如汽油、煤油、香蕉水、松香水等非水溶性可燃、易燃液体的火灾,也能扑救固体物料的火灾,如木材、纤维、橡胶等火灾。但对水溶性可燃、易燃液体,如醇、醚、酯、醛、酮、有机酸等,带电设备,轻金属、碱金属等遇水可发生燃烧爆炸的物质的火灾,切忌使用。

抗溶性泡沫不仅可以扑救一般液体烃类的火灾,还可以有效地扑救水溶性有机溶剂的火灾。

(2) 酸碱灭火器:手提式酸碱灭火器适用于扑救竹、木、毛、草、纸等一般可燃固体物质的初起火灾,但不宜用于油类、忌水、忌酸物质及电气设备的火灾。

(3) 二氧化碳灭火器:二氧化碳灭火器有很多优点,灭火后不留任何痕迹,不损坏被救物品,不导电,无毒害,无腐蚀,用它可以扑救电器设备、精密仪器、图书资料、档案等火灾。但忌用于某些金属,如钾、钠、镁、铝、铁及其氢化物的火灾,也不适用于某些能在惰性介质中自身供氧燃烧的物质,如硝化纤维火药的火灾,它难以扑灭一些纤维物质内部的阴燃火。

(4) 干粉灭火器:干粉灭火剂无毒、无腐蚀作用,主要用于扑救石油及其产品、可燃气体和电器设备的初起火灾以及一般固体的火灾。扑救较大面积的火灾时,需与喷雾水流配合,以改善灭火效果,并可防止复燃。

此外,灭火要特别注意以下几点:

① 爆炸品禁止使用沙土盖压。

② 扑灭金属火灾时禁止用水,可用干燥的沙子或特殊的灭火剂。

③ 四氯化碳灭火器的灭火剂毒性大,已经被淘汰了。

④ 由于着火时烟气大多聚集在上部空间,如石油液化气或城市煤气火灾,具有向上蔓延快、横向蔓延慢的特点,因此,在逃生时不要直立行走,应弯腰或匍匐前进。如果多层楼着火,楼梯的烟气火势特别猛烈时,可利用房屋的阳台、雨水管、雨篷逃生。

⑤ 细水雾灭火系统灭火效率高,同时对环境无影响,它能够代替卤代烷等对环境有破坏的气体灭火系统及现有的会造成水渍损失的自动喷水灭火系统。

第二节　电气安全技术

一、触电防护技术

(一)触电事故的种类

电气事故主要包括触电事故、静电危害、电磁场危害、电气火灾和爆炸、雷击以及危及人身安全的线路故障和设备故障。

触电方式包括直接接触触电和间接接触触电。直接接触触电包括单相触电和两相触电,间接接触触电包括跨步电压触电、接触电压触电、感应电压触电和雷击触电。

人体直接接触或过分接近正常带电体而发生的触电现象称为直接接触触电。造成直接接触触电的主要原因是运行、检修和维护上的失误。

跨步电压触电是一种间接接触触电。跨步电压是指地面上水平距离为 0.8 m 的两点之间的电位差。

直接接触触电与间接接触触电最主要的区别是发生电击时所触及的带电体是正常运行的带电体还是意外带电的带电体。

触电时,电流对人体的伤害可分为局部电伤和全身性电伤(电击)两类或者称电伤和电击伤两种。人身触电事故并不是特指电击事故。

1. 局部电伤

局部电伤是指在电流或电弧的作用下,人体部分组织的完整性明显遭到损伤。有代表性的局部电伤有电灼伤、电标志、皮肤金属化、机械损伤和电光眼。

（1）电灼伤：可分为接触灼伤和电弧灼伤。接触灼伤是人体与带电体直接接触，电流通过人体时产生热效应的结果，通常造成皮肤灼伤，只有在大电流通过人体时，才可能损伤皮下组织。电弧灼伤是指电气设备的电压较高时产生强烈的电弧或电火花，灼伤人体，甚至击穿部分组织或器官，并使深部组织烧死或使四肢烧焦。电弧烧伤也叫电伤。

（2）电标志：电流通过人体时，在皮肤上留下青色或浅黄色的斑痕。

（3）皮肤金属化：当拉断电路开关或刀闸开关时，形成弧光短路，被熔化了的金属微粒飞溅，渗入裸露的皮肤；或由于人体某部位长时间紧密接触带电体，使皮肤发生电解作用，电流将金属粒子带入皮肤。

（4）机械损伤：电流通过人体时，产生机械—电动力效应，致使肌肉抽搐收缩，造成肌腱、皮肤、血管及神经组织断裂。

（5）电光眼：眼睛受到紫外线或红外线照射后，角膜或结膜发炎。

2. 全身性电伤

遭受电击后，人体维持生命的重要器官和系统的正常活动受到破坏，甚至导致死亡。

（二）电流对人体的伤害

1. 电流对人体的伤害

电流对人体的伤害有电击、电伤和电磁场生理伤害等三种形式。

（1）电击：是指电流通过人体，破坏人的心脏、肺及神经系统的正常功能。

触电事故中，绝大部分是人体接受电流遭到电击导致人身伤亡的。

室颤电流是短时间作用于人体而引起心室纤维性颤动的最小致命电流。室颤电流与电流持续时间关系密切。在 100 V 以下的低压系统中，电流会引起人的心室颤动，使心脏由原来的正常跳动变为每分钟数百次以上的细微颤动。这种颤动足以使心脏不能再泵送血液，导致血液终止循环和大脑缺氧，发生窒息死亡。

电击对人体的伤害的严重程度从轻度烧伤直至死亡，取决于电流的种类和强度、触电部位的电阻、电流通过人体的路径以及触电持续时间长短。

产生相同生理效应所需的直流电比交流电大，直流电的室颤阈比交流电的室颤阈大，交流电更容易引发心室纤维性颤动。

流经心脏的电流越多，电流路线越短，电击危险性越大。电流对人体心脏伤害的危险性最大。如果触电者伤势严重，呼吸停止或心脏停止跳动，应竭力施行人工呼吸和胸外心脏按压。

直流电流与交流电流相比，容易摆脱，其室颤电流也比较大，因而，直流电击事故很少。

（2）电伤：是指电流的热效应、化学效应或机械效应对人体的伤害，也可表述为电伤是电能转换成热能、机械能等其他形式的能量作用于人体，对人体造成的伤害，主要有电弧灼伤、熔化金属溅出烫伤等。

电气机械性损伤也叫电伤，是触电事故的一种。电伤伤害多见于机体的外部，往往在机体表面留下伤痕。

（3）电磁场生理伤害：是指在高频电磁场的作用下，人出现头晕、乏力、记忆力减退、失眠等神经系统症状。为了防止电磁场的危害，应采取接地和屏蔽防护措施。

2. 电流对人体伤害程度的影响因素

电流对人体的伤害程度与下列因素直接相关：

（1）流经人体的电流强度；

（2）电流通过人体的持续时间；

（3）电流通过人体的途径；

（4）电流的频率；

（5）人体的健康状况等。

通过人体的电流越大，通电时间越长，人体的生理反应越明显，人体感觉越强烈，致命的危险性就越大。电流持续时间越长，人体电阻因出汗等原因而降低，使通过人体的电流进一步增加，危险性也随之增加。从电流通过人体途径来看，一般认为，电流通过人体的心脏、肺部和中枢神经系统的危险性大，其中以电流通过心脏的危险性最大。所以，按电流通过的途径来区别危险程度，首先以从手到脚的电流途径最危险，人体触电的最危险途径为胸至左手，因为沿这条途径有较多的电流通过心脏、肺部和脊柱等重要器官；其次是从一只手到另一只手的电流途径；最后是从一只脚到另一只脚的电流途径。但后者容易因剧烈痉挛而摔倒，导致电流通过全身，造成摔伤、坠落等严重二次事故。

不是工频交流电流的频率越高，对人体的伤害作用越大。$25\sim300$ Hz 的交流电流对人体伤害最严重。电气设备通常都采用工频（50 Hz）交流电，这对人的安全来说是最危险的频率。另外，人的健康状况不同，对电流的敏感程度和可能造成的危险程度也不完全相同。工频交流电的平均感觉电流，成年男性约为 1.1 mA。凡患有心脏病、神经系统疾病和肺结核的人，受电击伤害的程度都比较重。

（三）触电防护措施

预防触电事故的主要技术措施有以下几种：

1. 使用安全电压

安全电压是指不直接致死或致残的电压。它是制定电气安全规程和一系列电气安全技术措施的基础数据。安全电压系列的上限值，在任何情况下，两导体间或任一导体与地之间均不得超过交流（频率为 $50\sim500$ Hz）有效值 50 V。

安全电压决定于人体允许电流和人体电阻。安全电压能限制人员触电时通过人体的电流在安全电流范围内，从而在一定程度上保障了人身安全。人体电阻随着接触电压升高而急剧降低。

国家标准规定，安全电压额定值的等级为 42 V、36 V、24 V、12 V、6 V。当电气设备采用了超过 24 V 电压时，必须采用防止人直接接触带电体的保护措施。凡手提照明灯、危险环境和特别危险环境的局部照明灯、高度不足 2.5 m 的一般照明灯、危险环境和特别危险环境中使用的携带式电动工具，如果没有特殊安全结构或安全措施，应采用 36 V 安全电压；凡工作地点狭窄，行动不便，以及导电良好，周围有大面积接地导体的环境（如金属容器内、隧道或矿井内等），所使用的手提照明灯应采用 12 V 安全电压。行灯和机床、钳台局部照明应采用安全电压，容器内和危险潮湿地点电压不得超过 12 V。安全电压插销座不应带有接零（地）插头或插孔，不得与其他电压的插销座插错。

2. 保证绝缘性能

绝缘是用绝缘物把带电体与人体隔离，防止人体与带电体的接触。电气设备的绝缘，就是用绝缘材料将带电导体封闭，使之不触及人，从而防止触电。一般使用的绝缘材料有瓷、云母、橡胶、塑料、布、纸、矿物油及某些高分子合成材料。特定作业环境下（潮湿、高温、有导电性粉尘、腐蚀性气体的工作环境，如铆工、锻工、电镀、漂染车间和空压站、锅炉房等场所），可选用加强绝缘或双重绝缘的电动工具、设备和导线。

但绝缘也会遭到损坏，如机械损伤、电压过高或绝缘老化产生电击穿等。绝缘损坏会使电气设备外壳带电的机会增加,增加触电机会。因此,必须保持电气设备规定的绝缘强度。衡量绝缘性能最基本的指标是绝缘电阻,足够的绝缘电阻能把泄漏电流限制在很小的范围内,可防止漏电事故。不同电压等级的电气设备绝缘电阻要求不同,要定期测定。

电工应正确使用绝缘用具,穿戴绝缘防护用品。雨天穿用的胶鞋,在进行电工作业时不可以当作绝缘鞋使用。如果工作场所潮湿,为避免触电,使用手持电动工具的人应穿绝缘靴,站在绝缘垫上操作。在使用高压验电器时操作者应戴绝缘手套。

3. 采用屏护

屏护是采用遮栏、护罩、护盖、箱匣等把带电体同外界隔绝开来。屏护可分为屏蔽和障碍。屏蔽是完全的防护,障碍是不完全的防护。某些电器的活动部分不能绝缘,或高压设备的绝缘不能保证近距离人的安全,应有相应的屏护。

屏护是一种对电击危险因素进行隔离的手段。屏护装置把带电体同外界隔离开来,防止人体触及或接近。屏护所采用的材料应有足够的机械强度和耐火性能。必要时可设置声光报警信号和联锁保护装置。

4. 保持安全距离

安全距离是指有关规范明确规定的、必须保持的带电部位与地面建筑物、人体、其他设备之间的最小电气安全空间距离。安全距离的大小取决于电压的高低、设备的类型及安装方式等因素,大致可分为四种:各种线路的安全距离、变配电设备的安全距离、各种用电设备的安全距离、检验维修时的安全距离。为了防止人体触及和接近带电体,避免车辆或其他工具碰撞或过分接近带电体,防止火灾、过电压放电和各种短路事故,在带电体与地面之间、带电体与带电体之间、带电体与人体之间、带电体与其他设施和设备之间,均应保持安全距离。例如,10 kV 接户线对地距离不应小于 4.0 m,低压接户线对地距离不应小于 2.5 m。

5. 合理选用电气装置

合理选用电气装置是减少触电危险和火灾爆炸危害的重要措施。选择电气设备时主要根据周围环境的情况,如在干燥少尘的环境中,可采用开启式或封闭式电气设备;在潮湿和多尘的环境中,应采用封闭式电气设备;在有腐蚀性气体的环境中,必须采用封闭式电气设备;在有易燃易爆危险的环境中,必须采用防爆式电气设备。

6. 装设漏电保护装置

漏电保护器是一种在设备及线路漏电时保证人身和设备安全的装置,其作用主要是防止由于漏电引起的人身触电,并防止由于漏电引起的设备火灾,以及监视、切除电源一相接地故障。依据《漏电保护器安全监察规定》和《剩余电流动作保护装置安装和运行》(GB 13955)的要求,在电源中性点直接接地的保护系统中,在规定的设备、场所范围内必须安装漏电保护器和实现漏电保护器的分级保护。对一旦发生漏电切断电源时会造成事故和重大经济损失的装置和场所,应安装报警式漏电保护器。

漏电保护装置可以用于检测和切断各种一相接地故障。有的漏电保护装置带有过载、过压、欠压和缺相保护功能。电源采用漏电保护器做分级保护时,应满足上、下级开关动作的选择性。一般上一级漏电保护器的额定漏电电流不小于下一级漏电保护器的额定漏电电流。漏电保护器安装完成后,要按照《建筑电气工程施工质量验收规范》(GB 50303)要求,对完工的漏电保护器进行试验,以保证其灵敏度和可靠性。试验时可操作试验按钮三次,带负荷分合三次,确认动作正确无误,方可正式投入使用。

在选择漏电保护器时,选择的额定动作电流并不是越小越好。

7. 保护接地与接零

（1）保护接地：保护接地就是把用电设备在故障情况下可能出现危险的金属部分（如外壳等）用导线与接地体连接起来，使用电设备与大地紧密连通。保护接地的作用是限制漏电设备的对地电压，使其不超出安全范围。在电源为三相三线制中性点不直接接地或单相制的电力系统中，应设保护接地线。当电源的某一相漏电时，用电设备金属部分就带有与相电压相等的电压，接地电流在人体和电网对地绝缘阻抗形成回路。而有了接地后，漏电设备对地电压主要决定于接地电阻的大小。

接地装置广泛选用自然接地极。接地设计中，利用与地有可靠连接的各种金属结构、管道和设备作为接地体，称为自然接地体。例如，与大地有可靠连接的建筑物的金属结构，敷设于地下的水管路等均可以用作自然接地极。自然接地体的电阻要能满足要求并不对自然接地体产生安全隐患。并不是凡与大地有可靠接触的金属导体均可作为自然接地体。严禁将氧气管道和乙炔管道等易燃易爆气体管道作为自然接地极。低压配电网，保护接地电阻不超过 4 Ω 即能将其故障时对地电压限制在安全范围以内。电阻超过 4 Ω 时，应采用人工接地极。由于保护接地电阻值远小于电网相对地的绝缘阻抗，所以大大降低了设备带电体的对地电压。接地电阻值越小，越能把带电体的对地电压控制在安全电压范围内。

电气工程通常所说的地是指离接地体 20 m 以外的大地。

在触电事故中携带式和移动式电器设备触电事故较多。手持式电动工具的接地线，每次使用前应进行检查。变压器中性点接地叫作工作接地。

需要指出的是，正常时中性点接地的电网比不接地的电网的单相触电的危险性要大，并不是只要做好设备的保护接地或保护接零就可以杜绝触电事故的发生，保护接地并不适用于各种接地配电网。

应该指出，在电源为三相四线制变压器中性点直接接地的电力系统中，是不能单纯采取保护接地措施的。如果采取保护接地，当某相发生碰壳短路时，人体与保护接地装置处于并联状态，加在人体上的电压等于接地电阻的电压降，一般可达 110 V，这个电压对人体还是很危险的。这就是说，在三相四线制变压器中性点接地的电力系统中，单纯采取保护接地虽然比不采取任何安全措施要好，但并没有从根本上保证安全，危险性依然存在。

（2）保护接零：保护接零就是把电气设备在正常情况下不带电的金属部分（外壳），用导线与低压电网的零线（中性线）连接起来。在电压为三相四线制变压器中性点直接接地的电力系统中，应采用保护接零。同时，在中性点直接接地的系统中，如果用电设备上不采取任何安全措施，一旦设备漏电，触及设备的人体将承受近 220 V 的相电压，是很危险的。采取保护接零就可以消除这一危险。各保护接零设备的保护线与电网零干线相连时，应采用并联方式。保护线与工作零线不得共线。电源中性点与零点的区别在于，当电源中性点与接地装置有着良好连接时，中性点便称零点。

当某相带电部分与设备外壳碰连时，通过设备外壳形成相线对零线的单相短路（即碰壳短路），短路电流 I_d 能促使线路上的保护装置（熔断器 FU）迅速动作，从而把故障部分断开，消除触电危险。熔断器的额定电压必须大于等于配电线路电压。

一般情况下保护接零不能将漏电设备对地电压降低到安全范围以内。

应当注意的是，在三相四线制电力系统中，不允许只对某些设备采取接零，而对另外一些设备只采取保护接地而不接零，否则，采取接地（不接零）的设备发生漏电时，电流通过两接地体构成回路，采用接地的漏电设备和采用接零的非漏电设备上都可能带有危险电压。

正确的做法是:采取重复接地保护装置,就是将零线上的一处或多处通过接地装置与大地再次连接,通常是把用电设备的金属外壳同时接地和接零。

根据 IEC 的规定,接地系统分为三大类,即 IT、TT、TN 系统。其中(接地的电网)电气设备金属外壳采用保护接零的是 TN 系统。

还应该注意,零线回路中不允许装设熔断器和开关。任何电气设备在未验明无电之前,一律按有电处理。停电检修时,在一经合闸即可送电到工作地点的开关或刀闸的操作把手上,应悬挂"禁止合闸、有人工作"的标示牌。

要合理选择零线线径,保护零线线径不应低于相线的 1/2。在不能利用自然导体的情况下,保护零线导电能力最好不低于相线的 1/2。

二、电气系统安全技术

(一)火灾爆炸危险场所的电气安全

火灾爆炸危险场所是指能够散发出可燃气体、蒸气和粉尘并易与空气混合形成爆炸性混合物的场所。

对于火灾爆炸危险场所,必须采用防爆电气设备。爆炸危险性较大或安全要求较高的场所应采用 TN-S 系统供电。电缆经过易燃易爆及腐蚀性气体场所敷设时,应穿管保护,管口保护。可燃气体架空管线不可以与电缆、导电线路敷设在同一支架上。在爆炸危险场所,绝缘导线不可以明敷设。从保障安全和方便使用出发,消防用电设备配电线路应设置单独的供电回路。

1. 防爆电气的通用技术要求及选型原则

(1)防爆电气的通用技术要求

① 在爆炸危险场所运行时,具备不引燃爆炸物质的性能。

② 产品质量合格,必须是经厂家认可的检验单位检验合格并取得防爆合格证的产品。

③ 铭牌、标志齐全,应设置标明防爆检验合格证号和防爆标志铭牌,在明显部位,应有永久性防爆标志"EX"。

④ 在爆炸危险环境里,选用防爆电气的允许最高表面温度不得超过作业场所爆炸危险物质的引燃温度。

(2)选型原则

① 应根据爆炸危险环境分区等级和爆炸性物质的类别、级别选用相应的防爆电气。

② 选用防爆电气的级别、温度组别,不应低于该爆炸危险环境内爆炸性物质的级别和温度组别。当存在两种或两种以上爆炸性物质时,应按危险程度较高的级别和温度组别进行选用。

③ 爆炸危险环境内应选用功率适当的防爆电气,并应符合环境中存在的化学的、机械的、温度的、生物的以及风沙、潮湿等不同环境条件对电气设备的相应要求,而且电气设备的结构还应满足在规定运行条件(如工作负荷特性、工作时间等)下,不降低防爆性能的要求。

④ 防爆电气选型应根据运行安全、维修便利、技术先进、经济合理等原则,进行综合分析、科学选定。

2. 爆炸性气体环境中防爆电气的选用

(1)爆炸性气体环境防爆电气类型:按目前法规、标准的规定,适用于爆炸性气体环境的防爆电气设备有隔爆型、增安型等八种防爆型式。

① 隔爆型电气设备:安全性能较高,可用于除 0 区外的各级危险场所。

② 增安型(防爆安全型)电气设备:在正常运行时不产生火花、电弧或危险高温,适用于1级和2级危险区域。

③ 本质安全型电气设备:这类设备在正常运行或标准试验条件下,所产生的火花或热效应均不能点燃爆炸性混合物。

④ 正压型电气设备:某些大、中型电气设备,当采用其他防爆结构有困难时,可采用正压型结构。

⑤ 充油型电气设备:工作中经常产生电火花以及有活动部件的电气设备,可以采用这种防爆型式。

⑥ 充砂型电气设备:这类设备只适用于没有活动部件的电气设备,可用于1级或2级危险区域场所。

⑦ 无火花型电气设备:在正常运行时,不产生火花、电弧及高温表面,主要用于2级危险区域场所,使用范围较广。

⑧ 防爆特殊型电气设备:这类设备在结构上不属于上述各种类型。它采用其他防爆措施,如浇注环氧树脂及充填石英砂等。

(2)防爆电气设备标志

① 电气设备铭牌右上方有明显的标志"EX"。

② 应顺次标明防爆类型、类别、级别、温度、组别等防爆标志。

(3)防爆电气设备的选用

① 根据危险区域等级,选定防爆电气设备类型。

标志 n 表示无火花型防爆电气设备。配电室等安装和使用非防爆电气设备的房间宜采用正压型防爆电气设备。

② 根据危险场所存在的爆炸性气体的类别、级别、组别,确定防爆电气设备的类别、级别、组别,两者对应一致。选择防爆电气设备时,所选电气设备的等级不应低于所在场所内爆炸性混合物的级别、组别。

3. 爆炸性粉尘环境防爆电器的选用

(1)电气设备配置原则:爆炸性粉尘环境电气设备配置除执行前述防爆电气设备通用技术条件外,还应符合下述技术要求:

① 爆炸性粉尘环境内使用有可能过负荷的电气设备,应装可靠的过负荷保护。

② 爆炸性粉尘环境事故排风用电动机,应在生产装置发生事故情况下便于操作处设置其紧急启动按钮,或者设置与事故信号、报警装置联锁启动。

③ 爆炸性粉尘环境内,应尽量少装插座及局部照明灯具。如必须安装时,插座宜安置在爆炸性粉尘不易积聚处,灯具宜安置在事故发生时气流不易冲击处。

(2)电气设备选型。除可燃性非导电粉尘和可燃纤维的区域采用防尘结构(标志为"DP")的粉尘防爆电气设备外,爆炸性粉尘环境及全体爆炸性粉尘环境均采用尘密结构(标志为"DT")的粉尘防爆电气设备,并按照粉尘的不同引燃温度选择不同引燃温度组别的电气设备。使用电气设备时,如维护不及时,当导电粉尘或纤维进入时,可导致短路事故。

在易燃易爆场所使用电气设备及灯具,应注意:

① 在多尘、潮湿和腐蚀性气体的场所,应使用密闭型灯具。

② 上罐作业只能使用防爆灯具,并注意不可失落。

③ 可燃气体和易燃蒸气的抽送、压缩设备的电机部分应为符合防爆等级要求的电气设备。

否则应隔离设置。

④ 运行电气设备操作必须由两个人执行,由工级较高的人担任监护,工级较低者进行操作。

　　某公司新建一个大型储罐,罐体内壁须涂刷耐腐涂料。为了节省,施工单位更换防腐漆稀料,用闪点低、易挥发有机溶剂替代。罐体内只有两个人工出口,无通风设施。使用普通的行灯和手持照明灯具,刷漆防腐作业接近尾声时发生爆炸,造成多人伤亡。

　　第一,根据上述情况,请判断:在贮罐内进行涂装作业过程中,为了经济合理,可以使用闪点低、易挥发有机溶剂替代防腐漆稀料。(　　　)

　　第二,根据上述情况,请判断:在贮罐内进行涂装作业过程中,不能使用普通的行灯和手持照明灯具。(　　　)

　　[判断:第一点做法错误,第二点做法正确。]

(二)电气火灾的预防与扑救

1. 电气火灾的预防

(1)合理选用电气设备:在易燃易爆场所必须选用防爆电器。防爆电器在运行过程中具备不引爆周围爆炸性混合物的性能。防爆电器有各种类型和等级,应根据场所的危险性和不同的易燃易爆介质正确选用合适的防爆电器。

(2)保持防火间距:电气火灾是由电火花或电器过热引燃周围易燃物形成的,电器安装的位置应适当避开易燃物。在电焊作业的周围以及天车滑触线的下方不应堆放易燃物。当有人在半封闭容器内进行电焊作业时,严禁向内部送氧。使用电热器具、灯具要防止烤燃周围易燃物。

(3)保持电器、线路正常运行:保持电器、线路正常运行主要指保持电器和线路的电压、电流、温升不超过允许值,保持足够的绝缘强度,保持连接或接触良好。这样可以避免事故火花和危险温度的出现,消除引起电气火灾的根源。

2. 电气火灾的扑救

(1)电气灭火器材的选用:带电灭火不可使用普通直流水枪和泡沫灭火器,以防扑救人员触电,应使用二氧化碳、七氟丙烷及干粉灭火器等。带电灭火一般只能在 10 kV 及以下的电器设备上进行。带电灭火时,若用水枪灭火,宜采用喷雾水枪。

干粉灭火剂主要通过在加压气体作用下喷出的粉雾与火焰接触、混合时发生的物理、化学作用灭火,而不是产生窒息作用灭火。发电机起火时,不能用干粉灭火。干粉灭火剂也不适合扑救精密仪器火灾。扑灭精密仪器等火灾时,一般用的灭火器为二氧化碳灭火器。

化学泡沫灭火原理主要是隔离与窒息作用。化学泡沫灭火剂不可以用来扑救忌水忌酸的化学物质和电气设备的火灾。电器着火时不能用水灭火,比较适于扑灭电气设备火灾的是二氧化碳。变压器等电器发生喷油燃烧时,除切断电源外,有事故贮油坑的应设法将油导入贮油坑,坑内和地上的燃油可用泡沫扑灭,要防止燃油流入电缆沟并蔓延,电缆沟内的燃油亦只能用泡沫覆盖扑灭。

可燃易燃气体、电器、仪表、珍贵文件档案资料着火时,扑火应用二氧化碳灭火器。

扑救电器火灾时,应尽可能首先将电源开关关掉。电机冒烟起火时要紧急停车。

> 在某企业仓库中储存着大量化工和建材产品,有水泥、五金件、油漆、溶剂、双氧水、无水酒精等。检查员检查发现在一个大房间中,整齐码放各种商品,建材和化工产品交错放置,产品标识齐全,在门口,整齐放着 4 个干粉灭火器,其中 2 个灭火器的压力表的指针在红色区域。
>
> 根据以上描述,干粉灭火器压力表的指针在绿色区域才可以使用。

(2) 电气火灾的特点

① 带电。电气设备着火时着火场所的很多电气设备可能是带电的。扑救带电电气设备的火灾时,应该注意现场周围可能存在着较高的接触电压和跨步电压。

② 带油。许多电气设备着火时,是绝缘油在燃烧。例如电力变压器、多油开关等,其本身充满绝缘油,受热后可能发生喷油和爆炸事故,进而使火灾范围扩大。

(3) 扑救电气火灾时的安全措施。扑救电气火灾时,应首先切断电源。切断电源时,应严格按照规程要求。

① 火灾发生后,由于潮湿及烟熏等原因,电气设备绝缘已经受损,所以在操作时,应用绝缘良好的工具操作。

② 选好电源切断点:切断电源的地点要选择适当,若在夜间切断电源时,应考虑临时照明电源问题。

③ 若需剪断电线时,应注意非同相电源应在不同部位剪断,以免造成短路。剪断电线部位应选有支撑物支撑电线的地方。

三、静电的危害与防护

静电,就是一种处于静止状态的电荷或者说不流动的电荷。

静电的起电方式包括:① 接触分离起电;② 破断起电;③ 感应起电;④ 电荷迁移。

产生静电最常见的方式是接触分离起电。人体的电阻较低,相当于良导体,故人体处于静电场中也容易感应起电,而且人体某一部分带电即可造成全身带电。

固体粉碎和液体分离过程的起电一般属于破断起电。

在圆筒形、斜口形、T 形注油管头中,最容易产生静电的是圆筒形。管道内表面越光滑,产生的静电荷越少;流速越快,产生的静电荷则越多。为了限制产生静电,可限制液体在管道内的流速。易燃液体灌装时应控制流速,其流速不得超过 3 m/s,以预防静电产生。

装卸易燃液体人员需穿防静电工作服,禁止穿带钉鞋。大桶不得在水泥地面滚动。桶装各种氧化剂不得在水泥地面滚动。

静电放电形式包括:① 电晕放电;② 刷形放电和传播型刷形放电;③ 火花放电;④ 雷型放电。在上述几种静电放电形式中,火花放电和传播型刷形放电引发火灾爆炸事故的能力很强,危险性很大。其中,火花放电释放的能量较大,电晕放电释放的能量较小。

(一)静电的危害

1. 爆炸和火灾

静电最为严重的危险是引起火灾和爆炸。静电能量虽然不大,但因其电压很高而容易发生放电,出现静电火花,产生很大的危害。

静电电击是瞬间冲击性的电击。电阻率越大,越容易产生和积累静电,造成危害。在有可燃液体的作业场所,可能由静电火花引起火灾。

在有气体、蒸气爆炸性混合物或有粉尘纤维爆炸性混合物的场所可能由静电火花引起爆炸(如氧、乙炔、煤粉、铝粉、面粉等,铝镁粉与水反应比镁粉或铝粉单独与水反应要强烈得多)。所以,凡有爆炸和火灾危险的区域,操作人员必须穿防静电鞋或导电鞋、防静电工作服。

蒸气和气体静电比固体和液体的静电要弱一些,但有的也能高达万伏以上。静电电压最高可达数万伏,可现场放电,产生静电火花引起火灾。一般情况下,混入杂质有增加静电的趋势。温度、湿度的增加会降低电介质的电阻率,而杂质含量与电场强度的增加则会增加电介质的电阻率。

2. 电击

静电造成的电击,可能发生在人体接近带电物体的时候,也可能发生在带静电电荷的人体接近接地体的时候。

一般情况下,静电的能量较小,所以生产过程中产生的静电所引起的电击不会直接使人致命,但人体可能因电击引起坠落、摔倒等二次事故。电击还可能使工作人员精神紧张,妨碍工作。

3. 妨碍生产

在某些生产过程中,如不消除静电,将会妨碍生产或降低产品质量。例如静电使粉体吸附于设备,会影响粉体的过滤和输送。

(二)防止静电的措施

1. 工艺控制法

工艺控制法就是从工艺流程、设备结构、材料选择和操作管理等方面采取措施,限制静电的产生或控制静电的积累,使之达不到危险的程度。

(1)限制输送速度:降低物料移动中的摩擦速度或液体物料在管道中的流速等工作参数,可限制静电的产生。

(2)加速静电电荷的消散方式:在产生静电的任何工艺过程中,总是包括产生和逸散两个区域。在静电产生的区域,分离出相反极性的电荷的过程称为带电过程;在静电逸散区域,电荷自带电体上泄漏消散。

① 正确区分静电的产生区和逸散区:在两个区域中可以采取不同的防静电危害措施,增强消除静电的效果。如在粉体物料的气流输送中,空送系统及管道是静电产生区,而接受料斗、料仓是静电逸散区。在料斗和料仓中,装设接地的导电钢栅,可有效地消除静电。而在产生区装设上述装置,反而会增加静电和静电火花的产生。

② 设备和管道选用适当的材料:人为地使生产物体在不同材料制成的设备中流动,如物体与甲材料摩擦带正电,与乙材料摩擦带负电,以使得物体上的静电相互抵消,从而消除静电的危险。以上材料除满足工艺上的要求外,还应有一定的导电性。

③ 适当安排物料的投入顺序:在某些搅拌工艺过程中,适当安排加料顺序,可降低静电的危险性。例如某液浆搅拌过程中,先加入汽油及其他溶质搅拌时,液浆表面电压小于 400 V,而最后加入汽油时,液浆表面电压则高达 10 kV 以上。

(3)消除产生静电的附加源:产生静电的附加源有液流的喷溅,容器底部积水受到注入流的搅拌,在液体或粉体内夹入空气或气泡,粉尘在料斗或料仓内冲击,液体或粉体的混合搅动等。只要采取相应的措施,就可以减少静电的产生。

①　为了避免液体在容器内喷溅,应从底部注油或将油管延伸至容器底部液面下。

②　为了减轻从油槽车顶部注油时的冲击,从而减少注油时产生的静电,应改变注油管出口处的几何形状,这样做对降低油槽内油面的电位有一定的效果。

③　为了降低罐内油面电位,过滤器不宜离管出口太近。一般要求从罐内到出口有 30 s 缓冲时间,如满足不了则需配置缓冲器或采取其他防静电措施。

④　消除杂质:油罐或管道内混有杂质时,有类似粉体起电的作用,静电发生量将增大。采样器内剩余的油样及洗刷采样器的油品不能倒回罐内。实践证明,油中含水 5%,会使起电效应增大 10～50 倍。为防止易燃易爆气体危害,取样和检测人员必须站在上风方向操作。

⑤　降低爆炸性混合物浓度:降低爆炸性混合物浓度,可消除或减轻爆炸性混合物的危险。为此,可以采用通风(抽气)装置,及时排除爆炸性混合物;也可以在危险空间充填惰性气体,如二氧化碳和氮等,以隔绝空气或稀释爆炸性混合物,达到防火、防爆的目的。

对于油品(特别是甲、乙类液体),不准使用两种不同导电性质的检尺、测温和采样工具进行操作。计量、测温和取样作业完后,要盖好作业孔,用棉纱(布)擦净器具,禁止使用化纤物。

从事易燃易爆作业的人员应穿含金属纤维的棉布工作服以防静电。

2. 泄漏导走法

泄漏导走法即用静电接地的方法,使带电体上的静电荷能够向大地泄漏消散。同一导体在不同温度下的电阻值是不相同的。一般认为,在任何条件和环境下,带电体上电荷质点的对地总泄漏电阻值小于 10^6 Ω,对甲、乙类易燃可燃液体,其电阻率小于 10^8 Ω·m 时,在金属容器中储放的物料其接地条件可认为是良好的。

绝缘体上静电的泄漏一般有两条途径:①　通过绝缘体表面直接泄漏;②　通过绝缘体内部进行泄漏。这两种泄漏途径取决于绝缘体的表面电阻和体积电阻。绝缘体上较大的静电泄漏主要不是其表面泄漏。为了有利于静电的泄露,可采用静电导电性工具。

(1)增湿:带电体在自然环境中放置,其所带有的静电荷会自行逸散。逸散的快慢与介质的表面电阻率和体积电阻率大有关系,而介质的电阻率又与环境的湿度有关。

提高环境的相对湿度,不仅可缩短电荷的半衰期,还能提高爆炸性混合物的最小引燃能量。一般来说,静电事故在潮湿季节发生较少。从消除静电危害的角度考虑,在允许增湿的生产场所保持相对湿度在 70% 以上较为适宜。

工房内防静电的措施包括造潮和通风等,但不包括降温。

(2)加抗静电剂:化学防静电剂也叫防静电添加剂。在非导体材料里加入抗静电剂后,能增加材料的吸湿性或离子化倾向,使材料的电阻率降到 10^4～10^6 Ω·m 以下。有的抗静电剂本身有良好的导电性,同样可加速静电的泄漏,消除电荷积累。

对混合时产生静电的物料,应加入抗静电剂。但对于悬浮粉体和蒸气静电,任何抗静电添加剂都不起作用。

(3)确保静置时间和缓和时间:经注油管输入容器和储罐的液体,将带入一定的静电荷。静电荷混杂在液体内,根据电导和同性相斥的原理,电荷将向容器壁及液面集中泄漏消散,而液面上的电荷又要通过液面导向器壁导入大地,显然是需要一段时间才能完成这个过程。除上面提到的管道中的过滤器和管道出口之间需有 30 s 缓冲时间外,油罐在注油过程中,从注油停止到油面产生最大静电电位,也有一段延迟时间。

(4)静电接地:接地是消除静电危害最常见的方法和最基本的措施。为了消除感应静电的危险,料斗或其他容器内不得有不接地的孤立导体。易燃液体在运输、泵送、灌装时要有良好的接地装置,防止静电积聚。

为了防止静电感应产生的高电压,建筑物屋面结构钢筋宜绑扎或焊接成闭合回路。

① 静电接地连接:静电接地连接是接地措施中重要一环,其目的是使带电体上的电荷有一条导入大地的通路。实现的办法是静电跨接、直接接地、间接接地等手段,把设备上的各部分经过接地极与大地做可靠的电气连接。

② 静电接地的一般连接原则

A. 金属导体应做静电跨接、直接接地。

B. 电阻率在 10^{10} Ω·m 以下的物体以及表面电阻率在 10^9 Ω·m 以下的表面应做间接接地。

C. 电阻率在 10^{10} Ω·m 以上的非导体及表面电阻率在 10^9 Ω·m 以上的表面,间接接地虽是必要的,但需靠其他措施相配合,如加抗静电剂、减少静电产生量、规定必要的静置时间、采用静电消除器等才能确保安全。

③ 需做静电接地连接的场所:凡用来加工、储存、运输且能产生静电危险的管道和设备,如各种储罐、混合器、物料输送设备、排注器、过滤器、干燥器、反应器、吸附器、粉碎器等,金属体应跨接形成一个连续的导电整体并接地。特别注意:在设备内部不允许有与地绝缘的导体部件。

静电的消失主要有两种方式,即中和与泄漏。因此,可以使用静电中和器。它能产生电子和离子,带电体上的电荷将得到相反电荷的中和,从而消除静电的危险。静电中和器不是主要用来中和导体上的静电。

四、雷电的危害与防护

雷电可以分为直击雷、感应雷、雷电波侵入和球形雷。感应雷也称作雷电感应,分为静电感应雷和电磁感应雷。

(一)雷电的危害

雷电是一种常见的自然现象,它除了危及人身安全外,还会对电气设备,特别是电子设备产生巨大的破坏作用。雷击及其电磁脉冲在线路上形成暂态过电压,沿着线路侵袭并危及电气或电子设备的安全。

1. 电性质破坏

雷电放电具有电流大、电压高的特点。雷电放电产生极高的冲击电压,可击穿电气设备的绝缘,损坏电气设备和线路,造成大规模停电。由于绝缘损坏还会引起短路,导致火灾或爆炸事故。电气绝缘的损坏以及巨大的雷电电流流入地下,在电流通路上产生极高的对地电压和在流入点周围产生强电场,还可能导致人身触电伤亡事故等。

带电积云是构成雷电的基本条件。一般认为,雷云是在有利的大气和大地条件下,由强大的、潮湿的热气流不断上升进入稀薄的大气层冷凝的结果。

雷电流陡度是指雷电流随时间上升的速度。雷电流陡度对过电压有直接影响。

雷暴是指一部分带有电离子的云层与另一部分带异种电荷的云层,或者是带电离子的云层对大地间迅猛地放电。其中后一种即云层对大地放电,则会对建筑物、人体、电子设备等产生极大的危害。雷暴日是衡量雷电活动频繁程度的电气参数,一般山地比平原雷暴日多,我国的南方比北方雷暴日多。

2. 热性质破坏

强大雷电流通过导体时,在极短的时间内将转换成为大量热能,产生的高温会造成易燃物燃烧,或金属熔化飞溅,从而引起火灾、爆炸。

3. 机械性质的破坏

由于热效应使雷电通道中木材纤维缝隙和其他结构中间缝隙里的空气剧烈膨胀,同时使水分及其他物质分解为气体,因而在被雷击物体内部出现强大的机械压力,使被击物体遭受严重破坏或造成爆裂。

4. 雷电感应

表现为被击物破坏或爆裂成碎片,除由于大量的气体或水分汽化剧烈膨胀外,静电斥力、电磁力以及冲击气浪都具有机械性质的破坏作用。

5. 电磁感应

雷电的强大电流所产生的强大交变电磁场会使导体感应出较大的电动势,并且还会在构成闭合回路的金属物中产生感应电流,这时如果回路中有的地方接触电阻较大,就会局部发热或发生火花放电,这对于存放易燃、易爆物品的场所是非常危险的。爆炸危险环境中应优先采用铜线。

6. 雷电侵入波

雷电在架空线路、金属管道上会产生冲击电压,使雷电波沿线路或管道迅速传播。对架空线路等空中设备进行灭火时,人体位置与带电体之间仰角不应超过45°。若侵入建筑物内,可造成配电装置和电气线路绝缘层击穿,产生短路,或使建筑物内易燃易爆物品的燃烧和爆炸。在爆炸危险环境中,当爆炸危险气体或蒸气比空气重时,电气线路应高处敷设。选用电气线路时,应注意移动电气设备应采用橡皮套软线电缆或移动电缆。

电力电容器不使用管型避雷器防雷电侵入波。为防雷电侵入波,配电变压器应在高压侧装设阀型避雷器或保护间隙进行保护。为防止雷电波入侵重要用户,最好采用全电缆供电,但将其金属外皮接零的做法是错误的。

7. 防雷装置上的高电压对建筑物的反击作用

防雷装置包括接闪器、引下线、接地装置三部分。当防雷装置受雷击时,在接闪器、引下线和接地体上部具有很高的电压。如果防雷装置与建筑物内外的电气设备、电气线路或其他金属管道的相隔距离很近,它们之间就会产生放电,这种现象称为反击。反击可能引起电气设备绝缘破坏,金属管道烧穿,甚至造成易燃、易爆物品着火和爆炸。接闪器所用材料应能满足机械强度和耐腐蚀的要求,还应有足够的热稳定性,以能承受雷电流的热破坏作用。用金属屋面作接闪器时,金属板不能有绝缘层。建筑物的金属屋面不可作为第一类建筑物的接闪器。露天装设的有爆炸危险的金属储罐和工艺装置,当其壁厚不小于 4 mm 时,一般不再装设接闪器,但需按规范要求做好接地。

8. 雷电对人的危害

雷击电流迅速通过人体,可立即使呼吸中枢麻痹、室颤、心搏骤停,以致脑组织及一些主要脏器受到严重损害,出现休克或突然死亡。

感知电流一般不会对人体造成伤害,但可能因不自主反应而导致由高处跌落等二次事故。对于正常人体而言,感知阈值平均为 0.5 mA,感知电流与个体生理特征、人体与电极的接触面积等因素有关,与时间因素不相关,而摆脱阈值与时间有关。成年男性平均感知电流比女性大,因此,女性比男性对电流更敏感。

雷击时产生的火花、电弧还可使人遭到不同程度的烧伤。

(二)建筑物防雷措施

1. 建筑物防雷分类

根据建筑物的重要性、使用性质、发生雷电事故的可能性和后果,按防雷要求分为三类。

第一类防雷建筑物主要为处于爆炸危险环境的建筑物,如制造、使用或贮存炸药、火药、起爆药、火工品等大量爆炸物质的建筑物。

第二类防雷建筑物主要为国家级重要建筑物及某些区爆炸危险场所的建筑物。如国家级重点文物保护的建筑物、国家级的会堂、大型展览和博览建筑物、大型火车站、国宾馆、国家级计算中心以及具有 2 区或 22 区爆炸危险场所的建筑物等。

第三类防雷建筑物主要为省级重要建筑物及其他建筑物。如省级重点文物保护的建筑物、省级档案馆、省级办公建筑物以及预计雷击次数大于或等于 0.05 次/年且小于或等于 0.25 次/年的住宅、办公楼等一般性民用建筑物或一般性工业建筑物等。

2. 建筑物的防雷措施

第一类防雷建筑物的防雷措施如表 4-1 所示。

表 4-1　第一类防雷建筑物的防雷措施

项目	防雷措施
防直接雷	(1) 装设独立避雷针或架空避雷线(网),网格尺寸不大于 5 m×5 m 或 6 m×4 m,使被保护的建筑物及风帽、放散管等突出屋面的物体均处于接闪器的保护范围内。 (2) 对排放有爆炸危险气体、蒸气或粉尘的放散管、呼吸阀、排风管等管道,其管口外的以下空间应处于接闪器的保护范围内,接闪器与雷闪的接触点应设在上述空间之外。 (3) 对于(2)项所规定的管道,当其排放物达不到爆炸浓度、长期点火燃烧、一排放就点火燃烧时,以及仅当发生事故时排放物达到爆炸浓度的通风管道、安全阀、接闪器的保护范围可仅保护到管帽;无管帽时可仅保护到管口。 (4) 独立避雷针、架空避雷线或架空避雷网应有独立的接地装置,每一引下线的冲击接地电阻不宜大于 10 Ω
防雷电感应	(1) 建筑物内的设备、管道、构架、电缆金属外皮、钢屋架、钢窗等较大金属物和突出屋面的放散管、风管等金属物,均应接到防雷电感应的接地装置上。 金属屋面周边每隔 18~24 m,应采用引下线接地一次。 现场浇制的或由预制构件组成的钢筋混凝土屋面,其钢筋宜绑扎或焊接成闭合回路并应每隔 18~24 m 采用引下线接地一次。 (2) 平行敷设的管道、构架和电缆金属外皮等长金属物,其净距小于 100 mm 时,应每隔不大于 30 m 用金属线跨接;交叉净距小于 100 mm 时,其交叉处亦应跨接。 当长金属物的弯头、阀门、法兰盘等连接处的过渡电阻大于 0.03 Ω 时,连接处应用金属线跨接;对有不少于 5 根螺栓连接的法兰盘,在非腐蚀环境下,可不跨接。 (3) 防雷电感应的接地装置,其工频接地电阻不应大于 10 Ω,并应和电气设备接地装置共用;屋内接地干线与防雷电感应接地装置的连接,不应少于 2 处
防止雷电波侵入	(1) 低压线路宜全线采用电缆直接埋地敷设,在入户端应将电缆的金属外皮、钢管接到防雷电感应的接地装置上。 (2) 架空金属管道,在进出建筑物处,应与防雷电感应的接地装置相连

避雷器是防止雷电波的防护装置,主要用来保护电力设备和电力线路,也用作防止高压电侵入室内的安全措施。避雷器并联在被保护设备或设施上,正常时处在不通的状态。

避雷器的三种形式中,应用最多的是阀型避雷器。

装设避雷针主要用来防直击雷,保护露天变配电设备、建筑物和构筑物。为防止直击雷危害,35 kV 及以下的高压变配电装置宜采用独立避雷针或避雷线。为了防止跨步电压伤人,防直击雷接地装置距建筑物、构筑物出入口和人行道的距离不应少于 3 m。

易受雷击的建筑物和构筑物、有爆炸或火灾危险的露天设备如油罐、贮气罐、高压架空电力线路、发电厂和变电站等也应采取防直击雷措施。严禁在装有避雷针的构筑物上架设通信线、广播线或低压线。

利用照明灯塔做独立避雷针的支柱时,为了防止将雷电冲击电压引进室内,照明电源线必须采用铅皮电缆或穿入铁管,并将铅皮电缆或铁管直接埋入地中 10 m 以上(水平距离),埋深为 0.5~0.8 m,之后才能引进室内。

利用山势装设的远离被保护物的避雷针或避雷线,不可以作为被保护物的主要直击雷防护措施。

储存易燃、易爆危险化学品的建筑,必须安装避雷设备。

(三)化工设备的防雷

(1)当罐顶钢板厚度大于 4 mm,且装有呼吸阀时,可不装设防雷装置。但油罐体应作良好的接地,接地点不少于 2 处,间距不大于 30 m,其接地装置的冲击接地电阻不大于 30 Ω。

(2)当罐顶钢板厚度小于 4 mm 时,虽装有呼吸阀,也应在罐顶装设避雷针,且避雷针与呼吸阀的水平距离不应小于 3 m,保护范围高出呼吸阀不应小于 2 m。

(3)浮顶油罐(包括内浮顶油罐)可不设防雷装置,但浮顶与罐体应有可靠的电气连接。

(4)非金属易燃液体的储罐应采用独立的避雷针,以防止直接雷击,同时还应有防止感应雷措施。避雷针冲击接地电阻不应大于 30 Ω。

(5)覆土厚度大于 0.5 m 的地下油罐,可不考虑防雷措施,但呼吸阀、量油孔、采气孔应做良好接地。接地点不少于 2 处,冲击接地电阻不大于 10 Ω。

(6)易燃液体的敞开储罐应设独立避雷针,其冲击接地电阻不大于 5 Ω。

(7)户外架空管道的防雷措施:

① 户外输送易燃或可燃气体的管道,可在管道的始端、终端、分支处、转角处以及直线部分每隔 100 m 处接地,每处接地电阻不大于 30 Ω。

② 当上述管道与爆炸危险厂房平行敷设而间距小于 10 m 时,在接近厂房的一段,其两端及每隔 30~40 m 应接地,接地电阻不大于 20 Ω。

③ 当上述管道连接点(弯头、阀门、法兰盘等)不能保持良好的电气接触时,应用金属线跨接。

④ 接地引下线可利用金属支架,若是活动金属支架,在管道与支持物之间必须增设跨接线;若是非金属支架,必须另作引下线。

⑤ 接地装置可利用电气设备保护接地的装置。

第三节　化工过程机械安全技术

化工过程机械包括化工机器和化工设备。

化工机器是指主要作用部件为运动的机械,如各种过滤机、破碎机、离心分离机、旋转窑、搅拌机、旋转干燥机以及流体输送机械如泵、风机和压缩机等。

化工设备是指主要作用部件是静止的或者只有很少运动的机械,如各种容器(槽、罐、釜等)、普通窑、塔器、反应器、换热器、普通干燥器、蒸发器,反应炉、电解槽、结晶设备、传质设备、吸附设备、流态化设备、普通分离设备以及离子交换设备等。

化工生产中,化工过程机械常发生事故。所以,在化工过程机械的使用、维修、保养过程中,要采取必要的安全措施。例如,输送有毒、易燃和易腐蚀物料的机泵,在解体检修之前,必须将泵体内残液放净。在易燃易爆气体压缩机启动过程中,没有用惰性气体置换压缩机系统中的空气或置换不彻底就启动,都会引起燃烧爆炸事故。

下面主要介绍锅炉、压力容器、起重设备、气瓶等设备的安全技术。

一、锅炉安全技术

(一)锅炉的安全装置

锅炉的安全装置,是指保证锅炉安全运行而装设在设备上的一种附属装置,又称安全附件。锅炉是把燃料的化学能变成热能,再利用热能把水加热成具有一定温度和压力的蒸汽的设备。锅炉包括两大部分:盛装水、汽的"锅"和进行燃烧加热的"炉"。反映锅炉工作特性的基本参数包括锅炉产生蒸汽的数量和锅炉产生蒸汽的质量。锅炉的安全装置是锅炉安全运行不可缺少的组成部件,其中安全阀、压力表和水位表被称为锅炉的三大安全附件。

制造锅炉与压力容器受压元件的材料要求具有较好的塑性。

压力容器的受压元件如果采用不合理的结构形状,局部会因应力集中或变形受到过分压缩而产生很高的局部应力,严重时也会导致破坏。

锅炉结构要合理,各部分在运行时应能按设计预定方向自由膨胀,炉墙应有良好的密封性。在结构上尽量使几何形状不连续处缓和而平滑地过渡,以减少不连续应力。

锅炉工作压力越高,汽、水重度差越小;工作压力越低,汽、水重度差越大。

1. 安全阀

安全阀的作用是当锅炉压力超过预定的数值时,安全阀自动开启,排汽泄压,将压力控制在允许范围之内,同时发出警报;当压力降到允许值后,安全阀又能自行关闭,使锅炉在允许的压力范围内,继续运行。

安全阀经过调校后,在工作压力下不得有泄漏。在试验安全阀之前,必须先校对压力表,以正确了解锅炉内的实际情况。安全阀一般每年至少检验一次。安全阀不可远程控制泄压。

(1)安全阀的种类:安全阀按其整体结构及加载机构的不同可以分为重锤杠杆式、弹簧式和脉冲式安全阀三种。上述三种形式的安全阀中,用得比较普遍的是弹簧式安全阀。

重锤杠杆式安全阀是利用重锤和杠杆来平衡作用在阀瓣上的力,可以使用质量较小的重锤通过杠杆的增大作用获得较大的作用力,并通过移动重锤的位置来调整安全阀的开启压力。重锤杠杆式安全阀结构比较笨重,因而加载机构容易震动,并常因震动而产生泄漏;其回座压力较低,开启后不易关闭及保持严密。

脉冲式安全阀由主阀和辅阀构成,通过辅阀的脉冲作用带动主阀动作。

(2) 安全阀的选用与维护

① 安全阀的选用:安全阀的工作特性取决于其结构形式。所以,要根据不同的工作条件(压力参数)选择不同类型的安全阀。弹簧式安全阀主要用于低压(压力不大于 2.5 MPa)锅炉,考虑到弹簧的滞后作用,所以锅炉选用弹簧式安全阀应是全启式;杠杆式安全阀一般多用于中压(压力为 2.9~4.9 MPa)锅炉;对于高压及以上的锅炉,多采用控制式安全阀,如脉冲式、气动式、液动式和电磁式等。额定蒸汽压力小于或等于 0.1 MPa 的锅炉可以采用静重式安全阀。

② 安全阀的维护

A. 经常保持安全阀的清洁,防止阀体弹簧等被污垢所粘满或被锈蚀,防止安全阀排气管被异物堵塞。

B. 经常检查安全阀的铅封是否完好,检查杠杆式安全阀的重锤是否有松动、被移动以及另挂重物的现象。

C. 发现安全阀有渗漏迹象时,应及时进行更换或检修。禁止用增加载荷的方法(例如,加大弹簧的压缩量或移动重锤、加挂重物等)减除阀的泄漏。

D. 为了防止安全阀的阀瓣和阀座被水垢、污物粘住或堵塞,应定期对安全阀做手动排放试验。

2. 压力表

压力表是显示锅炉汽水系统压力大小的仪表。严密监视锅炉受压元件的承压情况,把压力控制在允许的压力范围之内,是锅炉实现安全运行的基本条件和基本要求。

(1) 压力表的选用

① 压力表的精度主要取决于锅炉的工作压力。

② 压力表的量程应与锅炉的工作压力相适应。

③ 压力表的表盘直径应保证司炉人员能清楚地看到压力指示值。

(2) 压力表的维护

① 压力表应保持洁净,表盘上的玻璃应明亮清晰,使表盘内指针指示的压力值能清楚易见。

② 压力表的连接管要定期吹洗,以免堵塞。

③ 经常检查压力表指针的转动和波动是否正常,检查压力表的连接管是否有漏水、漏气的现象。如发现压力表存在下列情况之一时,应停止使用:

A. 有限止钉的压力表在无压力时,指针转动后不能回到限止钉处。

B. 没有限止钉的压力表在无压力时,指针离零位的数值超过压力表规定的允许误差。

C. 表面玻璃破碎或表盘刻度模糊不清,封印损坏或超过校验有效期,表内泄漏或指针跳动。

压力表一般每半年至少校验一次。校验应符合国家计量部门的有关规定。压力表校验后应封印,并注明厂次的校验日期。

3. 水位表

水位表是用来显示锅筒内水位高低的仪表。水位表与锅筒之间分别由汽、水连管相连,组成一个连通器,所以,水位表指示的水位即为锅筒内的水位。锅炉操作人员可以通过水位表观察并相应调节水位,防止发生锅炉缺水或满水事故。

(1) 水位表的形式及适用范围:水位表的结构形式有很多种,蒸汽锅炉上通常装设较多的是玻璃管式和玻璃板式两种。上锅筒位置较高的锅炉还应加装远程水位显示装置,目前使用得较多的远程水位显示装置是低地位水位表。

(2) 水位表的安全技术要求

① 一般每台锅炉至少应装两个彼此独立的水位表。水位表的结构和装置应符合下列要求:

A. 在水位表和锅筒之间的汽水连接管上,应装有阀门,阀门在锅炉运行中必须处于全开的位置。

B. 水位表和锅筒之间的汽水连接管,内径应符合规定要求,以保证水位表灵敏准确。

C. 连接管应尽可能地短,以减小连接管的阻力。

D. 阀门的流道直径及玻璃管的内径都不得小于 8 mm。

② 水位表要有下列标志和防护装置。

A. 水位表应有指示最高、最低安全水位和正常水位的明显标志。

B. 玻璃管式水位表应有防护装置,但不得妨碍观察真实水位。

C. 水位表应有放水阀门和接到安全地点的放水管。

(3) 水位表的维护

① 经常保持水位表清洁明亮,使操作人员能清晰地观察到其显示的水位。

② 经常冲洗水位表。

③ 水位表的汽、水旋塞和放水旋塞应保证严密不漏。

(二)锅炉安全运行与管理

(1) 锅炉一般应装在单独建造的锅炉房内,与其他建筑物的距离符合安全要求。锅炉房每层至少应有两个出口,分别设在两侧。锅炉房通向室外的门应向外开,在锅炉运行期间不准锁住或闩住,锅炉房内工作室或生活室的门应向内开。

(2) 使用锅炉的单位必须办理锅炉使用登记手续,并专人负责锅炉房安全管理工作。司炉工人、水质化验人员必须经培训考核,持证上岗。建立健全各项规章制度(如岗位责任制、交接班制度、安全操作规程、巡回检查制度、设备维护保养制度、水质管理制度、清洁卫生制度等),建立锅炉技术档案,做好各项记录。

(3) 蒸汽锅炉运行中,遇有下列情况之一时,应立即停炉:

① 锅炉水位低于水位表的下部最低可见边缘。

② 锅内水位超过最高可见水位(满水),经放水仍不能见到水位。

③ 给水泵全部失效或给水系统故障,不能向锅内进水。

④ 水位表或安全阀全部失效。

⑤ 设置在汽空间的压力表全部失效。

⑥ 锅炉元件损坏且危及运行人员安全。

⑦ 燃烧设备损坏,炉墙倒塌或锅炉构架被烧红等,严重威胁锅炉安全运行。

⑧ 其他异常情况危及锅炉安全运行。

锅炉严重缺水时可采取打开安全阀快速降压的措施。

可靠的水循环是锅炉安全的重要保证,是锅炉安全监督的一个重要内容。锅炉水循环的停滞会造成受热面过热、鼓包、管子涨粗甚至爆管事故。因缺水紧急停炉时,严禁给锅炉上水,如果立即上水就可能导致锅炉事故。

(4) 通过加强对设备的日常维护保养和定期检验,提高设备完好率。

① 在锅炉运行过程中,应不定期地查看锅炉的安全附件是否灵敏可靠、辅机运行是否正常

和本体的可见部分有无明显的缺陷。

② 每 2 年对运行的锅炉进行一次停炉内外部检验,重点检验锅炉受压元件有无裂纹、腐蚀、变形、磨损,各种阀门、胀孔、铆缝处是否有渗漏,安全附件是否正常、可靠,自动控制、信号系统及仪表是否灵敏可靠等。

③ 每 6 年对锅炉进行一次水压试验,检验锅炉受压元件的严密性和耐压强度。新装、迁装、停用 1 年以上需恢复运行的锅炉,以及受压元件经过重大修理的锅炉,也应进行水压试验。水压试验前,应进行内外部检验。

水压试验的主要目的,是检查受压元件的强度。同时也可以通过水在局部地方的渗透等发现潜在的局部缺陷。水压试验应该在无损探伤合格和热处理以后进行。

水压试验用水温度应高于周围露点的温度,以防锅炉或容器表面结露。但用水温度不是越高越好,以防止引起汽化和过大的温差应力。

锅炉上的易熔塞、电路中的熔断器都是减少事故损失的措施,其具体作用可概括为设置薄弱环节。

(5) 保证锅炉经济运行:在锅炉运行过程中,必须定期对其运行情况(运行热力参数)进行全面的监测,了解各项热损失的大小,及时调整燃烧情况,将各项热损失降至最低。

制造锅炉所用材料的强度性能不是一成不变的,而是随着温度、加工方法、热处理工艺的改变而改变。强度就是材料或结构元件所具有的承受外力而不被破坏的能力。

锅炉和压力容器破坏的主要原因之一是存在裂纹缺陷。

在正常停炉后,不可立即全部放水。锅炉发生汽水共腾的主要原因是炉水含盐量太高。锅炉运行时,水位允许的变动范围一般不超过正常水位线上下 50 mm。

新投用的燃油锅炉必须对锅炉的燃烧装置、安全附件等进行调试。

压力保养适用于停炉时间不超过一周的锅炉。充气保养适用于长期停用的锅炉。

烘炉的目的是防止潮湿的炉膛和烟道墙壁骤然接触高温烟气产生的裂纹、变形甚至坍塌事故。

对于气炉、油炉、煤粉炉点燃时,不应先输入燃料再点火。

二、压力容器安全技术

压力容器通常是指盛装气体或者液体,承载一定压力的密闭设备,材质包括金属及非金属。

(一) 压力容器的分类

压力容器,是指盛装气体或者液体,承载一定压力的密闭设备,其范围规定为最高工作压力大于或者等于 0.1 MPa(表压)的气体、液化气体和最高工作温度高于或者等于标准沸点的液体、容积大于或者等于 30 L 且内直径(非圆形截面指截面内边界最大几何尺寸)大于或者等于 150 mm 的固定式容器和移动式容器;盛装公称工作压力大于或者等于 0.2 MPa(表压),且压力与容积的乘积大于或者等于 1.0 MPa·L 的气体、液化气体和标准沸点等于或者低于 60 ℃液体的气瓶;氧舱。压力容器的分类方法很多。

1. 按用途分类

(1) 反应压力容器:如反应器、发生器、聚合釜、合成塔、变换炉等。

(2) 热交换热压力容器:如冷却器、加热器、消毒锅、废热锅炉等。

(3) 分离压力容器:如过滤器、集油器、缓冲器、洗涤塔、干燥器等。

(4) 储存压力容器:如储槽、储罐、槽车、气瓶等。

2. 按压力分类

按照设计压力(p)的大小，压力容器可分为低压、中压、高压和超高压四类，压力容器压力等级划分见表4-2。

表4-2 压力容器压力等级划分表

压力等级(代号)	低压(L)	中压(M)	高压(H)	超高压(U)
设计压力 p/MPa	$0.1 \leqslant p < 1.6$	$1.6 \leqslant p < 10$	$10 \leqslant p < 100$	$p \geqslant 100$

(二)压力容器的安全装置

压力容器的安全装置是指为了使压力容器能够安全运行而装设在设备上的一种附属装置，所以又常称为安全附件。锅炉和压力容器安全三大附件为压力表、安全阀和水位计。常用的安全泄压装置有安全阀、爆破片，计量显示装置有压力表、液面计等。

锅炉与压力容器的设计，必须由具有相当专业技术水平并取得专业设计资质的单位负责，并应经过规定的审批手续。

一般情况下，压力容器的构件不允许发生塑性变形。在其他条件一定的情况下，压力容器的工作压力越高，其直径越小。

选择制造压力容器的材料要考虑耐腐蚀性。每种材料对不同的介质甚至对同一介质在不同的使用条件下的耐腐蚀性是不一样的。高温高压下的氢对碳钢有严重的腐蚀作用，为了防止这种腐蚀，应选用耐氢腐蚀性能良好的低合金铬钼钢作为加氢反应器等。

压力容器检验包括外部检查、内外部检验、全面检验。压力容器全面检验除了包括外部检查、内外部检验项目外，还要进行耐压试验(一般进行水压试验)。对主要焊缝进行无损探伤抽查或全部焊缝检查。

根据《压力容器定期检验规则》，全面检验报告应有检验、审核、审批三级签字，审批人应为检验机构授权的技术负责人。

1. 安全装置的设置原则

(1)凡《压力容器安全技术监察规程》适用范围内的专用压力容器，均应装设安全泄压装置。在常用的压力容器中，必须单独装设安全泄压装置的有以下6种：

① 液化气体储存容器。

② 压气机附属气体储罐。

③ 器内进行放热或分解等化学反应，能使压力升高的反应容器。

④ 高分子聚合设备。

⑤ 由载热物料加热，使器内液体蒸发汽化的换热容器。

⑥ 用减压阀降压后进气，且其许用压力小于压源设备(如锅炉、压气机储罐等)的容器。

(2)若容器上的安全阀安装后不能可靠地工作，应装设爆破片或采用爆破片与安全阀组合结构。

(3)压力容器最高工作压力低于压力源压力时，在通向压力容器进口的管道上必须装设减压阀；如因介质条件影响到减压阀可靠工作时，可用调节阀代替减压阀。在减压阀或调节阀的低压侧，必须装设安全阀和压力表。

2. 安全装置的选用要求

(1)安全装置的设计、制造应符合《压力容器安全技术监察规程》和相应国家标准、行业标准的规定。使用单位必须选用有制造许可证单位生产的产品。

（2）安全阀、爆破片的排放能力必须大于等于压力容器的安全泄放量。安全泄放装置能自动迅速地泄放压力容器内的介质，以使压力容器始终保持在最高允许工作压力范围内。

（3）对易燃和毒性程度为极度、高度或中度危害介质的压力容器，应在安全阀或爆破片的排出口装设导管，将排放介质排至安全地点，并进行妥善处理。不得直接排入大气。

（4）压力容器设计时，如采用最大允许工作压力作为安全阀、爆破片的调整依据，应在设计图样上和压力容器铭牌上注明。

（5）压力容器的压力表、液面计等应根据压力容器的介质、性质和最高工作压力正确选用。

3. 几种常用的安全装置

（1）安全阀：压力容器的安全阀是一种由进口静压开启的自动泄压装置，防止容器超压。安全阀的工作原理及结构形式可参见锅炉安全装置有关内容。为了保证运行设备安全，安全阀整定压力不得大于压力容器的设计压力。安全阀与压力容器之间一般不宜装设截止阀门。安全阀卸压时应将其危险气体导至安全的地点。

全封闭式安全阀主要用于介质为有毒、易燃气体的容器。

弹簧式安全阀结构轻便紧凑，灵敏度也较高，安装位置不受限制，而且因为对振动的敏感性小，所以可用于移动式的压力容器上。

爆破片、安全阀、易熔塞三种安全泄放装置中，开启排放后可自行关闭，容器和装置可以继续使用的是安全阀。爆破片、安全阀、疏水器三种安全泄放装置中，开启排放后容器和装置不能继续使用，需要停止运行的是易熔塞和爆破片。

压力容器内的压力由于容器内部或外部受热而显著增加，且容器与其他设备的连接管道又装有截止阀，应单独装设安全卸压装置。

由于化工用压力容器内介质与锅炉不同，在设置安全阀时还应注意以下几点：

① 安全阀安装前，应由安装单位连续复校后加铅封，并出具安全阀校验报告。

② 当安全阀的入口处装有隔断阀时，隔断阀必须保持常开状态并加铅封。在压力容器的安全阀与排放口之间装设截止阀的，运行期间必须处于全开并加铅封。

③ 容器内装有两相物料，安全阀应安装在气相部分，防止排出液相物料发生意外。

④ 在存有可燃物料，有毒、有害物料或高温物料等系统，安全阀排放管应连接安全处理设施，不得随意排放。

⑤ 一般安全阀可就地放空，但要考虑放空管的高度及方向。

（2）爆破片：又称防爆片、防爆膜。爆破片是压力容器、管道的重要安全装置。能在规定的温度和压力下爆破，泄放压力。爆破片装置是不能重复闭合的泄压装置，由入口处的静压力启动，通过受压膜片的破裂来泄放压力。爆破片安全装置具有结构简单、灵敏、准确、无泄漏、泄放能力强等优点，能够在黏稠、高温、低温、腐蚀的环境下可靠地工作，还是超高压容器的理想安全装置。

爆破片装置由爆破片本身和相应的夹持器组成。与爆破片元件匹配，使之在标定爆破压力爆破泄压的是夹持器。爆破片是一种断裂型安全泄压装置，长期在高压下易产生疲劳损坏，因而寿命短，动作压力不易控制。若系统内存在燃爆性气体，爆破片的材料不应选用铁片。由于爆破片只能一次性使用，所以其应用不如安全阀广泛，只用在安全阀不宜使用的场合。

爆破片的爆破压力大于容器的最大工作压力，小于容器的设计压力。

① 爆破片一般用于下列情况：

A. 由于泄压面积过大或泄放压力过高（低），要求全部泄放等原因，安全阀不适用的情况。

B. 设计上不允许容器内介质有任何微量泄漏，如工作介质为剧毒气体的情况。

C. 容器内介质产生的沉淀物或粘着胶状物有可能导致安全阀失效的情况。

D. 容器内压力迅速增加，安全阀来不及反应的情况。

E. 由于低温的影响，安全阀不能正常工作的情况。

爆破片的防爆效率取决于它的质量、厚度和泄压面积。

② 爆破片的选用：选择爆破片安全装置时，应考虑爆破片安全装置入口侧和出口侧两面承受的压力差等因素。压力容器应根据介质的性质、工艺条件及载荷特性等来选用爆破片。要特别注意介质在工作条件（压力、温度等）下对膜片有无腐蚀作用。

③ 爆破片的安装：爆破片安全装置应设置在承压设备的本体或附属管道上，并应设置在靠近承压设备压力源的位置。爆破片装置与容器的连接管线应为直管，通道面积不得小于膜片的泄放面积。对工作介质为易燃、剧毒气体等物质的压力容器，应在爆破片的排出口装设导管，将排放介质引至安全地点，并进行妥善处理，不得直接排入大气；爆破片应与容器液面以上气相空间相连。爆破片的泄放管线应尽可能垂直安装。

④ 爆破片的更换：爆破片应定期更换。更换期限由使用单位根据本单位的实际情况确定。对于超过爆破片标定爆破压力而未爆破的也应更换。

（3）液面计：液面计是显示容器内液面位置变化情况的装置。盛装液化气体的贮运容器，包括大型球形贮罐、卧式贮槽和槽车等，以及作为液体蒸发用的换热容器，都应装设液面计以防止器内因满液而发生液体膨胀导致容器的超压事故。压力容器常用的液面计是玻璃管式和平板玻璃式两种。

① 液面计选用的原则

A. 根据容器的工作压力选择：承压低的容器，可选用玻璃管式液面计；承压高的容器，可选用平板玻璃液面计。

B. 根据液体的透光度选择：对于洁净或无色透明的液体可选用透光式玻璃板液面计；对非洁净或稍有色泽的液体可选用反射式玻璃板式液面计。

C. 根据介质特性选择：对盛装易燃易爆或毒性程度为极度、高度危害介质的液化气体的容器，应采用玻璃板式液面计或自动液面指示计，并应有防止液面计泄漏的保护装置；对大型储罐还应装设安全可靠的液面指示计。

D. 根据液面变化范围选择：液化气体槽车上可选用浮子（标）式液面计，不得采用玻璃管式或玻璃板式液面计。对要求液面指示平稳的，不应采用浮子（标）式液面计。盛装 0℃ 以下介质的压力容器上，应选用防霜液面计。

② 液面计的维护：保持清洁，玻璃板（管）必须明亮清晰，液位清楚易见。经常检查液面计的工作情况；如气、液连接管旋塞是否处于开启状态，连管或旋塞是否堵塞，各连接处有无渗漏现象等，以保证液位正常显示。

液面计出现下列情况时，应停止使用：超过检验期、玻璃板（管）有裂纹、破碎、阀件固死、经常出现假液位。

压力容器运行操作人员，应加强对液面计的维护管理，保持完好和清晰。

（4）压力表：压力表是用以检测流体压力强度的测量仪表，最常见的压力表有弹簧式和活塞式两种。弹簧式压力表又有单弹簧管、多圈螺旋形弹簧管、薄膜式等多种，最常用的是单弹簧管式压力表。选用压力表时，必须与压力容器内的介质相适应。如工作介质有腐蚀作用时，应选用薄膜式压力表。低压容器使用的压力表精度不应低于 2.5 级；中压及高压容器的压力表精度不应低于 1.5 级。压力表盘刻度极限值为最高工作压力的 1.5～3.0 倍，最好选用 2 倍。表盘直径不应小于 100 mm。压力表的校验和维护应符合国家计量部门的有关规定。压力表安装前应进行校验，在刻度盘上应画出指示最高工作压力的红线，注明下次校验日期，校验后应加铅封。

（三）压力容器安全管理

1. 压力容器安全监察

为了加强压力容器使用的安全监察工作，特种设备安全监察部门制定了《压力容器使用登记管理规则》，实行压力容器使用登记制度。固定式压力容器的使用单位，必须逐台向特种设备安全监察部门申报和办理登记、注册手续；超高压容器和液化气罐车向省级特种设备安全监察部门申报和办理登记、注册手续，并取得压力容器使用证后才能投入运行。安装单位应向特种设备安全监察部门申请，并经审核批准，才可从事安装工作。

2. 压力容器的日常技术管理

压力容器使用单位的技术负责人必须对压力容器的安全技术管理负责，指定专人负责安全技术管理工作。其工作内容包括：贯彻执行有关压力容器安全技术规程；编制压力容器的安全管理规章制度，依据生产工艺要求和容器的技术性能制定容器的安全操作规程；参与压力容器的入厂检验、竣工验收及试车；检查压力容器的运行、维修和安全附件校验情况；压力容器的检验、修理、改造和报废等技术审查；编制压力容器的年度定期检修计划，并负责组织实施；向主管部门和当地特种设备安全监察部门报送当年压力容器的数量和变动情况统计报表、压力容器定期检验计划的实施情况及存在的主要问题；压力容器事故的调查分析和报告；检验、焊接和操作人员的安全技术培训管理和压力容器使用登记及技术资料管理。

3. 压力容器的安全技术档案

压力容器的安全技术档案包括压力容器登记卡，压力容器设计、制造、安装技术等原始的技术文件和资料，检验与检测记录，修理方案，实际修理情况记录，技术改造方案、图样，材料质量证明书，施工质量检验的技术文件和资料，安全附件校验、修理、更换记录，有关事故的记录资料和处理报告，运行日志等压力容器的使用记录资料。

4. 培训考核，持证上岗

压力容器的操作人员属特殊工种，必须通过培训教育并定期进行考核，经考核合格后，发给操作证后方可上岗独立操作。培训的主要内容为工艺流程、压力容器的基本结构及基本原理、运行时的安全操作要点、事故的判断、处理与预防常识和措施，以及日常的安全维护保养的要求等。考核内容包括应知、应会两项。

《压力容器安全技术监察规程》规定，液氧罐的操作人员，严禁使用带油脂的工具和防护用品。

5. 压力容器的检验

（1）压力容器的定期检验周期

压力容器的检查检验分为：

① 外部检查：是指在用压力容器运行中的定期在线检查，每年至少一次。

② 内外部检验：是指在用压力容器停机时的检验。其检验周期按照其安全状况等级的不同，分为每 6 年至少一次和每 3 年至少一次。

③ 耐压试验：是指压力容器停机检验时，所进行的超过最高工作压力的液压试验或气压试

验。对固定式压力容器,每两次内外部检验期间内,至少进行一次耐压试验,对移动式压力容器,每6年至少进行一次耐压试验。

投用后首次内外部检验周期一般为3年。根据使用介质对压力容器材料的腐蚀程度、压力容器制造的质量和使用材料的性能、使用年限、停止使用时间等情况和检验情况,将内外部检验周期适当缩短。

安全状况较好,在情况明了、充分掌握运行规律、确保安全的前提下,内外部检验周期也可以适当延长。

有下列情况之一的压力容器,内外部检验合格后应进行耐压试验:

① 用焊接方法修理改造,更换主要受压元件的。

未焊透是焊缝存在的一个缺口,因而往往是脆性破坏的起裂点,也会导致疲劳破坏。

② 改变使用条件,且超过原设计参数并经强度校核合格的。

③ 需要更换衬里的(重新更换衬里前)。

④ 停止使用两年后重新复用的。

⑤ 使用单位从外单位拆来新安装的或本单位内部移装的。

⑥ 使用单位对压力容器的安全性能有怀疑的。

(2) 压力容器检验的内容

① 外部检查:外部检查的主要内容是:压力容器及其管道的保温层、防腐层、设备铭牌是否完好;外表面有无裂纹、变形、腐蚀和局部鼓包;所有焊缝、承压元件及连接部位有无泄漏;安全附件是否齐全、可靠、灵活好用;承压设备的基础有无下沉、倾斜,地脚螺丝、螺母是否齐全、完好;有无振动和摩擦;运行参数是否符合安全技术操作规程;运行日志与检修记录是否保存完整。

② 内、外部检验:除外部检查的全部项目外,还检查以下各项:腐蚀、磨损、裂纹、衬里状况、壁厚测量、金相检验、化学成分分析和硬度测定。外部检查和内外部检验的内容及安全状况等级的规定见《在用压力容器检验规程》。

③ 耐压试验:是对承压设备定期检验的主要项目之一,目的是检查设备的整体强度和致密性。耐压试验对承压设备来说是一次超压,试验时有危险性,要严格按有关规程要求进行,以确保试验安全顺利。

6. 有关专业知识介绍

(1) 腐蚀:腐蚀是材料与周围环境元素发生化学变化而遭受破坏的现象。应力腐蚀是指在拉应力作用下,金属在腐蚀介质中引起的破坏。

金属材料一般为碳钢和低合金钢,与氢氧化钠溶液、硝酸盐溶液、氯化铵溶液等腐蚀介质接触,易发生的腐蚀类型是应力腐蚀。不锈钢管道主要的腐蚀类型是晶间腐蚀和点腐蚀。腐蚀性流体介质与金属表面在相对运动中引起金属的加速腐蚀称为冲蚀。

介质对压力容器的破坏主要是由于腐蚀。

盛装具有腐蚀性介质的容器,底部尽可能不装阀门,腐蚀性液体应从顶部抽吸排出。不锈钢容器进行水压试验时,应该控制水中的氯离子含量,防止腐蚀。

(2) 弹性变形与塑性变形:材料(或构件)在外力作用下产生应力和应变(即变形)。当外力除去后材料(或构件)构件恢复原有的形状,即变形随外力的除去而消失,这种变形是可逆的弹性变形。当应力超过材料的弹性极限,则产生的变形在外力去除后不能全部恢复,而残留一部分变形,材料不能恢复到原来的形状,这种残留的变形是不可逆的塑性变形。

(3) 残余应力:残余应力是当物体没有外部因素作用时,在物体内部保持平衡而存在的应力。构件在制造过程中,将受到来自各种工艺等因素的作用与影响,当这些因素消失之后,若构件所受到的上述作用与影响不能随之而完全消失,仍有部分作用与影响残留在构件内,则这种残留的作用与影响称为残余应力。

焊件在焊接过程中,热应力、相变应力、加工应力等超过屈服极限,以致冷却后焊件中留有未能消除的应力称为焊接残余应力。

最常用消除焊接残余应力的方法是将焊件进行焊后热处理。

案例

某化工厂大检修前,由某单位安装处在装置东面 17 m 外空地上对新制成的重叠式换热器进行气密性试验。换热器每台有 40 个螺孔,在试验时换热器 B 装了 13 个螺栓,换热器 A 装了 17 个螺栓。试压环比原封头法兰厚 4.7 cm,试压环装上后仍用原螺栓。螺栓与螺母装配时两头不均匀。试压过程中,换热器(B)试压环紧固螺栓拉断,螺母脱落,管束与壳体分离。重 4 t 的管束向前冲出 8 m,把前方黄河牌载有空气压缩机的汽车大梁撞弯,冲入车底,整台汽车被横推移位 2~3 m;重 2 t 的壳体向相反方向冲出,与管束分离后飞出 38.5 m,碰到地桩停止;换热器 A、B 连接支座螺栓剪断,连接法兰短管拉断,重 6 t 的换热器 A 受壳体断开短管处喷出气体的反作用推力,整个向东南方向移位 8 m 左右,并转向 170°。现场共有 9 人,其中 4 人不幸死亡。

根据上述情况,请判断:该厂操作人员严重违反有关压力容器安全技术监察规程关于"耐压试验和气密试验时,各部位的紧固螺栓必须装配齐全"的规定,导致事故发生。（　）

[判断:正确。]

三、气瓶安全技术

根据《气瓶安全技术监察规程》(TSG R0006—2014),有关气瓶的安全技术及相关管理要求简述如下:

(一)气瓶的定义

气瓶特指适用于正常环境温度(−40~60 ℃)下使用、公称容积为 0.4~3 000 L、公称工作压力为 0.2~35 MPa(表压,下同)且压力与容积的乘积大于或者等于 1.0 MPa·L,盛装压缩气体、高(低)压液化气体、低温液化气体、溶解气体、吸附气体、标准沸点等于或者低于 60 ℃ 的液体以及混合气体(两种或者两种以上气体)的无缝气瓶、焊接气瓶、焊接绝热气瓶、缠绕气瓶、内部装有填料的气瓶以及气瓶附件。

上述气瓶不包括仅在灭火时承受瞬时压力而储存时不承受压力的消防灭火器用气瓶、固定使用的瓶式压力容器以及军事装备、核设施、航空航天器、铁路机车、海上设施和船舶、民用机场专用设备使用的气瓶。

(二)设计文件鉴定与型式试验

气瓶产品应当按照《气瓶设计文件鉴定规则》(TSG R1003)、《气瓶型式试验规则》(TSG R7002)的规定,进行气瓶产品设计文件鉴定和型式试验,合格后其设计文件方可用于制造。气瓶上所配置的气瓶附件,安全技术规范及相应标准有规定的,应当先进行气瓶附件的型式试验,再进行气瓶型式试验。

(三)进口气瓶

1. 在中国境内使用的各类进口气瓶,应当符合以下要求:

(1)设计、制造符合中国的安全技术规范。

(2)对于没有中国国家标准的气瓶产品,或者其所采用标准的适用范围及技术要求等与中国国家标准存在差异时,气瓶产品标准应当由国家质检总局委托相关专业技术机构进行评审。

2. 进口气瓶的安全性能监督检验

进口气瓶应当经核准的具有监督检验资质的特种设备检验机构(以下称监检机构)进行安全性能监督检验并且出具检验报告,检验所依据的标准应当符合《气瓶安全技术监察规程》的规定,其中进口气瓶的制造标志、出厂资料和文件还应当分别符合《气瓶安全技术监察规程》的规定。

3. 临时进口气瓶

临时进口气瓶,是指进口到境内并且在境内充装后出口到境外,或者在境外充装后进口到境内并在瓶内气体用完后再出境的境外企业制造的气瓶,应当符合以下要求:

(1)办理临时进口气瓶的单位,需要向进口地监检机构提供气瓶产权所在国家(或者地区)官方认可的检验机构出具的安全性能合格证明文件。

(2)由监检机构对临时进口气瓶进行安全性能检验并出具检验报告;对需多次入境但入境时无法实施安全性能检验的气瓶,应当在气瓶内气体用尽后再对其进行安全性能检验;因气体特性等原因无法进行内部检验的气瓶,进口单位应当提供气瓶产权所在国家(或者地区)检验机构出具的定期检验合格有效证明文件,经监检机构确认后可仅进行外观检查和壁厚测定,并出具相应的检验报告;检验(或者外观检查、壁厚测定)不合格的气瓶,不得在境内使用。

(3)在监检机构出具的安全性能检验报告有效期内的气瓶,在出境或者再次入境时可不再进行安全性能检验。

(4)对仅进行了外观检查和壁厚测定的气瓶,再次入境时应当按照本条第(2)项的要求进行安全性能检验或者外观检查和壁厚测定。

(5)涉及临时进口气瓶的单位,应当建立临时进口气瓶档案。

(四)瓶装气体介质

瓶装气体介质分为以下几种:

(1)压缩气体:是指在−50 ℃时加压后完全是气态的气体,包括临界温度(T_c)低于或者等于−50 ℃的气体,也称永久气体。

(2)高(低)压液化气体:是指在温度高于−50 ℃时加压后部分是液态的气体,包括临界温度(T_c)在−50~65 ℃的高压液化气体和临界温度(T_c)高于 65 ℃的低压液化气体。

(3)低温液化气体:是指在运输过程中由于深冷低温而部分呈液态的气体,临界温度(T_c)一般低于或者等于−50 ℃,也称为深冷液化气体或者冷冻液化气体。

(4)溶解气体:在压力下溶解于溶剂中的气体。

(5)吸附气体:在压力下吸附于吸附剂中的气体。

(五)气瓶公称工作压力

(1)盛装压缩气体气瓶的公称工作压力,是指在基准温度(20 ℃)下,瓶内气体达到完全均匀状态时的限定(充)压力。

(2) 盛装液化气体气瓶的公称工作压力,是指温度为 60 ℃时瓶内气体压力的上限值。

(3) 盛装溶解气体气瓶的公称工作压力,是指瓶内气体达到化学、热量以及扩散平衡条件下的静置压力(15 ℃时)。

(4) 焊接绝热气瓶的公称工作压力,是指在气瓶正常工作状态下,内胆顶部气相空间可能达到的最高压力。

(5) 盛装标准沸点等于或者低于 60 ℃的液体以及混合气体气瓶的公称工作压力,按照相应标准规定。

气瓶公称工作压力的选取应当符合《气瓶安全技术监察规程》的规定。

(六) 气瓶分类

1. 按照公称工作压力划分

气瓶按照公称工作压力分为高压气瓶、低压气瓶。

(1) 高压气瓶是指公称工作压力大于或者等于 10 MPa 的气瓶。

(2) 低压气瓶是指公称工作压力小于 10 MPa 的气瓶。

2. 按照公称容积划分

气瓶按照公称容积分为小容积、中容积、大容积气瓶:

(1) 小容积气瓶是指公称容积小于或者等于 12 L 的气瓶。

(2) 中容积气瓶是指公称容积大于 12 L 并且小于或者等于 150 L 的气瓶。

(3) 大容积气瓶是指公称容积大于 150 L 的气瓶。

(七) 气瓶专用要求

盛装单一气体的气瓶必须专用,只允许充装与制造标志规定相一致的气体,不得更改气瓶制造标志及其用途,也不得混装其他气体或者加入添加剂。

盛装混合气体的气瓶必须按照气瓶标志确定的气体特性充装相同特性[*]的混合气体,不得改装单一气体或者不同特性的混合气体。

(八) 气瓶标志

气瓶标志包括制造标志和定期检验标志。制造标志通常有制造钢印标记(含铭牌上的标记)、标签标记(粘贴于瓶体上或者透明的保护层下)、印刷标记(印刷在瓶体上)以及气瓶颜色标志等;定期检验标志通常有检验钢印标记、标签标记、检验标志环以及检验色标等。在用于出租车车用燃料的气瓶上,应当有永久性的出租车识别标志[**]。

1. 气瓶制造标志

(1) 气瓶的钢印标记、标签标记或者印刷标记:气瓶的制造标志是识别气瓶的依据,标记的排列方式和内容应当符合《气瓶安全技术监察规程》附件 B 及相应标准的规定,其中,制造单位代号(如字母、图案等标记)应当报中国气瓶标准化机构备查。

制造单位应当按照相应标准的规定,在每只气瓶上做出永久性制造标志。钢质气瓶或者铝

---

[*] 气体特性是指毒性(T)、氧化性(O)、燃烧性(F)和腐蚀性(C)。

[**] 对用于出租车车用燃料的气瓶,气瓶制造单位、安装单位或者定期检验机构在确认气瓶用途后,应当在气瓶标志的显著位置做出永久性的代表出租汽车的"TAXI"标志(钢质气瓶采用打钢印,缠绕气瓶采用树脂覆盖的标签粘贴等方法)。

合金气瓶采用钢印,缠绕气瓶采用塑封标签,非重复充装焊接气瓶采用瓶体印字,焊接绝热气瓶(含车用焊接绝热气瓶)、液化石油气钢瓶采用压印凸字或者封焊铭牌等方法进行标记。

不能采用前款方法进行标记的其他产品,应当采用符合相应气瓶产品标准的标记方法。制造单位应当在设计时考虑气瓶信息化标签(条码、二维码或者射频标签等)的安放需求。

鼓励气瓶制造单位或者充装单位采用信息化手段对气瓶实行全寿命周期安全管理。

(2)气瓶外表面的颜色标志、字样和色环:气瓶外表面的颜色标志、字样和色环,应当符合GB 7144《气瓶颜色标志》的规定;对颜色标志、字样和色环有特殊要求的,应当符合相应气瓶产品标准的规定。盛装未列入国家标准的气体和混合气体的气瓶的颜色、字样和色环由全国气瓶标准化技术机构负责明确,并按照《气瓶安全技术监察规程》的规定执行。

液化石油气充装单位采用信息化标签进行管理并且自有产权液化石油气气瓶超过30万只只需要使用专用气瓶的,专用气瓶应在上封头压制明显凸起的产权单位标识,产权单位应当制定专用气瓶颜色标识或者特殊结构形式的阀门及螺纹等企业标准,由全国气瓶标准化技术机构进行标准评审。

(3)焊接绝热气瓶(含车用焊接绝热气瓶)标志

① 充装液氧(O_2)、氧化亚氮(N_2O)和液化天然气(LNG)的气瓶,在外胆上封头便于观察的部位,应当压制明显凸起的"O_2""N_2O"或者"LNG"等介质符号。

② 产品铭牌应当牢固地焊接在不可拆卸的附件上。

③ 瓶体上需粘贴与铭牌介质相一致的产品标签,标签的底色和字色应当与GB 7144中相应介质的瓶体颜色和字色相一致。

2. 气瓶定期检验标志

气瓶的定期检验钢印标记、标签标记、检验标志环和检验色标,应当符合《气瓶安全技术监察规程》附件B的规定。气瓶定期检验机构应当在检验合格的气瓶上逐只打印检验合格钢印或者在气瓶上做出永久性的检验合格标志。

(九)监督管理

(1)国家和各级有关主管部门负责气瓶安全监察工作,监督《气瓶安全技术监察规程》的执行。

(2)气瓶(含气瓶附件)的设计、制造、充装、检验、使用等,均应当严格执行《气瓶安全技术监察规程》的规定。

(3)气瓶制造、充装单位和检验机构等,应当按照安全技术规范及相应标准的规定,及时将有关制造、使用登记、充装、检验等数据输入有关特种设备信息化管理系统。

(十)气瓶水压试验压力、气压试验压力和气密性试验压力

(1)气瓶水压试验压力一般为公称工作压力的1.5倍,当相应标准对试验压力有特殊规定时,按其规定执行。

(2)对不能进行水压试验的气瓶,若采用气压试验,其试验压力按照相应标准的规定。

(3)气瓶气密性试验压力一般为公称工作压力,当相应标准对气密性试验压力有特殊规定时,按其规定执行。

(十一)公称工作压力

1. 一般规定

设计气瓶时,公称工作压力的选取一般要优先考虑整数系列。盛装常用气体气瓶的公称工作压力如表 4-3 及表 4-4 规定,对用于特殊需求的气瓶,允许其公称工作压力超出表 4-3 及表 4-4 规定的压力等级,但是应当满足《气瓶安全技术监察规程》的规定。

表 4-3 盛装常用气体气瓶的公称工作压力

气体类别	公称工作压力 /MPa	常用气体
压缩气体 $T_c \leqslant -50\ ℃$	35	空气、氢、氮、氩、氦、氖等
	30	空气、氢、氮、氩、氦、氖、甲烷、天然气等
	20	空气、氧、氢、氮、氩、氦、氖、甲烷、天然气等
	15	空气、氧、氢、氮、氩、氦、氖、甲烷、一氧化碳、一氧化氮、氪、氘(重氢)、氟、二氟化氧等
高压液化气体 $-50\ ℃ < T_c \leqslant 65\ ℃$	20	二氧化碳(碳酸气)、乙烷、乙烯
	15	二氧化碳(碳酸气)、一氧化二氮(笑气、氧化亚氮)、乙烷、乙烯、硅烷(四氢化硅)、磷烷(磷化氢)、乙硼烷(二硼烷)等
	12.5	氙、一氧化二氮(笑气、氧化亚氮)、六氟化硫、氯化氢(无水氢氯酸)、乙烷、乙烯、三氟甲烷(R23)、六氟乙烷(R116)、1,1-二氟乙烯(偏二氟乙烯、R1132a)、氟乙烯(乙烯基氟、R1141)、三氟化氮等
低压液化气体及混合气体 $T_c > 65\ ℃$	5	溴化氢(无水氢溴酸)、硫化氢、碳酰二氯(光气)、硫酰氟等
	4	二氟甲烷(R32)、五氟乙烷(R125)、溴三氟甲烷(R13B1)、R410A 等
	3	氨、氯二氟甲烷(R22)、1,1,1-氟烷(R143a)、R407C、R404A、R507A 等
	2.5	丙烯
	2.2	丙烷
	2.1	液化石油气
	2	氯、二氧化硫、二氧化氮(四氧化二氮)、氟化氢(无水氢氟酸)、环丙烷、六氟丙烯(R1216)、偏二氟乙烷(R152a)、氯三氟乙烯(R1113)、氯甲烷(甲基氯)、溴甲烷(甲基溴)、1,1,1,2-四氟乙烷(R134a)、七氟丙烷(R227e)、2,3,3,3-四氟丙烯(R1234yf)、R406A、R401A 等
	1.6	二甲醚
	1	正丁烷(丁烷)、异丁烷、异丁烯、1-丁烯、1,3-丁二烯(联丁烯)、二氯氟甲烷(R21)、氯二氟乙烷(R142b)、溴氯二氟甲烷(R12BI)、氯乙烷(乙基氯)、氯乙烯、溴乙烯(乙烯基溴)、甲胺、二甲胺、三甲胺、乙胺(氨基乙烷)、甲基乙烯基醚(乙烯基甲醚)、环氧乙烷(氧化乙烯)、(顺)2-丁烯、(反)2-丁烯、八氟环丁烷(RC318)、三氯化硼(氯化硼)、甲硫醇(硫氢甲烷)、氯氟烷(R133a)等
低温液化气体 $T_c \leqslant -50\ ℃$	—	液化空气、液氩、液氦、液氖、液氮、液氧、液氢、液化天然气

表 4-4　盛装常用气体的消防灭火用气瓶的公称工作压力

气体类别	公称工作压力/MPa	常用气体
压缩气体及混合气体	23.2	IG-01(氩气)、IG-100(氮气)、IG-55(氩气,氮气)、IG-541(氩气、氮气、二氧化碳)
	17.2	IG-01(氩气)、IG-100(氮气)、IG-55(氩气,氮气)、IG-541(氩气、氮气、二氧化碳)
	2.0	干粉灭火剂+氮
	1.4	
高压液化气体	1.5	二氧化碳
	13.7	三氟甲烷
低压液化气体及混合气体	8.0	七氟丙烷+氮
	6.7	
	5.3	
	4.2	
	2.5	
	4.0	六氟丙烷+氮
	3.2	
	2.6	
	1.3	
低压液化气体及混合气体	4.3	卤代烷 1301+氮
	3.2	
	2.8	

2. 特殊规定

(1) 盛装高压液化气体的气瓶,在规定充装系数下,其公称工作压力不得小于所充装气体在 60 ℃时的最高温升压力,且不得小于 10 MPa;盛装低压液化气体的气瓶,其公称工作压力不得小于所充装气体在 60 ℃时的饱和蒸气压且不得小于 1 MPa;盛装毒性为剧毒的低压液化气体的气瓶,其公称工作压力的选取一般要参考附件 C 中 LC_{50} 的大小,在 60 ℃时饱和蒸气压值之上再适当提高。

(2) 低压液化气体 60 ℃时的饱和蒸气压值按附件 C 或者相应气体标准的规定,附件 C 或者相应气体标准没有规定时,可按照气体制造单位或者供应单位所提供的并且经正式确认的相关数据。

(3) 盛装低温液化气体的气瓶,其公称工作压力按工艺要求确定,但应当大于或者等于 0.2 MPa,且小于或者等于 3.5 MPa。

(4) 对低压液化气体的混合气体,应当根据相应气体标准确定混合气体在 60 ℃的饱和蒸气压;对用于消防灭火系统的压缩气体与低压液化气体组成的混合气体,其公称工作压力应当不小于相应标准规定的灭火系统在相应温度下的最大工作压力。

（5）盛装氟和二氟化氧的气瓶，公称工作压力应当不小于 15 MPa。

（十二）设计使用年限

制造单位应当明确气瓶的设计使用年限并将其注明在气瓶的设计文件和气瓶标记上，气瓶的设计使用年限应当不小于表 4-5 的规定。如果制造单位确定的设计使用年限超出表 4-5 的规定，应当通过相应的型式试验、腐蚀试验进行验证，或者增加设计腐蚀裕量并且进行验证。

表 4-5　常用气瓶的设计使用年限*

序号	气瓶品种	设计使用年限/年
1	钢质无缝气瓶	30
2	钢质焊接气瓶△	20
3	铝合金无缝气瓶	
4	长管拖车、管束式集装箱用大容积钢质无缝气瓶	
5	溶解乙炔气瓶及吸附式天然气焊接钢瓶	
6	车用压缩天然气钢瓶	15
7	车用液化石油气钢瓶及车用液化二甲醚钢瓶	
8	钢质内胆玻璃纤维环向缠绕气瓶	
9	铝合金内胆纤维全缠绕气瓶	
10	铝合金内胆纤维环向缠绕气瓶	
11	盛装腐蚀性气体或者在海洋等易腐蚀环境中使用的钢质无缝气瓶、钢质焊接气瓶	12

＊ 表 4-5 中未列入的气瓶品种按相应标准确定。

△ 不包括液化石油气钢瓶、液化二甲醚钢瓶。

（十三）制造

1. 制造条件

气瓶制造单位应当取得相应的特种设备制造许可。中、小容积气瓶的制造单位应当具备气瓶生产流水线，大容积气瓶的制造单位应当具备独立的气瓶制造场地和设施。

2. 制造质量的检验、检测

气瓶制造质量的检验和检测项目与要求，应当符合相应标准的规定，并且满足以下要求：

（1）各种试验装置（如 X 射线数字成像检测、外测法水压试验等设备）应当符合相应标准的要求。

（2）水压爆破试验应当采用能绘制压力一进水量曲线的自动采集和记录数据的试验装置。

（3）无缝气瓶（小容积气瓶除外）及金属内胆缠绕气瓶应当采用外测法（也称水套法）进行水压试验；试验前，应当根据有关标准的规定对试验系统进行校验，校验所使用的标准瓶应当经标定后使用；其他气瓶可以采用内测法进行水压试验；水压试验装置应当能实时自动记录瓶号、时间及试验结果。

3. 产品制造监督

气瓶产品的制造过程应当由监检机构进行安全性能监督检验，监检机构应当对经监督检验合格的气瓶按批出具气瓶产品制造监督检验证书。未经监督检验或者监督检验不合格的气瓶产品不得出厂、销售和充装。

（十四）气瓶附件

1. 气瓶附件范围

气瓶附件包括气瓶瓶阀、紧急切断阀、安全泄压装置、限充及限流装置、瓶帽等。

2. 安全泄压装置的安装与维护

气瓶安全泄压装置的安装与维护应当符合相应标准的规定，并且应当满足以下要求：

（1）气瓶安全泄压装置与气瓶之间，以及泄压装置的出口侧不得装有截止阀，也不得装有妨碍装置正常动作的其他零件。

（2）气瓶充装前，应当认真检查安全泄压装置有无腐蚀、破损或者其他外部缺陷，通道有无被沙土、油漆或者污物等堵塞，易熔塞有无松动或者脱出现象，发现存在可能导致装置不能正常动作的问题时，不应当对气瓶充装。

（3）应当定期对气瓶上的安全阀进行清洗、检查和校验。

（4）爆破片装置（或者爆破片）应当定期更换（焊接绝热气瓶、非重复充装气瓶除外），整套组装的爆破片装置应当成套更换。爆破片的使用期限应当符合有关规定或者由制造单位确定，但不应当小于气瓶的定期检验周期。

（5）应当由专业人员按照相应标准的规定，进行气瓶安全泄压装置的更换。

（十五）充装使用

1. 充装许可

气瓶充装单位应当按照《气瓶充装许可规则》(TSG R4001)的规定，取得气瓶充装许可。

2. 气瓶使用登记

气瓶充装单位应当按照《气瓶使用登记管理规则》(TSG R5001)的规定申请办理气瓶使用登记。

3. 固定充装制度

气瓶实行固定充装单位充装制度，气瓶充装单位应当充装本单位自有并且办理使用登记的气瓶（车用气瓶、非重复充装气瓶、呼吸器用气瓶以及托管气瓶除外）。气瓶充装单位应当在充装完毕验收合格的气瓶上牢固粘贴充装产品合格标签，标签上至少注明充装单位名称和电话、气体名称、充装日期和充装人员代号。无标签的气瓶不准出充装单位。

严禁充装超期未检气瓶、改装气瓶、翻新气瓶和报废气瓶。

气瓶充装单位发生暂停充装等特殊情况，应当向所在市级有关主管部门报告，可委托辖区内有相应资质的单位临时充装，并告知省级有关主管部门。

4. 充装基本要求

（1）涂敷标志：气瓶的充装单位负责在自有产权或者托管的气瓶瓶体上涂敷充装站标志，并负责对气瓶进行日常维护保养，按照原标志涂敷气瓶颜色和色环标志。

（2）充装安全与管理制度：气瓶充装单位对气瓶的充装安全负责。气瓶充装单位作为气瓶的使用单位，应当及时申报自有或者托管气瓶的定期检验，并且负责对瓶装气体经销单位或者气体消费者进行安全宣传教育和指导，可通过签订协议等方式对气瓶进行安全管理。

气瓶充装单位应当制定相应的安全管理制度和安全技术操作规程，严格按照相应标准充装气瓶。

气瓶充装单位应当制定特种设备事故（特别是泄漏事故）应急预案和救援措施，并且定期演练。

（3）气瓶档案：气瓶充装单位应当建立气瓶信息化管理数据库和气瓶档案，气瓶档案包括产品合格证、批量检验产品质量证明书等出厂资料、气瓶产品制造监督检验证书、气瓶使用登记资料、气瓶定期检验报告等。气瓶的档案应当保存到气瓶报废为止。

（4）警示标签：气瓶充装单位应当在自有产权或者托管的气瓶上粘贴气瓶警示标签，警示标签的式样、制作方法及应用应当符合 GB 16804《气瓶警示标签》的规定。

（5）充装前后检查与记录：气瓶充装单位应当按照相应标准的规定，在气瓶充装前和充装后，由取得气瓶充装作业人员证书的人员对气瓶逐只进行检查，并做好检查记录和充装记录，检查记录和充装记录保存时间不少于 12 个月。气瓶发生事故后，充装单位应当提供真实、可追踪的检查记录和充装记录，不能提供检查记录和充装记录或者记录与实际不符的，应当依法追究气瓶充装单位的责任。

车用气瓶的充装单位应当采用信息化手段对气瓶充装进行控制和记录；鼓励其他气瓶充装单位采用信息化手段对气瓶及其充装、使用进行安全管理。

5. 充装特殊规定

（1）气体充装装置

① 气体充装装置，必须能够保证防止可燃气体与助燃气体或者不相容气体的错装，无法保证时应当先进行抽空再进行充装。

② 充装高（低）压液化气体、低温液化气体以及溶解乙炔气体时，所采用的称重计量衡器的最大称量值及校验期应当符合相关标准的规定。

（2）充装压缩气体

① 严格控制气瓶的充装量，充分考虑充装温度对最高充装压力的影响，气瓶充装后，在 20 ℃时的压力不得超过气瓶的公称工作压力。

② 采用电解法制取氢气、氧气的充装单位，应当制定严格的定时测定氢、氧纯度的制度，设置自动测定氢、氧浓度和超标报警的装置，并且定期进行手动检测；当氢气中含氧或者氧气中含氢超过 0.5%（体积比）时，严禁充装，同时应当查明原因并妥善处置。

③ 充装氟或者二氟化氧的气瓶，应当符合《气瓶安全技术监察规程》2.3.3(4)和 3.6.2(5)的要求，且最大充装量不得大于 5 kg，在 20 ℃时的充装压力不得大于 3 MPa。瓶阀出气口上应当设置密封盖。

（3）充装高（低）压液化气体

① 应当采用逐瓶称重的方式进行充装，禁止无称重直接充装（车用气瓶除外）。

② 应当配备与其充装接头数量相适应的计量衡器。

③ 计量衡器的选用、规格及检定等应当符合有关安全技术规范及相应标准的规定，且计量衡器必须设有超装警报或者自动切断气源的装置。

④ 应当对充装量逐瓶复检（设复检用计量衡器），严禁过量充装，充装超量的气瓶不准出站并且应当及时处置。

（4）充装低温液化气体及低温液体：应当对充装量逐瓶复检（车用焊接绝热气瓶除外），严禁过量充装。充装超量的气瓶不准出站并及时处置。

（5）充装溶解乙炔

① 充装前，按照有关标准规定测定溶剂补加量并补加溶剂。

② 乙炔瓶的乙炔充装量及乙炔与溶剂的质量比（炔酮比）应当符合有关标准的规定。

③ 充装过程中,瓶壁温度不得超过 40 ℃,充装容积流速小于 0.015 m³/(h·L)。

④ 一般分两次充装,中间的间隔时间不少于 8 h;静置 8 h 后的瓶内压力应当符合有关标准的规定。

(6) 充装混合气体

① 充装混合气体的气瓶应当采用加温、抽真空等适当方式进行预处理。

② 气体充装前,应当根据混合气体的每一气体组分性质,确定各种气体组分的充装顺序。

③ 在充入每一气体组分之前,应用待充气体对充装配制系统管道进行置换。

④ 相关标准对充装混合气体的其他要求。

(7) 其他要求:气瓶充装还应当符合如下要求:

① 禁止在充装站外由罐车等移动式压力容器直接对气瓶进行充装;禁止将气瓶内的气体直接向其他气瓶倒装。

② 车用天然气瓶充装枪应当具有防伪识读信息化标签的功能,只能对可以识读的气瓶进行充装。

③ 车用液化天然气气瓶充装站应当具备向气瓶充装蒸汽压不小于 0.8 MPa 的饱和液体的能力。

(十六) 气瓶及气体使用的安全规定

1. 基本要求

气瓶充装单位应当向瓶装气体经销单位和消费者提供符合安全技术规范及相应标准要求的气瓶,并负责对其进行气瓶安全使用知识的宣传和培训,要求遵守以下要求:

(1) 瓶装气体经销单位及消费者应当建立相应的安全管理制度和操作规程,配备必要的防护用品,指派掌握相关知识和技能的人员管理气瓶,并进行应急演练;发现气瓶出现异常情况时,应当及时与充装单位联系。

(2) 禁止将盛装气体的气瓶置于人员密集或者靠近热源的场所使用(车用瓶除外),禁止用任何热源对气瓶进行加热;使用盛装燃气的气瓶,应当符合安全生产、公安消防以及燃气行业法律法规、安全技术规范及相应标准的规定。

(3) 瓶装气体经销单位和消费者应当经销和购买粘贴有符合《气瓶安全技术监察规程》要求的充装产品合格标签的瓶装气体;不得经销和购买超期未检气瓶或者报废气瓶盛装的气体。

(4) 在可能造成气体回流的使用场合,设备上应当配置防止倒灌的装置,如单向阀、止回阀、缓冲罐等;瓶内气体不得用尽,压缩气体、溶解乙炔气气瓶的剩余压力应当不小于0.05 MPa;液化气体、低温液化气体以及低温液体气瓶应当留有不少于 0.5%～1.0%规定充装量的剩余气体。

(5) 运输气瓶时应当整齐放置,横放时,瓶端朝向一致;立放时,要妥善固定,防止气瓶倾倒;配好瓶帽(有防护罩的气瓶除外),轻装轻卸,严禁抛、滑、滚、碰、撞、敲击气瓶;吊装时,严禁使用电磁起重机和金属链绳。

(6) 储存瓶装气体实瓶*时,存放空间内温度不得超过 40 ℃,否则应当采用喷淋等冷却措

---

* 实瓶是指充装有规定量气体的气瓶。

施;空瓶*与实瓶应当分开放置,并有明显标志;毒性气体实瓶和瓶内气体相互接触能引起燃烧、爆炸、产生毒物的实瓶,应当分室存放,并在附近配备防毒用具和消防器材;储存易起聚合反应或者分解反应的瓶装气体时,应当根据气体的性质控制存放空间的最高温度和规定储存期限。

2. 车用液化天然气焊接绝热气瓶的特殊要求

充装单位应当向车用气瓶使用者进行安全使用指导,指导工作至少包括以下内容:

(1) 应当在开放空间使用车用液化天然气焊接绝热气瓶。

(2) 在气瓶警示标签上的显著位置明确提示禁止驾驶者将使用液化天然气燃料的车辆驶入或者停放在建筑物内的停车场(库)等封闭空间。

(3) 以液化天然气为燃料的公交车辆使用单位,应当具有车用气瓶安全管理制度、机构和人员,对车用液化天然气焊接绝热气瓶实施安全管理并且对其使用安全负责;管理制度至少包括充放气操作规程、液化天然气焊接绝热气瓶日常维护、应急处置和演练等内容。

(十七) 定期检验

1. 检验机构及其检验人员

气瓶定期检验机构应当按照《特种设备检验检测机构核准规则》(TSG Z7001)的规定,取得气瓶定期检验核准证,严格按照核准的检验范围从事气瓶定期检验工作,并接受有关主管部门的监督。

气瓶检验人员应当取得气瓶检验人员资格证书,气瓶无损检测人员应当取得相应无损检测资格证书。

2. 气瓶检验机构的主要职责

(1) 对气瓶进行定期检验,出具检验报告,并且对其正确性负责。

(2) 对可拆卸的气瓶瓶阀等附件进行更换,更换的瓶阀应当选择具有相应瓶阀制造许可证的单位制造的气瓶阀门产品。

(3) 对气瓶表面涂敷颜色和色环,按照规定做出检验合格标志。

(4) 受气瓶产权单位委托,对报废气瓶进行消除使用功能(压扁或者解体)处理。

(5) 对超过设计使用年限的液化石油气瓶进行延长使用期的安全评定,并对其继续使用的结论负责。

3. 检验工作安排

气瓶产权单位或者充装单位应当及时将到期需要检验的气瓶(包括车用气瓶、呼吸器用气瓶)或者其他符合《气瓶安全技术监察规程》规定的气瓶,送到有相应资质的气瓶定期检验机构进行定期检验。

气瓶定期检验机构接到送检气瓶后,应当及时进行检验。禁止对气瓶和气瓶瓶阀进行修理、焊接、挖补、拆解和翻新。

4. 检验周期与报废年限

(1) 各类气瓶的检验周期:气瓶的检验周期不得超过本条规定。

---

* 空瓶是指包括气瓶出厂或者定期检验后相关单位按照规定向气瓶内充入压力低于 0.275 MPa(21 ℃时)的氮气等保护性气体的气瓶。

① 钢质无缝气瓶、钢质焊接气瓶*、铝合金无缝气瓶

A. 盛装氮、六氟化硫、惰性气体及纯度大于等于 99.999% 的无腐蚀性高纯气体的气瓶,每 5 年检验 1 次;

B. 盛装对瓶体材料能产生腐蚀作用的气体的气瓶、潜水气瓶以及常与海水接触的气瓶,每 2 年检验 1 次;

C. 盛装其他气体的气瓶,每 3 年检验 1 次。

盛装混合气体的前款气瓶,其检验周期应当按照混合气体中检验周期最短的气体确定。

② 溶解乙炔气瓶、呼吸器用复合气瓶:每 3 年检验 1 次。

③ 车用液化石油气钢瓶、车用液化二甲醚钢瓶:每 5 年检验 1 次。

④ 液化石油气钢瓶、液化二甲醚钢瓶:每 4 年检验 1 次。

⑤ 车用纤维缠绕气瓶:按照 GB 24162《汽车用压缩天然气金属内胆纤维环缠绕气瓶定期检验与评定》的规定。

⑥ 车用压缩天然气钢瓶:按照 GB 19533《汽车用压缩天然气钢瓶定期检验与评定》的规定。

⑦ 焊接绝热气瓶(含车用焊接绝热气瓶):每 3 年检验一次。检验或者使用中发现存在影响绝热性能等问题时,应当送到具有相应资质的制造单位或者原制造单位委托的单位进行维护或者修理。

(2) 超过设计使用年限的处理:气瓶使用期超过其设计使用年限时一般应当报废。出租车安装的车用压缩天然气瓶使用期达到 8 年应当报废;车用气瓶应当随出租车一同报废。对焊接绝热气瓶(含焊接绝热车用气瓶),如果绝热性能无法满足使用要求且无法修复的应当报废。对设计使用年限不清的气瓶,应当将表 4-5 规定的设计使用年限作为气瓶报废处理的依据。

对设计使用年限为 8 年的液化石油气钢瓶,允许在进行安全评定后延长使用期,使用期只能延长一次,且延长使用期不得超过气瓶的一个检验周期。对未规定设计使用年限的液化石油气钢瓶,使用年限达到 15 年的应当予以报废并且进行消除使用功能处理。

5. 消除使用功能处理

消除报废气瓶使用功能的处理由当地有关主管部门指定单位负责。消除使用功能处理应当采用压扁或者将瓶体解体等不可修复的方式,不得采用钻孔或者破坏瓶口螺纹的方式。

承担气瓶消除使用功能处理的机构或者单位应当将消除使用功能处理的气瓶进行登记,并每年向所在市级有关主管部门报告。报废气瓶应当由气瓶产权单位办理气瓶使用登记注销手续。

为避免报废气瓶被修理或者翻新后重新使用,禁止气瓶充装单位或者检验机构将未进行消除使用功能处理的报废气瓶转卖他人。

四、压力管道安全技术

(一) 压力管道的定义

压力管道,是指利用一定的压力,用于输送气体或者液体的管状设备,其范围规定为最高工作压力大于或者等于 0.1 MPa(表压)介质为气体、液化气体、蒸汽或者可燃、易爆、有毒、有腐蚀

---

* 不含液化石油气钢瓶、液化二甲醚钢瓶、溶解乙炔气瓶、车用气瓶及焊接绝热气瓶。

性、最高工作温度高于或者等于标准沸点的液体,且 50 mm≤公称直径<150 mm,且其最高工作压力小于 1.6 MPa(表压)的,输送无毒、不可燃、无腐蚀性气体的管道和设备本体所属管道除外。其中,石油天然气管道的安全监督管理还应按照《安全生产法》《石油天然气管道保护法》等法律法规实施。

(二)压力管道的分类

(1)长输管道:包括输油管道、输气管道。

(2)公用管道:包括燃气管道、热力管道。

(3)工业管道:包括工艺管道、动力管道、制冷管道。

(三)工业管道

同时具备下列条件的工艺装置、辅助装置以及界区内公用工程所属的工业管道(以下简称管道)。

(1)最高工作压力大于或等于 0.1 MPa(表压,下同)的。

(2)公称直径大于 25 mm 的。

(3)输送介质为气体、蒸汽、液化气体、最高工作温度高于或者等于其标准沸点的液体或者可燃、易燃、有毒、有腐蚀性的液体的。

(四)管道级别

管道按照设计压力、设计温度、介质毒性程度、腐蚀性和火灾危险性划分为 GC1、GC2,GC3 三个等级。

(五)管道设计、安装、检验、改造、维修总体要求

(1)管道元件的制造和管边的设计、安装和检验应符合 GB/T 20801(《压力管道规范工业管道》)等相关国家标准的要求。直接采用国际标准或者国外标准时,应当先将其转化为企业标准或者工程规定。对于 GC1 级管道还应当报国家有关主管部门备案。

必要时,由有关主管部门委托有关技术组织或者技术机构进行评审。无相应标准的,不得进行管道设计、安装和检验。

(2)从事管道元件制造和管道安装、改造、维修以及定期检验的无损检测人员应应当取得特种设备无损检测人员资格证书,并且在资格允许范围内从事无损检测工作。

从事管道元件制造和管道安装、改造、维修以及定期检验的无损检测机构应当取得国家有关主管部门颁布的"特种设备检验检测机构核准证"。

(3)从事管道元件制造和管道安装、改造、维修焊接的焊接人员(以下简称焊工),必须取得焊工相应的"特种设备作业人员证"后,方可在有效期内承担合格项目范围内的焊接工作。

管道安全管理人员和操作人员应当取得相应的"特种设备作业人员证"。

(六)管道的使用

(1)管道的使用单位负责本单位管道的安全工作,保证管道的安全使用,对管道的安全性能负责。

使用单位应当按照规程及其标准的有关规定,配备必要的资源和具备相应资格的人员从事压力管道安全管理、安全检查、操作、维护保养和一般改造、维修工作。

(2)压力管道使用单位应当使用符合规程要求的压力管道。管道操作工况超过设计条件时,应当符合 GB/T 20801 关于允许超压的规定。新压力管道投入使用前,使用单位应当核对是否具有规程要求的安装质量证明文件。

（3）使用单位的管理层应当自己备一名人员负责压力管道安全管理工作。管道数量较多的使用单位，应当设置安全管理机构或者配备专职的安全管理人员，在使用管道的车间（分厂）、装置均应当有管道的专职或者兼职安全管理人员；其他使用单位，应当根据情况设置压力管道安全管理机构或者配备专职、兼职的安全管理人员。管道的安全管理人员应当具备管道的专业知识，熟悉国家相关法规标准，经过管道安全教育和培训，取得《特种设备作业人员证》后，方可从事管道的安全管理工作。

（4）管道使用单位应当建立管道安全技术档案并妥善保管。管道安全技术档案应当包括以下内容：

① 管道元件产品质量证明、管道设计文件、管道安装质量证明、安装技术文件和资料、安装质量监督检验证书、使用维护说明等文件；

② 管道定期检验和定期自行检查的记录；

③ 管道日常使用状况记录；

④ 管道安全保护装置、测量调控装置以及相关附属仪器仪表的日常维护保养记录；

⑤ 管道运行故障和事故记录。

（5）使用单位应当按照管道有关法规、安全技术规范及其相应标准，建立管道安全管理制度并且有效实施。管道安全管理制度的内容至少包括以下内容：

① 管道安全管理机构以及安全管理人员的管理；

② 管道元件订购、进厂验收和使用的管理；

③ 管道安装、试运行以及竣工验收的管理；

④ 管道运行中的日常检查、维修和安全保护装置校验的管理；

⑤ 管道的检验、修理、改造和报废的管理；

⑥ 向负责管道使用登记的登记机关报送年度定期检验计划以及实施情况、存在的主要问题以及处理；

⑦ 抢救、报告、协助调查和善后处理；

⑧ 检验、操作人员的安全技术培训管理；

⑨ 管道技术档案的管理；

⑩ 管道使用登记、使用登记变更的管理。

（6）管道使用单位应当在工艺操作规程和岗位操作规程中，明确提出管道的安全操作要求。管道的安全操作要求至少包括以下内容：

① 管道操作工艺指标，包括最高工作压力、最高工作温度或者最低工作温度；

② 管道操作方法，包括开、停车的操作方法和注意事项；

③ 管道运行中重点检查的项目和部位，运行中可能出现的异常现象和防止措施，以及紧急情况的处置和报告程序。

（7）使用单位应当对管道操作人员进行管道安全教育和培训，保证其具备必要的管道安全作业知识。

管道操作人员应当在取得"特种设备作业人员证"后，方可从事管道的操作工作。管道操作人员在作业中应当严格执行压力管道的操作规程和有关的安全规章制度。操作人员在作业过程中发现事故隐患或者其他不安全因素，应当及时向现场安全管理人员和单位有关负责人报告。

（8）管道发生事故有可能造成严重后果或者产生重大社会影响的使用单位,应当制定应急救援预案,建立相应的应急救援组织机构,配置与之适应的救援装备,并且适时演练。

（9）管道使用单位,应当按照《压力管道使用登记管用规则》的要求,办理管道使用登记,登记标志置于或者附着于管道的显著位置。

（10）使用单位应当建立定期自行检查制度,检查后应当做出书面记录,书面记录至少保存3年。发现异常情况时,应当及时报告使用单位有关部门处理。

（11）在用管道发生故障、异常情况,使用单位应当查明原因。对故障、异常情况以及检查、定期检验中发现的事故隐患或者缺陷,应当及时采取措施,消除隐患后,方可重新投入使用。

（12）不能达到合乎使用要求的管道,使用单位应当及时予以报废,并且及时办理管道使用登记注销手续。

（13）使用单位应当对停用或者报废的管道采取必要的安全措施。

（14）管道发生事故时,使用单位应当按照《特种设备事故报告和调查处理规定》及时向有关主管部门报告。

（七）定期检验

（1）管道定期检验分为在线检验和全面检验:在线检验是在运行条件下对在用管道进行的检验,在线检验每年至少1次(也可称为年度检验);全面检验是按一定的检验周期在管道停车期间进行的较为全面的检验。

GC1\GC2级压力管道的全面检验周期按照以下原则之一确定:

① 检验周期一般不超过6年;

② 按照基于风险检验(RBI)的结果确定的检验周期,一般不超过9年。

GC3级管道的全面检验周期一般不超过9年。

（2）属于下列情况之一的管道,应当适当缩短检验周期:

① 新投用的GC1、GC2级的(首次检验周期一般不超过3年);

② 发现应力腐蚀或者严重局部腐蚀的;

③ 承受交变载荷,可能导致疲劳失效的;

④ 材质产生劣化的;

⑤ 在线检验中发现存在严重问题的;

⑥ 检验人员和使用单位认为需要缩短检验周期的。

（3）在线检验主要检验管道在运行条件下是否有影响安全的异常情况,一般以外观检查和安全似护装置检查为主,必要时进行壁厚测定和电阻值测量。

在线检验后应当填写在线检验报告,做出检验结论。

（4）全面检验一般进行外观检查、壁厚测定、耐压试验和泄漏试验,并且根据管道的具体情况,采取无损检测、理化检验、应力分析、强度校验、电阻值测量等方法。

全面检验时,检验机构还应当对使用单位的管道安全管理情况进行检查和评价。

检验工作完成后,检验机构应当及时向使用单位出具全面检验报告。

（八）安全保护装置

1. 基本要求

（1）压力管道所用的安全阀、爆破片装置、阻火器、紧急切断装置等安全保护装置以及附属仪器或者仪表应当符合规程的规定。制造安全泄放装置(安全阀、爆破片装置)、阻火器和紧急切断装置用紧急切断阀等安全保护装置的单位必须取得相应的"特种设备制造许可证"。

（2）安全保护装置以及附属仪器仪表的设计、制造和检验，应当符合有关安全技术规程及其相应标准的要求。

（3）安全泄放装置用于防止管道系统发生超压事故，其控制仪器或者仪表和事故联锁装置不能代替安全泄放装置作为系统的保护设施。在不允许安装安全泄放装置的情况下，并且控制仪表和事故联锁装置的可靠性不低于安全泄放装置时，则控制仪表和事故联锁装置可以代替安全泄放装置作为系统的保护设施。

（4）凡有以下情况之一者，应当设置安全泄放装置：

① 设计压力小于系统外部压力源的压力，出口可能被关断或者堵塞的容器和管道系统；

② 出口可能被关断的窖式泵和压缩机的出口管道；

③ 因冷却水或者回流中断，或者再沸器输入热量过多引起超压的蒸馏塔顶气相管道系统；

④ 因不凝气积聚产生超压的容器和管道系统；

⑤ 加热炉出口管道，如果设有切断阀或者调节阀时，该加热炉与切断阀或者调节阀之间的管道；

⑥ 因两端切断阀关闭受环境温度、阳光辐射或者伴热影响产生热膨胀或者汽化的管道系统；

⑦ 放热反应可能失控的反应器出口切断阀上游的管道；

⑧ 凝汽式汽轮机设备的出口管道；

⑨ 蒸汽发生器等产汽设备的出口管道系统；

⑩ 低沸点液体容器出口管道系统；

⑪ 管程可能破裂的热交换器低压侧出口管道；

⑫ 减压阀组的低压侧管道；

⑬ 设计认为可能产生超压的其他管道系统。

（5）当采用安全阀不能可靠工作时，应当改用爆破片装置，或者采用爆破片与安全阀组合装置。采用组合装置时，应当符合 GB 150《压力容器》附录 B 的有关规定。爆破片与安全阀串联使用时，爆破片在动作中不允许产生碎片。

（6）以下放空或者排气管道上应当设置放空阻火器：

① 闪点低于或者等于 43 ℃，或者物料最高工作压力高于或者等于物料闪点的储罐的直接放空管（包括带有呼吸阀的放空管道）；

② 可燃气体在线分析设备的放空总管；

③ 爆炸危险场所内的内燃发动机的排气管道。

（7）凡有以下情况之一者，一般应当在管道系统的指定位置设置管道阻火器：

① 输送有可能产生爆燃或者爆轰的混合气体管道；

② 输送能自行分解导致爆炸，并且引起火焰蔓延的气体管道；

③ 与明火设备连接的可燃气体减压后的管道（特殊情况可设置水封装置）；

④ 进入火炬头前的排放气管道。

（8）可燃液化气或者可燃压缩气储运和装卸设施、重要的气相或者液相管道应当设置紧急切断装量。

紧急切断装置包括紧急切断阀、远程控制系统和易熔塞自动切断装置。远程控制系统的关闭装置应当装在人员易于操作的位置，易熔塞自动切断装置应当设在环境温度升高至设定温度时,能自动关闭紧急切断阀的位置。

2. 安全泄放装置(安全阀和爆破片装置)

(1) 安全泄放装置(包括安全阀和爆破片装置)的设计、制造和检验应当分别符和《安全阀安全技术监察规程》等有关安全技术规范和 GB 150 规定。

(2) 安全泄放装置(安全阀和爆破片装置)相关压力的确定应当符合 GB/T 20801 的要求。

(3) 安全阀的泄漏(密封)试验压力应当大于管道系统的最大工作压力,爆破片装置的最小标定爆破压力应当大于 1.05 倍的管道系统最大工作压力。所选用安全阀或者爆破片装置的额定泄放面积应当大于安全泄放量计算得到的最小泄放面积。

(4) 可燃、有毒介质的管道应当在安全阀或者爆破片装置的排出口装设导管,将排放介质引至集中地点,进行妥善安全处理,不得直接排入大气。

(5) 爆破片装置产品上应当标有永久性标志。

(6) 爆破片产品必须附产品合格证和产品质量证明书。

3. 阻火器与紧急切断阀

(1) 阻火器产品上应当设置金属铭牌。

(2) 阻火器产品必须附产品合格证和产品质量证明书。

(3) 紧急切断阀产品必须附产品合格证和产品质量证明书。

4. 安全阀有以下情况之一时,应当停止使用并且立即更换:

(1) 选型错误,性能不符合要求。

(2) 超过校验有效期或者铅封损坏。

(3) 阀芯和阀座密封面损坏。

(4) 导向零件、调节圈锈蚀严重。

(5) 阀芯已与阀座粘死或者弹簧严重腐蚀、生锈。

(6) 附件不全。

(7) 历史记录丢失。

5. 爆破片装量有以下情况之一时,应当立即更换:

(1) 超过规定使用期限。

(2) 标定爆破压力和工作温度不符合运行要求。

(3) 超过最大泄放压力而未爆破。

五、起重机械安全技术

起重机械,是指用于垂直升降或者垂直升降并水平移动重物的机电设备,其范围规定为额定起重量大于或者等于 0.5 t 的升降机,额定起重量大于或者等于 3 t 且提升高度大于或者等于 2 m 的起重机和层数大于或者等于 2 层的机械式停车设备。

(一)起重机械的安全装置

为保证起重机械的使用安全及操作人员的安全,各种类型的起重机械均设有安全防护装置。

1. 超载限制器

它是一种超载保护装置,其功能是当起重机超载时,使起升动作不能实现,从而避免过载。超载保护装置按其功能可分为自动停止型、报警型和综合型几种。起重机械当载荷接近或达到额定起重量的 90% 时,超载限制器应能发出提示性报警信号。

2. 力矩限制器

它是臂架式起重机的超载保护装置,常用的有机械式和电子式等。当臂架式起重机的起重力矩大于允许极限时,会造成臂架折弯或折断,甚至还会造成起重机整机失稳而倾覆或倾翻。因此,履带式起重机、塔式起重机应设置力矩限制器。

3. 极限位置限制器

上升极限位置限制器用来限制起升高度,当起升到上极限位置时,限位器发生作用,使起升重物停止上升,此时操作手柄只能做重物下降动作,可防止重物继续上升而发生钢丝绳拉断、重物下坠等事故。上升极限位置限制器主要有重锤式和螺杆式两种。下降极限位置限制器是保证当取物装置下降至最低位置时,能自动切断电源,使起升机构下降运转停止。

4. 缓冲器

设置缓冲器的目的是吸收起重机或起重小车的运行动能,在同一轨道上运行的起重机之间以及在同一起重机桥架上双小车之间,也应设置缓冲器。

5. 防碰撞装置

当起重机运行到危险距离范围内时,防碰撞装置便发出警报,进而切断电源,使起重机停止运行,避免起重机之间的相互碰撞。

6. 防偏斜装置

大跨度的门式起重机和装卸桥应设置偏斜限制器、偏斜指示器或偏斜调整器等,来保证起重机支腿在运行中不出现超偏现象,即通过机械和电器的连锁装置,将超前或滞后的支腿调整到正常位置,以防桥架被扭坏。跨度大于或等于 40 m 的门式起重机和装卸桥应设置偏斜调整和显示装置。

7. 夹轨器和锚定装置

夹轨器的工作原理是利用夹钳夹紧轨道头部的两个侧面,通过结合面的夹紧力将起重机固定在轨道上;锚定装置是将起重机与轨道基础固定,通常在轨道上每隔一段距离设置一个。露天工作的轨道式起重机,必须安装可靠的防风夹轨器或锚定装置,以防被大风吹走或吹倒而造成严重事故。

8. 其他安全装置

起重机械的安全装置还有:

(1) 幅度指示器:用于指示起重机吊臂的倾角以及在该倾角下额定起重量,主要用于流动式、塔式和门式起重机。

(2) 联锁保护装置:装设在塔式起重机的动臂变幅机构与动臂支持停止器之间。

(3) 水平仪:其作用是通过测出起重机底盘前后左右方向的水平度来控制支腿,使起重机保持水平状态。

(4) 防止吊臂后倾装置:用于流动式起重机和动臂变幅的塔式起重机,保证当变幅机构的行程开关失灵时能阻止吊臂后倾。

(5) 极限力矩限制装置:能自动检测出起重机所吊载的质量及起重臂所处的角度,并能显示出其额定载重量和实际载荷、工作半径、起重臂所处的角度。实时监控检测起重机工况,自带诊断功能,可快速进行危险状况报警及安全控制。

(6) 风级风速报警器:安装在露天工作的起重机上,当风力大于安全工作的极限风级时能发出报警信号。

(7) 回转定位装置:用于流动式起重机上,整机行驶时,将小车保持在固定位置。

（二）起重吊运安全要求

起重吊运安全基本要求如下：

（1）每台起重机械的司机，都必须经过专门培训，考核合格，持有操作证才能上岗操作。

（2）司机接班时，应检查制动器、吊钩、钢丝绳和安全装置，发现不正常情况时应在操作前排除。起重机械卷筒上钢丝绳尾端的固定装置，应有防松或自紧的性能。对钢丝绳尾端的固定情况，应每月检查一次。卷扬机钢丝绳应从卷筒下方卷入。正常使用的起重机，每班都应对制动器进行检查。

（3）开车前，必须鸣铃或报警。确认起重机上或周围无人时，才能闭合主电源。闭合主电源前，应使所有控制器手柄置于零位。

（4）操作应按指挥信号进行。起重指挥人员发出的指挥信号必须明确，符合标准。动作信号必须在所有人员退到安全位置后发出。听到紧急停车信号，不论是何人发出，都应立即执行。为了降低对可能暴露人员的危险，机械应具有给出安全信号的手段，以提供适当的安全信息。

（5）所吊重物接近或达到额定起重量时，吊运前应检查制动器，并用小高度、短行程试吊后，再平稳地吊运。吊运液态金属、有害液体、易燃易爆物品时，也必须先进行小高度、短行程试吊。

（6）流动式起重机，工作前应按说明书的要求平整停机场地，牢固可靠地打好支腿。

（7）工作中突然断电时，应将所有的控制器手柄扳回零位。在重新工作前，应检查起重机动作是否都正常。

（8）有下列情况之一时，司机不应进行操作：

① 超载或物体重量不清时，如吊拔起重量或拉力不清的埋置物体，或斜拉斜吊等；

② 信号不明确时；

③ 捆绑、吊挂不牢或不平衡，可能引起滑动时；

④ 被吊物上有人或浮置物时；

⑤ 结构或零件有影响安全工作的缺陷或损伤，如制动器或安全装置失灵、吊钩螺母防松动装置损坏、钢丝绳损伤达到报废标准时；

⑥ 工作场地昏暗，无法看清场地、被吊物情况和指挥信号时；

⑦ 重物棱角处与捆绑钢丝绳之间未加衬垫时；

⑧ 钢水（铁水）包装得过满时。

（9）不得在有载荷的情况下调整起升、变幅机构的制动器。起重机运行时，不得利用限位开关停车；对无反接制动功能的起重机，除特殊紧急情况外，不得进行反车制动。

（10）吊运重物不得从人头顶通过，吊臂下严禁站人。操作中接近人时，应给予断续铃声或报警。起重机械在吊运过程中，重物一般距离地面 0.5 m 以上，吊物下方严禁站人。在旋转起重机工作地带，人员应站在起重机动臂旋转范围之外。

（11）在厂房内吊运货物应走指定通道。在没有障碍物的线路上运行时，吊物（吊具）底面应吊离底面 2 m 以上；有障碍物需要穿越时，吊物底面应高出障碍物顶面 0.5 m 以上。

（12）重物不得在空中悬停时间过长，且起落速度要平稳，非特殊情况不得紧急制动和急速下降。

（13）吊运重物时不准落臂；必须落臂时，应先把重物放在地上。吊臂仰角很大时，不准将被吊的重物骤然落下，防止起重机向一侧翻倒。

（14）吊重物回转时，动作要平稳，不得突然制动。回转时，重物重量若接近额定起重量，重物距地面的高度不应太高，一般在 0.5 m。

（15）无下降极限位置限制器的起重机,吊钩在最低工作位置时,卷筒上的钢丝绳必须保证有设计规定的安全圈数。

（16）起重机工作时,臂架、吊具、辅具、钢丝绳、缆风绳及重物等,与输电线的最小距离不应小于有关规定。

（17）用两台或多台起重机吊运同一重物时,钢丝绳应保持垂直,各台起重机的升降、运行应保持同步,各台起重机所承受的载荷均不得超过各自的额定起重能力。如达不到上述要求,每台起重机的起重量应降低至额定起重量的80%,并进行合理的载荷分配。

（18）有主副两套起升机构的起重机,主副钩不应同时开动。

（19）在轨道上露天作业的起重机,工作结束时,应将起重机锚定住。风力大于6级时,一般应停止工作,并将起重机锚定住。对于门座起重机等在沿海工作,风力大于7级时,应停止工作,并将起重机锚定住。

（20）电气设备的金属外壳必须接地。禁止在起重机上存放易燃易爆物品,司机室应备灭火器。

（21）起重机工作时,不得进行检查和维修。对起重机维修保养时,应切断主电源,并挂上标志牌或加锁;必须带电修理时,应戴绝缘手套,穿绝缘鞋,使用带绝缘手柄的工具,并有人监护。

六、检修作业安全管理

（一）检修的准备工作

1. 检修的准备

（1）组织准备:危险化学品生产企业的计划检修(大修或中修),应成立企业检修临时指挥机构,在检修前负责制订检修计划,落实检修实施方案,编制出较全面的施工方案及网络图,调度、安排人力、物力、运输及安全工作。在各级检修临时指挥机构中要设立安全组。各车间负责安全的负责人及安全员与厂指挥机构安全组构成联络网。

小修、计划外检修和日常维修,也要指定专人负责,办理申请、审批手续,指定安全负责人。

（2）技术准备:检修的技术准备包括施工项目、内容的审定,施工方案和停、开车方案的制定,计划进度的制定,施工图纸、施工部门和施工任务以及施工安全措施的落实等。

（3）材料准备:根据检修的项目、内容和要求,准备好检修所需的材料、附件和设备,并严格检查是否合格,不合格的不可以使用。化工检修中可以使用工业洗涤剂洗刷机具、配件、车辆。

（4）安全用具的准备:做好起重设备、焊接设备、电动工具的事前安全检查以及吊具、索具等用具的检查;有登高作业之处应按要求搭好脚手架;安全带、安全帽、防毒面具以及测氧、测爆、测毒、测厚、无损探伤等分析化验仪器和消防器材、消防设施都应指定专人分别负责,仔细检查或检验,确保完好。

2. 停车检修的安全处理

停车检修前的安全处理就是要解除检修的危险因素,创造良好条件,确保检修安全。

（1）计划停车检修:凡运行中的设备,带有压力或盛有物料的设备不能检修。必须经过安全处理,解除危险因素后才能交付检修。通常的处理措施和步骤如下:

① 停车:在执行停车时,需有上级指令,并与上下工序主动联系,然后按开停车方案规定中的停车程序执行。设备停车运转后再根据安全检修规定进行下一步骤的操作。

② 卸压:卸压应该缓慢进行,在压力未卸尽前,不得拆动设备。

③ 排放:在排放残留物料时,不能将易燃或有毒物排入下水道,以免发生火灾和污染环境。

④ 降温:降温的速度应缓慢,以防设备变形损坏或接头泄漏。如属高温设备的降温,不能

立即用冷水等直接降温,而是在切断热源之后,以强制通风、自然降温为宜。强制通风降温必须控制降温速率。

⑤置换和中和:为保证检修动火和罐内作业的安全,设备检修前内部的易燃、有毒气体应进行置换,酸、碱等腐蚀性液体应该中和处理。对于加工、运输、储存可燃性气体的设备,在停车作业前要进行置换操作。

⑥吹扫:吹扫的目的和方法与置换相似。大多是用蒸汽吹扫设备、管道内残留的物质。

必须制定吹扫的方案和流程,有步骤地进行。但必须注意,忌水物质和残留三氯化氮的设备和管道不能用蒸汽吹扫。在吹扫过程中还应防止静电的危害。

⑦清洗和铲除:置换和吹扫无法清除的粘结在设备内壁上的可燃、有毒胶体或结垢物,应采用清洗的方法。用清洗法不能除净的垢物,可采取人工用不发生火花的工具铲除。

⑧抽堵盲板:凡需要检修的设备,必须与运行系统可靠隔绝。隔绝的最好办法是在检修的设备和运行系统管道相接的法兰接头之间插入盲板,以防生产区原料、燃料、蒸汽等流到检修区伤人。抽堵盲板属于危险作业,应办理作业许可证的审批手续,并指定专人负责制定作业方案和检查落实相应的安全措施。作业前安全负责人应带领操作、监护等人员察看现场,交代作业程序和安全事项。

在进入受限空间作业前,应切实做好工艺处理工作,将受限空间吹扫、蒸煮、置换合格;对所有与其相连且可能存在可燃可爆、有毒有害物料的管线、阀门加盲板隔离,绝不可以用关闭阀门来代替安装盲板。

⑨切断电源:对于待检修的设备,检修前必须切断电源,并在启动开关上挂上"禁止合闸"的标志牌。

⑩整理场地和通道:凡与检修无关的、妨碍通行的物体都要搬开;无用的坑沟都要填平;地面上、楼梯上的积雪冰层、油污都要清除;在不牢固的构筑物旁应设置标志;在预留孔、吊装孔、无盖阴井、无栏杆平台上加设安全围栏及标志。

(2)临时停工检修:计划停车检修作业的一般安全要求,原则上也适用于小修和计划外检修等停工检修,特别是临时停工抢修,更应重视检修安全。这类检修事先无法确定,一般要求迅速修复,一旦动工就得连续作业至完工。因此,更应保持清醒头脑,沉着冷静,充分估计潜在危险,采取一切必要的安全措施,确保检修安全顺利。

3. 认真检查并合理布置检修器具

对于检修所使用的工具,检修前都要周密检查,凡有缺陷的或不合格的工具,一律不准使用。

检修用的设备、工具、材料等搬到现场之后,应按施工现场器材平面布置图或环境条件作妥善布置,不能妨碍通行,不能妨碍正常检修,避免因工具布置不妥而造成工种间相互影响,出现忙乱。

4. 化工检修的一般安全要求

为确保化工检修的安全,要求施工时必须按预定方案或操作票指定的范围、方法、步骤进行,不得任意超越、更改或遗漏。如中途发生异常情况时,应及时汇报,加强联系,经检查确认后才能继续施工,不得擅自处理。

施工阶段应遵守有关规章制度和操作规程,听从现场指挥人员及安全员的指导,戴安全帽等个人防护用品,不得无故离岗、逗闹嬉笑、任意抛物。拆下的物件要按方案移往指定地点。要及时查看工程进度和环境情况,特别是临近检修现场的生产装置有无异常情况。检修负责人应在班前开碰头会,布置安全检修事项。

(二)常见检修作业

实现安全检修不仅是确保检修中的安全,防止重大事故的发生,保护职工的安全和健康,而且可以促进检修工作按质按量按时完成,确保设备的检修质量,使设备投入运行后操作稳定,运转效率高,杜绝事故和环境污染,为安全生产创造良好条件。化工检修中几项常见的作业分别介绍如下:

1. 动火作业

(1)动火作业的含义:在危险化学品生产企业中,在禁火区进行焊接与切割作业及在易燃易爆场所使用喷灯、电钻、砂轮等进行可能产生火焰、火花和赤热表面的临时性作业,都属动火作业。

动火作业分为特殊危险动火作业、一级动火作业和二级动火作业三类。其中,在生产运行状态下的易燃易爆物品生产装置、输送管道、储罐、容器等部位上及其他特殊危险场所的动火作业,属特殊危险动火;在易燃易爆场所进行的动火作业,属一级动火作业;除特殊危险动火作业和一级动火作业以外的动火作业属二级动火作业。遇节日、假日或其他特殊情况时,动火作业应升级管理。

(2)动火作业安全要点:危险化学品生产企业要根据国家有关标准,制定企业动火作业安全管理制度,明确划分厂内禁火区域以及一级动火、二级动火区域,明确各级动火作业证的审批权限和管理办法,并认真组织实施。

① 办理动火证:在禁火区内动火前,应办理动火证的申请、审核和批准手续,在动火证上清楚标明动火等级,明确动火的地点、时间、动火方案、安全措施、现场监护人等以及各项责任人和各级审批人的签名及意见。在易燃易爆等危险场所,动火作业都应办理动火审批手续。

要做到"三不动火",即没有动火证不动火,防火措施不落实不动火,监护人不在现场不动火。

一份动火安全作业证只准在一个动火点使用,不得异地使用或扩大使用范围。特殊危险动火和一级动火作业证的有效期为 24 小时,二级动火作业动火证的有效期为 120 小时。动火作业证超过有效期限,应重新办理。

② 落实安全措施:动火前要和生产车间、工段联系,明确动火的设备、位置,事先由专人负责做好动火设备的置换、清洗、吹扫、隔离等解除危险因素的工作,并落实相关安全措施。凡可能与易燃、可燃物相通的设备、管道等部位的动火,均应加堵盲板与系统彻底隔离、切断;高空进行动火作业,其下部地面如有可燃物、空洞、阴井、地沟、水封等,应检查分析,并采取措施,以防火花溅落引起火灾爆炸事故;拆除管线的动火作业,必须先查明其内部介质及其走向,并制定相应的安全防火措施;在地面进行动火作业,应移除周围可燃物,或采取防火措施。动火点附近如有阴井、地沟、水封等应进行检查、分析,并根据现场的具体情况采取相应的安全防火措施。遇 5 级以上大风,应停止室外动火作业。

③ 落实灭火措施:动火期间动火地点附近的水源要保证充足,不能中断;动火场所准备好适用的足够数量的灭火器具;在危险性大的重要地段动火,消防车和消防人员到现场,做好充分准备。

④ 动火分析:凡盛有或盛过危险化学物品的容器、设备、管道等生产、储存装置,必须在动火作业前进行清洗置换,经分析合格后,方可动火作业。

动火分析不宜过早,动火分析取样时间与动火作业的时间不得超过 30 min,如超过此间隔时间或动火间隔时间超过 30 min 以上,必须重新取样分析。动火分析的取样要有代表性,特殊动火的分析样品要保留到动火作业结束。

企业动火分析应符合如下标准:被测的气体或蒸气的爆炸下限大于等于4%时,其被测浓度小于等于0.5%;当被测的气体或蒸气的爆炸下限小于4%时,其被测浓度小于等于0.2%。

⑤ 检查和监护:上述工作准备就绪后,根据动火制度的规定,厂、车间或安全管理部门负责人要进行现场检查,对照动火方案中提出的安全措施检查是否已落实,并再次明确和落实现场监护人和动火现场指挥,交代安全注意事项。

⑥ 动火作业:动火作业人员应持证上岗,未经考试合格人员,不得进行动火作业。动火作业前,应检查电、气焊工具,保证安全可靠,不准带病使用。使用气焊割动火作业时,氧气瓶和移动式乙炔发生器不得有泄漏,两者间距应不小于5 m,二者与动火作业地点距离均不小于10 m,并不准在烈日下曝晒。

动火时必须有监护人在场,监护人在动火期间不准兼做其他工作。动火作业出现异常时,监护人员或动火指挥应果断命令停止动火,待恢复正常、重新分析合格并经批准部门同意后,方可重新动火。

电焊机应放在指定的地方,火线和接地线应完整无损、牢固;电焊机的接地线应接在被焊设备上,接地点应靠近焊接处,不准采用远距离接地回路。

⑦ 做好善后处理:动火结束后应清理现场,熄灭余火,做到不遗漏任何火种,切断动火作业所用电源。

⑧ 特殊危险动火作业:在生产不稳定,或设备、管道等腐蚀严重时,不得进行带压不置换动火作业。特殊危险动火作业在符合以上要求的同时,还须制定施工安全方案,落实安全防火措施。动火作业时,企业、车间相关领导,动火作业与被动火作业部门的安全员、企业防火部门人员等必须到现场,必要时可请专职消防队到现场监护。动火作业前,要通知生产调度部门及有关单位,使之在异常情况下能及时采取相应的应急措施。动火作业过程中,必须设专人负责监视生产系统内压力变化情况,如压力异常,要查明原因并采取措施后,方可继续动火作业。严禁负压动火作业。动火作业现场的通排风要良好,以保证泄漏的气体能顺畅排走。有压力或密封的容器不可以直接在其本体上焊割。

容器内部有压力时,不得进行任何修理。

(3) 相关人员职责分工

① 动火项目负责人对执行动火作业全面负责。要在动火前详细了解作业内容和动火部位及其周围情况。参与动火安全措施的制定,并向作业人员交代任务和防火安全注意事项。

② 动火人动火要持证上岗,在接到动火证后,要详细核对其各项内容是否落实和审批手续是否完备。动火人要随身携带动火证,严禁无证作业及审批手续不完备作业。

③ 动火监护人员负责动火现场的安全防火检查和监护工作。在作业中,监护人不准离开现场,发现异常情况时应立即通知停止作业,及时联系有关人员采取措施,作业完成后,要会同动火项目负责人、动火人检查,消除残火,确认无遗留火种,方可离开现场。

④ 动火部位班组长负责生产与动火作业的衔接工作。动火作业中,生产系统如有紧急或异常情况时,应立即通知停止动火作业。

⑤ 动火分析人对分析结果负责。分析人员根据动火证的要求及现场情况,亲自取样分析,在动火证上如实填写取样时间和分析结果并签字认可。

⑥ 各级审查批准人必须对动火作业的审批负责。要亲自到现场详细了解动火部位及周围情况,审查并确定动火等级,审查并完善防火安全措施,审查动火证审批程序是否完全,在确认

符合安全条件后,方可签字批准动火。

2. 动土作业

(1) 动土作业的含义:进行动土作业时,如果不明地下设施情况,就有可能损坏地下设施,造成意想不到的事故,有的甚至是重大事故。挖土、打桩、地锚入土深度 0.5 m 以上,地面堆放负重在 50 kg/m² 以上,使用推土机、压路机等施工机械进行填土或平整场地的作业,都属动土作业。

(2) 动土作业安全管理要点

① 办理动土安全作业证:企业要根据地下设施的具体情况,划定各区域动土作业级别。动土作业前必须办理动土安全作业证,按分级审批的规定办理审证手续。申请动土作业证时,需写明作业的时间、地点、内容、范围、施工方法、挖土堆放场所和参加作业人员、安全负责人及安全措施。动土作业审批人员应到现场核对图纸,查验标志,检查确认安全措施,方可签发动土安全作业证。

动土作业必须按动土安全作业证的内容进行,对审批手续不全、安全措施不落实的,施工人员有权拒绝作业。动土作业中若要超出已审核批准的范围,或延长作业期限,应重新办理审批手续。

② 动土作业前的准备:动土作业施工现场应根据需要设置护栏、盖板和警告标志,夜间应悬挂红灯示警;作业前必须检查工具、现场支护是否牢固、完好,发现问题及时处理。

③ 确保动土作业安全:动土作业时,要注意:

A. 防止损坏地下设施:动土中如暴露出电缆、管线以及不能辨认的物品时,应立即停止作业,妥善保护,报告动土审批单位处理,采取措施后方可继续动土作业。动土临近地下隐蔽设施时,应轻轻挖掘,禁止使用铁棒、铁镐或抓斗等机械工具。

B. 防止坍塌:挖掘时应自上而下进行,禁止采用挖空底角的方法挖掘,同时应根据挖掘深度装设支撑。

C. 加强作业时的个体防护:作业时应注意对有毒有害物质的检测,保持通风良好,发现有毒有害气体时,应在采取措施后,方可施工。在禁火区内进行动土还应遵守禁火的有关安全规定。在化工危险场所动土时,要与有关操作人员建立联系,当化工生产突然排放有害物质时,化工操作人员应立即通知动土作业人员停止作业,迅速撤离现场。

D. 施工结束后要及时回填土,并恢复地面设施。

3. 设备内作业

(1) 设备内作业的含义:凡是进入化工生产区域内的各类塔、球、釜、槽、罐、炉膛、锅筒、管道、容器以及地下室、阴井、地坑、下水道或其他封闭场所内进行的作业,都属于设备内作业。由于设备内部活动空间小,空气流通不畅,贮存过危险物质及低于地面的场所,很可能积累了有毒有害气体,不采取措施就组织施工会造成死亡事故或其他重大事故。化工检修中罐内作业频繁,和动火一样是危险性很大的检修作业,必须高度重视其作业的安全。

化工装置检修打开塔类等设备人孔时,应使其塔类等内部温度、压力降到符合安全要求后,从上而下依次打开。

(2) 设备内作业安全要点

① 办理设备内安全作业证:进入设备内作业必须办理设备内安全作业证,得到批准后方可进行。设备内安全作业证要明确作业的内容、时间、方案,制定落实安全措施,分工明确,责任到人。

设备内作业因工艺条件、作业环境条件改变,需重新办理设备内安全作业证。

② 进行可靠隔离:设备上所有与外界连通的管道、孔洞均应与外界有效隔离。设备上与外界连接的电源应有效切断。管道安全隔绝可采用插入盲板或拆除一段管道进行隔绝,不能用水封或阀门等代替盲板或拆除管道。

③ 清洗和置换:进入设备内作业前,必须对设备内进行清洗和置换,并采取措施,保持设备内空气良好流通。对通风不良及容积较小的设备,作业人员应采取间歇作业或轮换作业。

清洗设备时不能用汽油擦洗设备。

对于加工、运输、储存可燃性气体的设备,必须经置换分析合格后才能进行检修。

处理易凝固、易沉积的危险性物料时,设备和管道需要有防止堵塞和便于疏通的措施。

④ 取样分析并定时监测:作业前 30 min 内,必须对设备内气体采样分析,氧含量要达到 18%～21%,有毒、易燃气体浓度要达到规定要求,方可进入作业。作业中要加强定时监测,至少每隔 2 h 分析一次,情况异常立即停止作业,并撤离人员;作业现场经处理后,取样分析合格方可继续作业。

贮罐的检尺、测温盒、取样器应采用导电性良好且与罐体金属相碰不产生火花的材料制作。

储罐静置时间大多需要 1～24 h,至少不能少于 30 min,方能进行有关检测作业。

在可燃性环境中使用金属检尺、测温和采样设备时,应该用不产生火花的材料制成,通常都采用铜质工具。

⑤ 做好个人保护:进入不能达到清洗和置换要求的有腐蚀性、窒息、易燃、易爆、有毒物料的设备内作业时,必须穿戴适用的个人劳动防护用品、防毒器具,采取相应防护措施。设备外要备有空气呼吸器(氧气呼吸器)、消防器材和清水等相应的急救用品。

戴防毒面具进入容器作业时,如感到身体不适或呼吸困难时,不能取下面罩休息。

⑥ 设备外严密监护:设备内作业必须有专人监护,监护人员不得脱离岗位,并与作业人员保持有效的联络。应根据设备具体情况搭设安全梯及架台,并配备救护绳索,确保应急撤离需要。设备内事故抢救,救护人员必须做好自身防护,方能进入设备内实施救援。

在封闭厂房(密闭容器内等有限空间)作业和深夜班、加班作业时,必须安排 2 人以上一起工作。

⑦ 设备内作业结束后,应认真检查设备内外,消除杂物,把所有的工具、材料、垫板、梯子等都搬出设备罐外,防止遗漏在内。检修人员和监护人员应共同仔细检查,确认无误后方可封闭设备。

第五章 应急管理

第一节 事故应急预案编制与管理

一、事故应急预案编制

(一)基本概念

1. 应急预案

应急预案是指为有效预防和控制可能发生的事故,最大程度减少事故及其造成损害而预先制定的工作方案。

制定应急预案的目的是抑制突发事件,减少对人员、财产和环境的危害。制定应急预案的目的不是确保不发生事故,也不是避免突发事件的发生。

危险化学品事故应急救援预案是为了提高对突发事故的适应能力,根据实际情况预计未来可能发生的事故,事先制定的事故应急救援对策,它是为在事故中保护人员和设施的安全而制订的行动计划。

危险物品生产、经营、储运、使用单位,应当制定具体的应急预案,并对生产经营场所、有危险物品的建筑物及周边环境开展隐患排查,及时采取措施消除隐患,防止发生突发事件。

事故应急救援预案应覆盖事故发生后应急救援各个阶段,包括预案的启动、应急、救援、事后监测与处置等阶段。应急预案的编制应该有明确、具体的事故预防措施和应急程序,并与其应急能力相适应。

救援预案要有实用性,要根据本单位的实际条件制定,使预案便于操作。

应急救援预案要有权威性,各级应急救援组织应职责明确,通力协作。

企业应负责制定应急预案包括综合应急预案、专项应急预案和现场应急预案,定期检验和评估现场应急预案和程序的有效程度,并适时进行修订。

2. 应急准备

应急准备是指针对可能发生的事故,为迅速、科学、有序地开展应急行动而预先进行的思想准备、组织准备和物资准备等应急保障准备。

3. 应急响应

应急响应是指针对发生的事故,有关组织或人员采取的应急行动。

4. 应急救援

应急救援是指在应急响应过程中,为最大限度地降低事故造成的损失或危害,防止事故扩大而采取的紧急措施或行动。也有学者将应急救援表述为在发生事故时,采取的消除、减少事故危害和防止事故恶化,最大限度降低事故损失的措施。

危险化学品事故应急救援根据事故波及范围及其危险程度,可采取单位自救和社会救援两种形式。

5. 应急演练

应急演练是指针对可能发生的事故情景,依据应急预案而模拟开展的应急活动。

应急演练也可表述为针对事故情景,依据应急预案而模拟开展的预警行动、事故报告、指挥协调、现场处置等活动。

企业应制定重大危险源应急救援预案,配备必要的救援器材、装备,每年至少进行1次重大危险源应急救援预案演练。

（二）**应急预案编制程序**

生产经营单位应急预案编制程序包括成立应急预案编制工作组、资料收集、风险评估、应急能力评估、编制应急预案和应急预案评审6个步骤。应急预案的要点和程序应当张贴在应急地点和应急指挥场所,并设有明显的标志。

1. 成立应急预案编制工作组

生产经营单位应结合本单位部门职能和分工,成立以单位主要负责人（或分管负责人）为组长,单位相关部门人员参加的应急预案编制工作组,明确工作职责和任务分工,制订工作计划,组织开展应急预案编制工作。

2. 资料收集

应急预案编制工作组应收集与预案编制工作相关的法律法规、技术标准、应急预案、国内外同行业企业事故资料,同时收集本单位安全生产相关技术资料、周边环境影响、应急资源等有关资料。

3. 风险评估

风险评估主要内容包括:

（1）分析生产经营单位存在的危险因素,确定事故危险源。

（2）分析可能发生的事故类型及后果,并指出可能产生的次生、衍生事故。

（3）评估事故的危害程度和影响范围,提出风险防控措施。

4. 应急能力评估

在全面调查和客观分析生产经营单位应急队伍、装备、物资等应急资源状况基础上开展应急能力评估,并依据评估结果,完善应急保障措施。

对本单位应急装备、应急队伍等应急能力进行评估,并结合本单位实际,加强应急能力建设,是编制应急预案的关键。

5. 编制应急预案

依据生产经营单位风险评估以及应急能力评估结果,组织编制应急预案。应急预案编制应注重系统性和可操作性,做到与相关部门和单位应急预案相衔接。

6. 应急预案评审

应急预案编制完成后,生产经营单位应组织评审。评审分为内部评审和外部评审,内部评审由生产经营单位主要负责人组织有关部门和人员进行。外部评审由生产经营单位组织外部有关专家和人员进行评审。应急预案评审合格后,由生产经营单位主要负责人（或分管负责人）签发实施,并进行备案管理。

（三）应急预案体系

生产经营单位的应急预案体系主要由综合应急预案、专项应急预案和现场处置方案构成。为使应急救援预案更具有针对性并能迅速应用，一般要制定不同类型的应急预案。生产经营单位应根据本单位组织管理体系、生产规模、危险源的性质以及可能发生的事故类型确定应急预案体系，并可根据本单位的实际情况，确定是否编制专项应急预案。风险因素单一的小微型生产经营单位可只编写现场处置方案。

（四）综合应急预案编制

1. 总则

（1）编制目的：简述应急预案编制的目的。

（2）编制依据：简述应急预案编制所依据的法律、法规、规章、技术规范和标准、有关行业管理规定以及相关应急预案等。

（3）适用范围：说明应急预案适用的工作范围和事故类型、级别。

（4）应急预案体系：说明生产经营单位应急预案体系的构成情况，可用框图形式表述。

（5）应急预案工作原则：说明生产经营单位应急工作的原则，内容应简明扼要、明确具体。

2. 事故风险描述

简述生产经营单位存在或可能发生的事故风险种类、发生的可能性以及严重程度及影响范围等。

3. 应急组织机构及职责

明确生产经营单位的应急组织形式及组成单位或人员，可用结构图的形式表示，明确构成部门的职责。应急组织机构根据事故类型和应急工作需要，可设置相应的应急工作小组，并明确各小组的工作任务及职责。

事故应急指挥领导小组负责本单位预案的制定、修订，组建应急救援队伍，检查督促做好重大危险源事故的预防措施和应急救援的各项准备工作。

4. 预警及信息报告

（1）预警：根据生产经营单位检测监控系统数据变化状况、事故险情紧急程度和发展态势或有关部门提供的预警信息进行预警，明确预警的条件、方式、方法和信息发布的程序。

企业要加强重点岗位和重点部位监控，发现事故征兆要立即发布预警信息，采取有效防范和处置措施，防止事故发生和事故损失扩大。

（2）信息报告：信息报告程序主要包括：

① 信息接收与通报：明确24小时应急值守电话、事故信息接收、通报程序和责任人。

② 信息上报：明确事故发生后向上级主管部门、上级单位报告事故信息的流程、内容、时限和责任人。

③ 信息传递：明确事故发生后向本单位以外的有关部门或单位通报事故信息的方法、程序和责任人。

5. 应急响应

在应急管理中，响应阶段的目标是尽可能抢救受害人员，保护可能受威胁的人群，并尽可能控制并消除事故。

（1）响应分级：针对事故危害程度、影响范围和生产经营单位控制事态的能力，对事故应急响应进行分级，明确分级响应的基本原则以及应急响应级别。

（2）响应程序：根据事故级别的发展态势，描述应急指挥机构启动、应急资源调配、应急救援、扩大应急等响应程序。企业应制定事故应急程序，一旦发生重大事故，做到临危不惧，指挥不乱。

（3）处置措施：针对可能发生的事故风险、事故危害程度和影响范围，制定相应的应急处置措施，明确处置原则和具体要求。应急预案应提出详尽、实用、明确、有效的技术和组织措施。

（4）应急结束：明确现场应急响应结束的基本条件和要求。

应急结束必须明确应急终止的条件。事故现场得以控制，环境符合有关标准，导致次生、衍生事故隐患消除后，经事故现场应急指挥机构批准后，现场应急结束。

6．信息公开

明确向有关新闻媒体、社会公众通报事故信息的部门、负责人和程序以及通报原则。

应急预案中事故信息应由事故现场指挥部及时准确地向新闻媒体通报。

7．后期处置

根据事故情景，应急处置结束后，所开展的事故损失评估、事故原因调查、事故现场清理和相关善后工作就是后期处置。

后期处置主要明确污染物处理、生产秩序恢复、医疗救治、人员安置、善后赔偿、应急救援评估等内容。

8．保障措施

应急物资装备保障必须明确应急救援需要使用的应急物资和装备的类型、数量、性能、存放位置、管理责任人及其联系方式等内容。

（1）通信与信息保障：明确可为生产经营单位提供应急保障的相关单位及人员通信联系方式和方法，并提供备用方案。同时，建立信息通信系统及维护方案，确保应急期间信息通畅。

（2）应急队伍保障：明确应急响应的人力资源，包括应急专家、专业应急队伍、兼职应急队伍等。

（3）物资装备保障：明确生产经营单位的应急物资和装备的类型、数量、性能、存放位置、运输及使用条件、管理责任人及其联系方式等内容。

（4）其他保障：根据应急工作需求而确定的其他相关保障措施（如经费保障、交通运输保障、治安保障、技术保障、医疗保障、后勤保障等）。

9．应急预案管理

（1）应急预案培训：明确对生产经营单位人员开展的应急预案培训计划、方式和要求，使有关人员了解相关应急预案内容，熟悉应急职责、应急程序和现场处置方案。如果应急预案涉及社区和居民，要做好宣传教育和告知等工作。

（2）应急预案演练：明确生产经营单位不同类型应急预案演练的形式、范围、频次、内容以及演练评估、总结等要求。

企业要建立应急演练制度，每年都要结合本企业特点至少组织一次综合应急演练或专项应急演练；高危行业企业每半年至少组织一次综合或专项应急演练；车间（工段）、班组的应急演练要经常化。演练结束后要及时总结评估，针对发现的问题及时修订预案、完善应急措施。

（3）应急预案修订：明确应急预案修订的基本要求，并定期进行评审，实现可持续改进。

（4）应急预案备案：明确应急预案的报备部门，并进行备案。

（5）应急预案实施：明确应急预案实施的具体时间、负责制定与解释的部门。

（五）专项预案编制

1. 事故风险分析

针对可能发生的事故风险,分析事故发生的可能性以及严重程度、影响范围等。

2. 应急指挥机构及职责

根据事故类型,明确应急指挥机构总指挥、副总指挥以及各成员单位或人员的具体职责。应急指挥机构可以设置相应的应急救援工作小组,明确各小组的工作任务及主要负责人职责。

3. 处置程序

明确事故及事故险情信息报告程序和内容、报告方式和责任等内容。根据事故响应级别,具体描述事故接警报告和记录、应急指挥机构启动、应急指挥、资源调配、应急救援、扩大应急等应急响应程序。

4. 处置措施

针对可能发生的事故风险、事故危害程度和影响范围,制定相应的应急处置措施,明确处置原则和具体要求。

（六）处置方案编制

1. 事故风险分析

主要包括:

（1）事故类型。

（2）事故发生的区域、地点或装置的名称。

（3）事故发生的可能时间、事故的危害严重程度及其影响范围。

（4）事故前可能出现的征兆。

（5）事故可能引发的次生、衍生事故。

2. 应急工作职责

根据现场工作岗位、组织形式及人员构成,明确各岗位人员的应急工作分工和职责。

3. 应急处置

主要包括以下内容:

（1）事故应急处置程序:根据可能发生的事故及现场情况,明确事故报警、各项应急措施启动、应急救护人员的引导、事故扩大及同生产经营单位应急预案的衔接的程序。

（2）现场应急处置措施:针对可能发生的火灾、爆炸、危险化学品泄漏、坍塌、水患、机动车辆伤害等,从人员救护、工艺操作、事故控制、消防、现场恢复等方面制定明确的应急处置措施。

（3）明确报警负责人以及报警电话及上级管理部门、相关应急救援单位联络方式和联系人员,事故报告基本要求和内容。

4. 注意事项

主要包括:

（1）佩戴个人防护器具方面的注意事项。

（2）使用抢险救援器材方面的注意事项。

（3）采取救援对策或措施方面的注意事项。

（4）现场自救和互救注意事项。

（5）现场应急处置能力确认和人员安全防护等事项。

（6）应急救援结束后的注意事项。

（7）其他需要特别警示的事项。

（七）附件

1. 有关应急部门、机构或人员的联系方式

列出应急工作中需要联系的部门、机构或人员的多种联系方式，当发生变化时及时进行更新。

2. 应急物资装备的名录或清单

列出应急预案涉及的主要物资和装备名称、型号、性能、数量、存放地点、运输和使用条件、管理责任人和联系电话等。

3. 规范化格式文本

应急信息接报、处理、上报等规范化格式文本。

4. 关键的路线、标识和图纸

主要包括：

（1）警报系统分布及覆盖范围。

（2）重要防护目标、危险源一览表、分布图。

（3）应急指挥部位置及救援队伍行动路线。

（4）疏散路线、警戒范围、重要地点等的标识。

（5）相关平面布置图纸、救援力量的分布图纸等。

5. 有关协议或备忘录

列出与相关应急救援部门签订的应急救援协议或备忘录。

（八）应急预案编制格式

1. 封面

应急预案封面主要包括应急预案编号、应急预案版本号、生产经营单位名称、应急预案名称、编制单位名称、颁布日期等内容。

2. 批准页

应急预案应经生产经营单位主要负责人（或分管负责人）批准方可发布。

3. 目次

应急预案应设置目次，目次中所列的内容及次序如下：

① 批准页；

② 章的编号、标题；

③ 带有标题的条的编号、标题（需要时列出）；

④ 附件，用序号标明其顺序。

4. 印刷与装订

应急预案推荐采用 A4 版面印刷，活页装订。

二、生产安全事故应急预案管理

（一）应急预案管理的原则

应急预案的管理实行属地为主、分级负责、分类指导、综合协调、动态管理的原则。

（二）应急管理部负责全国应急预案的综合协调管理工作

县级以上地方各级人民政府应急管理部门负责本行政区域内应急预案的综合协调管理工

作。县级以上地方各级人民政府其他负有安全生产监督管理职责的部门按照各自的职责负责有关行业、领域应急预案的管理工作。

(三) 生产经营单位主要负责人负责组织编制和实施应急预案

生产经营单位主要负责人负责组织编制和实施本单位的应急预案,并对应急预案的真实性和实用性负责;各分管负责人应当按照职责分工落实应急预案规定的职责。

(四) 应急预案体系

生产经营单位应急预案分为综合应急预案、专项应急预案和现场处置方案。

1. 综合应急预案

综合应急预案,是指生产经营单位为应对各种生产安全事故而制定的综合性工作方案,是本单位应对生产安全事故的总体工作程序、措施和应急预案体系的总纲。

综合应急预案主要从总体上阐述事故的应急工作原则,包括生产经营单位的应急组织机构及职责、应急预案体系、应急响应程序、事故预防及应急保障、应急培训、预案演练、事故风险描述、预警及信息报告、应急预案管理等内容。

生产经营单位风险种类多、可能发生多种事故类型的,应当组织编制本单位的综合应急预案。

2. 专项应急预案

专项应急预案,是指生产经营单位为应对某一种或者多种类型生产安全事故,或者针对重要生产设施、重大危险源、重大活动防止生产安全事故而制定的专项性工作方案。

专项应急预案主要包括事故危险性分析(风险分析)、可能发生的事故特征、应急组织机构与职责、应急处置程序、应急保障和预防措施等内容。

对于某一种类的风险,生产经营单位应当根据存在的重大危险源和可能发生的事故类型,制定相应的专项应急预案。

企业要按照国家有关规定实行重大危险源和重大隐患及有关应急措施备案制度,每月至少要进行一次全面的安全生产风险分析。

专项应急预案应制定明确的救援程序和具体的应急救援措施。专项应急预案的事故类型和危害程度分析要在危险源评估的基础上,对其可能发生的事故类型和可能发生的季节及其严重程度进行确定。

专项应急预案中危险源监控就是明确本单位对危险源监测监控的方式、方法,以及采取的预防措施。

专项应急预案中处置措施应针对本单位事故类别和可能发生的事故特点、危险性,制定的应急处置措施(如:煤矿瓦斯爆炸、冒顶片帮、火灾、透水等事故应急处置措施,危险化学品火灾、爆炸、中毒等事故应急处置措施)。

专项应急预案应按照综合应急预案的程序和要求组织制定,作为综合应急预案的附件。

专项应急预案中应明确应急救援指挥机构总指挥、副总指挥以及各成员单位或人员的具体职责。应急救援指挥机构可以设置相应的应急救援工作小组,明确各小组的工作任务及职责。

生产规模小、危险因素少的生产经营单位,综合应急预案和专项应急预案可以合并编写。

3. 现场处置方案

现场处置方案,是指生产经营单位根据不同生产安全事故类型,针对具体场所、装置或者设施所制定的应急处置措施。

现场处置即根据事故情景,按照相关应急预案和现场指挥部要求对事故现场进行控制和处理。

现场处置方案是生产经营单位根据不同事故类型,针对具体的场所、装置或设施所制定的应急处置措施,主要包括事故危险性分析(风险分析)、可能发生的事故特征、应急处置程序、应急处置要点、注意事项、应急工作职责等内容。生产经营单位应根据风险评估、岗位操作规程以及危险性控制措施,组织本单位现场作业人员及安全管理等专业人员共同编制现场处置方案。

对于危险性较大的重点岗位,生产经营单位应当制定重点工作岗位的现场处置方案。

企业应急处置程序和现场处置方案要实行牌板化管理。

现场处置方案中应急组织与职责应根据现场工作岗位、组织形式及人员构成,明确各岗位人员的应急工作分工和职责。

现场处置方案中重要物资装备的名录或清单应列出应急预案涉及的主要物资和装备名称、型号、性能、数量、存放地点、运输和使用条件、管理责任人和联系电话等。

一个单位的不同类型的应急救援预案要形成统一整体,救援力量要统一安排。

(五)应急预案的编制应遵循的原则

应急预案的编制应当遵循以人为本、依法依规、符合实际、注重实效的原则,以应急处置为核心,明确应急职责、规范应急程序、细化保障措施。

(六)应急预案的编制基本要求

应急预案的编制应当符合下列基本要求:

(1)有关法律、法规、规章和标准的规定。

(2)本地区、本部门、本单位的安全生产实际情况。应急预案中生产经营单位概况主要包括单位地址、从业人数、隶属关系、主要原材料、主要产品、产量等内容,以及周边重大危险源、重要设施、目标、场所和周边布局情况。必要时,可附平面图进行说明。

(3)本地区、本部门、本单位的危险性分析情况。

(4)应急组织和人员的职责分工明确,并有具体的落实措施。

(5)有明确、具体的应急程序和处置措施,并与其应急能力相适应。

(6)有明确的应急保障措施,满足本地区、本部门、本单位的应急工作需要;应急预案的编制不能以应急准备代替应急保障措施。

(7)应急预案基本要素齐全、完整,应急预案附件提供的信息准确。

(8)应急预案内容与相关应急预案相互衔接。

(七)成立编制工作小组

编制应急预案应当成立编制工作小组,由本单位有关负责人任组长,吸收与应急预案有关的职能部门和单位的人员,以及有现场处置经验的人员参加。

单位已经组建应急救援指挥领导小组的,由应急救援指挥领导小组负责本单位预案的制订、修订,组建应急救援队伍,组织预案的实施和演练,检查督促做好重大危险源事故的预防措施和应急救援的各项准备工作。

企业应急预案的编制要做到全员参与,使预案的制定过程成为隐患排查治理的过程和全员应急知识培训教育的过程。

(八)编制应急预案前,编制单位应当进行事故风险辨识、评估和应急资源调查

事故风险辨识、评估,是指针对不同事故种类及特点,识别存在的危险危害因素,分析事故可能产生的直接后果以及次生、衍生后果,评估各种后果的危害程度和影响范围,提出防范和控制事故风险措施的过程。

应急资源调查,是指全面调查本地区、本单位第一时间可以调用的应急资源状况和合作区域内可以请求援助的应急资源状况,并结合事故风险评估结论制定应急措施的过程。

(九)应急管理部门应编制相应的部门应急预案

地方各级人民政府应急管理部门和其他负有安全生产监督管理职责的部门应当根据法律、法规、规章和同级人民政府以及上一级人民政府应急管理部门和其他负有安全生产监督管理职责的部门的应急预案,结合工作实际,组织编制相应的部门应急预案。

部门应急预案应当根据本地区、本部门的实际情况,明确信息报告、响应分级、指挥权移交、警戒疏散等内容。

(十)确立本单位的应急预案体系

生产经营单位应当根据有关法律、法规、规章和相关标准,结合本单位组织管理体系、生产规模和可能发生的事故特点,确立本单位的应急预案体系,编制相应的应急预案,并体现自救互救和先期处置等特点。

(十一)需要编制综合应急预案的情形

生产经营单位风险种类多、可能发生多种类型事故的,应当组织编制综合应急预案。

综合应急预案应当规定应急组织机构及其职责、应急预案体系、事故风险描述、预警及信息报告、应急响应、保障措施、应急预案管理等内容。

(十二)需要编制专项应急预案的情形

对于某一种或者多种类型的事故风险,生产经营单位可以编制相应的专项应急预案,或将专项应急预案并入综合应急预案。

专项应急预案应当规定应急指挥机构与职责、处置程序和措施等内容。

(十三)需要编制现场处置方案的情形

对于危险性较大的场所、装置或者设施,生产经营单位应当编制现场处置方案。

现场处置方案应当规定应急工作职责、应急处置措施和注意事项等内容。

事故风险单一、危险性小的生产经营单位,可以只编制现场处置方案。

(十四)附件信息

生产经营单位应急预案应当包括向上级应急管理机构报告的内容、应急组织机构和人员的联系方式、应急物资储备清单等附件信息。附件信息发生变化时,应当及时更新,确保准确有效。

(十五)征求相关组织的意见

生产经营单位组织应急预案编制过程中,应当根据法律、法规、规章的规定或者实际需要,征求相关应急救援队伍、公民、法人或其他组织的意见。

(十六)应急预案之间应当相互衔接

生产经营单位编制的各类应急预案之间应当相互衔接,并与相关人民政府及其部门、应急救援队伍和涉及的其他单位的应急预案相衔接。

(十七)应急处置卡

生产经营单位应当在编制应急预案的基础上,针对工作场所、岗位的特点,编制简明、实用、有效的应急处置卡。

应急处置卡应当规定重点岗位、人员的应急处置程序和措施,以及相关联络人员和联系方式,便于从业人员携带。

(十八) 应急预案评审

地方各级人民政府应急管理部门应当组织有关专家对本部门编制的部门应急预案进行审定;必要时,可以召开听证会,听取社会有关方面的意见。

(十九) 高危行业企业应急预案评审

矿山、金属冶炼、建筑施工企业和易燃易爆物品、危险化学品的生产、经营(带储存设施的,下同)、储存、运输企业,以及使用危险化学品达到国家规定数量的化工企业、烟花爆竹生产、批发经营企业和中型规模以上的其他生产经营单位,应当对本单位编制的应急预案进行评审,并形成书面评审纪要。

前款规定以外的其他生产经营单位应当对本单位编制的应急预案进行论证。

(二十) 参加应急预案评审的人员

参加应急预案评审的人员应当包括有关安全生产及应急管理方面的专家。

评审人员与所评审应急预案的生产经营单位有利害关系的,应当回避。

(二十一) 应急预案的评审或者论证的要求

应急预案的评审或者论证应当注重基本要素的完整性、组织体系的合理性、应急处置程序和措施的针对性、应急保障措施的可行性、应急预案的衔接性等内容。

(二十二) 单位主要负责人签署公布应急预案

生产经营单位的应急预案经评审或者论证后,由本单位主要负责人签署公布,并及时发放到本单位有关部门、岗位和相关应急救援队伍。

事故风险可能影响周边其他单位、人员的,生产经营单位应当将有关事故风险的性质、影响范围和应急防范措施告知周边的其他单位和人员。

企业要加强应急预案管理,适时修订完善应急预案,组织专家进行评审或论证,按照有关规定将应急预案报当地政府和有关部门备案,并与当地政府和有关部门应急预案相互衔接。

企业要积极探索与当地政府相关部门和周边企业建立应急联动机制,切实提高协同应对事故灾难的能力。

应急救援预案要定期演习和复查,要根据实际情况定期检查和适时修订。

(二十三) 监管部门应急预案备案

地方各级人民政府应急管理部门的应急预案,应当报同级人民政府备案,同时抄送上一级人民政府应急管理部门,并依法向社会公布。

地方各级人民政府其他负有安全生产监督管理职责的部门的应急预案,应当抄送同级人民政府应急管理部门。

(二十四) 生产经营单位应急预案备案

易燃易爆物品、危险化学品等危险物品的生产、经营、储存、运输单位,矿山、金属冶炼、城市轨道交通运营、建筑施工单位,以及宾馆、商场、娱乐场所、旅游景区等人员密集场所经营单位,应当在应急预案公布之日起 20 个工作日内,按照分级属地原则,向县级以上人民政府应急管理部门和其他负有安全生产监督管理职责的部门进行备案,并依法向社会公布。

(二十五) 生产经营单位申报应急预案备案应当提交的材料

生产经营单位申报应急预案备案,应当提交下列材料:

(1) 应急预案备案申报表。

(2) 应急预案评审或者论证意见。

(3) 应急预案文本及电子文档。

(4) 风险评估结果和应急资源调查清单。

(二十六) 备案材料核对和审查

受理备案登记的负有安全生产监督管理职责的部门应当在 5 个工作日内对应急预案材料进行核对和形式审查,材料齐全的,应当予以备案并出具应急预案备案登记表;材料不齐全的,不予备案并一次性告知需要补齐的材料。逾期不予备案又不说明理由的,视为已经备案。

对于实行安全生产许可的生产经营单位,已经进行应急预案备案的,在申请安全生产许可证时,可以不提供相应的应急预案,仅提供应急预案备案登记表。

(二十七) 应急预案的宣传教育

各级人民政府应急管理部门、各类生产经营单位应当采取多种形式开展应急预案的宣传教育,普及生产安全事故避险、自救和互救知识,提高从业人员和社会公众的安全意识与应急处置技能。

事故发生后,首先要做好自救互救,在医护人员到达时,要听从医护人员的指挥,采取切实可行的救助办法,以达到减少人员伤亡的目的。

(二十八) 应急预案的培训

各级人民政府应急管理部门应当将本部门应急预案的培训纳入安全生产培训工作计划,并组织实施本行政区域内重点生产经营单位的应急预案培训工作。

生产经营单位应当组织开展本单位的应急预案、应急知识、自救互救和避险逃生技能的培训活动,使有关人员了解应急预案内容,熟悉应急职责、应急处置程序和措施。

应急培训的时间、地点、内容、师资、参加人员和考核结果等情况应当如实记入本单位的安全生产教育和培训档案。

(二十九) 监管部门应急预案演练

各级人民政府应急管理部门应当至少每两年组织一次应急预案演练,提高本部门、本地区生产安全事故应急处置能力。

(三十) 生产经营单位应急预案演练

生产经营单位应当制订本单位的应急预案演练计划,根据本单位的事故风险特点,每年至少组织一次综合应急预案演练或者专项应急预案演练,每半年至少组织一次现场处置方案演练。

易燃易爆物品、危险化学品等危险物品的生产、经营、储存、运输单位,矿山、金属冶炼、城市轨道交通运营、建筑施工单位,以及宾馆、商场、娱乐场所、旅游景区等人员密集场所经营单位,应当至少每半年组织一次生产安全事故应急预案演练,并将演练情况报送所在地县级以上地方人民政府负有安全生产监督管理职责的部门。

县级以上地方人民政府负有安全生产监督管理职责的部门应当对本行政区域内前款规定的重点生产经营单位的生产安全事故应急救援预案演练进行抽查;发现演练不符合要求的,应当责令限期改正。

应保障演练工作经费,应根据演练工作需要,明确演练工作经费及承担单位。

(三十一) 应急预案演练评估

应急预案演练结束后,应急预案演练组织单位应当对应急预案演练效果进行评估,撰写应急预案演练评估报告,分析存在的问题,并对应急预案提出修订意见。

(三十二) 建立应急预案定期评估制度

应急预案编制单位应当建立应急预案定期评估制度,对预案内容的针对性和实用性进行分析,并对应急预案是否需要修订作出结论。

矿山、金属冶炼、建筑施工企业和易燃易爆物品、危险化学品等危险物品的生产、经营、储存企业,使用危险化学品达到国家规定数量的化工企业,烟花爆竹生产、批发经营企业和中型规模以上的其他生产经营单位,应当每三年进行一次应急预案评估。

应急预案评估可以邀请相关专业机构或者有关专家、有实际应急救援工作经验的人员参加,必要时可以委托安全生产技术服务机构实施。

(三十三) 应急预案应当及时修订并归档的情形

有下列情形之一的,应急预案应当及时修订并归档:

(1) 依据的法律、法规、规章、标准及上位预案中的有关规定发生重大变化的。

(2) 应急指挥机构及其职责发生调整的。

(3) 安全生产面临的事故风险发生重大变化的。

(4) 重要应急资源发生重大变化的。

(5) 在应急演练和事故应急救援中发现问题需要修订的。

(6) 编制单位认为应当修订的其他情况。

生产经营单位因兼并、重组、转制等导致隶属关系、经营方式、法定代表人发生变化的应急预案应当及时修订。

周围环境发生变化,形成新的重大危险源的应当及时修订应急预案。

生产经营单位生产工艺和技术发生变化的也应当及时修订应急预案。

(三十四) 应急预案修订需重新备案的情形

应急预案修订涉及组织指挥体系与职责、应急处置程序、主要处置措施、应急响应分级等内容变更的,修订工作应当按照规定的应急预案编制程序进行,并按照有关应急预案报备程序重新备案。

(三十五) 落实应急指挥体系,建立应急平台

生产经营单位应当按照应急预案的规定,落实应急指挥体系、应急救援队伍,配备相应的应急物资及装备,建立使用状况档案,定期检测和维护,使其处于适用状态。

没有建立专职应急救援队的危险化学品企业必须与邻近的具备相应能力的专业救援队签订应急救援协议。

企业要充分利用和整合调度指挥、监测监控、办公自动化系统等现有信息系统建立应急平台。

(三十六) 启动应急响应

生产经营单位发生事故时,应当第一时间启动应急响应,组织有关力量进行救援,并按照规

定将事故信息及应急响应启动情况报告应急管理部门和其他负有安全生产监督管理职责的部门。

（三十七）应急救援结束后进行总结评估

生产安全事故应急处置和应急救援结束后,事故发生单位应当对应急预案实施情况进行总结评估。

（三十八）表彰和奖励

对于在应急预案管理工作中做出显著成绩的单位和人员,应急管理部门、生产经营单位可以给予表彰和奖励。

第二节　应急演练

《生产安全事故应急演练基本规范》规定了生产安全事故应急演练的计划、准备、实施、评估总结和持续改进规范性要求。

一、应急演练专门术语的定义

（一）事故情景

针对生产经营过程中存在的危险源或有害因素而预先设定的事故状况(包括事故发生的时间、地点、特征、波及范围以及变化趋势等)。

（二）应急演练

针对可能发生的事故情景,依据应急预案而模拟开展的应急活动。

（三）综合演练

针对应急预案中多项或全部应急响应功能开展的演练活动。

（四）单项演练

针对应急预案中某一项应急响应功能开展的演练活动。

（五）实战演练

针对事故情景,选择(或模拟)生产经营活动中的设备、设施、装置或场所,利用各类应急器材、装备、物资,通过决策行动、实际操作,完成真实应急响应的过程。

（六）桌面演练

针对事故情景,利用图纸、沙盘、流程图、计算机模拟、视频会议等辅助于段,进行交互式讨论和推演的应急演练活动。

二、应急演练目的

应急演练目的主要包括:

（一）检验预案

发现应急预案中存在的问题,提高应急预案的针对性、实用性和可操作性。

（二）完善准备

完善应急管理标准制度,改进应急处置技术,补充应急装备和物资,提高应急能力。

（三）磨合机制

完善应急管理相关部门、单位和人员的工作职责,提高协调配合能力。

（四）宣传教育

普及应急管理知识,提高参演和观摩人员风险防范意识和自救互救能力。

（五）锻炼队伍

熟悉应急预案,提高应急人员在紧急情况下妥善处置事故的能力。

三、应急演练原则

应急演练应符合以下原则:

（一）符合相关规定

按照国家相关法律法规、标准及有关规定组织开展演练。

（二）依据预案演练

结合生产面临的风险及事故特点,依据应急预案组织开展演练。

（三）注重能力提高

突出以提高指挥协调能力、应急处置能力和应急准备能力组织开展演练。

（四）确保安全有序

在保证参演人员、设备设施及演练场所安全的条件下组织开展演练。

四、应急演练分类

应急演练按照演练内容分为综合演练和单项演练,按照演练形式分为实战演练和桌面演练,按目的与作用分为检验性演练、示范性演练和研究性演练。不同类型的演练可相互组合。

五、应急演练基本流程

应急演练实施基本流程包括计划、准备、实施、评估总结、持续改进五个阶段。

（一）计划

1. 需求分析

全面分析和评估应急预案、应急职责、应急处置工作流程和指挥调度程序、应急技能和应急装备、物资的实际情况,提出需通过应急演练解决的内容,有针对性地确定应急演练目标,提出应急演练的初步内容和主要科目。

2. 明确任务

确定应急演练的事故情景类型、等级、发生地域、演练方式、参演单位、应急演练各阶段的主要任务、应急演练实施的拟定日期。

3. 制订计划

根据需求分析及任务安排,组织人员编制演练计划文本。

（二）**准备**

1. 成立演练组织机构

综合演练通常应成立演练领导小组,负责演练活动筹备和实施过程中的组织领导工作,审定演练工作方案、演练工作经费、演练评估总结以及其他需要决定的重要事项。演练领导小组下设策划与导调组、宣传组、保障组、评估组。根据演练规模大小,其组织机构可进行调整。

（1）策划与导调组:负责编制演练工作方案、演练脚本、演练安全保障方案,负责演练活动筹备、事故场景布置、演练进程控制和参演人员调度以及与相关单位、工作组的联络和协调。

（2）宣传组:负责编制演练宣传方案,整理演练信息、组织新闻媒体和开展新闻发布。

（3）保障组:负责演练的物资装备、场地、经费、安全保卫及后勤保障。

（4）评估组:负责对演练准备、组织与实施进行全过程、全方位的跟踪评估;演练结束后,及时向演练单位或演练领导小组及其他相关专业组提出评估意见、建议,并撰写演练评估报告。

2. 编制文件

（1）工作方案:演练工作方案内容:

① 目的及要求。

② 事故情景。

③ 参与人员及范围。

④ 时间与地点。

⑤ 主要任务及职责。

⑥ 筹备工作内容。

⑦ 主要工作步骤。

⑧ 技术支撑及保障条件。

⑨ 评估与总结。

（2）脚本:演练一般按照应急预案进行,按照应急预案进行时,根据工作方案中设定的事故情景和应急预案中规定的程序开展演练工作。演练单位根据需要确定是否编制脚本,如编制脚本,一般采用表格形式,主要内容有:

① 模拟事故情景。

② 处置行动与执行人员。

③ 指令与对白、步骤及时间安排。

④ 视频背景与字幕。

⑤ 演练解说词。

⑥ 其他。

（3）评估方案:演练评估方案内容有:

① 演练信息:目的和目标、情景描述,应急行动与应对措施简介。

② 评估内容:各种准备、组织与实施、效果。

③ 评估标准:各环节应达到的目标评判标准。

④ 评估程序:主要步骤及任务分工。

⑤ 附件:所需要用到的相关表格。

（4）保障方案:演练保障方案应包括应急演练可能发生的意外情况、应急处置措施及责任部门、应急演练意外情况中止条件与程序。

（5）观摩手册:根据演练规模和观摩需要,可编制演练观摩手册。演练观摩手册通常包括应急演练时间、地点、情景描述、主要环节及演练内容、安全注意事项。

(6) 宣传方案:编制演练宣传方案,明确宣传目标、宣传方式、传播途径、主要任务及分工、技术支持。

3. 工作保障

根据演练工作需要,做好演练的组织与实施需要相关保障条件。保障条件主要内容有:

(1) 人员保障:按照演练方案和有关要求,确定演练总指挥、策划导调、宣传、保障、评估、参演人员参加演练活动,必要时设置替补人员。

(2) 经费保障:明确演练工作经费及承担单位。

(3) 物资和器材保障:明确各参演单位所准备的演练物资和器材。

(4) 场地保障:根据演练方式和内容,选择合适的演练场地;演练场地应满足演练活动需要,应尽量避免影响企业和公众正常生产、生活。

(5) 安全保障:采取必要安全防护措施,确保参演、观摩人员以及生产运行系统安全。

(6) 通信保障:采用多种公用或专用通信系统,保证演练通信信息通畅。

(7) 其他保障:提供其他保障措施。

(三) 实施

1. 现场检查

确认演练所需的工具、设备、设施、技术资料以及参演人员到位。对应急演练安全设备、设施进行检查确认,确保安全保障方案可行,所有设备、设施完好,电力、通信系统正常。

2. 演练简介

应急演练正式开始前,应对参演人员进行情况说明,使其了解应急演练规则、场景及主要内容、岗位职责和注意事项。

3. 启动

应急演练总指挥宣布开始应急演练,参演单位及人员按照设定的事故情景,参与应急响应行动,直至完成全部演练工作。演练总指挥可根据演练现场情况,决定是否继续或中止演练活动。

4. 执行

(1) 桌面演练执行:在桌面演练过程中,演练执行人员按照应急预案或应急演练方案发出信息指令后,参演单位和人员依据接收到的信息,回答问题或模拟推演的形式,完成应急处置活动。通常按照四个环节循环往复进行:

① 注入信息:执行人员通过多媒体文件、沙盘、消息单等多种形式向参演单位和人员展示应急演练场景,展现生产安全事故发生发展情况。

② 提出问题:在每个演练场景中,由执行人员在场景展现完毕后根据应急演练方案提出一个或多个问题,或者在场景展现过程中自动呈现应急处置任务,供应急演练参与人员根据各自角色和职责分工展开讨论。

③ 分析决策:根据执行人员提出的问题或所展现的应急决策处置任务及场景信息,参演单位和人员分组开展思考讨论,形成处置决策意见。

④ 表达结果:在组内讨论结束后,各组代表按要求提交或口头阐述本组的分析决策结果,或者通过模拟操作与动作展示应急处置活动。

各组决策结果表达结束后,导调人员可对演练情况进行简要讲解,接着注入新的信息。

(2) 实战演练执行:按照应急演练工作方案,开始应急演练,有序推进各个场景,开展现场点评,完成各项应急演练活动,妥善处理各类突发情况,宣布结束与意外终止应急演练。实战演练执行主要按照以下步骤进行：

① 演练策划与导调组对应急演练实施全过程的指挥控制。

② 演练策划与导调组按照应急演练工作方案(脚本)向参演单位和人员发出信息指令,传递相关信息,控制演练进程；信息指令可由人工传递,也可以用对讲机、电话、手机、传真机、网络方式传送,或者通过特定声音、标志与视频呈现。

③ 演练策划与导调组按照应急演练工作方案规定程序,熟练发布控制信息,调度参演单位和人员完成各项应急演练任务；应急演练过程中,执行人员应随时掌握应急演练进展情况,并向领导小组组长报告应急演练中出现的各种问题。

④ 各参演单位和人员,根据导调信息和指令,依据应急演练工作方案规定流程,按照发生真实事件时的应急处置程序,采取相应的应急处置行动。

⑤ 参演人员按照应急演练方案要求,做出信息反馈。

⑥ 演练评估组跟踪参演单位和人员的响应情况,进行成绩评定并作好记录。

5. 演练记录

演练实施过程中,安排专门人员采用文字、照片和音像手段记录演练过程。

6. 中断

在应急演练实施过程中,出现特殊或意外情况,短时间内不能妥善处理或解决时,应急演练总指挥按照事先规定的程序和指令中断应急演练。

7. 结束

完成各项演练内容后,参演人员进行人数清点和讲评,演练总指挥宣布演练结束。

(四) 评估总结

1. 评估

按照《生产安全事故应急演练评估规范》(AQ/T 9009—2015)要求执行。

2. 总结

(1) 撰写演练总结报告:应急演练结束后,演练组织单位应根据演练记录、演练评估报告、应急预案、现场总结材料,对演练进行全面总结,并形成演练书面总结报告。报告可对应急演练准备、策划工作进行简要总结分析。参与单位也可对本单位的演练情况进行总结。演练总结报告的主要内容：

① 演练基本概要。

② 演练发现的问题,取得的经验和教训。

③ 应急管理工作建议。

(2) 演练资料归档:应急演练活动结束后,演练组织单位应将应急演练工作方案、应急演练书面评估报告、应急演练总结报告文字资料,以及记录演练实施过程的相关图片、视频、音频资料归档保存。

(五) 持续改进

1. 应急预案修订完善

根据演练评估报告中对应急预案的改进建议,按程序对预案进行修订完善。

2. 应急管理工作改进

(1) 应急演练结束后,演练组织单位应根据应急演练评估报告、总结报告提出的问题和建议,对应急管理工作(包括应急演练工作)进行持续改进。

（2）演练组织单位应督促相关部门和人员，制订整改计划，明确整改目标，制定整改措施，落实整改资金，并跟踪督查整改情况。

第三节　事故现场处置程序

一、危险化学品事故的特点

事故是指造成死亡、职业病、伤害、财产损失或其他损失的意外事件。

危险化学品事故是指由一种或数种危险化学品因其能量意外释放造成的人身伤亡、财产损失或环境污染事故。

危险化学品事故主要表现为火灾、爆炸、中毒事故等。危险化学品事故具有以下特点：

（一）突发性

危险化学品事故一般都是瞬间突然发生，往往出乎人们的预料，常在意想不到的时间、地点突然发生。

（二）影响范围大

危险化学品事故发生后，毒物迅速向下风方向扩散，严重污染空气、地面、道路和生产、生活设施，短时间内危害范围即可达数十平方千米。

（三）危险性大

危险化学品事故在危害程度上远远大于其他一般事故。例如，硫化氢、二氧化碳在高浓度下，可在数秒钟内使人死亡。温州液氯钢瓶爆炸事故造成 32 个居民区和 6 个生产队受到危害，死亡 59 人。

（四）持续时间长

危险化学品事故发生后，会对空气、地面、水源、物体等造成污染，且这种污染能持续较长时间，少则几小时，多则数日、数月。

（五）易引发二次事故

危险化学品事故火灾后能引起爆炸，第一次爆炸后可能再次发生第二次爆炸。

（六）救援难度大

危险化学品事故发生后，救援行动将围绕控制事故源、控制污染区、抢救中毒人员、采样检测、组织污染区人员防护或撤离、对污染区实施洗消等任务展开，难度大、要求高，稍有不慎极易造成严重后果。

二、事故现场处置基本程序

企业应制订事故处置程序，一旦发生重大事故，做到临危不惧，指挥不乱。事故现场处置基本程序如下：

（一）报警与接警

当发生危险化学品事故时，现场人员必须根据各自企业制定的事故预案采取积极而有效的抑制措施，尽量减少事故的蔓延，同时向有关部门报告和报警。

在应急救援过程中，生产经营单位安全管理部门协助总指挥做好事故报警、情况通报及事故处置等工作。

企业要全面建立健全安全生产动态监控及预报预警机制，做好安全生产事故防范和预报预警工作，做到早防御、早响应、早处置。

政府主管部门事先应确保把发生事故时要采取的安全措施和正确做法等有关资料散发给可能受事故影响的公众，要保证公众充分了解发生重大事故时的安全措施，一旦发生重大事故，应尽快报警。

在应急救援过程中，向有关主管部门报告事故情况，包括事故发生的时间、地点，危险品种类、数量，事故性质，危险范围等。

应急救援人员要熟悉各种通信工具的报警方法、联络方式和信号，不能只有一名值班人员熟悉。

接警是实施抢险救援工作的第一步，对成功实施应急处置起到重要的作用。

接警人应做好以下工作：

（1）问清报告人姓名、单位和联系方式。

（2）了解危险化学品事故发生的时间、地点、事故单位、事故原因、危险化学品名称、事故类别（毒物外溢、爆炸、燃烧）、危害波及范围和程度、对抢险救援的要求，同时做好记录。

（3）按规定向有关领导和有关部门报告。

（4）依照应急处置程序，通知、调集出动应急救援力量。

企业建立应急救援指挥部并由企业主要负责人任总指挥；有关副职领导任副总指挥，负责一旦发生事故时应急救援的组织和指挥。

各主管部门在接到事故报警后，应迅速组织应急救援专职队，赶赴现场，在做好自身防护的基础上，快速实施救援，控制事故发展，并将伤员救出危险区域和组织群众撤离、疏散，消除危险化学品事故的各种隐患。

应急救援队伍接到报警后，应立即根据事故情况，调集救援力量，携带专用器材，分配救援任务，下达救援指令，迅速赶赴事故现场。

有效的工程抢修抢险应以控制事故、减少损失、以达到更加安全为目的。

应急救援抢险人员应根据事先拟定的抢险方案，在做好个体防护的基础上，以最快的速度排除险情，要严格避免次生和衍生事故的发生。

企业要针对本企业事故特点加大应急救援装备及物资储备力度，尤其是重点工艺流程中应急物料、应急器材、应急装备和物资的准备。

在应急救援过程中生产经营单位物资供应部门负责抢险抢救物资的供应和保障等工作。要努力形成多层次的应急救援装备和物资储备体系，确保应对各种事故，尤其是重特大且救援复杂、难度大的生产安全事故应急救援的装备和物资需要。

企业要做好经费保障，明确应急专项经费来源、使用范围、数量和监督管理措施，保障应急状态时生产经营单位应急经费的及时到位。

一个单位的不同类型的应急救援预案要形成统一整体，救援力量要统筹安排。应急救援专职队平时就要组建落实并配有相应器材。

应急救援过程中社会援助队伍到达企业时，指挥部要派人员引导并告知安全注意事项。应急救援队伍要进行专业培训，并要有培训记录和档案。应急救援人员要通过考核证实能胜任所担任的应急任务，才能上岗。

在应急救援过程中,救援人员在做好自身防护的基础上,应快速实施救援,控制事故发展。应急救援人员在控制事故发展的同时,应将伤员救出危险区域和组织群众撤离、疏散,消除危险化学品事故的各种隐患。

在应急救援过程中生产经营单位保卫部门负责灭火、警戒、治安保卫、疏散、事故现场通信联络和对外联系、道路管制等工作。

(二)询情和侦检

危险化学品事故发生后,侦检作业组要迅速了解事故性质、现场地形,掌握危险品类型、浓度、危害人数,从而为救人方法和进攻路线的确定、防毒防爆防扩散以及有效开展其他救援工作提供科学依据。

在应急救援过程中,事故现场侦察人员在实施侦察前要根据已掌握的情况,采取可靠的防毒防爆措施。

采取询问和现场侦检的方法,了解和掌握危险化学品泄漏物种类、性质、泄漏时间、泄漏量、已波及的危害范围、潜在的险情(爆炸、中毒等)。

侦检小组应做好以下几项工作:

(1)询问遇险人员情况,容器储量、泄漏量、泄漏时间、部位、形式、扩散范围,周边单位、居民、地形、电源、火源等情况,消防设施、工艺措施、到场人员处置意见。对不明危险化学品,应立即取样、送验、分析,确定名称、成分,同时根据检测仪器,确定泄漏物质种类、浓度、扩散范围。

(2)使用检测仪器测定泄漏物质、浓度、扩散范围。危险化学品事故发生后,采样检测工作要持续进行,检测结果要连续报告。

(3)确认设施、建(构)筑物险情及可能引发爆炸燃烧的各种危险源,确认消防设施运行情况。

(4)侦察环境,测定风向、风速等气象数据,确定救援路线。

(三)隔离事故现场,紧急疏散群众

1. 建立警戒区域

在应急救援过程中,控制危险区域实施要点是实施警戒、清除火源、维护秩序。应根据化学品泄漏扩散的情况或火焰热辐射所涉及的范围建立警戒区,并在通往事故现场的主要干道上实行交通管制。

企业发生有害物大量外泄事故或火灾事故现场应设警戒线。

应急救援人员要在警戒区边界实施不间断的检测,以确保警戒区的有效性。

建立警戒区域时应注意以下几项:

(1)警戒区域的边界应设警示标志,并有专人警戒。

(2)除应急处置人员以及必须坚守岗位的人员外,其他人员禁止进入警戒区。

(3)泄漏溢出的化学品为易燃物品时,区域内严禁火种。

(4)应急救援时,对危险区特别是重度危险区要进行控制,应急救援人员应在事故地区的主要交通要道、路口设安全检查站,除救援人员和抢险救援的车辆外,不可以让无关人员和车辆等进入。

(5)应急救援人员应加强对重要目标和地段的警戒和巡逻,防止人为破坏或制造事端。

2. 紧急疏散

在事故应急救援中,救援人员应迅速建立警戒区域,将警戒区和污染区内与事故应急处理无关的人员撤离,以减少不必要的人员伤亡。

应急救援过程中,应急救援人员撤离前应及时指导危险区的群众做好个人防护。

个人防护是把人体与意外释放能量或危险物质隔开,是一种不得已的隔离措施,但却是保护人身安全的最后一道防线。个人防护措施属于第一级预防。

在应急救援过程中,要做好以下几点:

(1)救援人员进入危险区后应立即通过敲门、呼叫等方式搜索受困人员。

为了更好地维护危险区及其附近地区的社会秩序,还应及时利用通告、广播等形式将事故的有关情况及处置措施向群众通报,通过宣传教育,稳定群众情绪,严防由于群众恐慌或各种谣传引起社会混乱。

(2)救援人员首先应熟悉地形,明确撤离方向,准备好进入危险区应携带的标志物、扩音器以及强光手电等必要器材。

(3)组织群众撤离危险区域时,应选择合理的撤离路线,避免横穿危险区域。

(4)对危险区的人员应及时组织疏散至安全地带,在污染严重、被困人员多、情况比较复杂时,应有其他组配合疏散组开展工作。

(5)重大危险源引发的事故如可能威胁到企业外周边的居民,指挥部应立即上报有关部门,将居民迅速撤离到安全地点。

紧急疏散时应注意:

(1)如泄漏物质有毒时,需要佩戴个体防护用品或采用简易有效的防护措施,并有相应的监护措施;

(2)应向上风侧方向转移,明确专人引导和护送疏散人员到安全区,并在疏散或撤离的路线上设立导引人员,指明方向。

人员疏散,包括撤离和就地保护两种。

撤离是指把所有可能受到威胁的人员从危险区域转移到安全区域。在有足够的时间向群众报警并进行准备的情况下,撤离是最佳的保护措施。一般是从上风侧离开,必须有组织、有秩序地进行。

就地保护是指人进入建筑物或其他设施内,直至危险过去。当撤离比就地保护更危险或撤离无法进行时,采取此项措施。指挥建筑物内的人,关闭所有门窗,并关闭所有通风、加热、冷却系统。

安全疏散距离是指建筑物内最远处到外部出口或楼梯最大允许距离,而不是指厂房最近工作地点到外部出口或楼梯的距离。

(四)现场控制

针对不同事故,开展现场控制工作。应急人员应根据事故特点和事故引发物质的不同,采取不同的防护措施。

1. 泄漏控制

对泄漏事故应及时、正确处置,防止事故扩大。

(1)泄漏源控制:首先通过控制泄漏源来消除危险化学品的溢出或泄漏。通过关闭有关阀门、停止作业或通过采取改变工艺流程、物料走副线、局部停车、打循环、减负荷运行等方法进行泄漏源控制。储罐或其他容器发生泄漏后,采取措施修补和堵塞裂口,防止化学品的进一步泄漏。能否堵漏取决于下列因素:接近泄漏点的危险程度、泄漏孔的尺寸、泄漏点处实际的或潜在的压力、泄漏物质的特性。

在应急救援过程中,根据现场的实际情况,利用抢险车上的器材和堵漏工具,灵活运用不同的堵漏方法对容器、管道实施堵漏。

① 围堤堵截:如果危险化学品为液体,泄漏到地面上会四处蔓延扩散,难以收集处理。为此,需要筑堤堵截或者引流到安全地点。储罐区发生液体泄漏时,要及时关闭雨水阀,防止物料沿明沟外流,在化工生产中排放的各种废物料,不可以直排下水道。

在应急救援过程中,对积聚和存放在事故现场的危险化学品,应及时转移至安全地带。

② 稀释与覆盖:为减少大气污染,通常是采用水枪或消防水带向有害物蒸气云喷射雾状水,加速气体向高空扩散,使其在安全地带扩散。使用这一技术时,将产生大量的被污染水,因此,应疏通污水排放系统。对于可燃物,可以在现场施放大量水蒸气或氮气破坏燃烧条件。对于液体泄漏,为降低物料向大气中的蒸发速度,可用泡沫或其他覆盖物品覆盖外泄的物料,在其表面形成覆盖层,抑制其蒸发。

对于现场液体泄漏应及时进行覆盖、稀释、收容、处理。

③ 收集:对于大型泄漏,可将泄漏出的物料抽入容器内或槽车内;当泄漏量小时,可用沙子、吸附材料、中和材料等吸收中和。

将收集的泄漏物运至废物处理场所处置。用消防水冲洗剩下的少量物料,冲洗水排入污水系统处理。

(2) 泄漏处置注意事项:现场人员必须配备必要的个人防护器具;如果泄漏物易燃易爆,应严禁火种;应急处理时严禁单独行动,要有监护和掩护。清除泄漏物的人员应受过训练。

2. 火灾控制

(1) 灭火对策

① 扑救初期火灾:在火灾尚未扩大到不可控制之前,使用移动式灭火器来控制火灾。先迅速关闭火灾部位的上下部连接阀门,切断进入火灾事故部位的物料,然后立即启用现有各种消防设备、器材扑灭初期火灾和控制火源。

② 保护周围设施:为防止火灾危及相邻设施,及时采取冷却保护措施,并迅速疏散受火势威胁的物品。

③ 火灾扑救:选择正确的灭火剂和灭火方法。必要时采取堵漏或隔离措施,预防次生灾害扩大。当火势被控制以后,仍要派人监护,清理现场,消灭余火。

在应急救援过程中,根据燃烧物的具体性质,选用合适的灭火剂扑灭火灾。

水是最常用的灭火剂,主要作用是冷却降温。

(2) 注意事项

① 扑救危险化学品气体类火灾,切忌盲目扑灭火势,在没有采取堵漏措施的情况下,必须保持稳定燃烧。否则,大量可燃气体泄漏出来与空气混合,遇到火源就会发生爆炸。

如果可燃气体在泄漏的同时被点燃,将会在泄漏处发生燃烧。

② 有些危险化学品禁止用水扑救。

③ 危险化学品火灾的扑救应由专业消防队来进行,其他人员不可盲目行动,灭火人员不应个人单独灭火。

④ 卤代烷 1211、1301 灭火剂由于破坏臭氧层,已被逐步替代。

(五) 危险化学品事故现场的现场急救

危险化学品事故对人体可能造成的伤害为中毒、窒息、冻伤、化学灼伤、烧伤等。进行急救时,不论患者还是救援人员都需要进行适当的防护。

对一些现场难以急救的重伤员,救护组一边采取应急救护措施,一边组织转送到指定医院。

在应急救援过程中,卫生部门负责现场医疗救护指挥及受伤人员抢救和护送转院等工作。

(六)洗消

应急救援过程中,为避免毒害物持续造成危害,应对危险化学品事故现场的人员和物资及时进行洗消。对沾有毒害物品的人员要在警戒区出口处实施洗消,进入安全区后再做进一步检查,造成伤害的要尽快进行救护。

洗消的对象包括人员和装备洗消及环境洗消。

环保部门负责事故现场的环境监测及毒害物质扩散区域内的洗消工作等。

(七)撤离及后期处置

(1)撤离,是指应急处置工作结束后,离开现场或救援后的临时性转移。

① 在抢险救援行动中应随时注意气象和事故发展的变化,一旦发现所处的区域受到污染或将被污染时,应立即向安全区转移。

② 应急处置工作结束后,按照现场救援指挥部的指令,各救援队有序、安全撤离现场。

(2)后期处置:主要包括污染物处理、事故后果影响消除、生产秩序恢复、善后赔偿、抢险过程和应急救援能力评估及应急预案的修订等内容。

第四节　事故应急处置措施

一、爆炸物品事故的应急处置

(一)爆炸物品的危险特性

爆炸品一般指发生化学性爆炸的物品。爆炸品在外界作用下(如受热、受压、撞击等),能发生剧烈的化学反应,瞬时产生大量的气体和热量,使周围压力急骤上升,发生爆炸,对周围环境造成破坏。

爆炸品也包括无整体爆炸危险,但具有燃烧、抛射及较小爆炸危险的物品,或仅产生热、光、音响或烟雾等一种或几种作用的烟火物品。比如,火药、炸药、烟花爆竹等,都属于爆炸品。这里主要分析炸药的危险特性。

1. 敏感易爆性

炸药的敏感性,是指炸药在受到环境的加热、撞击、摩擦或电火花等外能作用时发生着火或爆炸的难易程度。这是炸药的一个重要特性。炸药对外界作用的敏感程度是不同的,有的差别很大。例如,碘化氮这种起爆药若用羽毛轻轻触动就可能引起爆炸,而常用的炸药 TNT 用枪弹射穿也不爆炸。

炸药引爆所需的初始冲能愈小,说明该炸药愈敏感。初始冲能又叫爆冲能,是指激发炸药爆炸所需的最小能量。

2. 自燃危险性

一些火药在一定温度下可不用火源的作用即自行着火或爆炸,如双基火药长时间堆放在一起时,由于火药的缓慢热分解放出的热量及产生的 NO_2 气体不能及时散发出,火药内部就会产生热积累,当达到其自燃点时便会自行着火或爆炸。

3. 热分解爆炸危险性

炸药对热的作用十分敏感。为了保证安全,在生产、运输、储存和使用过程中,要让炸药远离各种高温和热源。

4. 着火危险性

炸药是易燃物质,而且着火不需外界供给氧气。同时,炸药爆炸时放出大量的热,形成数千摄氏度的高温,能使自身分解出的可燃性气态产物和周围接触的可燃物质起火燃烧,造成重大火灾事故。因此,必须做好炸药爆炸时的火灾预防工作,并针对炸药爆炸时的着火特点进行施救。

5. 毒害性

有些炸药,如 TNT、苦味酸、硝化甘油、雷汞、叠氮化铅等,本身具有一定毒害性。大多数炸药爆炸时能够产生如 CO、CO_2、NO_2、NO、HCN、N_2 等有毒或窒息性气体,可从呼吸道、食管甚至皮肤等进入体内引起中毒。

6. 静电危险性

炸药是电的不良导体,在生产、包装、运输和使用过程中,炸药会经常与容器壁或其他介质摩擦,这样就会产生静电荷,在没有采取有效接地措施导除静电的情况下,就会使静电荷聚集。这种聚集的静电荷表现出很高的静电电位,一定条件下会产生放电火花。当炸药的放电能量达到足以点燃炸药时,就会出现着火、爆炸事故。

在炸药中掺入少量炭黑、石墨、硼粉等导电物质,以降低炸药的电阻率,减少静电的积聚。

7. 机械作用危险性

许多炸药受到撞击、振动、摩擦等机械作用时有着火、爆炸的危险,而炸药在生产、储存和运输过程中,均有可能受到意外的撞击、振动、摩擦等机械作用。

（二）爆炸物品事故应急处置

1. 火灾、爆炸应急处置

爆炸物品一般都有专门或临时的储存仓库。这类物品受摩擦、撞击、震动、高温等外界因素激发,极易发生爆炸,遇明火则更危险。遇爆炸物品事故时,应采取以下基本对策:

（1）迅速判断和查明再次发生爆炸的可能性和危险性,抓住爆炸后和再次发生爆炸之前的有利时机,采取一切可能的措施,制止再次爆炸的发生。

（2）切忌用砂土压盖,以免增强爆炸物品爆炸时的威力。

（3）在人身安全有可靠保障的前提下,应迅速组织力量及时移走着火区域周围的爆炸物品,使着火区周围形成一个隔离带。

（4）扑救爆炸物品堆垛时,水流应采用吊射,避免强力水流直接冲击堆垛,以免堆垛倒塌引起再次爆炸。

（5）灭火人员应尽量利用现场掩蔽堤或采用低姿射水等自我保护措施。消防车辆不要采用靠爆炸品太近的水源。

（6）灭火人员发现存在发生再次爆炸的危险时,应立即向现场指挥报告。现场指挥判断确有发生爆炸征兆或危险时,应立即下达撤退命令,灭火人员应迅速撤退至安全地带。

（7）爆炸品通常有效的灭火方法是用水冷却达到灭火目的,但不能采取窒息法或隔离法。对有毒性的爆炸品,灭火人员应戴防毒面具。

2. 泄漏应急处置

发生爆炸品泄漏时,抢险处理人员戴自给式呼吸器,穿消防防护服,切断火源。不要直接接触泄漏物,避免振动、撞击和摩擦。小量泄漏时,使用无火花工具收集于干燥、洁净、有盖的容器中,在专家的指导下,运至空旷处引爆。大量泄漏时,必须与有关技术部门联系,确定清除方法。

3. 爆炸品运输安全及事故应急处置

(1)运输安全要求

① 汽车运输爆炸品禁止使用以柴油或煤气作为燃料,这是因为柴油车尾气易发出火星,煤气容易着火。

② 装车前应将货厢清扫干净,排除异物,装载量不得超过额定负荷。押运人应负责监装、监卸,数量应点收点交清楚。所装货物超出栏板部分不得超出货厢栏板高度的 1/3;密封式车厢装货总高度不得超过 1.5 m;没有外包装的金属桶(一般装的是硝化棉或发射药)只能单层摆放,以免压力过大或撞击摩擦引起爆炸;在任何情况下雷管和爆炸药都不得同车装运或两车同时在同一场地进行装卸。

雷管属于起爆器材类的爆炸品。

堆放各种爆炸品时,要求做到牢固、稳妥、整齐,防止倒垛,便于运输。

为保证爆炸品储存和运输的安全,必须根据各种爆炸品的性能或敏感程度严格分类,专库储存、专人保管、专车运输。

③ 汽车运输爆炸品时,其运输时间、路线应事先报请当地公安部门批准,按公安部门指定的时间、路线行驶,不得擅自改变行驶路线,以利于加强运行安全管理。车上无押运人员不得单独行驶,押运人员必须熟悉所装货物的性能和作业注意事项等。车上严禁搭乘无关人员和危及安全的其他物资。

④ 行车中驾驶人员必须集中精力,严格遵守交通法规和操作规程,同时注意观察,保持行车平稳。多车辆列队运输行驶时,跟车距离至少保持 50 m 以上,一般情况下不得超车、强行会车,非特殊情况下不准紧急刹车。

(2)撒漏处理:对爆炸物品撒漏物,应及时用水湿润,再撒以锯末或棉絮等松软物品,收集后并保持相当湿度,报请公安部门或消防人员处理,绝对不允许将收集的撒漏物重新装入原包装内。

二、压缩或液化气体事故应急处置

(一)气体的危险特性

常温下的气体密度小、体积大。工业上采用压缩的办法将其盛装于容器中,这就成了压缩气体。它包括压缩气体、加压液化气体和加压溶解气体三类。依据气体的理化性质,又可分为可燃性、助燃性、分解爆炸性、惰性和毒性气体等。压缩气体如压缩空气、氧气、氮气、氢气、甲烷等,加压液化气体如液氨、丁烷、氯气、光气、乙烯等,加压溶解气体只有乙炔,即多孔性物质用丙酮处理后把乙炔加压而溶于其中等。可燃性气体如甲烷、天然气、氢气、一氧化碳等,助燃性气体如空气、氧气等,分解爆炸性气体如乙炔、乙烯、环氧乙烷等,惰性气体如氦、氖、氙、氪气等,毒性气体如光气、氟、氯气等。

《化学品分类和危险性公示通则》已经替代了《常用危险化学品分类及标志》,原《常用危险化学品分类及标志》中根据压缩气体和液化气体的理化性质,将压缩气体和液化气体分为 3 项,即易燃气体、不燃气体、有毒气体。

根据原《常用危险化学品分类及标志》,压缩气体和液化气体中包括氧气。

压缩空气是危险化学品。

氧气不属于可燃物。

1. 易燃易爆性

列入《危险货物品名表》(GB 12268)的压缩气体或液化气体当中,一半以上是可燃气体,具有火灾危险。可燃气体的主要危险性是易燃易爆性,所有处于燃烧浓度范围之内的可燃气体,遇火源都可能发生着火或爆炸。

可燃气体着火或爆炸的难易程度,除受着火源能量大小的影响外,主要取决于其化学组成,而其化学组成又决定着可燃气体燃烧浓度范围的大小、自燃点的高低、燃烧速度的快慢和发热量的多少。

2. 扩散性

处于气体状态的任何物质都没有固定的形状和体积,且能自发地充满任何容器。由于气体的分子间距大,相互作用力小,所以非常容易扩散。

气体的扩散特点主要体现在两个方面:

(1) 比空气轻的可燃气体在空气中可以无限制地扩散与空气形成爆炸性混合物,并能够顺风迅速蔓延和扩展。

(2) 比空气重的可燃气体泄漏出来时,往往聚集于地表、沟渠、隧道、厂房死角等处,易与空气在局部形成爆炸性混合气体,遇着火源发生着火或爆炸。同时,密度大的可燃气体一般都有较大的发热量,在火灾条件下,易于造成火势扩大。

3. 可缩性和膨胀性

气体的体积会因温度的升降而胀缩,且胀缩的幅度比液体要大得多。

气体的可缩性和膨胀性特点是:压力不变时,气体的温度与体积成正比;当温度不变时,气体的体积与压力成反比;在体积不变时,气体的温度与压力成正比。

4. 带电性

氢气、乙烯、乙炔、天然气、液化石油气等压缩气体或液化气体从管口或破损处高速喷出时能产生静电,其主要原因是气体本身剧烈运动造成分子间的相互摩擦,气体中含有固体颗粒或液体杂质在压力下高速喷出时与喷嘴产生的摩擦等。

影响压缩气体和液化气体静电荷产生的主要因素是杂质和流速。

5. 腐蚀性、毒害性和窒息性

(1) 腐蚀性:一些含氢、硫元素的气体具有腐蚀性。如硫化氢、氨、氢等,都能腐蚀设备,削弱设备的耐压强度,严重时可导致设备裂隙、漏气,引起火灾等事故。目前危险性最大的是氢,氢在高压下能渗透到碳素中去,使金属容器发生"氢脆"。

氢、氨、硫化氢除了能腐蚀设备,严重时可导致设备裂缝、漏气外,它们大都还具有一定的毒害性。

(2) 毒害性:压缩气体和液化气体中,除氧气和压缩空气外,大都具有一定的毒害性。《危险货物品名表》中,毒性最大的是氰化氢,空气中的含量达到 300 mg/m³ 时,人立即死亡,达到 200 mg/m³ 时,10 min 后死亡。

氰化氢、硫化氢、硒化氢、锑化氢、二甲胺、氨、溴甲烷、乙硼烷、二氯硅烷、锗烷、三氟氯乙烯等气体,除具有相当的毒害性外,还具有一定的着火爆炸性。

(3) 窒息性:除氧气和压缩空气外,其他压缩气体和液化气体都具有窒息性。如氮气、二氧化碳一旦泄漏于房间或大型设备及装置内时,均会使现场人员窒息。

6. 氧化性

氧化性气体是燃烧得以发生的最重要的要素之一。

气体主要包括两类:一类是明确列为不燃气体的,如氧气、压缩或液化空气、一氧化二氮等;另一类是列为有毒气体的,如氯气、氟气、过氯酰氟、四氟(代)肼、氯化溴、五氟化氯、亚硝酰氯、三氟化氮、二氟化氧、四氧化二氮、三氧化二氮、一氧化氮等。这些气体本身都不可燃,但氧化性很强,都是强氧化剂,与可燃气体混合时都能着火或爆炸。如氯气与乙炔气接触即可爆炸,氯气与氢气混合见光可爆炸,氯气与氢气在黑暗中也可爆炸,油脂接触到氧气能自燃,铁在氧气中也能燃烧等。

(二)压缩或液化气体事故的应急处置

当储存压缩气体和液化气体的容器受热、撞击或强烈震动时,容器内压力急剧增大,致使容器破裂爆炸,或导致气瓶阀门松动漏气,酿成火灾或中毒事故。

1. 火灾、爆炸应急处置

压缩或液化气体储存在不同的容器内,或通过管道输送。储存在较小钢瓶内的气体压力较高,受热或受火焰熏烤而易发生爆裂。气体泄漏后遇着火源已形成稳定燃烧时,其发生爆炸或再次爆炸的危险性与可燃气体泄漏未燃时相比要小得多。遇压缩或液化气体事故一般采取以下处置措施:

(1)遇气体火灾时切忌盲目立即扑灭火焰,即使在扑救以及冷却过程中不小心把泄漏处的火焰扑灭了,在没有采取堵漏措施的情况下,也必须立即将火点燃,使其恢复稳定燃烧。

扑救压缩气体或液化气体类火灾时,应立即扑灭火焰的说法是不正确的。一旦扑灭火焰,大量可燃气体泄漏出来与空气混合,遇着火源就会发生爆炸,后果将不堪设想。

(2)首先应扑灭外围被火源引燃的可燃物火势,切断火势蔓延途径,控制燃烧范围,并积极抢救受伤和被困人员。

(3)如果火场中有压力容器,能疏散的尽量疏散到安全地带,不能疏散的应部署足够的水枪进行保护。为防止容器爆裂伤人,进行冷却的人员应尽量采用低姿射水或利用现场坚实的掩蔽体保护。对卧式储罐,冷却人员应选择储罐四侧角作为射水阵地。

(4)如果是输气管道泄漏着火,首先设法找到气源阀门。只要关闭气体的进出阀门,火势就会自动熄灭。

(5)储罐或管道泄漏关阀无效时,应准备堵漏。火扑灭后,立即用堵漏材料堵漏,同时用雾状水稀释和驱散出来的气体。

(6)如果堵漏失败,应立即采取适当方法将泄漏处点燃,使其恢复稳定燃烧,以防止泄漏出来的大量可燃气体与空气混合后形成爆炸性混合物。

(7)如果确认无法堵漏,采取冷却着火容器、周围容器及可燃物品,控制着火范围,直到燃气燃尽。

(8)遇有火势熄灭后较长时间未能恢复稳定燃烧或出现容器爆裂征兆时,指挥员必须及时下达撤退命令,现场人员应迅速撤退至安全地带。

(9)气体储罐或管道阀门处泄漏着火时,在特殊情况下,只要判断阀门完好,也可先扑灭火势,再关闭阀门。一旦发现关闭无效,一时又无法堵漏时,应迅速点燃,恢复稳定燃烧。

(10)运输中遇有火情应将未着火的气瓶迅速移至安全处。对已着火的气瓶应使用大量雾状水喷洒在气瓶上,使其降温冷却;火势尚未扩大时,可用二氧化碳、干粉、泡沫等灭火器进行扑救。

2. 泄漏应急处置

压缩气体和液化气体与空气混合能形成爆炸性混合物,遇火星、高温有燃烧爆炸危险。根据压缩气体和液化气体的理化性质,当压缩气体和液化气体泄漏时,应采取以下措施:

(1)易燃气体泄漏时,灭火人员穿消防防护服,切断火源和泄漏气源,并向易燃气体喷射雾状水,加速气体向高空扩散。例如,乙烯着火应使用的灭火剂是雾状水。同时要构筑围堤或挖坑收容产生的废水,并排入污水处理系统。

易燃气体在常温常压下遇明火、高温即会发生着火或爆炸,燃烧时其蒸气对人畜有一定的刺激毒害作用。

扑救有毒气体火灾时要戴防毒面具,且要站在上风方向。

(2)不燃气体泄漏时,抢险人员戴正压自给式呼吸器,穿一般工作服,切断泄漏气源。合理通风,加速扩散。

(3)有毒气体泄漏时,抢险人员戴隔离式防毒面具,穿完全隔离的化学防护服,切断泄漏气源。覆盖住泄漏点附近的下水道等地方,设法封闭下水道,防止有毒气体进入。向有毒气体喷射雾状水,稀释、溶解泄漏气体,构筑围堤或挖坑收容产生的废水,用防爆泵转移至专用收集器内,请环保部门进行无害化处置。

> **案例**
>
> 某市煤气公司液化气站的 102♯400 m³ 液化石油气球罐发生破裂,大量液化石油气喷出,顺风向北扩散,遇明火发生燃烧,引起球罐爆炸。由于该球罐爆炸燃烧,大火烧了19 个小时,致使 5 个 400 m³ 的球罐、4 个 450 m³ 卧罐和 8 000 多只液化石油气瓶(其中空瓶 3 000 多只)爆炸或烧毁,罐区相邻的厂房、建筑物、机动车及设备等被烧毁或受到不同程度的损坏,直接经济损失约 627 万元,死亡 36 人,重伤 50 人。该球罐自投入使用后的两年零两个月的使用期内,经常处于较低容量,只有 3 次达到额定容量,第三次封装后4 天,即在 18 日破裂。该球罐投用后,一直没有进行过检查,破裂前,安全阀正常,排污阀正常关闭。球罐的主体材质为碳素合金钢,内径 9 200 mm,壁厚 25 mm,容积 400 m³,用于贮存液化石油气。
>
> 根据上述事实,该液化气站存在的危险有害因素包括燃烧爆炸、中毒,但不包括坍塌。

3. 压缩气体和液化气体运输安全及事故应急处置

(1)运输安全要求

① 夏季运输除另有限运规定外,当罐内液温达到 40 ℃时,还必须配有罐体遮阳或用冷水喷淋降温等设施,防止罐体暴晒。

② 运输易燃易爆气体应远离热源、火源,如锅炉房或明火场所。

③ 运输大型气瓶,行车途中应尽量避免紧急制动,防止气瓶因惯性力作用冲出车厢平台造成事故;车辆转弯前应减速,以防止急转弯或车速过快时所装载的气瓶因离心力作用而被抛出车厢外。

(2)撒漏处理:运输中发现气瓶漏气时,特别是有毒气体,应迅速将气瓶移至安全处,并根据气体性质做好相应的人身防护,人站在上风处,将阀门旋紧。若不能制止泄漏,可将气瓶推入水中,并及时通知相关管理部门处理。

三、易燃液体事故的应急处置

(一)易燃液体的危险特性

1. 高度易燃性

液体的燃烧是通过其挥发出的蒸气与空气形成可燃性混合物,在一定的比例范围内遇火源点燃而实现的,是液体蒸气与空气中的氧进行的剧烈反应。由于易燃液体的沸点都很低,故易于挥发出易燃蒸气。

易燃液体的蒸气很容易被引燃。

2. 蒸气易爆性

在存放易燃液体的场所蒸发有大量的易燃蒸气,并常常在作业场所或储存场地弥漫。当挥发出的易燃蒸气与空气混合物达到爆炸浓度范围时,遇火源就会发生爆炸。易燃液体的挥发性越强,这种爆炸危险就越大。

易燃蒸气与空气的混合浓度不在爆炸极限之内,遇火源不会发生爆炸,但在一定的浓度范围内遇火源会燃烧。

3. 受热膨胀性

易燃液体也和其他物体一样,受热膨胀。有机液体受热后体积膨胀性较大,而有机固体及无机固体、金属体膨胀系数较低。

把易燃液体装入容器时应根据温度变化范围确定合适的装填系数,以免胀破容器造成事故。对盛装易燃液体的容器,应按规定留有一定的空间,不能装满。

4. 流动危险性

易燃液体易着火,其流动性增加了火灾的危险性。易燃液体渗漏会很快向四周流淌,并由于毛细管和浸润作用,能扩大其表面积,加快挥发速度,提高空气中的蒸气浓度。在火场上储罐(容器)一旦爆裂,液体会四处流淌,造成火势蔓延,扩大着火面积,给施救工作带来困难。

液体的流动性随温度升高而增大。为了防止液体泄漏、流散,在储存工作中应备置事故槽(罐),构筑安全堤,设置水封井等。

液体着火时,应设法堵截流散的液体,防止火势扩大蔓延。

5. 流动摩擦带电性

易燃液体的高挥发性、蒸气的扩散性及液体的易流动性,决定了它比一般的可燃物更危险。此外,易燃液体的蒸气如同可燃气体的危险性,其特殊性是一般比空气重,易滞留于低洼处,且贴地顺风流向远方。易燃液体比水轻且多不溶于水,随水流动而扩大危险,也难以用水灭火。

易燃液体一般电导率很小,易在流动中产生静电并积累,这往往是导致事故的重要原因。

多数易燃液体都是电介质,在灌注、输送、喷流过程中能够产生静电,当静电荷聚集到一定程度则会放电,引起着火或爆炸。

液体产生静电荷的多少,除与液体本身的介电常数和电阻率有关外,还与输送管道的材质和流速有关。

管道内表面越光滑,产生的静电荷越少;流速越快,产生的静电荷则越多。

石油及其产品在作业中静电的产生与聚积有以下一些特点:

(1)在管道中流动时

① 流速越大,产生的静电荷越多。

② 管道内壁越粗糙,流经的弯头、阀门越多,产生的静电荷越多。

③ 帆布、橡胶、石棉、水泥和塑料等非金属管道比金属管道产生的静电荷多。

④ 在管道上安装过滤网,其网栅越密,产生的静电荷越多;绸毡过滤网产生的静电荷更多。

(2) 在向车、船灌装油品时

① 油品与空气摩擦、在容器内旋涡状运动和飞溅都会产生静电,当灌装至容器高度的 1/2～3/4 时,产生的静电电压最高。所产生的静电大都聚积在喷流出的油柱周围。

② 油品装入车、船,在运输过程中因振荡、冲击所产生的静电,大都积聚在油面漂浮物和金属构件上。

③ 多数油品温度越低,产生静电越少;但柴油温度降低,则产生静电荷反而增加。同品种新、旧油品搅混,静电压会显著增高。

④ 油泵等机械的传动带与飞轮的摩擦、压缩空气或蒸气的喷射都会产生静电。

⑤ 油品产生静电的大小还与介质空气的湿度有关。湿度越小,积聚电荷程度越大;湿度越大,积累电荷程度越小。

⑥ 油品产生静电的大小还与容器、导管中的压力有关。其规律是压力越大,产生的静电荷越多。

静电积聚到一定程度时,就会发生放电现象。所以液体在装卸、储运过程中,一定要设法导除静电,防止聚集而放电。

6. 毒害性

易燃液体大都具有毒害性,有的还有刺激性和腐蚀性。其毒性的大小与其本身化学结构、蒸发得快慢有关。易燃液体对人体的毒害性主要表现在蒸发气体上,它能通过人体的呼吸道、消化道、皮肤 3 个途径进入人体内,造成中毒。中毒的程度与蒸气浓度、作用时间的长短有关。

7. 沸溢现象

在油罐发生火灾时,容易出现沸溢现象。即原油燃烧一段时间后,有大量的油急剧地从油罐中流出,这时油沫四溅,火焰蔓延,油罐周围变得异常危险,以致难以进行消防活动。

8. 液体喷雾危险

可燃液体在化工生产或运输中,因容器或管线破裂造成的抛洒,尾气带料,紧急排空,闪蒸或蒸气骤冷等,均可能形成云雾。即微小液滴与蒸气悬浮于空气中,形成气液两相可燃爆体系。

(二) 易燃液体事故的应急处置

1. 易燃液体火灾、爆炸的应急处置

易燃液体通常储存在容器内或通过管道输送。液体容器有的密闭,有的敞开,一般都是常压,只有反应锅(炉、釜)及输送管道内的液体压力较高。液体如果发生泄漏或溢出,都将顺着地面(或水面)漂散流淌。易燃液体涉及能否用水和普通泡沫扑救的问题以及危险性很大的沸溢和喷溅问题。遇易燃液体事故,一般应采取以下处置措施:

(1) 及时了解和掌握着火液体的品名、密度、水溶性以及有无毒害、腐蚀、沸溢、喷溅等危险性,以便采取相应的灭火和防护措施。

(2) 切断火势蔓延的途径,冷却和疏散受火势威胁的压力及密闭容器和可燃物,控制燃烧范围,并积极抢救受伤和被困人员。

如有易燃可燃液体储罐着火,必须采取的措施是迅速切断进料。可燃液体的饱和蒸气压越大,其火灾危险性越大。如有液体流淌时,应筑堤(或用围油栏)拦截漂散流淌的易燃液体或挖沟导流。

（3）对较大的储罐或流淌事故,应准确判断着火面积。小面积(一般 50 m² 以内)液体事故,一般可用雾状水扑灭。用泡沫、干粉、二氧化碳、卤代烷烃(1222、1301)灭火一般更有效。大面积事故则必须根据其相对密度、水溶性和燃烧面积大小,选择正确的灭火剂扑救。

比水轻又不溶于水的可燃、易燃液体(如汽油、苯等),原则上不能用水扑救,可用普通蛋白泡沫或轻水泡沫扑灭。用干粉、卤代烷扑救时灭火效果要视燃烧面积大小和燃烧条件而定,最好用水冷却罐壁。

具有水溶性的液体(如醇类、酮类等),最好用抗溶性泡沫扑救,用干粉或卤代烷扑救时,灭火效果要视燃烧面积大小和燃烧条件确定,也需用水冷却罐壁。

（4）扑救毒害性、腐蚀性或燃烧产物毒害性较强的易燃液体事故,扑救员必须佩戴防护面具,采取防护措施。

（5）扑救原油和重油等具有沸溢和喷溅危险的液体事故,如有条件,可采用放水、搅拌等防止发生沸溢和喷溅的措施,在灭火同时必须注意计算可能发生沸溢、喷溅的时间和观察是否有沸溢、喷溅的征兆。指挥员发现危险征兆时应及时下达撤退命令,扑救人员看到或听到统一撤退信号后,应立即撤退至安全地带。

（6）遇易燃液体管道或储罐泄漏着火,应阻止蔓延,把火势限制在一定范围内。同时,设法找到并关闭输送管道进、出阀门。可以先用泡沫、干粉、二氧化碳或雾状水等扑灭地上的流淌火焰,为堵漏扫清障碍,其次再扑灭泄漏口火焰,并迅速采取堵漏措施。

2. 易燃液体泄漏的应急处置

易燃液体泄漏时,抢险处理人员戴正压自给式呼吸器,穿消防防护服,切断火源和泄漏源。小量泄漏时,用沙土或其他材料吸附或吸收,收集于干燥、洁净、有盖的容器中回收运至废物处理场处置。污染地面用洗涤剂刷洗,洗液经稀释后排入废水处理系统。大量泄漏时,用泡沫覆盖泄漏物,抑制其蒸发,用沙土构筑围堤或挖坑收容泄漏物,用防爆泵转移至槽车或专用容器内,请环保部门进行无害化处置。

3. 易燃液体运输安全及事故应急处置

（1）运输安全要求

① 运输易燃液体,车上人员不准吸烟,车辆不得接近明火及高温场所。装运易燃液体的罐车行驶时,导除静电装置应接地良好。

② 装运易燃液体的车辆,严禁搭乘无关人员,途中应经常检查车上危险化学品的装载情况,如捆扎是否松动,包装件有否渗漏。发现异常情况时应及时采取有效措施。

③ 夏季高温季节,当天气预报气温在 30 ℃ 以上时,应按照作业地规定的作业时间运输。若必须运输时,车上应有有效的遮阳设施,封闭式货厢应保持车厢通风良好。

④ 应将车厢后门、侧门锁牢后方可运行车辆,不准敞开车门行驶。严禁超载运输。装有重瓶的车辆在处于静态停车时,应将车厢顶部的天窗全部敞开并锁好窗销,不准将天窗关闭。

（2）撒漏处理:易燃液体一旦发生撒漏时,应及时以沙土或松软材料覆盖吸附后,集中至空旷安全处处理。覆盖时,特别要注意防止液体流入下水道、河道等地方,以防污染环境。

在销毁收集物时,应充分注意燃烧时所产生的有毒气体对人体的危害,必要时应戴好防毒面具。

四、易燃固体、自燃物品事故的应急处置

（一）易燃固体、自燃物品的危险特性

1. 易燃固体危险特性

易燃固体系指燃点低、对热、撞击、摩擦敏感，易被外部火源点燃，燃烧迅速，并可能散发出有毒烟雾或有毒气体的固体，但不包括已列入爆炸品的物品。例如，在危险品的管理中，干的或未浸湿的二硝基苯酚被列入爆炸品而不列入易燃固体管理。

（1）燃点低，易点燃：易燃固体的着火点都比较低，一般都在 300 ℃以下，在常温下只要有能量很小的着火源即能引起燃烧。有些易燃固体受到摩擦、撞击等外力作用时也能引发燃烧。

（2）遇酸、氧化剂易燃易爆：绝大多数易燃固体遇无机酸性腐蚀品、氧化剂等能够立即引起着火或爆炸。如萘与发烟硫酸接触反应非常剧烈，甚至引起爆炸；红磷与氯酸钾、硫黄与过氧化钠或氯酸钾相遇，稍经摩擦或撞击，都会引起着火或爆炸。

（3）本身或燃烧产物有毒：很多易燃固体本身具有毒害性或燃烧后能产生有毒气体，如硫黄、三硫化四磷等，与皮肤接触能引起中毒，吸入粉尘后，亦能引起中毒；硝基化合物、硝化棉及其制品，重氯氨基苯等易燃固体，由于本身含有硝基（—NO₂）、亚硝基（—NO）、重氮基（—N≡N—）等不稳定的基团，在快速燃烧的条件下，还会引起爆炸，燃烧时亦会产生大量的一氧化碳、氧化氮、氢氰酸等有毒气体。

易蒸发的石油产品与不易蒸发的石油产品相比，其毒性较大。

（4）遇湿易燃性：硫的磷化物，不仅具有遇火受热的易燃性，而且还具有遇湿易燃性。如五硫化二磷、三硫化四磷等，遇水能产生具有腐蚀性和毒性的可燃气体硫化氢。此类物品应注意防水、防潮。着火时不可用水扑救。

（5）自燃危险性：易燃固体中的赛璐珞、硝化棉及其制品等在积热不散的条件下容易自燃起火。硝化棉在 40 ℃的条件下就会分解。这些易燃固体在储存和水上远航运输时，要注意通风、降温、散潮，堆垛不可过大、过高，加强养护管理，防止自燃造成火灾。

自燃物品着火需要氧气。

2. 自燃物品的危险特性

自燃物品包括发火物质和自热物质两类。

发火物质，指与空气接触 5 min 之内即可自行燃烧的液体、固体或固体和液体的混合物。如三氯化钛、钙粉、烷基铝、烷基铝氢化物、烷基铝卤化物等。

黄磷即白磷，属自燃物品。

自热物质，指与空气接触不需要外部热源的作用即可自行发热而燃烧的物质。这类物质的特点是只有在大量并经过长时间才会自燃，所以亦可称为积热自燃物质，如油纸、油布、油绸及其制品，动物油、植物油和植物纤维及其制品，赛璐珞碎屑等。

自燃物品的危险特性主要包括：

（1）遇空气自燃：自燃物品大部分性质非常活泼，具有极强的还原性，接触空气后能迅速与空气中的氧化合，并产生大量的热，达到其自燃点而着火，接触氧化剂和其他氧化性物质反应更加剧烈，甚至爆炸。如黄磷遇空气即自燃起火，生成有毒的五氧化二磷。所以此类物品的包装必须密闭，充氮气保护或据其特性用液封密闭，如黄磷在储存时应始终浸没在水中。

（2）遇湿易燃：硼、锌、锑、铝的烷基化合物类，烷基铝氢化物类，烷基铝卤化物类（如氯化二乙基铝、二氯化乙基铝、二氯化甲基铝、三氯化三乙苯铝、三溴化三甲基铝等），烷基铝类（三甲基

铝、三乙基铝、三丙基铝、三丁基铝、三异丁基铝等),这类自燃物品,化学性质非常活泼,具有极强的还原性,遇氧化剂和酸类反应剧烈。除在空气中能自燃外,遇水或受潮还能分解而自燃或爆炸。

此外,三乙基铝遇水还能发生爆炸。属于这类的自燃物品,除了以上所举例之外,主要有二甲基锌、三乙基锑、三甲基硼、三乙基硼、三丁基硼、戊硼烷、三氯化钛、硼氢化铝、二氨基镁、二苯基镁、苯基溴化镁、烷基锂、烷基镁、连二亚硫酸钾以及钙粉、铅粉、钛粉、钡合金等,这些自燃物品都是遇空气、遇湿易燃的固体,火灾危险性极大。所以,在储存、运输和销售时,包装应充氮密封,防水、防潮。起火时不可用水或泡沫等含水的灭火剂扑救。

例如,三乙基铝在空气中能氧化而自燃,着火时不可用水或泡沫扑救。铝铁熔剂着火也不可用水施救。

(3)积热自燃:硝化纤维的胶片、废影片、X线片等,由于本身含有硝酸根,化学性质很不稳定,在常温下就能缓慢分解,当堆积在一起或仓库通风不好时,分解反应产生的热量无法散失,放出的热量越积越多,便会自动升温达到其自燃点而着火,火焰温度可达 1 200 ℃。

另外,此类物品在阳光及水分的影响下也会加速氧化,分解出一氧化氮。一氧化氮在空气中会氧化生成二氧化氮,而二氧化氮与潮湿空气中的水汽化合又能生成硝酸及亚硝酸,两者会进一步加速硝化纤维及其制品的分解。此类物品在空气充足的条件下燃烧速度极快,比相应数量的纸张快 5 倍,且在燃烧过程中能产生有毒和刺激性的气体。灭火时可用大量水,但要注意防止复燃和防毒,火焰扑灭后应当立即掩埋。

油纸、油布等含油脂的物品,当积热不散时,也易发生自燃。因为油纸、油布是纸和布经桐油等干性油浸涂处理后的制品。桐油的性质很不稳定,在空气中也能迅速氧化生成一层硬膜。通常由于氧化表面积小,产生的热量少,可随时消散,所以不会发生自燃。但如果把桐油浸涂到纸或布上,则桐油与空气中氧的接触面积增大,氧化时产生的热量也相应增多。当油纸和油布处于卷紧或堆积的条件下时,就会因积热不散升温至自燃点而起火。另外,云母带、活性炭、炭黑、叶肉干、菜籽饼、大豆饼、花生饼、鱼粉等物品都属于积热不散可自燃的物品,在大量长途运输和储存时,要特别注意通风和晾晒。

(二)易燃固体、自燃物品事故的应急处置

1. 易燃固体、自燃物品火灾、爆炸应急处置

易燃固体、自燃物品一般都可用水和泡沫扑救。但也有少数易燃固体、自燃物品的扑救方法比较特殊,如 2,4-二硝基苯甲醚、二硝基萘、萘、黄磷等。

(1)2,4-二硝基苯甲醚、二硝基萘、萘等是能升华的易燃固体,受热发出易燃蒸气。火灾时可用雾状水、泡沫扑救并切断火势蔓延途径。但应注意,受热以后升华的易燃蒸气能在不知不觉中飘逸,在上层与空气形成爆炸性混合物,尤其是在室内,易发生爆燃。因此,扑救这类物品火灾不能被假象迷惑。在扑救过程中应不时向燃烧区域上空及周围喷射雾状水,并用水浇灭燃烧区域及其周围的一切火源。

(2)黄磷自燃点很低,在空气中能很快氧化升温并自燃。遇黄磷火灾时,首先应切断火势蔓延途径,控制燃烧范围。对着火的黄磷应用低压水或雾状水扑救。高压直流水冲击能引起黄磷飞溅,导致灾害扩大。黄磷熔融液体流淌时应用泥土、沙袋等筑堤拦截并用雾状水冷却,对磷块和冷却后已固化的黄磷,应用钳子钳入储水容器中。来不及钳时可先用沙土掩盖,但应做好标记,等火势扑灭后,再逐步集中到储水容器中。对黄磷火灾现场须谨慎处理,黄磷被水扑灭后只是暂时熄灭,残留黄磷待水分挥发后又会自燃,所以现场应有专人密切观察。同时要注意,黄

磷燃烧时会产生剧毒的五氧化二磷等气体,扑救时应穿戴防护服和防毒面具。

（3）少数易燃固体和自燃物品不能用水和泡沫扑救,活泼金属火灾不可以使用二氧化碳灭火。如三硫化二磷、铝粉、烷基铅、保险粉等,应根据具体情况区别处理,宜选用干沙和不用压力喷射的干粉扑救。如金属钠的火灾不可以采用泡沫灭火,因为泡沫含水。

金属钾、金属钠等活泼金属必须浸没在煤油中保存,容器不得渗漏,绝对不允许露置空气中。

（4）遇水反应的易燃固体不得用水扑救。如铝粉、钛粉等金属粉末能与水发生剧烈反应,产生可燃气体。因此,应用干燥的沙土、干粉灭火器进行扑救。

（5）有爆炸危险的易燃固体禁用沙土压盖,如具有爆炸危险性的硝基化合物。

（6）遇水或酸产生剧毒气体的易燃固体,严禁用酸碱、泡沫灭火剂。如磷的化合物和硝基化合物（包括硝化棉、赛璐珞）、氮化合物、硫黄等,燃烧时产生有毒和刺激性气体,扑救时须注意戴好防毒面具。

（7）火场中抢救出来的赤磷要谨慎处理。因为赤磷在高温下会转化为黄磷变成自燃物品,同时在扑救时,赤磷被水淋过受潮后,也会缓慢引起自燃。

（8）自燃物品灭火时,一般可用干粉、沙土（干燥时有爆炸危险的自燃物品除外）和二氧化碳灭火剂灭火。与水能发生反应的物品如三乙基铝、铝铁溶剂等禁用水扑救。为防止自燃物品引起的火灾,应将油抹布、油棉纱头等放入有盖的桶内,放置在安全地点,并及时处理。

2. 易燃固体、自燃物品泄漏应急处置

易燃固体和自燃物品燃点低,对热、撞击、摩擦敏感,易被外部火源点燃,燃烧迅速。因此,当易燃固体和自燃物品泄漏时,灭火处理人员戴自给式呼吸器,穿一般消防防护服,切断火源。小量泄漏时,用沙土或泥土覆盖泄漏物,用无火花工具收集于洁净、有盖的塑料桶中,运至废物处理场所处置。大量泄漏时,用塑料布、帆布覆盖泄漏物,减少飞散。也可以在泄漏现场施放大量水蒸气或氮气,破坏燃烧条件,使用无火花工具收集回收泄漏物,请环保部门进行无害化处置。

3. 易燃固体、自燃物品运输安全及事故应急处置

（1）运输安全要求

① 行车时,要注意防止外来明火飞到危险化学品中,要避开明火高温场所。

② 行车中应定时停车检查所装危险化学品的堆码、捆扎和包装情况。

（2）撒漏处理:本类危险化学品撒漏时,可以收集起来另行包装。收集的残留物不能任意排放、抛弃。对与水反应的撒漏物处理时不能用水,但清扫后的现场可以用大量水冲刷清洗。

还应注意,对注有稳定剂的物品,残留物收集后重新包装,也应注入相应的稳定剂。

五、遇湿易燃物品事故的应急处置

（一）遇湿易燃物品的危险特性

遇湿易燃物品主要包括碱金属、碱土金属及其硼烷类和石灰氮（氰氨化钙）、锌粉等金属粉末类,目前列入《危险货物品名表》的这类物品火灾危险性大。

1. 遇水易燃易爆

（1）遇水后发生剧烈的化学反应使水分解,夺取水中的氧与之化合,放出可燃气体和热量。当可燃气体在空气中达到燃烧范围时,接触明火或由于反应放出的热量达到引燃温度时就会发生着火或爆炸。如金属钠、氢化钠、二硼氢等遇水反应剧烈,放出氢气多,产生热量大,能直接使氢气燃爆。

（2）遇水后反应较为缓慢,放出的可燃气体和热量少,可燃气体接触明火时才可引起燃烧。如氢化铝、硼氢化钠等都属于这种情况。

（3）电石、碳化铝、甲基钠等遇湿易燃物品盛放在密闭容器内,遇湿后放出的乙炔和甲烷及热量逸散不出来而积累,致使容器内的气体越积越多,压力越来越大,当超过了容器的强度时,就会胀裂容器以致发生爆炸。

电石遇湿后放出的乙炔属于易燃气体。

2. 遇氧化剂和酸着火爆炸

遇湿易燃物品除遇水能反应外,遇到氧化剂、酸也能发生反应,而且比遇到水反应得更加剧烈,危险性更大。有些遇水反应较为缓慢,甚至不发生反应的物品,当遇到酸或氧化剂时,也能发生剧烈反应,如锌粒在常温下放入水中并不会发生反应,但放入酸中,即使是较稀的酸,反应也非常剧烈,放出大量的氢气。这是因为遇湿易燃物品都是还原性很强的物品,而氧化剂和酸类等物品都具有较强的氧化性,所以它们相遇后反应更加剧烈。因此,遇湿易燃物品遇酸或碱也能燃烧或爆炸。遇湿易燃物品灭火时严禁使用酸碱、泡沫灭火剂。

3. 自燃危险性

有些物品不仅有遇湿易燃危险,而且还有自燃危险性。如金属粉末类的锌粉、镁粉等,在潮湿空气中能自燃,与水接触,特别是在高温下反应比较剧烈,能放出氢气和热量。

另外,金属的硅化物、磷化物类物品遇水能放出在空气中能自燃且有毒的气体四氢化硅和磷化氢,这类气体的自燃危险是不容忽视的。

4. 毒害性和腐蚀性

在遇湿易燃物品中,有一些与水反应生成的气体是易燃有毒的,如乙炔、磷化氢、四氢化硅等。尤其是金属的磷化物、硫化物与水反应,可放出有毒的可燃气体,并放出一定的热量。同时,遇湿易燃物品本身有很多也是有毒的,如钠汞齐、钾汞齐等都是毒害性很强的物质。硼和氢的金属化合物类的毒性比氰化氢、光气的毒性还大。

碱金属及其氢化物类、碳化物类与水作用生成的强碱,都具有很强的腐蚀性。

（二）遇湿易燃物品事故的应急处置

1. 遇湿易燃物品火灾、爆炸应急处置

遇湿易燃物品能与潮湿空气和水发生化学反应,产生可燃气体和热量,有时即使没有明火也能着火或爆炸,如金属钾、钠以及三乙基铝（液态）等。因此,遇湿易燃物品绝对禁止用水、泡沫等湿性灭火剂扑救,可以用干粉等灭火剂扑救。

对遇湿易燃物品火灾应采取以下应急处置措施:

（1）确认遇湿易燃物品的品名、数量,是否与其他物品混存,燃烧范围、火势蔓延途径。

（2）遇湿易燃物品数量较多,禁止用水或泡沫等湿性灭火剂扑救。遇湿易燃物品应用干粉、二氧化碳扑救,只有金属钾、钠、铝、镁等个别物品用二氧化碳无效。固体遇湿易燃物品应用干沙、干粉、硅藻土和蛭石等覆盖。对遇湿易燃物品中的粉尘如镁粉、铝粉等,切忌喷射有压力的灭火剂,以防止将粉尘吹扬起来,与空气形成爆炸性混合物而导致爆炸发生。

（3）对极少量（一般 50 g 以内）遇湿易燃物品着火,仍可用大量的水或泡沫扑救。水或泡沫刚接触着火点时,短时间内可能会使火势增大,但少量遇湿易燃物品燃尽后,火势很快就会熄灭或减小。

（4）如果有较多的遇湿易燃物品与其他物品混存,则应先查明是哪类物品着火,遇湿易燃物品的包装是否损坏,可先用水枪向着火点吊射少量的水进行试探,如未见火势明显增大,证明遇湿易燃物品尚未着火,包装也未损坏,应立即用大量水或泡沫扑救。火势扑灭后立即组织力量将淋过水或仍在潮湿区域的遇湿易燃物品移到安全地带。如射水试探后火势明显增大,则证明遇湿易燃物品已经着火且包装已经损坏,应禁止用水、泡沫、酸碱灭火器扑救。若是液体应使用干粉等灭火剂扑救,若是固体应使用干沙等覆盖,如遇钾、钠、铝轻金属发生事故,最好用石墨粉、氯化钠以及专用的轻金属灭火剂扑救。

(5) 如果其他物品事故威胁到相邻的较多遇湿易燃物品,应先用油布或塑料膜等其他防水布将遇湿易燃物品遮盖好,然后再在上面盖上棉被并淋水。如果遇湿易燃物品堆放地势不太高,可在其周围用土筑一道防水堤。在用水或泡沫扑救事故时,对相邻的遇湿易燃物品应留有一定的力量监护。

(6) 迅速将邻近未燃物品从火场撤离或与燃烧物进行有效隔离。用干沙、干粉进行扑救,并注意以下物品在灭火时绝不能用水扑救:活泼金属及其他与水接触放出氢气的,遇水产生碳氢化合物(气体)的,遇水产生有毒或腐蚀性气体的,相对密度小于水的。

(7) 遇水反应产生易燃或有毒气体的,不得使用泡沫灭火剂扑救。

(8) 遇酸或氧化剂等反应物质,禁用酸碱灭火剂和泡沫灭火剂扑救。

(9) 活泼金属禁用二氧化碳灭火器进行扑救。因为钾、钠等具有极强的还原性,甚至能夺取二氧化碳中的氧,所以二氧化碳不但起不了灭火作用,反而助长火势,因此应用苏打、食盐、氮或石墨粉来扑救。锂的火灾不能用食盐和氮扑救,只能用石墨粉扑救。

(10) 碳化物、磷化物遇水反应能产生剧毒、腐蚀性气体,灭火扑救时应穿戴防护用品和隔离式呼吸器。

2. 遇湿易燃物品泄漏应急处置

遇湿易燃物品发生泄漏时,严禁受潮或遇水。灭火处理人员戴正压自给式呼吸器,穿消防防护服,切断火源。用水泥、干沙和蛭石等覆盖泄漏物,使用无火花工具收集于干燥、洁净、有盖的容器中,请环保部门无害化处置。

3. 遇湿易燃物品运输安全及事故应急处置

(1) 运输安全要求

① 行车时,要注意防止外来明火飞到危险化学品中,要避开明火高温场所。

② 行车中应定时停车检查所装危险化学品的堆码、捆扎和包装情况,尤其是要注意防止包装渗漏等隐患。

(2) 撒漏处理:本类危险化学品撒漏时,可以收集起来另行包装。收集的残留物不能任意排放、抛弃。对与水反应的撒漏物处理时不能用水,但清扫后的现场可以用大量水冲刷清洗。

还应注意,对注有稳定剂的物品,残留物收集后重新包装,也应注入相应的稳定剂。

六、氧化剂和有机过氧化物事故的应急处置

(一)氧化剂和有机过氧化物的危险特性

1. 氧化剂危险特性

氧化剂遇高温易分解放出氧和热量,所以这类物品遇到易燃物品、可燃物品、还原剂,或自己受热分解都容易引起火灾爆炸危险。

(1) 氧化性:氧化剂中的无机过氧化物均含有过氧基,很不稳定,易分解放出原子氧,其余的氧化剂则分别含有高价态的氯、溴、氮、硫、锰、铬等元素,这些高价态的元素都有较强的获得电子的能力。氧化剂最突出的性质是遇易燃物品、可燃物品、有机物、还原剂等会发生剧烈化学

反应引起燃烧爆炸。

(2) 遇热分解性:遇高温易分解出氧气和热量,极易引起燃烧爆炸。

(3) 撞击、摩擦敏感性:如氯酸盐类、硝酸盐类、有机过氧化物等对摩擦、撞击极为敏感。

(4) 与酸作用分解:大多数氧化剂,特别是碱性氧化剂,遇酸反应强烈,甚至发生爆炸。例如,过氧化钠(钾)、氯酸钾、高锰酸钾等,遇硫酸立即爆炸。

(5) 与水作用分解:有些氧化剂,特别是活泼金属的过氧化物,如过氧化钠(钾)等,遇水分解出氧气和热量,有助燃作用,使可燃物燃烧,甚至爆炸。这些氧化剂应防止受潮,灭火时严禁用水、酸碱、泡沫、二氧化碳灭火扑救。

(6) 毒性和腐蚀:有些氧化剂具有不同程度的毒性和腐蚀性。例如铬酸酐、重铬酸盐等,既有毒性,又会烧伤皮肤。

(7) 强氧化剂与弱氧化剂之间的反应:有些氧化剂与其他氧化剂接触后能发生复分解反应,放出大量热而引起燃烧、爆炸,如亚硝酸盐、次亚氯酸盐等。遇到比它强的氧化剂时显示还原性,发生剧烈反应而导致危险。

因此,不同品种的氧化剂,应根据其性质及消防方法的不同,选择适当的库房分类存放及分类运输。有机过氧化物不得与无机氧化剂共储混运;亚硝酸盐类、亚氯酸盐类、次亚氯酸盐类均不得与其他氧化剂混储混运。

2. 有机过氧化物危险特性

由于有机过氧化物都是分子组成中含有过氧基的有机物,所以热稳定性很差,可发生放热反应并加速分解过程。

有机过氧化物按其危险性的大小划分为 7 种类型,即 A、B、C、D、E、F、G 型。

(1) 分解爆炸性:由于有机过氧化物都含有过氧基—O—O—,而—O—O—是极不稳定的结构,对热、振动、冲击或摩擦都极为敏感,所以当受到轻微的外力作用时即分解。如过氧化二乙酰,纯品制成后存放 24 小时就可能发生强烈的爆炸;过氧化二苯甲酰当含水在 1%(质量分数)以下时,稍有摩擦即能爆炸;过氧化二碳酸二异丙酯在 10 ℃以上时不稳定,达到 17.22 ℃时即分解爆炸。

(2) 易燃性:有机过氧化物不仅极易分解爆炸,而且还特别易燃。如过氧化叔丁醇的闪点为 26.67 ℃,过氧化二叔丁酯的闪点只有 12 ℃。

当有机过氧化物因受热或与杂质(如酸、重金属化合物、胺等)接触或摩擦、碰撞而发热分解时,可产生有害或易燃气体或蒸气。许多有机过氧化物易燃,而且燃烧迅速而猛烈,当封闭受热时极易由迅速的爆燃而转为爆轰。所以,扑救有机过氧化物火灾时应特别注意爆炸的危险性。

3. 健康危害性

有机过氧化物的人身伤害性主要表现为容易伤害眼睛,如过氧化环己酮、叔丁基过氧化氢、过氧化二乙酰等,都对眼睛有伤害作用,其中有些即使与眼睛有短暂的接触,也会对角膜造成严重的伤害。因此,应避免眼睛接触有机过氧化物。

常见的有机过氧化物举例:

过氧化甲乙酮:简称 MEKP,相对分子质量 178.21,无色透明油状液体,相对密度 1.042。室温下稳定,温度高于 100 ℃时即发生爆炸。闪点 50 ℃。分解温度 105 ℃。溶于苯、醇、醚和酯,不溶于水。本品易燃,具爆炸性,有毒。贮存于低温的库房内,防火、防晒,严禁撞击。易燃,遇氧化物、有机物、易燃物、促进剂会剧烈反应,着火或爆炸。遇热源或阳光可引起分解。有害燃烧产物为一氧化碳、二氧化碳。

（二）氧化剂和有机过氧化物事故的应急处置

1. 氧化剂和有机过氧化物火灾、爆炸应急处置

氧化剂和有机过氧化物既有固体、液体，又有气体。既不像遇湿易燃物品一概不能用水和泡沫扑救，也不像易燃固体几乎都可用水和泡沫扑救。有些氧化剂本身不燃，但遇可燃物品或酸碱能着火和爆炸。有机过氧化物（如过氧化二苯甲酰等）本身就能着火、爆炸，危险性特别大，扑救时要注意人员防护。不同的氧化剂和有机过氧化物火灾，有的可用水（最好雾状水）和泡沫扑救，有的不能用水和泡沫扑救，有的不能用二氧化碳扑救。应对氧化剂和有机过氧化物火灾采取以下应急措施：

（1）查明着火或反应的氧化剂和有机过氧化物以及其他燃烧物的品名、数量、主要危险特性、燃烧范围、火势蔓延途径，确认能否用水或泡沫扑救。

（2）若能用水或泡沫扑救时，应尽一切可能切断火势蔓延，使着火区孤立，限制燃烧范围，同时应积极抢救受伤和被困人员。

（3）若不能用水、泡沫、二氧化碳扑救时，应用干粉扑救，或用水泥、干沙覆盖。用水泥、干砂覆盖应先从着火区域四周尤其是下风等火势主要蔓延方向覆盖起，形成孤立火势的隔离带，然后逐步向着火点进逼。由于大多数氧化剂和有机过氧化物遇酸会发生剧烈反应甚至爆炸，如过氧化钠、过氧化钾、氯酸钾、高锰酸钾、过氧化二苯甲酰等。因此，专门生产、经营、储存、运输、使用这类物品的单位和场所对泡沫和二氧化碳灭火剂应慎用。

（4）对有机过氧化物、金属过氧化物不能用水扑救，因为这类物品与水反应能生成氧气而帮助燃烧，扩大火势，所以只能用沙土、干粉、二氧化碳灭火剂进行扑救。泡沫灭火器中的药剂是水溶液，故禁止使用泡沫灭火器扑救有机过氧化物、金属过氧化物。

（5）绝大部分氧化剂都可以用水扑救，粉状物品应用雾状水扑救。

（6）在扑救时，要配备适当的防毒面具，以防中毒。在没有防毒面具的情况下，可将一般口罩用5%的碳酸氢钠溶液浸泡后使用，因其有效防毒时间短，必须随时更换。

2. 氧化剂和有机过氧化物泄漏应急处置

氧化剂和有机过氧化物极易分解，对热、振动或摩擦极为敏感，遇易燃物品、可燃物品、有机物、还原剂等会发生剧烈化学反应而引起爆炸。这类物品泄漏时，勿使泄漏物与有机物、还原剂、易燃物接触。抢险处理人员戴正压自给式呼吸器，穿化学防护服。当泄漏物为固体时，用塑料布、帆布覆盖，减少飞散，使用无火花工具收集回收运至废物处理场所处置。泄漏物为液体时，少量泄漏时，用沙土、蛭石或其他惰性材料吸收，也可以用大量水冲洗，洗水经稀释后排入废水处理系统。大量泄漏时，向泄漏物喷射雾状水，构筑围堤或挖坑收容产生的废水，用泵转移至槽车运至废物处理场所处置。

3. 氧化剂和有机过氧化物运输安全及事故应急处置

（1）运输安全要求

① 根据所装危险化学品的特性和道路情况，严格控制车速，防止危险化学品剧烈振动、摩擦。

② 需控温的有机过氧化物在运输途中应定时检查制冷设备的运转情况，发现故障应及时排除。

③ 中途停车时，应远离热源和火种场所，临时停靠或途中住宿过夜，车辆应有专人看管。

④ 车辆重载若发生故障，在维修时应严格控制明火作业，驾驶人员不得离开车辆，要随时注意周围环境是否安全，发现问题应及时采取措施。

（2）撒漏处理：在装卸过程中，由于包装不良或操作不当，造成氧化剂撒漏时，应轻轻扫起，

另行包装。这些从地上扫起重新包装的氧化剂,因接触过空气或混有可燃物等杂质,为防止发生化学变化,不得同车发运,须留在撒漏处适当地方,包括对撒漏的少量氧化剂或残留物均应清扫干净,另行处理。

七、毒害品、腐蚀品事故的应急处置

(一)毒害品、腐蚀品的危险特性

1. 毒害品的主要特性

(1)溶解性毒害品的水中溶解度越大,毒性越大。因为易于在水中溶解的物品,更易被人吸收而引起中毒。如氯化钡($BaCl_2$)易溶于水中,对人体危害大,而硫酸钡($BaSO_4$)不溶于水和脂肪,故无毒。但有的毒物虽不溶于水,但可溶于脂肪,这类物质也会对人体产生一定危害。

(2)挥发性毒物在空气中的浓度与物质挥发度有直接的关系。在一定时间内,毒物的挥发性越大,毒性越大。一般沸点越低的物质,挥发性越大,空气中存在的浓度高,易发生毒性。

但伤害是有一定途径的,在工业生产中,有毒品侵入人体的主要途径是呼吸道、消化道和皮肤。

① 通过呼吸道中毒:在毒害品中,挥发性液体的蒸气和固体的粉尘最容易通过呼吸器官进入人体。尤其在火场上和抢救疏散毒害品过程中,接触毒品的时间较长,消防人员呼吸量大,很容易引起呼吸中毒。如氢氰酸、溴甲烷、苯胺、西力生、赛力散、三氧化二砷等的蒸气和粉尘,都能经过人的呼吸道进入肺部,被肺泡表面所吸收,随着血液循环引起中毒。此外,呼吸道的鼻、喉、气管黏膜等,也具有相当大的吸收能力,很易被吸收而引起中毒。

例如,硫化氢侵入人体的主要途径是呼吸道。三氧化二砷俗称砒霜,它属于一级无机毒害品,其粉尘能经过人的呼吸道进入肺部,被肺泡表面所吸收,随着血液循环引起中毒。

② 通过消化道中毒:毒害品侵入人体消化器官引起的中毒。在进行操作后,未经漱口、洗手就饮食、吸烟,或在操作中误将毒品服入消化器官,进入胃肠引起中毒。由于人的肝脏对某些毒物具有解毒功能,所以消化中毒较呼吸中毒缓慢。有些毒品如砷和它的化合物,在水中不溶或溶解度很低,但通过胃液后会变为可溶物被人体吸收而引起人身中毒。

③ 渗入皮肤中毒:一些能溶于水或脂肪的毒物接触皮肤后,都易侵入皮肤引起中毒。如芳香族的衍生物,硝基苯、苯胺、联苯胺,农药中的有机磷、有机汞、西力生、赛力散等毒物,能通过皮肤破裂的地方侵入人体,并随着血液循环而迅速扩散。特别是氰化物的血液中毒,能极其迅速地导致死亡。此外,氯苯乙酮等毒物对眼角膜等人体的组织有较大的危害。

2. 腐蚀品危险特性

腐蚀品是指能灼伤人体组织并对金属等物品造成损坏的固体或液体。腐蚀品对人体有一定危害。腐蚀品是通过皮肤接触使人体形成化学灼伤。腐蚀品与皮肤接触在 4 h 内出现可见坏死现象。腐蚀品有些本身能着火,有的本身并不着火,但与其他可燃物品接触后能着火。例如,硫酸、硝酸和氯化铜都具有腐蚀性。

按其腐蚀性的强弱又细分为二级,即一级腐蚀品和二级腐蚀品。

腐蚀品主要品类是酸类和碱类。如硫酸铵是一种酸性腐蚀品。

该类按化学性质分为三项。

第一项:酸性腐蚀品,如硫酸、硝酸、氢氯酸、氢溴酸、氢碘酸、高氯酸等。

第二项:碱性腐蚀品,如氢氧化钠、氢氧化钙、氢氧化钾、硫氢化钙等。

第三项:其他腐蚀品,如二氯乙醛、苯酚钠等。

腐蚀品危险特性主要表现在以下几个方面:

（1）对人体的伤害：腐蚀性物品的形态有液体和固体（晶体、粉状）两种，当人体直接触及这些物品后，会引起灼伤或发生破坏性创伤以致溃疡等；当人体吸入这些挥发出来的蒸气或飞扬到空气中的粉尘时，呼吸道黏膜便会受到腐蚀，引起咳嗽、呕吐、头痛等症状；特别是接触氢氟酸时，能发生剧痛，使组织坏死，如不及时治疗，会导致严重后果；人体被腐蚀性物品灼伤后，伤口往往不容易愈合。

（2）对有机物质的伤害：腐蚀性物品能夺取木材、衣物、皮革、纸张及其他一些有机物质中的水分，破坏其组织成分，甚至使之碳化。浓度较大的氢氧化钠溶液接触棉质物，特别是接触毛纤维，即能使纤维组织受破坏而溶解。这些腐蚀性物品在储运过程中，渗透或挥发出的气体（蒸气）还能腐蚀库房的屋架、门窗、苫垫用品和运输工具等。

（3）对金属的腐蚀：在腐蚀品中，不论是酸性还是碱性的，对金属均能产生不同程度的腐蚀作用。浓硫酸虽然不易与铁发生作用，当储存日久、吸收空气中的水分后浓度变稀时，也能继续与铁发生作用，使铁受到腐蚀。又如冰醋酸，有时使用铝桶包装，但储存日久也能引起腐蚀，产生白色的醋酸铝沉淀。有些腐蚀品，特别是无机酸类，挥发出来的蒸气对库房建筑物的钢筋、门窗、照明用品、排风设备等金属物料和库房结构的砖瓦、石灰等均能发生腐蚀作用。

（4）毒害性：在腐蚀品中，有一部分能挥发出具有强烈腐蚀性和毒害性的气体。如氢氟酸的蒸气在空气中的体积分数达到 $0.005\,26\%\sim0.025\%$ 时，即便短时间接触也是有害的。甲酸蒸气、硝酸挥发的二氧化氮气体、发烟硫酸挥发的三氧化硫等，对人体都有相当大的毒害作用。

（5）火灾危险性：在列入管理的腐蚀品中，约 83% 具有火灾危险性，有的还是非常易燃的液体和固体。

（二）毒害品、腐蚀品事故的应急处置

1. 毒害品和腐蚀品火灾应急处置

毒害品和腐蚀品对人体都有一定危害。毒害品主要是经口或吸入蒸气或通过皮肤接触引起人体中毒的。腐蚀品是通过皮肤接触使人体形成化学灼伤。毒害品、腐蚀品有些本身能着火，有的本身并不着火，但与其他可燃物品接触后能着火。应对这类火灾采取以下应急处置措施：

（1）灭火人员必须穿着防护服，佩戴防护面具。一般情况下采取全身防护，对有特殊要求的物品火灾，应使用专用防护服。考虑到过滤式防毒面具防毒范围的局限性，在扑救毒害品火灾时应尽量使用隔绝式氧气或空气面具。

（2）积极抢救受伤和被困人员，限制燃烧范围。毒害品、腐蚀品火灾极易造成人员伤亡，灭火人员在采取防护措施后，应立即投入寻找和抢救受伤、被困人员的工作，并努力限制燃烧范围。

（3）扑救时尽量使用低压水流或雾状水，避免腐蚀品、毒害品溅出。

（4）遇毒害品、腐蚀品容器泄漏，在扑灭火势后应采取堵漏措施。腐蚀品需用防腐材料堵漏。

（5）浓硫酸遇水能放出大量的热，会导致沸腾飞溅，需特别注意防护。扑救浓硫酸与其他可燃物品接触发生的火灾，浓硫酸数量不多时，可用大量低压水快速扑救。如果浓硫酸量很大，应先用二氧化碳、干粉等灭火，然后再把着火物品与浓硫酸分开。

（6）无机毒害品中的氮化镁，遇水后能和水中的氢生成有毒和有腐蚀性的氨。因此，此类物品着火时，不能用水扑救，应用沙土、干粉扑救。

（7）毒害品中的氰化物遇酸性物质能生成剧毒气体氢化氰，这类物品发生火灾时，不得用酸碱灭火器扑救,可用水及沙土扑救。

(8)大部分毒害品在着火、受热或与水、酸接触时,能产生有毒和刺激性气体及烟雾,灭火人员必须根据毒害品的性质采用相应的灭火方法。在扑救火灾时,尽可能站在上风方向,并戴好防毒面具。

(9)腐蚀品的灭火方法可概括为大量用水、谨慎用水。无机腐蚀品发生着火或有机腐蚀品直接燃烧时,除具有与水反应特性的物品外,一般可用大量的水扑救。即使有些腐蚀品会与水反应,但这些物品量较少,而大量的水迅速扑上足以抑制热反应,也应用大量的水扑救。但用水时应谨慎,宜用雾状水,不能用高压水柱直接喷射物品,尤其是酸液,以免飞溅的水珠带上腐蚀品灼伤灭火人员;同时,要控制水的流向,以免带腐蚀性的水流破坏环境。

(10)不少腐蚀品燃烧时,会产生有毒气体和烟雾,用水扑救时,产生的蒸气也可能有毒性和腐蚀性。因此,扑救时应穿防护服,戴防毒面具,且人应站在上风处。

与水会发生剧烈反应的大量腐蚀品发生着火时,用大量的水若不能抑制,液体腐蚀品应用干沙或干土覆盖或用干粉灭火器扑救。

2. 有毒品泄漏应急处置

有毒品的主要危险特性是具有毒性。少量进入人、畜体内即引起中毒,不但口服会中毒,吸入其蒸气也会中毒,有的还能通过皮肤吸收引起中毒。因此,有毒品泄漏时,抢险人员戴隔离式防毒面具,穿完全隔离的化学防护服。合理通风,不要直接接触泄漏物。如金属氰化物毒害品泄漏时,防止露置空气,用塑料布、帆布覆盖泄漏物,减少飞散,使用洁净的铲子收集于干燥、洁净、有盖的容器中回收运至废物处理场所处置。如非金属卤化物有毒品泄漏时,防止遇水和阳光直射,避免振动、撞击和摩擦。少量泄漏时,用沙土或其他不燃材料吸收。大量泄漏时,构筑围堤或挖坑收容泄漏物,运至废物处理场所处置。

3. 腐蚀品泄漏物应急处置

(1)酸性腐蚀品泄漏时,灭火处理人员戴好防毒面具,穿化学防护服。不要直接接触泄漏物,禁止向泄漏物直接喷水,不能让水进入包装容器内。无机酸少量泄漏时,用沙土、干燥石灰或苏打灰混合,然后收集运至废物处理场所处置。也可以用大量水冲洗,洗水经稀释后排入废水处理系统。大量泄漏时,利用围堤收容,然后收集、转移、回收或无害化处理。如泄漏物为有机酸时,应切断火源,其他处置方法与无机酸类似。

(2)碱性腐蚀品泄漏时,抢险处理人员戴好防毒面具,穿化学防护服。泄漏物为固状无机碱时,用清洁的铲子收集于干燥、洁净、有盖的容器内回收或请环保部门进行无害化处置。泄漏物为液状脂肪胺时,切断火源,用泡沫覆盖泄漏物,降低蒸气灾害,构筑围堤收容,回收或运至废物处理场所处置。

(3)其他腐蚀品泄漏时,抢险人员戴防毒面具和正压自给式呼吸器,穿化学防护服。液体少量泄漏时,用大量水冲洗,洗水经稀释后排入废水处理系统。液体大量泄漏时,喷射雾状水会减少蒸发,构筑围堤或挖坑收容产生的废水,请环保部门进行无害化处置。如泄漏物为固体时,不要直接接触泄漏物,使用洁净的铲子收集于干燥、洁净、有盖的容器中回收运至废物处理场所处置。

4. 毒害品和腐蚀品运输安全及事故应急处置

(1)运输安全要求

① 要平稳驾车,勤于瞭望,定时停车检查包装件的捆扎情况,谨防捆扎松动、危险化学品丢失,装运有机毒害品,行车中应避开高温、明火场所。

② 防止毒害品丢失是行车中要注意的最重要的事项。如果丢失不能找回,落到不了解其性能的群众手里,或被犯罪分子利用,就可能酿成重大事故。因此,发生丢失而又无法找回时,必须立即向当地公安部门报案。

③ 装运过毒害品的车辆未清洗、消毒前,严禁装运食品或鲜活动物。

④ 装载有易碎容器包装的腐蚀品时,驾驶人员要平稳驾驶,密切注意路面情况及上下桥隧、过铁路道口等情况。在路面条件差、颠簸振动大而不能确保易碎容器完好时,应缓慢通行。

⑤ 运输途中应每隔一定时间停车检查车上危险化学品情况,发现包装破漏要及时处理,防止漏出物损坏其他包装,酿成重大事故。

⑥ 装卸毒害品人员应具有操作毒品的一般知识。操作时轻拿轻放,不得碰撞、倒置,防止包装破损商品外溢。作业人员应佩戴手套和相应的防毒口罩或面具,穿防护服。

(2) 撒漏处理:对毒害品的撒漏物应视其具体情进行处理:如固体危险化学品,通常扫集后装入其他容器中交货主单位处理;液体危险化学品,应以沙土、锯末等松软物浸润、吸附后扫集,盛入容器中交付货主单位处理;对毒害品的撒漏物不能任意乱丢或排放,以免扩大污染甚至造成不可估量的危害。

被毒害品污染过的场地、车辆或防护用品,其洗刷消毒基本方法如下:

① 氰化物污染物:氰化物如氰化钠、氰化钾污染,可将硫酸钠水溶液洒在污染处,因硫酸钠与氰化物可以生成低毒的硫氰酸盐,从而消除氰化物的毒性,然后用热水冲洗,最后用冷水冲洗。也可用硫酸亚铁、高锰酸钾或次氯酸钠等来处理。

② 有机磷农药污染物:有机磷农药如 1605、苯硫磷、1059 等撒漏时,首先用生石灰将撒漏物吸干,然后用碱水浸湿污染处,再用热水洗刷,最后用冷水冲洗即可。但是,应注意敌百虫也是有机磷农药,不可用碱水洗刷。因为它在碱性溶液中分解很快,大部分变成毒性比它大数倍且易挥发的敌敌畏,所以,敌百虫撒漏后,只能用大量水洗刷。

③ 硫酸二甲酯污染物:硫酸二甲酯为酸性毒品,在冷水中缓慢分解,分解速度随温度上升而加快,撒漏后先将氨水洒在污染处起中和作用,也可用漂白粉加上 5 倍的水浸湿污染处,再用碱水浸湿,最后用热水和冷水各冲洗一次。

④ 芳香族氨基或硝基化合物污染物:对芳香族氨基或硝基化合物如苯胺、硝基苯等,可将稀盐酸溶液浸湿污染处,再用水冲洗。

⑤ 砷化物污染物:砷化物,如砷、三氧化二砷等,因砷在空气中其表面很快被氧化成三氧化二砷而微溶于水,生成砷酸、亚砷酸。亚砷酸能溶于碱,生成亚砷酸盐,而亚砷酸盐溶于水,可用氢氧化铁解毒,最后用水冲洗。

⑥ 有机氯粉剂或乳剂农药污染物:有机氯农药在一般情况下不溶于水,而在碱溶液中极易分解放出氯化氢,生成三氧化苯。所以撒漏后,先将撒漏物收集起来,再用清水冲洗,最后用热水冲洗,无热水时可以撒上碱后用水冲洗。

⑦ 腐蚀品撒漏:液体腐蚀品应用干沙、干土覆盖吸收,扫干净后,再用水洗刷。大量溢出而用干沙、干土不足以吸收时,可视危险化学品的酸碱性质,分别用稀碱或稀酸中和。中和时,要防止发生剧烈反应。用水洗刷撒漏现场时,不能用水直接喷射,只能缓慢地浇洗或用雾状水喷淋,以防水珠飞溅伤人。

八、发生人身中毒事故的急救处理

(一) 中毒的途径

在危险化学品的储存、运输、装卸、搬运等作业过程中,毒物主要经呼吸道和皮肤进入人体,经消化道进入人体较少。

毒物毒性能导致全部实验动物死亡的剂量,称为绝对致死剂量,用 LD_{100} 表示。

MLD 为最小致死剂量,是指毒物毒性导致个别实验动物死亡的最低剂量。

描述有毒物质的常用指标是 LD_{50} 和 LC_{50}:

LD_{50} 即半数致死量,是指能够引起试验动物(老鼠或称大鼠)一半死亡的毒物剂量。

LC_{50} 即半数致死浓度,是指能够引起试验动物(老鼠或称大鼠)一半死亡的毒物浓度。

若经口食入的固体 $LD_{50} \leqslant 500$ mg/kg 即为有毒品。

1. 呼吸道

整个呼吸道都能吸收毒物,尤以肺泡的吸收能量最大。肺泡的总面积达 $55 \sim 120$ m^2,而且肺泡壁很薄,表面为含碳酸的液体所湿润,又有丰富的微血管,所以,毒物吸收后可直接进入大循环而不经肝脏解毒。

中毒的三个途径中,呼吸道吸收毒物速度较快。所以,个体防毒的措施之一是正确使用呼吸防护器,防止有毒物质从呼吸道进入人体引起职业中毒。

2. 皮肤

在搬运危险化学品过程中,毒物能通过皮肤吸收。毒物经皮肤吸收的数量和速度,除与其脂溶性、水溶性、浓度等有关外,皮肤温度升高,出汗增多,也能促使附于皮肤上的毒物易于吸收。

有毒品经过皮肤破裂的地方侵入人体,会随血液蔓延全身,加快中毒速度。因此,在皮肤破裂时,应停止或避免对有毒品的作业。

3. 消化道

作业过程中,毒物经消化道进入体内主要是由于手被毒物污染未彻底清洗而取食食物,或将食物、餐具放在车间内被污染或误服等。

> **案例**
>
> 某大学学生常某为报复同宿舍的同学,以非法手段从经营剧毒品的朋友处获取了250 g 剧毒物质硝酸铊。常某用注射器分别向受害人牛某、李某、石某的茶杯中注入硝酸铊,导致 3 名学生铊中毒。
>
> 考核题库中引用了这一案例作为选择题,选择铊中毒属于"职业中毒"这一选项。

(二) 中毒的主要临床表现

1. 神经系统

慢性中毒早期常见神经衰弱综合征和精神症状,多属功能性改变,脱离毒物接触后可逐渐恢复。常见于砷、铅等中毒。锰中毒和一氧化碳中毒后可出现震颤。重症中毒时可发生中毒性脑病及脑水肿。

2. 呼吸系统

人一次大量吸入能引起窒息的气体会突然窒息。长期吸入刺激性气体能引起慢性呼吸道炎症,出现鼻炎、鼻中隔穿孔、咽炎、喉炎、气管炎等。吸入大量刺激性气体可引起严重的化学性肺水肿和化学性肺炎。某些毒物可导致哮喘发作。

3. 血液系统

许多毒物能对血液系统造成损害,表现为贫血、出血、溶血等。如铅可造成低色素性正常红细胞型贫血。苯可造成白细胞和血小板减少,苯还可导致白血病。砷化氢可引起急性溶血。一氧化碳可导致组织缺氧。

4. 消化系统

毒物导致消化系统症状多种多样。三氧化二砷属于无机剧毒品,可致肝肾损害、肺癌、皮肤癌。三硝基甲苯可引起中毒性肝炎。

5. 中毒性肾病

汞、镉、铀、铅、四氯化碳、砷化氢等可能引起肾损害。

(三) 急性中毒的现场急救

发生急性中毒事故,应立即将中毒者及时送医院抢救。护送者要向院方提供引起中毒的原因、毒物名称等。如毒物不明,则需带该毒物及呕吐物的样品,供医院检测。有些毒物毒性一般,但大量进入人体后会立即发生毒性反应甚至致命,即发生急性中毒。

如不能立即到达医院时,可采取急性中毒的现场急救处理。

(1) 吸入中毒者,应迅速脱离中毒现场,向上风向转移,至空气新鲜处。松开患者衣领和裤带。注意保暖。

(2) 化学毒物沾染皮肤时,应迅速脱去污染的衣服、鞋袜等,用大量流动清水冲洗 15～30 min。头面部受污染时,首先注意眼睛的冲洗。当操作人员的皮肤溅上烧碱应立即用硼酸溶液冲洗。

(3) 口服中毒者,如为非腐蚀性物质,应立即用催吐方法,使毒物吐出。现场可用自己的中指、食指刺激咽部、压舌根的方法催吐,也可由旁人用筷子一端扎上棉花刺激咽部催吐。催吐时尽量低头、身体向前弯曲,呕吐物不会呛入肺部。误服强酸、强碱,催吐后反而使食道、咽喉再次受到严重损伤,可服牛奶、蛋清等。另外,对失去知觉者,呕吐物会误吸入肺。误喝了石油类物品,易流入肺部引起肺炎。有抽搐、呼吸困难、神志不清或吸气时有吼声者均不能催吐。

对中毒引起呼吸、心跳骤停,应进行心肺复苏术。

参加救护者,必须做好个人防护,进入中毒现场必须戴防毒面具。佩戴防毒面具作业完后需要转移至安全环境方可将防毒面具摘掉。使用供风式面具时,必须安排专人监护供风设备。如时间短,对于水溶性毒物,如常见的氯、氨、硫化氢等,可暂用浸湿的毛巾捂住口鼻等。在抢救病人的同时,应想方设法阻断毒物泄漏处,阻止蔓延扩散。

个人防护还有一些特定要求,如:接触有毒粉尘时,作业人员应穿防尘工作服,戴机械过滤式防毒口罩;接触强酸、强碱时,作业人员应穿耐酸、耐碱工作服;接触有毒烟雾时,作业人员应佩戴自吸过滤式防毒面具或空气呼吸器,不宜佩戴化学过滤式防毒口罩或面罩。

2010 年 5 月 10 日 8 时,B 工程公司职工甲、乙受公司指派到 C 炼油厂污水处理车间疏通堵塞的污水管道。两人未到 C 炼油厂办理任何作业手续就来到现场开始作业,甲下到 3 m 多深的污水井内用水桶清理油泥,乙在井口用绳索向上提,清理过程中甲发现油泥下方有一水泥块并有气体冒出,随即爬出污水井并在井口用长钢管捣烂水泥块。11 时左右,当甲再次沿爬梯下到井底时,突然倒地。乙发现后立即呼救。在附近作业的 B 工程公司职工丙等迅速赶到现场,丙在未采取任何防护措施的情况下下井救人,刚进入井底也突然倒地,乙再次大声呼救,C 炼油厂专业救援人员闻讯赶到现场,下井将甲、丙救出,甲、丙经抢救无效死亡。事故调查人员对污水井内气体进行了检测,测得氧气浓度为 19.6％、甲烷含量为 2.7％、硫化氢含量为 850 mg/m³。

　　根据上述事实,导致两人死亡的直接原因是硫化氢浓度高,中毒死亡。

(四) 危险化学品烧伤的现场抢救

　　危险化学品具有易燃、易爆、腐蚀、有毒等特点,在生产、贮存、运输、使用过程中容易发生燃烧、爆炸等事故。由于热力作用、化学刺激或腐蚀造成皮肤、眼的烧伤。有的化学物质还可以从创面吸收甚至引起全身中毒。所以对化学烧伤比开水烫伤或火焰烧伤更要重视。

　　1. 化学性皮肤烧伤

　　化学性皮肤烧伤的现场处理方法是,立即移离现场,迅速脱去被化学物沾污的衣裤、鞋袜等。

　　(1) 无论酸、碱或其他化学物烧伤,立即用大量流动清水冲洗创面 15～30 min。

　　(2) 新鲜创面上不要任意涂上油膏或红药水,不用脏布包裹。

　　(3) 黄磷烧伤时应用大量水冲洗、浸泡或用多层湿布覆盖创面。

　　(4) 烧伤病人应及时送医院。

　　(5) 烧伤的同时,往往合并骨折、出血等外伤,在现场也应及时处理。

　　2. 化学性眼烧伤

　　(1) 迅速在现场用流动清水冲洗,千万不要未经冲洗处理而急于送医院。

　　(2) 冲洗时眼皮一定要掰开。

　　(3) 如无冲洗设备,也可把头部埋入清洁盆水中,把眼皮掰开。眼球来回转动洗涤。

　　(4) 电石、生石灰颗粒溅入眼内,应先用蘸液体石蜡或植物油的棉签去除颗粒后,再用水冲洗。

第六章　职业健康

第一节　职业健康概述

职业健康是指对工作场所内产生或存在的职业有害因素及其健康损害进行识别、评估、预测和控制的一门科学,其目的是预防和保护劳动者免受职业性有害因素所致的健康影响和危害,使工作适应劳动者,促进和保障劳动者在职业活动中的身心健康和社会福利。

职业安全健康管理体系是做好职业健康管理的重要保障,它是指企业为建立职业安全健康方针和目标以及实现这些目标所制定的一系列相互联系或补充作用的要素,以及为了实施职业安全健康管理所需的企业机构、程序、过程和资源。

2018 年 3 月 12 日,国际标准化组织(ISO)发布了职业健康与安全新标准 ISO45001。该标准将取代 OHSAS18001,已获得 OHSAS18001 认证的组织将有三年时间移转至新标准。中国标准化委员会于 2011 年 12 月 30 日公布了职业安全健康管理体系国家标准《职业健康安全管理体系要求》(GB/T 28001),并于 2012 年 2 月 1 日实施。相关部分内容阐释如下:

一、职业安全健康管理体系可以提高企业的安全管理水平

职业安全健康管理体系的建立与保持,可以全面提高企业的安全管理水平。在安全管理上,表现为主动安全管理;在事故管理上,表现为事故预防。

二、职业安全健康管理体系运行模式

职业安全健康管理体系运行模式,其核心都是为生产经营单位建立一个动态循环的管理过程,以持续改进的思想指导生产经营单位系统地实现其既定目标。

三、初始评审

职业安全健康管理体系中初始评审过程包括法律、法规及其他要求内容。

四、管理评审

职业安全健康管理体系管理评审是要求生产经营单位的最高管理者依据自己预定的时间间隔对职业安全健康管理体系进行评审,以确保体系的持续适宜性、充分性和有效性。

生产经营单位对职业安全健康管理方案应每三年进行一次评审,以确保管理方案的实施,能够实现职业安全健康目标。

五、事故、事件、不符合及其对职业安全健康绩效影响的调查目的

事故、事件、不符合及其对职业安全健康绩效影响的调查，目的是建立有效的程序，对生产经营单位的事故、事件、不符合进行调查、分析和报告，识别和消除此类情况发生的根本原因，防止其再次发生，并通过程序的实施，发现、分析和消除不符合的潜在原因。

六、绩效测量和监测中被动测量

职业安全健康管理体系中绩效测量和监测中被动测量是对与工作有关的事故、事件、其他损失、不良的职业安全健康绩效、职业安全健康管理体系的失效情况的确认、报告和调查。

在职业安全健康管理体系中绩效测量和监测中被动测量不是一种预防机制。

七、检查与纠正措施

职业安全健康管理体系中检查与纠正措施是要求生产经营单位定期或及时地发现体系运行过程或体系自身所存在的问题，并确定问题产生的根源或存在持续改进的地方。

八、应急预案与响应要求

职业安全健康管理体系应急预案与响应要求是确保生产经营单位主动评价其潜在事故与紧急情况发生的可能性及其应急响应的需要。

九、持续改进

持续改进是指生产经营单位应不断寻求方法持续改进自身职业安全健康管理体系及其职业安全健康绩效，从而不断消除、降低或控制各类职业安全健康危害和风险。职业安全健康管理体系中改进措施主要包括纠正与预防措施、持续改进。

十、安全管理制度

职业安全健康管理体系中，建立健全安全管理制度是一个重要内容。

安全管理制度是企业为了实现安全生产，依据国家有关法律法规和行业标准，结合生产、经营的安全生产实际对企业各项安全管理工作所做的规定。

在生产经营单位的安全生产工作中，最基本的安全管理制度是安全生产责任制。

（一）危险化学品经营单位安全生产规章制度

制定完善下列主要安全生产规章制度：

（1）全员安全生产责任制；

（2）危险化学品购销管理制度；

（3）危险化学品安全管理制度（包括防火、防爆、防中毒、防泄漏管理等内容）；

（4）安全投入保障制度；

（5）安全生产奖惩制度；

（6）安全生产教育培训制度；

（7）隐患排查治理制度；

（8）安全风险管理制度；

（9）应急管理制度；

（10）事故管理制度；

（11）职业卫生管理制度。

安全培训教育可以采取各种行之有效的方法，如讲授法、讨论法等，不包括所谓读书指导法。

三级安全教育指新入厂职员、工人的厂级安全教育、车间级安全教育和岗位（工段、班组）安全教育，是厂矿企业安全生产教育制度的基本形式，也是企业安全教育的基本教育制度。但在考核题库中是这样表述的："三级安全教育是指（总厂、分厂、车间……）"

安全检查内容之一是对生产过程及安全管理中可能存在的事故隐患、危险与有害因素、安全缺陷等进行查证。

安全检查的类型包括综合检查、专业检查、季节性检查和日常检查等。例如，防冻保暖工作检查属于季节性检查。

专项安全检查是对某个专项问题或在施工（生产）中存在的普遍性安全问题进行的单项定性检查。安全检查对象的确定应本着突出重点的原则。

厂级综合性安全检查每季度不少于1次，车间级综合性安全检查每月不少于1次。

（二）企业应当建立全员安全生产责任制

企业应当建立全员安全生产责任制，保证每位从业人员的安全生产责任与职务、岗位相匹配。

生产经营单位的安全生产责任制的实质是"安全生产，人人有责"。

建立一个完整的安全生产责任制的总体要求是横向到边、纵向到底。纵向到各级人员的安全生产责任制，横向到各职能部门的安全生产责任制。安全生产责任制由生产经营单位的主要负责人负责组织建立。

班组是生产经营单位搞好安全生产工作的关键。班组长全面负责班组的安全生产工作，是安全生产法律、法规和规章制度的直接执行者。

班组开展日常安全教育时，安全活动每月不少于2次。班组每次安全活动时间不少于1学时。企业负责人应每月至少参加1次班组安全活动。

岗位工人对本岗位的安全生产负直接责任。

（三）编制岗位操作安全规程

企业应当根据危险化学品的生产工艺、技术、设备特点和原辅料、产品的危险性编制岗位操作安全规程。

第二节　职业危害及其预防

一、生产性毒物危害及其防治

（一）生产性毒物的分类及毒性

生产过程中生产或使用的有毒物质称为生产性毒物。毒物的分类方法很多。目前，最常用的分类是按化学性质及其用途相结合的分类法。

1. 金属和类金属

常见的该类毒物有铅、汞、锰、镍、铍、砷、磷及其化合物等,易引起全身性中毒。

2. 刺激性气体

刺激性气体是指对眼和呼吸道刺激作用的气体,它是化工生产中常用到的有毒气体。刺激性气体使呼吸道黏膜、眼及皮肤受到直接刺激作用,甚至引起肺水肿及全身中毒。刺激气体的种类很多,最常见的有氯、氨、氮氧化物、光气、氟化氢、二氧化硫、三氧化硫等。

3. 窒息性气体

窒息性气体是指能造成机体缺氧的有毒气体。窒息性气体可分为单纯窒息性气体和化学性窒息性气体。

窒息性气体本身无毒或毒性甚微,主要是由于吸入这类气体过多时,对氧的排斥,使肺内的氧减少,造成机体缺氧,如乙烷、氢气、二氧化碳、氮气和其他惰性气体。

例如,二氧化碳的危害主要是温室效应,因为二氧化碳具有保温的作用,会逐渐使地球表面温度升高。同时,二氧化碳浓度过高,可能导致人严重缺氧,造成永久性脑损伤、昏迷甚至死亡。所以,说"二氧化碳无毒,不会造成污染"是错误的。

一般情况下,空气含氧21%,如空气中的氧浓度降到17%以下,机体组织的供氧不足,就会引起头晕、恶心、调节功能紊乱等症状,缺氧严重时导致昏迷,甚至死亡。

但人吸入的氧气并不是越纯越好,在0.1 MPa(约1个大气压)的纯氧环境中,人只能存活24 h,就会发生肺炎,最终导致呼吸衰竭、窒息而死。

化学性窒息性气体的主要危害是对血液或组织产生特殊的化学作用,使氧的运送和组织利用氧的功能发生障碍,或与细胞色素氧化酶中的铁结合,抑制细胞呼吸酶的氧化作用,阻断组织呼吸,引起内窒息,如一氧化碳、硝基苯蒸气、氰化氢、硫化氢等。空气中一氧化碳含量达到0.05%时就会导致血液携氧能力严重下降。

案例

某厂有一个地下池,池内有两个二硫化碳储罐,其中一个进料口阀门损坏,车间主任带两名工人下池检修。池上有人喊,池下无回音,立即报告厂长。厂长和多名职工赶到现场,厂长带头下池救人,随后多名职工下池。当急救中心赶来时,池下人员已中毒躺在地上,气味熏人,发现阀门已打开,二硫化碳大量泄漏。经抢救仍有多人死亡。

根据上述描述,二硫化碳主要影响人体的神经系统、心血管及生殖系统。

4. 农药

农药包括杀虫剂、杀菌剂、杀螨剂、除草剂等。农药的使用对保证农作物的增产起着重要作用,但如果在生产、运输、使用和贮存过程中未采取有效的预防措施,可引起中毒。

5. 有机化合物

有机化合物种类繁多,例如,苯、甲苯、二甲苯、二硫化碳、汽油、甲醇、丙酮、苯胺、硝基苯等。

6. 高分子化合物

高分子化合物均由一种或几种单体经过聚合或缩合而成,由千百个原子彼此以共价键结合形成相对分子质量特别大、具有重复结构单元的化合物,如合成橡胶、合成纤维、塑料等。高分子化合物本身无毒或毒性很小,但在加工和使用过程中可释放出游离单体,对人体产生危害。如酚醛树脂遇热释放出苯酚和甲醛而具有刺激作用。某些高分子化合物由于受热氧化而产生毒性更强的物质,如聚四氟乙烯塑料受高热分解出四氟乙烯、六氟丙烯、八氟异丁烯,吸入后引起化学性肺炎或肺水肿。高分子化合物生产中常用的单体多为不饱和烯烃、芳香烃及卤代化合物、氰类、二醇和二胺类化合物,这些单体多数对人体有危害。

某些有毒化学品具有致癌(肿瘤)、致畸或致突变作用。引起职业癌的物质称为职业性致癌物,如炼焦油、氯乙烯、砷等。

工业毒物属于化学性危害因素。生产性毒物的毒性通常是指毒物造成机体损害的能力。我们平常见到的"剧毒""低毒"等实际上就是指毒物的毒性。毒物的毒性分级如下:

(1)剧毒:毒性分级 5 级;成人,致死量,小于 0.05 g/kg 体重;60 kg 成人致死总量,0.1 g。

(2)高毒:毒性分级 4 级;成人,致死量,0.05～0.5 g/kg 体重;60 kg 成人致死总量,3 g。

(3)中等毒:毒性分级 3 级;成人,致死量,0.5～5 g/kg 体重;60 kg 成人致死总量,30 g。

(4)低毒:毒性分级 2 级;成人,致死量,5～15 g/kg 体重;60 kg 成人致死总量,250 g。

(5)微毒:毒性分级 1 级;成人,致死量,大于 15 g/kg 体重;60 kg 成人致死总量,大于 1 000 g。

生产性有毒有害物质等危险源是可能导致人身伤害和(或)健康损害的根源。

工业毒物属于化学性危害因素。氯气属于职业危害中的化学危害。

案 例

> 　　某建材商店地下涂料仓库内存放大量不合格的"三无"产品聚氨酯涂料(涂料是苯系物)。地下仓库内虽有预留通风口,但通风差,无动力排风设施。某日,进入库房作业时 1 名工人昏倒在地,一同作业的另两名工人,在救助时也昏倒在地。经救援人员将中毒的 3 名工人送往医院,其中两人经抢救无效死亡。事后,又有 2 名在地下仓库作业的工人被发现有中毒症状,被送到医院住院治疗。
>
> 　　根据上述事实,该涂料仓库内存放的"三无"产品聚氨酯涂料挥发出的苯蒸气的毒性属于高毒。

(二)工业毒物侵入人体途径及危害

1. 毒物进入人体的途径

生产性毒物进入人体的途径有三种,即呼吸道、皮肤和消化道。其中最主要的途径是呼吸道,其次是皮肤,只有特殊情况下才会出现消化道摄入。

经呼吸道吸入并通过肺吸收,是最常见最危险的途径。呈气体、气溶胶等形态的毒物均可经呼吸道进入人体。其主要部位是支气管和肺泡。经呼吸道吸收的毒物吸入肺泡后,很快能通过肺泡壁进入血液循环中,毒物随肺循环血液而流回心脏,然后不经过肝脏解毒,直接进入体循环而分布到全身各处。一般来讲,空气中的毒物浓度越高,粉尘状毒物粒子越小,毒物在体液中的溶解度越大,经呼吸道吸收的速度就越快。

在生产过程中,毒物经皮肤吸收而中毒者也较常见。某些毒物可通过完整的皮肤进入体内。皮肤吸收的毒物一般是通过表皮屏障到达真皮,进入血液循环的。脂溶性毒物可经皮肤直接吸收,如芳香族的氨基、硝基化合物,有机磷化合物,苯及同系物等。个别金属如汞也可经皮肤吸收。某些气态毒物,如氰化氢,浓度较高时也可经皮肤进入体内。皮肤有病损时,不能被完好皮肤吸收的毒物,这时也能大量被吸收。除毒物本身的化学特性外,毒的浓度和黏稠度,与皮肤接触的面积、部位,以及外界的气温、湿度等也会影响皮肤的吸收。

在生产环境中,单纯从消化道吸收而引起中毒的机会比较少见。往往是由于手被毒物污染后直接用污染的手拿食物吃,造成毒物随食物进入消化道。消化道吸收毒物的主要部位在小肠,尤其是脂溶性毒物在肠内吸收较快。绝大部分由肠道吸入血循环的毒物,都将流经肝脏,一部分被解毒转化为无毒或毒性较小的物质,一部分随胆汁分泌到肠腔,随排泄物排出体外,其中少部分可被吸收。有的毒物如氰化氢,在口腔内即可被黏膜吸收。

2. 毒害形式

不同的有害物及作用条件不同,引起毒害的表现形式也不同。根据人体吸入毒物后产生中毒反应的快慢可分为:

(1)急性中毒:急性中毒是指毒物短时间内经皮肤、黏膜、呼吸道、消化道等途径进入人体,使机体受损并发生器官功能障碍。急性中毒起病急骤,症状严重,病情变化迅速,不及时治疗常危及生命。

毒物毒性一般,但却大量进入人体,立即发生毒性反应甚至致命,称为急性中毒。

苯急性中毒主要表现为对中枢神经系统的麻醉作用,而慢性中毒主要为造血系统的损害。

(2)慢性中毒:慢性中毒指毒物在不引起急性中毒的剂量条件下,长期反复进入机体所引起的机体在生理、生化及病理学方面的改变,出现临床症状、体征的中毒状态或疾病状态。其特点是潜伏时间较长,常常从事该毒物作业数月、数年或更长时间才出现症状,如慢性铅、汞、锰等中毒或尘肺等。

慢性中毒是由于少量毒物长期地进入机体所致,毒性反应不明显而不为人所重视,随着毒物的蓄积和毒性作用的累积而引起严重伤害。

3. 影响毒害程度的因素

生产性毒物对人体的危害程度与下列因素有关:

(1)毒物的毒性大小。

(2)空气中毒物的含量,即毒物的浓度大小:毒物浓度超过国家职业卫生接触限值时,应及时整改复测。

(3)毒物与人体持续接触的时间:接触时间越长,有毒物浓度越大,人体吸入毒物量就越多,对人体危害也就越大。

(4)作业环境条件与劳动强度:对于高湿、高温的作业环境,人体皮肤毛细血管扩张,出汗增多,血液循环及呼吸加快,从而增加吸收有毒气体的速度。劳动强度大,呼吸频率高,呼吸深度大,中毒也就快。

(5)体质情况:相同接触条件下,有些人可能没有危害症状,而有些人中毒,且中毒程度也不同。这与各人的年龄、性别和体质情况有关。

(三)常见工业毒物

根据原国家卫生计生委人力资源社会保障部、安全监管总局、全国总工会关于印发《职业病分类和目录》的通知,职业性化学中毒共有 60 种。

工作场所同时接触多个毒物时,毒物危害程度级别权重数取危害程度级别最严重的毒物权重数计算,化学物职业接触比值为各化学物职业接触比值之和。

案例

　　某职业病防治所接到报告,某电器公司员工杨某由于三氯乙烯中毒导致死亡。卫生监督人员现场检查发现该电器公司清洗工序设有一台超声波清洗机,使用三氯乙烯作为清洗剂。该公司已向安监部门申报存在三氯乙烯职业危害,清洗工序未设立警示标志和中文警示说明。该单位工人进公司时检查过肝功能,但没有进行在岗期间、离岗时的职业健康检查,公司没能提供工作场所职业病危害因素监测及评价资料,订立劳动合同时没有告知劳动者职业病危害真实情况,经检测清洗房中的三氯乙烯浓度最高为 $243\ \mathrm{mg/m^3}$。

　　根据上述事实,三氯乙烯可能导致的职业病有肝血管瘤。

(四) 作业环境使用化学毒物的管理

　　作业场所使用化学毒品的管理应按《职业病防治法》《危险化学品安全管理条例》《使用有毒物品作业场所劳动保护条例》等法律法规和有关标准、规范进行。例如:建立责任制,明确责任人;建立健全规章制度和安全操作规程;加强从业人员教育培训;实施消除和控制化学毒品危害的措施;加强现场和作业过程监督管理;加强毒害品包装物、容器和防毒设施的检查、检测;定期对使用有毒物品作业场所职业中毒危害因素进行检测、评价;加强安全标签管理;在作业场所悬挂毒物信息标志;为工人配备个体防护用品;定期进行体检;配备应急救援人员和必要的应急救援器材;制定事故应急救援预案;等等。

　　对于剧毒品应采用双人收发、双人记账、双人双锁、双人运输和双人使用的"五双"制度。

(五) 生产性毒物的防治措施

　　1. 基本防治措施

　　常用的控制措施有:

　　(1) 密闭、自动化。

　　(2) 采用无毒、低毒物质代替剧毒物质。

　　(3) 通风:使作业场所空气中有毒有害物质浓度保持在国家规定的最高容许浓度以下。

　　(4) 排出气体的净化:所谓净化,就是利用一定的物理或化学方法分离含毒空气中的有毒物质,降低空气中的有毒有害物质浓度。常用的净化方法有冷凝法、燃烧法、吸收法、吸附法和催化法等。

　　(5) 个体防护:接触毒物作业人员应遵守个人卫生制度和操作规程,作业时采用个体防护用品。

　　在无法将作业场所中有害化学品的浓度降低到最高容许浓度以下时,工人必须使用个体防护用品。

　　2. 个人防毒用品

　　个人防毒用品包括皮肤防护和呼吸防护用品。皮肤防护是个人皮肤防护的防毒措施之一,主要依靠个人防护用品,防护用品可以避免有毒物质与人体皮肤的接触。个人防毒用品如使用防毒面具、胶靴、手套、防护眼镜、耳塞、工作帽,或在皮肤暴露部位涂以防护油膏,避免有毒物质与人体皮肤的接触。一旦皮肤被有毒物质污染,必须立即清洗。呼吸防护主要采用呼吸器防护,又可分为过滤式呼吸器和隔离式呼吸器两大类。

　　过滤式防毒呼吸器主要由呼吸面具或口罩和滤毒罐组成。过滤材料由滤网和吸收剂或吸附剂组成,它们的净化过程是,吸入空气中的有害颗粒粉尘等物被阻留在滤网外,粗过滤后的含毒空气经滤毒罐进行化学或物理吸附(吸收),将有毒物从空气中分离出来。滤毒罐中使用的吸收(附)剂可分为下列几类:活性炭、化学吸收剂、催化剂、纺织品等。滤毒罐内装填不同的活性吸附(收)剂,就可选择性地处理不同的有毒物。根据具体的呼吸器具不同,过滤式呼吸器主要分为过滤式防毒面具和过滤式防毒口罩两种。

使用过滤式呼吸器时应注意,滤毒罐的有效期一般为 2 年,所以使用前要检查是否已失效,滤毒罐的进出气口平时应盖严,以免受潮或与岗位低浓度有毒气体作用而失效。当空气中有毒气体浓度超过 1% 或者空气含氧量低于 18% 时,不能使用过滤式呼吸器。

隔离式呼吸器所使用的供人呼吸的空气不是从作业环境中获取的,因而可以在浓度较高的环境中使用。隔离式呼吸器主要分为各种氧气呼吸器和各种蛇管式防毒面具。

选择呼吸防护用品时应考虑有害化学品的性质、作业场所污染物可能达到的最高浓度、作业场所的空气含量、使用者的面型和环境条件等因素。

发生人员中毒、窒息的紧急情况,抢救人员必须佩戴隔离式防护面具进入受限空间,并至少有一人在受限空间外部负责联络工作。

氧气呼吸器因供氧方式的不同,可分为氧气瓶呼吸器和隔绝式生氧面具。前者由氧气瓶的氧供人呼吸;后者是依靠人呼出的 CO_2 和 H_2O 与面具中的生氧剂发生化学反应,产生的氧气供人呼吸。氧气瓶呼吸器使用安全可靠,可用于检修设备或处理事故,但较为笨重。生氧面具不携带高压气瓶,因而可以在高温场所或火灾现场使用。在毒性气体浓度高、毒性不明或缺氧的可移动性作业环境中应选用供氧式呼吸器。

蛇管式防毒面具是通过长管将较远地点的新鲜空气经过滤处理后供人呼吸,这种面具又分为自吸式和送风式两种。前者是依靠使用人员自己吸入清洁空气,要求保证面罩的气密性好,软管不能过长,更不能发生吸气受阻现象,适用于新鲜空气源较近的场所。后者是将过滤后的压缩空气经减压再送入呼吸面盔,使盔内保持正压状态,以供人呼吸。送风面盔常用于目前尚无法采取防毒措施的地方,如工人到油罐或反应釜中工作,或在船舱内油漆而又无法通风时。

3. 使用有毒物品作业场所的防治措施

根据《使用有毒物品作业场所劳动保护条例》,使用化学毒品的生产经营单位的作业场所,应当符合有关法律法规要求,并符合相关标准、规范。

(1) 作业场所与生活场所分开,作业场所不得住人。储存危险化学品的库房内不得住人。

(2) 有害作业与无害作业分开,高毒作业场所与其他作业场所隔离。

(3) 设置有效的通风装置:在车间的生产过程中,可能突然泄漏大量有毒物品或者易造成急性中毒的作业场所,应设置自动报警装置和事故通风设施。

(4) 高毒作业场所设置应急撤离通道和必要的泄险区。即使有毒品不溶于水,人体的中毒可能性也很大。

(5) 使用化学毒品作业场所应当设置黄色区域警示线、警示标识和中文警示说明。警示说明应当载明产生职业中毒危害的种类、后果、预防以及应急救治措施等内容。高毒作业场所应当设置红色区域警示线、警示标语和中文警示说明,并设置通信报警设备。

(6) 从事使用高毒物品作业的用人单位应当设置淋浴间和更衣室,并设置清洗、存放或者处理从事使用高毒物品作业劳动者的工作服、工作鞋帽等物品的专用间。

设备、容器内部或者狭窄封闭场所由于通风条件受到限制,空气中经常存在有毒有害气体或者氧气浓度过低,因而经常发生中毒事故。为此,《使用有毒物品作业场所劳动保护条例》规定,在维护、检修存在高毒物品的生产装置时,必须事先制定维护、检修方案,明确职业中毒危害防护措施,确保维护、检修人员的生命安全和身体健康。维护、检修工作必须严格按照维护、检修方案和操作规程进行。维护、检修现场应当有专人监护,并设置警示标志。需要进入存在高毒物品的设备、容器或者狭窄封闭场所作业时,应当事先采取下列措施:

① 保持作业场所良好的通风状态,确保作业场所有毒物的浓度符合国家职业卫生标准。

② 为劳动者配备符合国家职业卫生标准的防护用品,不能向从业人员发放资金由其自行购买。

③ 设置现场监护人员和现场救援设备。

《使用有毒物品作业场所劳动保护条例》规定,使用单位应将危险化学品的有关安全卫生资料向职工公开,教育职工识别安全标签、了解安全技术说明书、掌握必要的应急处理方法和自救措施,经常对职工进行工作场所安全使用化学品的教育和培训。

《使用有毒物品作业场所劳动保护条例》规定,使用单位应按国家有关规定清除化学废料和清洗盛装危险化学品的废旧容器。

有关有毒作业环境管理中的组织管理的内容,包括调查了解企业当前职业毒害的现状,只有在对职业毒害现状正确认识的基础上,才能制订正确的规划,并予以正确实施;还包括对职工进行防毒的宣传教育,使职工既清楚有毒物质对人体的危害,又了解预防措施,从而使职工主动地遵守安全操作规程,加强个人防护等。

> **案例**
>
> 某厂有一个地下池,池内有两个二硫化碳储罐,其中一个进料口阀门损坏,车间主任带两名工人下池检修。池上有人喊,池下无回音,立即报告厂长。厂长和多名职工赶到现场,厂长带头下池救人,随后多名职工下池。当急救中心赶来时,池下人员已中毒躺在地上,气味熏人,发现阀门已打开,二硫化碳大量泄漏。经抢救仍有多人死亡。
>
> 根据上述描述,生产经营单位未为从业人员提供符合相关标准劳动防护用品的,责令其限期改正,处五万元以上二十万元以下的罚款(但考核题库中的表述是"可以处五万元以下的罚款",题库中的表述是错误的)。

二、生产性粉尘危害及其防治

(一)生产性粉尘的来源与分类

在生产过程中产生的、能较长时间悬浮于空气中的固体微粒称为生产性粉尘,简称粉尘。粉尘主要来源于固体物料的机械粉碎和研磨,粉状物料的混合、筛分、包装及运输过程,以及物质的加热、燃烧、爆炸等过程。粉尘在车间等环境中的扩散或传播则主要依靠气流的作用。悬浮于空气中的粉尘在重力作用下沉降,已沉落的粉尘称为积尘或落尘;落尘再次飞扬并悬浮于空气中,称为二次扬尘。根据生产性粉尘的性质可分为三类:无机性粉尘、有机性粉尘、混合性粉尘。

根据《工业场所职业病危害作业分级》的规定,生产性粉尘作业危害分为相对无害作业(0级)、轻度危害作业(Ⅰ级)、中度危害作业(Ⅱ级)、高度危害作业(Ⅲ级)(考核题库中表述为"重度危害作业")。

可燃粉尘的粒径越小,发生爆炸的危险性越大。

日常监测适用于作业现场粉尘动态监测。

（二）生产性粉尘的危害

粉尘的危害是多方面的，对人体的危害包括：粉尘对眼、皮肤的刺激作用，可引起皮肤和五官炎症；有毒粉尘（铅、砷、汞等）引起中毒；石棉、铬、镍、滑石、焦炉烟尘及放射性矿尘可以致癌；难溶性粉尘可引起尘肺病。

尘肺病是由于长期大量吸入粉尘而引起的以肺组织纤维硬化为主的职业病。几乎所有粉尘都能引起尘肺病。目前，我国职业病发病率最高的是尘肺病。尘肺病已经成为我国患病人数最多的一种职业病。影响尘肺病发生与发展的因素主要有粉尘化学成分（游离二氧化硅、有毒物质、放射性物质）、粒径与分散度、浓度以及接触时间、劳动强度等。

根据国家发布并实施的尘肺X线诊断标准，依据X线胸片影像学改变的程度，将尘肺分为3期，即一期尘肺（Ⅰ）、二期尘肺（Ⅱ）、三期尘肺（Ⅲ），"0"为无尘肺。

最多、最严重、最为普遍的尘肺病是硅肺，它是一种慢性疾病，发病工龄短者3～5年，长者为20～30年。游离二氧化硅粉尘能引起接触粉尘的职工得硅肺病。硅肺的分期与进级随着硅肺病变的发生和进展，依据硅结节在肺部的分布和融合程度，一般把硅肺的病理变化分为三期，即Ⅰ期较轻，Ⅱ期较重，Ⅲ期最重。确诊后的硅肺，经过一定的时期难免不发生进展，即由Ⅰ期进展到Ⅱ期或Ⅲ期。这种进展的年限长短，与其医疗情况和患者的体质、营养、休息以及劳动强度等因素有关。

单纯硅肺的病情发展是比较缓慢的。但由于患者机体抵抗力低下，常易并发硅肺并发症如肺结核，还可并发肺气肿、自发性气胸、肺心病、肺及支气管感染等，最后可导致呼吸功能衰竭及发生慢性肺源性心脏病。一旦发生上述并发症往往促使硅肺病变恶化，病情加重，常常成为死亡的主要原因。

案 例

某焦化厂2009年发生生产安全事故2起，造成2人轻伤。该厂因精苯工业废水兑水稀释后外排，被环保部门责令整改。该厂采取的措施是将废水向煤场内煤堆喷洒，这样既抑制了扬尘，又避免了废水外排。为防止相关事故发生，该厂于2009年5月20日制定实施了《焦化厂精苯污水喷洒防尘管理办法》。

根据上述事实，该厂工人在接触煤尘后可能导致的职业病是硅肺病。

（三）生产性粉尘的防治措施

综合防尘措施包括技术和组织管理两个方面。基本内容是通风除尘、湿式作业、密闭尘源与净化、个体防护、改革工艺与设备以减少产尘量、科学管理、建立规章制度、加强宣传教育、定期进行测尘和健康检查。

根据除尘机理常将除尘器分为以下四大类：机械除尘器、过滤除尘器、湿式除尘器、电除尘器等。

经验证明，采取湿式作业、密闭、通风、除尘系统是控制粉尘危害的有效措施，而在生产过程中，控制尘毒危害的最重要的方法是生产过程密闭化。总之，因地制宜，持续采取综合防尘措施，可取得良好的防尘效果。

三、振动、噪声危害及其防治

(一) 振动、噪声及其危害

声音来源于物体(设备、工具)的振动。生产设备、工具产生的振动可通过结构传播或空气传播方式(包括先通过结构传播再通过空气传播)作用于人体,前者的表现形式是使人产生局部或全身振动,后者的表现形式就是我们常说的声音。生产过程中的噪声按时间分布,分为连续声和间断声。工业企业内部的噪声主要来源于各种机械设备运行发出的噪声。

在职业病分类和目录中,噪声聋属于职业性耳鼻喉口腔疾病。噪声引起的听觉器官损害特点是早期表现为高频听力下降。噪声场所危害级别为4级,即轻度、中度、重度、极重危害。

在职业病危害因素分类目录中,噪声属于物理性危害因素。

当设计需要将噪声与振动较大的生产设备安置在多层厂房内时,宜将其安排在底层。

振动会使人产生振动病,振动病分为局部振动病和全身振动病。在生产中接触振动设备、工具的手臂所造成的危害较为明显和严重,典型的现象是发作性手指发白(白指病)。局部振动病为法定的职业病。

噪声的危害包括对人体的影响和对生产活动的影响,对人体的影响也包括对听力的影响和对人体生理及心理的影响。噪声对人的危害和影响与噪声源的特性(如噪声强度、频率和时间特性等)有关,也与人耳的听觉特性和人们对噪声的主观心理反应有关。

1. 对听力的影响

噪声对听力的影响可引起听觉疲劳甚至耳聋。在噪声长期作用下,听觉器官过度受到刺激,听觉敏感性显著降低。听觉呈现暂时性听阈上移,称作听觉疲劳。听觉疲劳在经过休息后可以恢复,这叫听觉适应。听觉适应有一定的限度,如果听觉敏感性进一步降低,听阈位移提高,离开噪声环境后需较长时间才能恢复,这种现象叫听觉疲劳。长期处于噪声环境中,听觉疲劳不能及时恢复,就会出现永久性听阈位移。

2. 噪声对生理的影响

噪声作用于人的中枢神经系统,使人的基本生理过程即大脑皮层的兴奋和抑制平衡失调,导致条件反射异常。噪声作用于中枢神经系统,还会影响人体器官的功能。表现为头痛、头晕、失眠、多汗、恶心、心悸、注意力不集中、记忆力减退、神经过敏、反应迟钝等。噪声对心血管系统有影响,可以使交感神经紧张,表现为心动过速、心律不齐、心电图改变、血压增高,以及末梢血管收缩、供血减少等。噪声还会使唾液分泌减少,胃蠕动的频率和幅度增加,肾上腺皮质功能增强,胃肠功能紊乱等。

3. 对心理的影响

噪声对心理的影响反映在噪声干扰人们的交谈、休息和睡眠,从而使人烦躁、焦虑、厌恶、破坏思路、注意力不集中、工作效率降低。所受影响程度与所处环境、噪声性质和心理状态等有关,而且因人而异。一般噪声越强,引起烦恼的可能性越大。高音调的噪声、脉冲性噪声更能引起人们的烦恼。

(二) 振动、噪声治理技术措施

控制噪声可从噪声源、传播途径和接受者等三个方面入手。常用的噪声控制技术、方法有减振、隔振与阻尼、吸声、隔声、消声,它们既可以用于声源的控制,也可用于控制声的传播,对受害者进行防护。为降低噪声,对其传播途径的处理实质就是增加声音在传播过程的衰减。减

振、隔振与阻尼等属于声源控制技术,吸声、隔声、消声属于传播途径控制技术。

在噪声控制中,按照声源激发性质和传播途径的不同,通常把噪声区分为空气声和结构声(固体声)。空气声是指源发出的声音直接在空气中传播,到达接收者的位置。声源的振动或撞击直接激发固体的构件振动,并以弹性波的形式在固体构件中传播出去的声波称作结构声或固体声,它主要借助固体构件传播。如风机振动沿管道管壁转播的声波属于结构声。对于空气声和结构声通常应针对它们的特点采取不同的隔离措施。

减振就是减少设备等振动源的振动,如改进设备及工艺结构,从设备的设计、制造上提高部件的加工精度和装配质量,从生产工艺上选用先进的工艺,并采用合理的操作方法,或对已有生产工艺进行技术改造,做到尽可能地降低声源噪声强度,如将锤击成型改为液压成型,研制低噪风机等。

隔振与阻尼是噪声控制中用来减弱固体声传递的技术。如在机器机座下面安装隔振装置,可以减弱设备或仪器与周围环境、人或建筑物之间的固体声传播强度。

吸声法是利用吸声材料或吸声结构体,将入射到材料或结构体上的声能通过摩擦作用转变为热能而达到降声的目的。一是利用吸声材料吸声。吸声材料是一种多孔材料,常见的有泡沫塑料、多孔陶瓷板、多孔水泥板、玻璃纤维、矿渣棉等。二是利用薄板和空气层组成的振动系统吸声结构进行吸声。吸声法主要用于降低车间等结构体内的混响声(回声)。一般情况下,吸声结构饰面要占室内总面积的60%才会达到最大的吸声效果。

消声法主要是使用消声器。消声器是一种容许气流通过而能使透过声音得到降低的装置,常用于通风机、压缩机等设备产生的气流噪声的降低,是一种特殊形式的吸声法。将消声器安装在这些设备的气流入口或出口处,一般可使噪声降低20~40 dB。

化工工业中高速气流排放产生的放空排气噪声是一个突出的噪声源。由于放空排气噪声的发生机理及其传播规律与一般的气流噪声有所不同,控制放空排气噪声需要使用特殊的排空消声器。

把产生噪声的机器设备或操作人员封闭在一个小的空间,使它与周围环境隔绝开来,或利用屏障将声源与人员隔开,就叫作隔声。隔声罩、隔声间和屏障是主要的三种应用方式。隔声罩是在噪声源处,将产生噪声的机组的某一部分予以封闭,防止它对周围作业环境造成污染。若车间里机器很多,每台机器噪声又都差不多,也可建造隔声间,将作业人员隔离起来。让工作人员在隔声间中操纵、观察和控制生产线,使他们免受噪声侵袭。隔声间和隔声罩从设计原理、结构形式到材料选择上都无任何差别,一般宜采用厚、重、密实的构件。结构制作上可分为封闭式或局部敞开式两种。封闭式隔声间的隔声能力可达20~40 dB。局部敞开式一般不超过10~15 dB(中频和高频)。两种隔声间的内表面均应做成吸声饰面,以吸收声音并减弱由于空间封闭隔声间内噪声的上升。

在产生噪声的作业场所,应设置"噪声有害"警告标识和"戴护耳器"指令标识。

当采取各种技术措施仍达不到国家标准或规范规定的噪声作业环境时,就应考虑采用个体防护法,包括时间防护法和防护用具法。个人防护中常用的耳塞、耳罩或头盔是隔声技术的另一种应用方式,我国常用的防声耳塞可划分为预模式耳塞、棉花耳塞、泡沫塑料耳塞和新型硅橡胶耳塞四种类型。

四、辐射危害及其防护

(一) 辐射及其危害

辐射是指能量以电磁波或粒子的形式向外扩散。物体通过辐射所放出的能量,称为辐射能。根据辐射能量与物质相互作用时能否使物质产生电离作用,辐射可分为电离辐射和非电离辐射。

1. 电离辐射

辐射过程中能使物质产生电子和正离子的辐射,称为电离辐射。电离辐射是一切能引起物质电离辐射的总称,其种类很多,高速带电粒子有 α 粒子、β 粒子、质子,不带电粒子有中子以及 X 射线、γ 射线。

放射性物质放出的射线可分为四种:α 射线、β 射线、γ 射线和中子流。

生产过程职业病危害因素中的 X 射线属于物理因素。电离辐射属于职业危害中物理危害。

电离辐射主要是从天然放射性物质和人工放射性物质放出的一种能量。人体受到一定剂量的电离辐射照射后,可以产生各种对人体健康有害的生物效应,造成不同类型的辐射损伤,如辐射致癌。

2. 非电离辐射

不能使物质产生电离作用的辐射,即称非电离辐射,主要指紫外线、可见光、红外线、激光、射频辐射。非电离辐射引起的生物效应主要是通过"热效应"引起的,即通过对生物组织的"灼热"作用,使生物组织产生病变。如在露天作业时,头部受到太阳的辐射线的直接作用,大量的热辐射被头部皮肤和头颅吸收,颅内温度升高出现日射病,其主要症状为急剧发生的头痛、头晕、眼花、恶心、呕吐,重者可能有惊厥、昏迷。

生产中也存在大量的红外线辐射源和紫外线辐射源,如加热的金属、电焊等高温物体。焊接作业产生的红外线对作业人员的眼睛有伤害,可引起白内障、视网膜灼伤,紫外辐射可引起"电弧灼伤""雪盲"等电光性眼炎。

(二) 辐射的防护技术与放射源管理

辐射防护从辐射源、危害途径和受照射人员等三方面入手。

(1) 控制辐射源,降低源的辐射能量。具体措施为:采用密闭法将源密闭,防辐射泄漏;降低源的辐射强度。

(2) 采用屏蔽隔离法,控制辐射的危害途径与过程。在源与人员之间设屏障,选用合适的屏蔽材料和厚度可降低到达人员的辐射量。

(3) 增大辐射源与人员之间的距离,辐射强度与距离的平方成反比,因此增大距离是一种很有效的方法。

(4) 加强通风防尘,降低空气中放射性粉尘的浓度。

(5) 缩短受照射的时间,即缩短工作时间。

(6) 加强个体防护,如穿辐射防护服,戴口罩、防护目镜等。

国家对放射源实行严格管理。放射源的使用与贮存场所和射线装置的生产、使用场所必须设置防护设施。其入口处必须设置放射性标志和必要的防护安全联锁、报警装置或工作信号;在室外从事放射工作时,必须划出安全防护区域,并设置危险标志,必要时设专人警戒;放射源单位必须严格执行国家对从事放射工作人员个人剂量的监测和健康管理的规定。从事放射工作的人员,必须接受体格检查,并接受放射防护知识培训和法规教育;发生放射事故(如放射源丢失)的单位,必须立即采取防护措施,控制事故影响,保护事故现场,并向有关主管部门报告。

五、高温、低温作业及其危害

(一)高温作业及其危害

1. 高温作业

高温作业是指有高气温或有强烈的热辐射或伴有高气湿(相对湿度≥80％RH)相结合的异常作业条件、湿球黑球温度指数(WBGT 指数)超过规定限值的作业。

高温天气是指地市级以上气象主管部门所属气象台站向公众发布的日最高气温 35 ℃以上的天气。

高温天气作业是指用人单位在高温天气期间安排劳动者在高温自然气象环境下进行的作业。

2. 高温作业危害

高温作业对人体有危害。例如,中暑是高温环境下发生的急性病,通常分为热射病、日射病和热痉挛。

(1)热射病:是人体在高温环境中劳动,因高气温、强烈热辐射和较高的湿度等综合气象因素作用,引起机体体温调节机能障碍,体内热量蓄积过多,使机体出现高热所致。临床上又分为过热和衰竭两种类型,前者的主要特点是高热,起病急骤,是由于体温调节功能障碍,热量在体内蓄积,体温逐渐升高所致。主要病症有四肢酸痛、头晕、头痛、烦渴、无力、心悸、食欲减退、恶心、呕吐等,严重时可出现昏迷、抽搐、瞳孔缩小等体征,如不及时抢救,可因呼吸衰竭而死亡。后者是由于在高温环境下散热困难,肌肉和皮肤血流量增大,超过了心脏所能负担的限度所致,有起病急、面色苍白、呼吸减速、脉搏细弱、血压下降、皮肤湿冷、体温稍低、瞳孔散大、神志不清等表现。

(2)热痉挛:是由于大量出汗和饮水过多,体内氯化钠大量丧失,致使水盐和电解质平衡发生紊乱所致。前期症状是头痛、乏力、肌肉痛、耳鸣、眼花等,主要临床特点是头晕、四肢肌肉痉挛。

(3)日射病:是由于头部受强烈的太阳辐射线(主要是红外线)的直接作用,大量热辐射被头部皮肤及头颅骨吸收,从而使颅内温度升高所致,多发生于夏季露天作业人员。主要症状为急剧发生头痛、头晕、眼花、恶心、呕吐、烦躁不安,重者可能有惊厥、昏迷。

3. 高温作业劳动保护措施

用人单位应当落实以下高温作业劳动保护措施:

(1)优先采用有利于控制高温的新技术、新工艺、新材料、新设备,从源头上降低或者消除高温危害。对于生产过程中不能完全消除的高温危害,应当采取综合控制措施,使其符合国家职业卫生标准要求。

(2)存在高温职业病危害的建设项目,应当保证其设计符合国家职业卫生相关标准和卫生要求,高温防护设施应当与主体工程同时设计,同时施工,同时投入生产和使用。

(3)存在高温职业病危害的用人单位,应当实施由专人负责的高温日常监测,并按照有关规定进行职业病危害因素检测、评价。

(4)用人单位应当依照有关规定对从事接触高温危害作业劳动者组织上岗前、在岗期间和离岗时的职业健康检查,将检查结果存入职业健康监护档案并书面告知劳动者。职业健康检查费用由用人单位承担。

(5) 用人单位不得安排怀孕女职工和未成年工从事《工作场所职业病危害作业分级　第3部分:高温》(GBZ/T 229.3)中第三级以上的高温工作场所作业。

(6) 在高温天气期间,用人单位应当根据生产特点和具体条件,采取合理安排工作时间、轮换作业、适当增加高温工作环境下劳动者的休息时间和减轻劳动强度、减少高温时段室外作业等措施。

(7) 在高温天气来临之前,用人单位应当对高温天气作业的劳动者进行健康检查,对患有心、肺、脑血管性疾病,以及肺结核、中枢神经系统疾病和其他身体状况不适合高温作业环境的劳动者,应当调整作业岗位。职业健康检查费用由用人单位承担。

(8) 用人单位应当向劳动者提供符合要求的个人防护用品,并督促和指导劳动者正确使用。

(9) 用人单位应当为高温作业、高温天气作业的劳动者供给足够的、符合卫生标准的防暑降温饮料及必需的药品。

(10) 用人单位应当在高温工作环境设立休息场所。休息场所应当设有座椅,保持通风良好或者配有空调等防暑降温设施。

(11) 用人单位应当制定高温中暑应急预案,定期进行应急救援的演习,并根据从事高温作业和高温天气作业的劳动者数量及作业条件等情况,配备应急救援人员和足量的急救药品。

(12) 劳动者出现中暑症状时,用人单位应当立即采取救助措施,使其迅速脱离高温环境,到通风阴凉处休息,供给防暑降温饮料,并采取必要的对症处理措施;病情严重者,用人单位应当及时送医疗卫生机构治疗。

(二)低温作业及其危害

1. 低温作业

按照国家低温作业分级(GB/T 14440)的规定,工作环境平均气温等于或低于 5 ℃的作业,即属于低温作业。例如各类冷冻冷藏作业、寒冷季节野外(户外)作业等属于全身性受冷的作业。

2. 低温作业危害

在低温环境下工作时间过长,超过人体适应能力,体温调节机能发生障碍,则体温下降,从而影响机体功能,可能出现神经兴奋与传导能力减弱,出现痛觉迟钝和嗜睡状态。长时间低温作业可导致循环血量、白细胞和血小板减少,而引起凝血时间延长,并出现协调性降低。低温作业还可引起人体全身和局部过冷。全身过冷常出现皮肤苍白、脉搏呼吸减弱、血压下降;局部过冷最常见的是手、足、耳及面颊等外露部位发生冻伤,严重的可导致肢体坏死。冷伤可分为全身性冷伤和局部性冷伤两类。全身性冷伤即体温过低。局部性冷伤又分为冻结性冷伤和非冻结性冷伤。冻结性冷伤是指短时间暴露于极低温度下或长时间暴露于极低温度下或长时间暴露于冰点以下的低温而引起的局部性冷伤。非冻结性冷伤分为战壕足、浸足和冻疮三种。

3. 低温作业劳动保护措施

(1) 低温作业、冷水作业应尽可能实现自动化、机械化,避免或减少人员低温作业和冷水作业。

（2）要控制低温作业、冷水作业时间；在冬季寒冷作业场所，要有防寒采暖设备，露天作业要设防风棚、取暖棚；应选用导热系数小、吸湿性小、透气性好的材料作防寒服装。

（3）工作时，作业工人必须穿好防寒服、鞋、帽、手套等劳保保暖用品；防寒衣物要避免潮湿，手脚不能缚得太紧，以免影响局部血液循环。

（4）冷库附近要设置更衣室、休息室，保证作业工人有足够的休息次数和休息时间，有条件的最好让作业后的工人洗个热水浴。